U0278462

国家出版基金资助项目
湖北省公益学术著作出版专项资金资助项目
节能与新能源汽车关键技术研究丛书
丛书主编：欧阳明高

# 超高强钢构件热冲压成形理论与技术

华林 宋燕利 路珏 ⊙著

HOT STAMPING THEORY AND TECHNOLOGY OF ULTRA-HIGH STRENGTH STEEL COMPONENTS

http://press.hust.edu.cn
中国·武汉

## 内容简介

本书是介绍超高强钢构件先进制造技术的学术著作。本书以超高强钢构件热冲压成形制造技术为背景，系统阐述了超高强钢构件热冲压成形理论、工艺及装备。全书共分6章，在介绍超高强钢构件热冲压成形研究背景和重要意义的基础上，详细阐述了超高强钢热力耦合塑性变形行为与组织演变机理、超高强钢构件等强度/变强度热冲压成形工艺、伺服热冲压成形工艺设计方法与系统、热冲压模具与伺服成形装备等。

本书适合从事超高强钢构件热冲压成形理论研究，工艺装备开发、生产和应用的专业工程技术人员使用，也可作为高等院校相关专业研究生的参考书。

**图书在版编目(CIP)数据**

超高强钢构件热冲压成形理论与技术 / 华林，宋燕利，路珏著. -- 武汉 ：华中科技大学出版社，2024. 10. --（节能与新能源汽车关键技术研究丛书）. -- ISBN 978-7-5772-1167-1

Ⅰ. TG141

中国国家版本馆 CIP 数据核字第 2024V792H1 号

**超高强钢构件热冲压成形理论与技术**
Chaogaoqianggang Goujian Rechongya Chengxing Lilun yu Jishu

华　林　宋燕利　路　珏　著

策划编辑：俞道凯　胡周昊
责任编辑：郭星星
封面设计：原色设计
责任监印：朱　玢
出版发行：华中科技大学出版社(中国·武汉)　电话：(027)81321913
武汉市东湖新技术开发区华工科技园　邮编：430223
录　排：武汉三月禾文化传播有限公司
印　刷：武汉科源印刷设计有限公司
开　本：710mm×1000mm　1/16
印　张：20.75
字　数：329千字
版　次：2024年10月第1版第1次印刷
定　价：188.00元

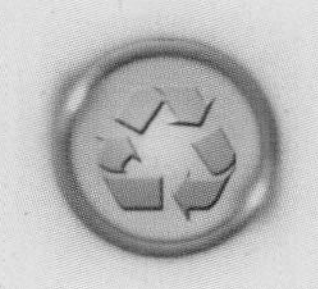

# 节能与新能源汽车关键技术研究丛书

## 编审委员会

# 作者简介

▶ **华 林** 武汉理工大学首席教授，机电与汽车学部主任，国家杰出青年科学基金获得者。兼任中国汽车工程学会常务理事、中国机械工程学会理事、中国机械工程学会塑性工程分会理事长，《机械工程学报》《中国机械工程》《中国有色金属学报》编委。主要研究方向为高性能精准成形制造理论技术与装备，主持和承担了国家自然科学基金重点项目、国家重点研发计划、国家科技重大专项等科研课题，研究成果在工业和国防领域得到广泛应用。在国内外学术期刊上发表论文300余篇，出版专著4部，授权发明专利100余项。获中国机械工程学会科技成就奖、国家科技进步奖二等奖和国家技术发明奖二等奖等。

# 作者简介

**宋燕利** 武汉理工大学教授、博士生导师，湖北省“楚天英才计划”科技创新团队带头人。兼任中国汽车工程学会汽车制造分会委员，汽车轻量化技术创新战略联盟专家委员会委员等。主要研究方向为汽车轻量化成形制造理论与技术，主持了国家重点研发计划“变革性技术关键科学问题”专项课题、国家自然科学基金面上项目、湖北省技术创新专项重大项目等科研课题。在国内外学术期刊上发表论文100余篇，出版专著1部，授权发明专利40余项，获湖北省科技进步奖一等奖、中国机械工业科学技术奖一等奖、中国机械制造工艺协会杰出青年奖等。

**路 珏** 武汉理工大学副研究员，湖北省“楚天英才计划”科技创新团队核心成员，主要研究方向为高强轻质构件高性能成形理论与技术。主持了国家自然科学基金项目、中国博士后科学基金项目等科研课题。在国内外学术期刊上发表论文30余篇，授权发明专利10余项，获湖北省科技进步奖一等奖等。

# 新能源汽车与新能源革命（代总序）

中国新能源汽车研发与产业化已经走过了20个年头。回顾中国新能源汽车的发展历程："十五"期间是中国新能源汽车打基础的阶段，我国开始对电动汽车技术进行大规模有组织的研究开发；"十一五"期间是中国新能源汽车从打基础到示范考核的阶段，科技部组织实施了"节能与新能源汽车"重大项目；"十二五"期间是中国新能源汽车从示范考核到产业化启动阶段，科技部组织实施了"电动汽车"重大项目；"十三五"期间是中国新能源汽车产业快速发展升级阶段，科技部进行了"新能源汽车"科技重点专项布局。

2009—2018年的10年间，中国新能源汽车产业从无到有，新能源汽车年产量从零发展到127万辆，保有量从零提升到261万辆，均占全球的53%以上，居世界第一位；锂离子动力电池能量密度提升两倍以上，成本降低80%以上，2018年全球十大电池企业中国占6席，第一名和第三名分别为中国的宁德时代和比亚迪。与此同时，众多跨国汽车企业纷纷转型，大力发展新能源汽车。这是中国首次在全球率先成功大规模导入高科技民用大宗消费品，更是首次引领全球汽车发展方向。2020年是新能源汽车发展进程中具有里程碑意义的年份。这一年是新能源汽车大规模进入家庭的元年，也是新能源汽车从政策驱动到市场驱动的转折年。这一年，《节能与新能源汽车产业发展规划（2012—2020年）》目标任务圆满收官，《新能源汽车产业发展规划（2021—2035年）》正式发布，尤其是2020年年底习近平主席提出中国力争于2030年前实现碳达峰和2060年前实现碳中和的宏伟目标，给新能源汽车可持续发展注入强大动力。

回顾过去，展望未来，我们可以更加清晰地看出当前新能源汽车发展在能源与工业革命中所处的历史方位。众所周知，每次能源革命都始于动力装置和交通工具的发明，而动力装置和交通工具的发展则带动对能源的开发利用，并引发工业革命。第一次能源革命，动力装置是蒸汽机，能源是煤炭，交通工具是火车。第二次能源革命，动力装置是内燃机，能源是石油和天然气，能源载体是汽油、柴油，交通工具是汽车。现在正处于第三次能源革命，动力装置是各种电池，能源主体是可再生能源，能源载体是电和氢，交通工具就是电动汽车。第一次能源革命使英国经济实力超过荷兰，第二次能源革命使美国经济实力超过英国,而这一次可能是中国赶超的机会。第四次能源革命又是什么?我认为是以可再生能源为基础的绿色化和以数字网络为基础的智能化。

从能源与工业革命的视角看新能源汽车,我们可以发现与之密切相关的三大革命:动力电动化——电动车革命;能源低碳化——新能源革命;系统智能化——人工智能革命。

第一,动力电动化与电动车革命。

锂离子动力电池的发明引发了蓄电池领域百年来的技术革命。从动力电池、电力电子器件的发展来看,高比能量电池与高比功率电驱动系统的发展将促使电动底盘平台化。基于新一代电力电子技术的电机控制器升功率提升一倍以上,可达 50 千瓦,未来高速高电压电机升功率提升接近一倍,可达 20 千瓦,100 千瓦轿车的动力体积不到 10 升。随着电动力系统体积不断减小,电动化将引发底盘平台化和模块化,使汽车设计发生重大变革。电动底盘平台化与车身材料轻量化会带来车型的多样化和个性化。主动避撞技术与车身轻量化技术相结合,将带来汽车制造体系的重大变革。动力电动化革命将促进新能源电动汽车的普及,最终将带动交通领域全面电动化。中国汽车工程学会《节能与新能源汽车技术路线图 2.0》提出了我国新能源汽车的发展目标:到 2030 年,新能源汽车销量达到汽车总销量的 40%左右;到 2035 年,新能源汽车成为主流,其销量达到汽车总销量的 50%以上。在可预见的未来,电动机车、电动船舶、电动飞机等都将成为现实。

第二,能源低碳化与新能源革命。

国家发改委和能源局共同发布的《能源生产和消费革命战略(2016—2030)》提出到 2030 年非化石能源占能源消费总量比重达到 20%左右,到 2050 年非化石能源占比超过一半的目标。实现能源革命有五大支柱:第一是向可再生能源转型,发展光伏发电和风电技术;第二是能源体系由集中式向分布式转型,将每一栋建筑都变成微型发电厂;第三是利用氢气、电池等相关技术存储间歇式能源;第四是发展能源(电能)互联网技术;第五是使电动汽车成为用能、储能和回馈能源的终端。中国的光伏发电和风电技术已经完全具备大规模推广条件,但储能仍是瓶颈,需要靠电池、氢能和电动汽车等来解决。而随着电动汽车的大规模推广,以及电动汽车与可再生能源的结合,电动汽车将成为利用全链条清洁能源的“真正”的新能源汽车。这不仅能解决汽车自身的污染和碳排放问题,同时还能带动整个能源系统碳减排,从而带来一场面向整个能源系统的新能源革命。

第三,系统智能化与人工智能革命。

电动汽车具有出行工具、能源装置和智能终端三重属性。智能网联汽车将重构汽车产业链和价值链，软件定义汽车，数据决定价值，传统汽车业将转型为引领人工智能革命的高科技行业。同时，从智能出行革命和新能源革命双重角度来看汽车“新四化”中的网联化和共享化：一方面，网联化内涵里车联信息互联网和移动能源互联网并重；另一方面，共享化内涵里出行共享和储能共享并重，停止和行驶的电动汽车都可以连接到移动能源互联网，最终实现全面的车网互动（V2G，vehicle to grid）。分布式汽车在储能规模足够大时，将成为交通智慧能源也即移动能源互联网的核心枢纽。智能充电和车网互动将满足消纳可再生能源波动的需求。到 2035 年，我国新能源汽车保有量将达到 1 亿辆左右，届时新能源车载电池能量将达到 50 亿千瓦时左右，充放电功率将达到 25 亿～50 亿千瓦。而 2035 年风电、光伏发电最大装机容量不超过 40 亿千瓦，车载储能电池与氢能结合完全可以满足负荷平衡需求。

总之，从 2001 年以来，经过近 20 年积累，中国电动汽车“换道先行”，引领全球，同时可再生能源建立中国优势，人工智能走在世界前列。可以预见，2020 年至 2035 年将是新能源电动汽车革命、可再生能源革命和人工智能革命突飞猛进、协同发展，创造新能源智能化电动汽车这一战略性产品和产业的中国奇迹的新时代。三大技术革命和三大优势集成在一个战略产品和产业中，将爆发出巨大力量，不仅能支撑汽车强国梦的实现，而且具有全方位带动引领作用。借助这一力量，我国将创造出主体产业规模超过十万亿元、相关产业规模达几十万亿元的大产业集群。新能源汽车规模化，引发新能源革命，将使传统的汽车、能源、化工行业发生翻天覆地的变化，真正实现汽车代替马车以来新的百年未有之大变局。

新能源汽车技术革命正在带动相关交叉学科的大发展。从技术背景看，节能与新能源汽车的核心技术——新能源动力系统技术是当代前沿科技。中国科学技术协会发布的 2019 年 20 个重大科学问题和工程技术难题中，有 2 个（高能量密度动力电池材料电化学、氢燃料电池动力系统）属于新能源动力系统技术范畴；中国工程院发布的报告《全球工程前沿 2019》提及动力电池 4 次、燃料电池 2 次、氢能与可再生能源 4 次、电驱动/混合电驱动系统 2 次。中国在 20 年的节能与新能源汽车的研发过程中实际上已经积累了大量的新知识、新方法、新经验。“节能与新能源汽车关键技术研究丛书”立足于中国实践与国际前沿，旨在总结我国节能与新能源汽车的研发成果，满足我国节能与新能源汽车技术发展需要，反映国际节能与新能源汽车关键技术研究趋势，推动我国节能与新能源汽车关键技术转化应用。丛书内容包括四个模块：整车控制技术、动力电池技术、电机驱动技术、燃料电池技术。丛书所包含图书均为国家自然科学基金项目、国家科技重大专项或国家重点研发计划项目等支持下取得的研究成果。该丛书的出版对于增强我国新能源汽车关键技术的知识积累、提升我国自主创新能力、应对气候变化、推动汽车产业的绿色发展具有重要作用，并能助力我国迈向汽车强国。希望通过该丛书能够建立学术和技术交流的平台，让作者和读者共同为我国节能与新能源汽车技术水平和学术水平跻身国际一流做出贡献。

中国科学院院士

清华大学教授

**2021 年 1 月**

# 序

复杂薄板构件是一般汽车、军车、工程机械等运载装备中起承载和安全防护作用的关键构件，占车身重量 90%以上。超高强钢复杂薄板构件具有强度高、轻量化、耐碰撞、成本低等优势，是实现国家“双碳”目标和汽车产业转型升级的重要依托。国家“十四五”规划将新能源汽车列为战略性新兴产业，为汽车产业转型升级指明了发展方向。在国家政策激励和扶持下，2023 年我国汽车产销量均突破 3000 万辆，其中新能源汽车约占三分之一。然而，传统车身构件多为软钢和低强度钢构件，重量大、能耗高，不适应新能源汽车轻量化、电动化发展。为此，国务院办公厅印发《新能源汽车产业发展规划(2021—2035 年)》，其明确要求，突破整车轻量化等共性节能技术，提高新能源汽车整车综合性能。为了推进我国由汽车制造大国向汽车制造强国转型升级，必须突破超高强钢复杂薄板构件先进制造核心技术。

热冲压是一种集冲压和热处理于一体的材料成形新技术，其工艺流程为加热－保温－冲压－模具内淬火冷却定形－出模，用于制造强度为 1400～2300 MPa 的形状复杂、承载要求高的结构件。相较于传统冷冲压，热冲压能够显著地提升材料成形性能，减小变形抗力和回弹，抑制破裂和起皱缺陷，是超高强钢构件先进制造领域国际发展方向。在热冲压成形过程中，超高强钢板材因高温变形，组织急剧变化，形变-相变交互作用机制非常复杂，导致构件在获得超高强度全马氏体组织的同时韧性大幅降低，严重影响碰撞冲击安全性。此外，构件成形精度和组织性能对过程力速条件异常敏感，导致产品质量波动大、生产效率低。该书作者针对我国“双碳”目标和汽车轻量化重大需求，经过长期理论和实践探索，通过材料学、塑性力学、机械学等多学科数值模拟和实验测试，从宏微观多层面揭示了超高强钢板材热力耦合塑性变形行为与组织演变机理，提出了超高强钢构件等强度/变强度热冲压成形工艺，建立了伺服热冲压成形工艺设计方法与系统，研制了热冲压模具与伺服成形装备。

该书是作者在超高强钢构件先进制造领域多年研究成果的系统总结，既有理论价值，又有实际意义，将为从事超高强钢构件热冲压研究、生产和应用的科技工作者提供有益的帮助，对于我国汽车轻量化先进制造技术和产业的发展将起到积极推动作用。我很高兴为该书作序，衷心期望作者在超高强钢构件热冲压研究开发中取得更多成绩，为我国汽车强国建设做出更大贡献！

中国机械工程学会理事长
中国工程院院士
2024 年 4 月 21 日

超高强钢具有强度高、刚度高、耐碰撞、成本低等优势，成为车辆承载构件和安全防护构件的主要材料。我国汽车强国建设对超高强钢复杂薄板构件高质高效成形制造提出了迫切要求。发展超高强钢复杂薄板构件先进制造技术，持续壮大节能与新能源汽车战略性新兴产业，是实现汽车制造大国向汽车制造强国转型升级的必由之路。

热冲压是一种集冲压和热处理于一体的材料成形新技术。相较于传统冷冲压，热冲压能够显著地提升材料成形性能，减小变形抗力和回弹，抑制破裂和起皱缺陷，是超高强钢复杂薄板构件的首选成形方法，受到各国政府和汽车行业的高度重视，近年来发展极为迅猛。

本书是作者在超高强钢构件热冲压方面多年研究成果的总结。在国家自然科学基金、高等学校学科创新引智计划、教育部创新团队发展计划等大力支持下，武汉理工大学热冲压科研团队通过产学研合作，深入研究了超高强钢构件热冲压基础理论，开发了超高强钢构件高质高效热冲压成形技术与装备。该装备在国内外汽车整车及零部件企业进行了推广应用，取得了显著社会效益和经济效益。针对当前我国“双碳”目标和汽车产业转型升级迫切需求，作者将超高强钢构件热冲压相关研究成果总结整理成书，以期促进我国超高强钢复杂薄板构件先进制造技术快速发展。

本书共 6 章：第 1 章概述了超高强钢构件热冲压成形研究背景和重要意义；第 2 章阐述了超高强钢热力耦合塑性变形行为与组织演变机理；第 3、4 章分别阐述了超高强钢构件等强度/变强度热冲压成形工艺；第 5 章介绍了伺服热冲压成形工艺设计方法与系统；第 6 章介绍了热冲压模具与伺服成形装备。

本书的研究工作得到了李晔、刘佳宁、沈玉含、韩瑜、刘润泽、谢光驹、佘建立、任永强、杨真国、曹威圣等研究生的支持，作者谨在此一并致谢！

感谢国家出版基金的资助和华中科技大学出版社总经理助理、机械分社社长俞道凯先生的大力支持。

超高强钢构件热冲压成形技术正值快速发展之际，作者对于一些理论与实际的认识难免不全面、不准确，殷切希望读者批评指正。

著者

**2024 年 8 月**

目
CONTENTS
录

# 第1章
# 超高强钢构件热冲压成形概述

## 1.1 汽车轻量化背景与重要意义

汽车产业是国家的支柱产业，也是国家工业水平和工业实力的综合体现。自2009年国务院发布《汽车产业调整和振兴规划》以来，在国家政策的正确引导和大力扶持下，我国汽车产业发展迅猛。据统计，2022年汽车产销量分别为2702.1万辆和2686.4万辆，已连续14年位居世界第一。为解决汽车保有量增加带来的能源消耗、环境污染和交通安全等问题，国家制定了油耗、排放和碰撞安全等系列法规、标准，并将新能源汽车和智能（网联）汽车作为制造业核心竞争力提升领域，列入《中华人民共和国国民经济和社会发展第十四个五年规划和2035年远景目标纲要》。

汽车轻量化是实现节能减排降耗、提升整车性能的关键技术，目的是在保障汽车使用性能和安全要求的前提下，运用轻质高强材料、轻量化结构设计与先进制造工艺，降低整车重量，实现节能减排目标。汽车轻量化技术符合国家“双碳”目标和可持续发展需求，是推动汽车低碳化的重要举措。研究表明，汽车整车重量每降低10%，传统汽车燃油效率可提高6%～8%，排放下降4%。新能源汽车对轻量化需求更为迫切，纯电动汽车整车每减重10%，电耗下降约5.5%，续航里程增加约5.5%，每kW·h能量对应电池成本降低约7%。重量减轻还能提升车辆加速性能、制动性能和操控性能。因此，《中国制造2025》明确提出，掌握汽车低碳化核心技术，提升核心技术的工程化和产业化能力，推动自主品牌节能与新能源汽车同国际先进水平接轨。

车身轻量化减重效果显著。从重量上看，乘用车白车身占整车重量的30%

～50%，载重车白车身占整车重量的20%～30%；从制造成本上看，乘用车白车身占整车制造成本的40%～60%，载重车白车身占整车制造成本的15%～30%。在众多轻量化车身材料中，高强钢具有成本低、强度高、弹性模量高、成形性能优异等优点，是现阶段实现车身减重、提高安全性等目标的有效方法之一。

自20世纪八九十年代起，汽车车身材料由以软钢为主发展到以高强钢为主，目前钢质车身中多以提升高强钢甚至超高强钢的应用比例达到车身减重的目的。世界钢铁协会(World Steel Association，WSA)自1994年起先后启动了超轻钢汽车车身(ULSAB)、超轻钢汽车车身——先进汽车概念(ULSAB-AVC)和未来钢结构汽车(FSV)等项目。美国钢铁协会和欧盟也分别制订了新一代汽车合作计划(PNGV)、超轻汽车计划(Super Light-Car)。在上述研究项目的推进下，高强钢在汽车用钢中的占比大幅提升。例如，Mercedes-Benz E-Class(梅赛德斯-奔驰E级)汽车中高强钢应用比例达77%；Peugeot 308汽车中高强钢应用比例也达到了55%以上；Volvo XC90车身结构中热成形钢占比约40%。发展高强钢汽车构件成形制造核心技术与装备，是进一步提升高强钢应用水平的关键。

## 1.2 高强钢分类、特点及应用

有关高强钢的定义和分类目前还没有统一说法。按照世界钢铁协会的定义，屈服强度低于210 MPa的钢称为软钢(low strength steel，LSS)，屈服强度在210～550 MPa范围内的钢称为高强钢(high strength steel，HSS)，屈服强度在550 MPa以上的钢称为超高强钢(ultra-high strength steel，UHSS)，如图1-1所示。若以抗拉强度区分，则抗拉强度低于270 MPa的钢称为软钢，在270～700 MPa范围内的钢称为高强钢，超过700 MPa的钢则为超高强钢。

在实际应用中还常将高强钢分为传统高强钢(conventional HSS)和先进高强钢(AHSS)。

(1) 传统高强钢。即运用传统工艺或对传统工艺稍加改进后即可生产出来的高强钢。这类钢以固溶强化为主，具有较低的抗拉强度或屈服强度。常见的

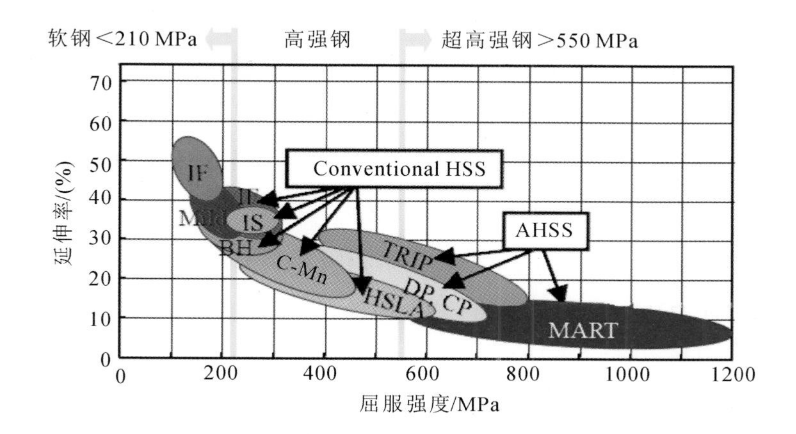


**图 1-1　高强钢的分类**

传统高强钢有无间隙原子(interstitial-free,IF)钢、各向同性(isotropic,IS)钢、烘烤硬化(bake hardenable,BH)钢、碳-锰(carbon-manganese,C-Mn)钢、低合金高强度(high strength low alloy,HSLA)钢等。

(2) 先进高强钢。即需要运用先进的工艺方案和生产设备才能制造出来的、对生产技术要求较高的高强钢。这种钢以相变强化为主,屈强比低,强度较高,从而具有很高的应变硬化能力、较高的碰撞吸收能和成形性能,减重效果更加明显。常见的先进高强钢有相变诱导塑性(transformation-induced plasticity,TRIP)钢、双相(dual phase,DP)钢、复相(complex phase,CP)钢、马氏体(martensitic,MART)钢和热成形(press hardening)钢等。这里,热成形钢主要有 Mn-B、Mn-Mo-B、Mn-Cr-B、Mn-W-Ti-B 等系列。其中,Mn-B 系列热成形钢的使用量最大,技术也最成熟。

汽车用高强钢通常为厚度 16 mm 以下的板材,其中车身用钢厚度则通常在 0.5～2.5 mm 之间,按照轧制方式可以分为冷轧钢板、热轧钢板等。热轧钢板厚度和宽度均匀性比较差,边部常存在浪形、折边等缺陷,力学性能远不及冷轧钢板,但其工序流程较短、成本较低,且具有较好的延展性。冷轧钢板是在热轧板卷的基础上通过酸洗和冷轧加工轧制出来的,与热轧钢板比较,冷轧钢板厚度更均匀,综合力学性能和表面质量更好。工程应用中,为了提升钢板的耐腐蚀性,常在具有良好深冲性能的低碳钢板表面涂覆 Zn、Al、Cr 等金属镀层,这类钢板被称为表面镀层钢板。汽车常用的表面镀层钢板有镀锌钢板、镀铝钢板及彩色镀层钢板等。镀锌钢板生产方法有热镀和电镀两大类,热镀锌钢板耐蚀性较好,但成形性能一般;电镀锌钢板耐蚀性较差,但成形性能优良。镀铝钢板的耐热性和热反射性能较镀锌钢板优异,但焊接性能较差。受限于铝的化学性能,镀铝钢板的制造目前主要采用热镀工艺。

为满足车身制造性能需求,汽车用钢板需要具有特定的强度和刚度特性,以提高安全性和舒适性,降低噪声,减少振动,还需要有严格的厚度精度和表面粗糙度要求,以提高冲压构件成形性能和表面质量。此外,汽车用钢板还需具有良好的焊接性能和涂装性能等,以保证焊接质量、涂装质量及耐腐蚀性。

## 1.3 汽车薄板构件冲压成形特点与性能评定方法

### 1.3.1 冲压成形特点及其在汽车薄板构件上的应用

冲压是利用冲模使板材产生变形或分离的加工方法。按变形方式,冲压分为成形和冲裁两大类型。按照板材变形时的温度,冲压又分为冷冲压和热冲压。冷冲压在室温状态下进行,板材变形过程中通常不存在组织转变。冷冲压历史非常悠久,应用领域广泛,尤其在汽车、电机、仪表、军工、家电等方面所占比重更大。与冷冲压不同,热冲压则是在板材高温状态下进行的冲压变形工艺,成形性能和成形精度显著提升,多用于超高强钢等冷冲压成形难度大的材料。

冲压工艺具有以下优点:① 利用模具成形,产品几何精度和表面质量高,互换性好;② 可成形的板材强度范围广(100～2000 MPa)、刚度高;③ 可直接成形尺寸大、形状复杂的三维薄板构件,且仅需切边和冲孔去除少量余料,材料利用率高,一般可达70%～85%;④ 易于实现机械化和自动化,生产效率高,成本低。

冲压是制造汽车车身构件的主要方式,以数量计,汽车车身上60%～70%的构件是用冲压工艺生产的,主要分为覆盖件和结构件两大类。

(1) 覆盖件。汽车覆盖件是指覆盖汽车发动机、底盘,构成驾驶室和车身的表面构件,包括外覆盖件和内覆盖件。典型的覆盖件主要有侧围、顶棚、发动机罩、翼子板、行李舱盖、轮罩板、车门板、地板、厢板等。汽车覆盖件一般轮廓尺寸大，壁薄，空间曲面复杂，局部多有凸台、凹坑、转角、筋条等结构。可以说，汽车覆盖件是最复杂的冲压件，不仅有一定的刚度、强度要求，而且有非常高的尺寸精度和表面质量要求，故一般选用成形性能良好的高强钢或软钢制造。

(2) 结构件。结构件包括组成车身框架及车架的骨架件，还包括发动机及底盘结构等的安装承载件。典型的结构件有 A/B/C 柱加强板、保险杠、防撞梁、纵梁、横梁、边梁、隔板加强板、发动机安装支架等。结构件多具有梁、杆、柱、框类结构特征，并有较高的承受静载荷和碰撞冲击载荷能力，其材料强度比覆盖件要求更高。目前大多数车型车身结构件普遍应用抗拉强度在 600 MPa 以上的高强钢，甚至应用抗拉强度为 1500～2000 MPa 的热成形钢制造。

除此之外，底盘和发动机中也有不少构件是通过冲压加工的，例如车轮轮辐、轮辋、驱动桥桥壳、三角臂、转向拉杆、发动机油底壳、散热器散热片、排气尾管、冷却液管等，在此不做赘述。

### 1.3.2　汽车薄板构件冲压成形性能评定方法

在冲压成形中，薄板构件复杂形状决定了坯料变形过程中的冲压受力和变形特征，如图 1-2 所示，压料面区域的材料在径向拉应力和切向受应力的作用下产生塑性变形，其变形机理主要为拉深；凸模下面的材料则在径向和切向双向拉应力的作用下产生塑性变形，其变形机理为胀形。由此可见，汽车薄板构件冲压变形性质既不是简单的拉深变形，也不是简单的胀形变形，而是两者的复合变形。就工序而言，汽车构件冲压工艺一般由落料(或剪切)、拉深、修边、翻边、整形、冲孔、弯曲、胀形、切口等基本工序按需要排列组合而成，其中典型覆盖件一般需要 4～6 道工序。

汽车薄板构件冲压成形时，通常采用成形性能评价其成形质量。冲压成形性能是指板材在冲压过程中抵抗缩颈、破裂、起皱、波纹、回弹和表面缺陷的能力。板材冲压成形性能主要通过试验方法进行测定，试验方法一般分为本征试验和模拟试验两大类。本征试验包括单向拉伸试验、双向拉伸试验、金相试验和硬度试验等。通过本征试验可以测量板材各项基本性能参数，比如屈服强度、抗拉强度、各向异性系数、应变硬化指数、延伸率和硬度值等。模拟试验主

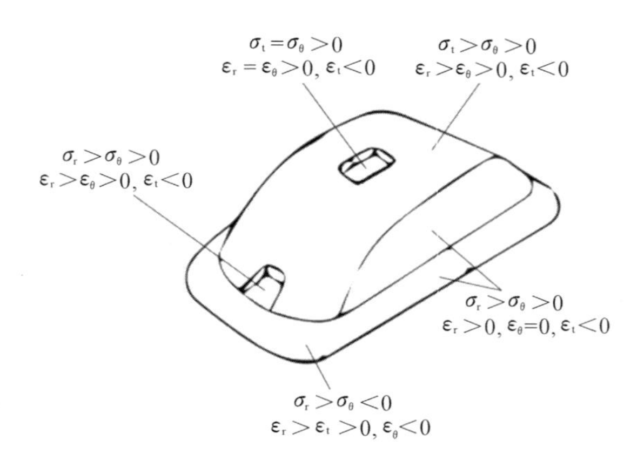


**图 1-2　汽车薄板构件冲压受力和变形特征**

要是在与汽车覆盖件真实冲压工艺基本一致的应力状态和变形特点下，测定某些特定的成形性能指标。常见的板材冲压成形模拟试验如表 1-1 所示。

**表 1-1　常见的板材冲压成形模拟试验**

| 试验名称 | 测量值 | 成形性能 | 测量值与板材成形性能的关系 |
|---|---|---|---|
| Erichsen 杯突试验 | 杯突值(IE) | 胀形性能 | IE 值越大，胀形性能越好 |
| Yoshida 起皱试验 | 不均匀拉应力下的皱褶高度 $h_0$ | 抗失稳起皱性能 | $h_0$ 越小，抗失稳起皱能力越好 |
| Swift 试验 | 极限拉深比 LDR | 拉深性能 | LDR 越大，拉深性能越好 |
| KWI 扩孔试验 | 极限扩孔系数 $\lambda$ | 翻边性能 | $\lambda$ 越大，翻边性能越好 |
| 锥杯试验 | 锥杯值 CCV，锥杯比 $\eta$ | 胀形性能与拉深性能 | CCV 或 $\eta$ 越小，复合性能越好 |
| 极限拱顶高度试验 | 极限拱顶高 LDH | 胀形性能 | LDH 越大，胀形性能越好 |
| 成形极限试验 | 成形极限曲线 FLC | 综合成形性能 | 曲线最低点 $FLC_0$ 越大，综合成形性能越好 |
| 液压胀形试验 | 双向拉伸应力下的真实应力-真实应变曲线及其他固有特性 | 胀形性能 | 利用测量的数据为板材选取更加合适的变形量 |
| S-Rail 标准试验 | 板材上关键点(或截面)成形后回弹前与回弹后的拉深量(或轮廓) | 综合成形性能 | 通过测量的数据，研究变形条件对应变分布、起皱和回弹等的影响 |

如前所述，汽车薄板构件普遍形状复杂，轮廓尺寸大，板材薄，精度性能要求高。同时，影响薄板构件冲压成形性能的因素很多，例如，初始坯料尺寸形状、冲压方向、拉延筋、压边力、摩擦状况等，因此冲压工艺的设计非常复杂。

随着钢板强度的不断提升，材料室温变形抗力增大，塑性和成形性下降，同时屈服强度的提高还会引起面畸变和回弹效应，增加形状不稳定性。典型的冲压成形缺陷有开裂、回弹、起皱等(见图 1-3)，直接影响产品质量、生产效率和生产成本。以乘用车整体侧围覆盖件冷冲压为例，其成形质量对工艺条件及摩擦润滑条件非常敏感，通常产生回弹、起皱、开裂、凹陷等多种缺陷，这些缺陷严重影响产品几何光顺性甚至导致产品报废。

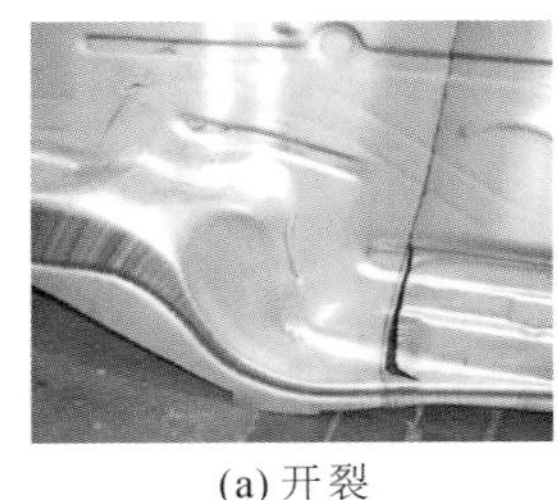
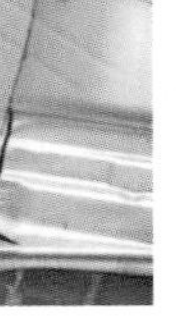
(a) 开裂

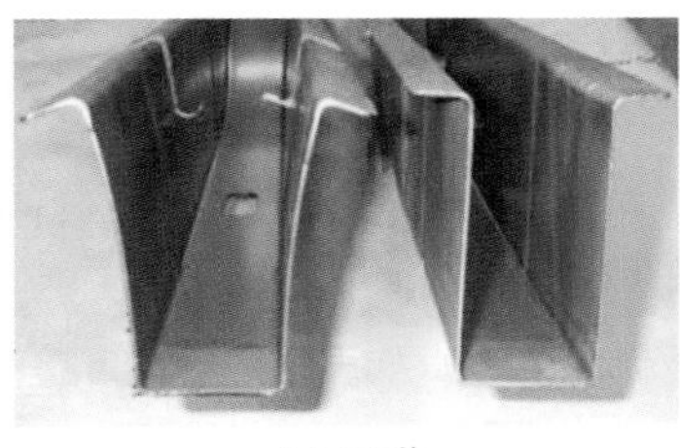
(b) 回弹

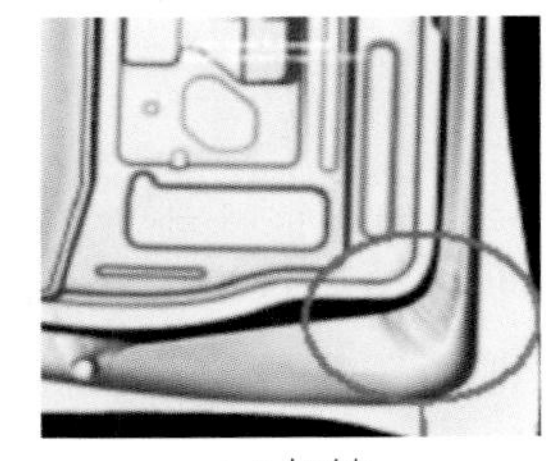
(c) 起皱

**图 1-3　汽车覆盖件冲压成形缺陷**

## 1.4　超高强钢热冲压成形及存在的技术难题

超高强钢热冲压工艺流程如图 1-4 所示，首先将钢板放入加热炉中加热至 900～950 ℃并保温至完全奥氏体化，同时避免晶粒粗大；再将热态钢板快速转移至模具中合模成形，然后模内保压与急冷淬火同步进行，从而获得完全马氏体组织的构件。显然，热冲压是一种集冲压和热处理于一体的技术，它利用金属板材高温下变形抗力减小、成形性能提升的特性，可以制成强度更高、形状更为复杂的构件。热冲压技术由瑞典 Plannja 公司 1977 年发明，1984 年瑞典 Saab 汽车公司首先将该技术应用于 Saab 9000 汽车上。时至今日，热冲压产品已在汽车 A 柱、B 柱、保险杠、纵梁、边梁、车底框架、车门防撞梁等梁柱框类构件上得到广泛的应用。

对于吉帕级以上的超高强钢，成形制造难度很大，回弹现象非常严重，仅靠

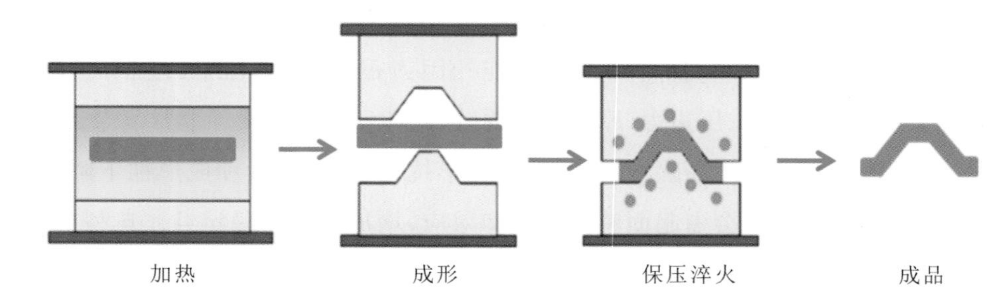


**图 1-4　超高强钢热冲压工艺流程**

冷冲压工艺优化及反复修模/试模很难获得尺寸形状精度符合要求的构件。热冲压极大地提升难变形板材的成形性能，减小变形抗力和回弹量，能够解决超高强钢成形性能差、成形精度低的难题。然而，热冲压成形后的构件抗拉强度达 1500～2000 MPa，但韧性急剧降低（延伸率仅为 5%～7%），一旦发生碰撞，热冲压结构件的碰撞吸能效果大大降低，有可能导致乘员与车内部件发生“二次碰撞”，碰撞安全性能降低。可见，如何在不降低超高强钢构件强度和减缓热冲压快速生产节奏的前提下提升复相组织的韧性是热冲压面临的技术难题之一。

此外，为最大限度地实现车辆轻量化，薄板构件必然朝着大型化、集成化、一体化方向发展。Gestamp、Benteler、东实股份等企业目前已实现一体式单门环量产，将零件数量由 4～5 个减为 1 个，减重 15%～25%。国内外众多研究单位正着手研发一体式双门环、一体式后地板梁等大型构件。大型一体式构件热冲压面临的技术挑战包括：① 结构比传统单个构件更复杂，成形性能更差，局部回弹、开裂、起皱风险增大；② 配合件增多（例如，整体门环配合件超过 20 个），尺寸精度与配合要求大幅提高；③ 大型一体式构件作为承受碰撞载荷的关键保安件，性能要求高，且同一构件在不同位置有不同的碰撞吸能性需求。现有的单个构件等强度热冲压成形技术无法适用于大型一体式构件。大型一体式构件热冲压整体变形协调与分区组织性能差异化调控是超高强钢热冲压面临的另一技术难题。

尽管热冲压出现时间较短，但发展极为迅猛，市场需求巨大。2010 年全球约有 110 条热冲压生产线，主要分布在欧美发达国家，而我国仅有 5 条热冲压生产线。据不完全统计，截至2018年，全球热冲压生产线已超过400条，热冲压构件年产量约5亿件，我国热冲压生产线数量和产品产量均占一半左右。然而与国际先进水平相比，我国超高强钢薄板构件热冲压成形技术创新能力仍有待提升，关键装备生产线仍然在一定程度上依赖进口。因此，研发具有自主知识产权的超高强钢汽车薄板构件热冲压精确成形技术与装备具有极为重要的意义。

## 1.5 本章小结

本章首先在介绍汽车轻量化背景与重要意义的基础上，对高强钢分类、特点及应用进行了阐述。随后，分析了汽车薄板构件冲压成形特点、应用情况以及冲压成形性能评定方法。最后，阐述了超高强钢热冲压成形的概念、工艺流程，并讨论了其中存在的技术难题，为后续热冲压理论技术的研究奠定了基础。

## 本章参考文献


[1] 节能与新能源汽车技术路线图战略咨询委员会，中国汽车工程学会. 节能与新能源汽车技术路线图[M]. 北京：机械工业出版社，2015.

[2] 何耀华. 汽车制造工艺[M]. 北京：机械工业出版社，2012.

[3] CZERWINSKI F. Current trends in automotive lightweighting strategies and materials[J]. Materials，2021，14(21)：6631.

[4] 华林，魏鹏飞，胡志力. 高强轻质材料绿色智能成形技术与应用[J]. 中国机械工程，2020，31(22)：2753-2762+2771.

[5] 赵征志，陈伟健，高鹏飞，等. 先进高强度汽车用钢研究进展及展望[J]. 钢铁研究学报，2020，32(12)：1059-1076.

[6] 罗海文，沈国慧. 超高强高韧化钢的研究进展和展望[J]. 金属学报，2020，56(4)：494-512.

[7] 金学军，龚煜，韩先洪，等. 先进热成形汽车钢制造与使用的研究现状与展望[J]. 金属学报，2020，56(4)：411-428.

[8] 国家市场监督管理总局,国家标准化管理委员会.超高强钢热冲压工艺通用技术:GB/T 36961—2018[S].北京:中国标准出版社,2018.

[9] 宋燕利,刘煜键,方志凌,等.超高强钢构件热冲压成形技术与应用[J].机械工程学报,2023,59(20):154-178.

[10] 闵峻英,林建平.金属板材热辅助塑性成形理论[M].上海:同济大学出版社,2014.

[11] 姜奎华.冲压工艺与模具设计[M].北京:机械工业出版社,1998.

[12] 肖景容,姜奎华.冲压工艺学[M].北京:机械工业出版社,1990.

[13] 宋燕利,华林.车身覆盖件拼焊板冲压成形技术的研究现状及发展趋势[J].中国机械工程,2011,22(1):111-118.

[14] MORI K,BARIANI P F,BEHRENS B A,et al. Hot stamping of ultra-high strength steel parts[J]. CIRP Annals-Manufacturing Technology,2017,66(2):755-777.

[15] CHANTZIS D,LIU X C,POLITIS D J,et al. Review on additive manufacturing of tooling for hot stamping[J]. The International Journal of Advanced Manufacturing Technology,2020,109:87-107.

[16] LU J,SONG Y L,HUA L,et al. Influence of thermal deformation conditions on the microstructure and mechanical properties of boron steel[J]. Materials Science and Engineering A,2017,701:328-337.

[17] 马鸣图,冯仪,方刚,等.热冲压成形件的智能制造(上)[J].锻造与冲压,2023(10):16-19.

# 第2章 超高强钢热力耦合塑性变形行为与组织演变机理

超高强钢热冲压过程中需要将钢板加热到奥氏体化状态，然后在模具中进行冲压成形后再保压淬火，此过程中钢板受热力耦合作用，超高强钢变形行为及微观组织动态变化直接影响最终构件的成形性能。超高强钢热力耦合塑性变形行为受材料（如尺寸、形状、第二相分布状况）和变形条件（如受力状态、变形温度、变形速率、变形量）等多种因素的影响。本章主要介绍了典型热冲压硼钢板材在不同变形条件下的高温单向拉伸试验和胀形试验，建立了材料高温黏塑性本构模型和成形极限模型，分析了材料断口形貌及微观组织演化规律，可为复杂构件热冲压成形仿真与试验提供理论基础。

## 2.1 高温拉伸变形行为与组织演变规律

### 2.1.1 高温拉伸试验与应力-应变曲线

试验材料为宝钢集团生产的1.6 mm厚B1500HS冷轧硼钢板，按照图2-1所示的尺寸加工成一组单向拉伸试样（共21个试样，编号为S1～S21），试样长度方向与轧制方向相同。然后，利用Gleeble-3500热模拟试验机（见图2-2）完成不同温度、不同应变速率下的单向热拉伸试验，试验方案如图2-3和表2-1所示，即将试样加热至900 ℃，保温5 min，再冷却至一定温度后做等温拉伸试验；试样拉断后喷水冷却，冷却速率（冷速）不低于30 ℃/s。本试验以25 ℃常温拉伸试样为对比试样。为准确测试试样在试验过程中温度的变化情况，在试验开始前须通过点焊机将两根K型热电偶焊在试样中部表面，两根热电偶间距为1～2 mm。拉伸后试样如图2-4所示。可以看出，试样均在中部发生断裂，且断裂方向与主应变方向垂直，这种颈缩断裂方式称为0°颈缩方式。

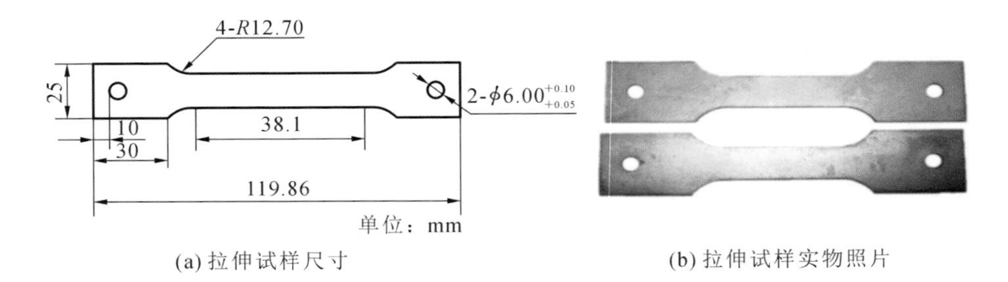


(a) 拉伸试样尺寸　　(b) 拉伸试样实物照片

**图 2-1　单向拉伸试样尺寸及实物照片**

图 2-2　Gleeble-3500 热模拟试验机

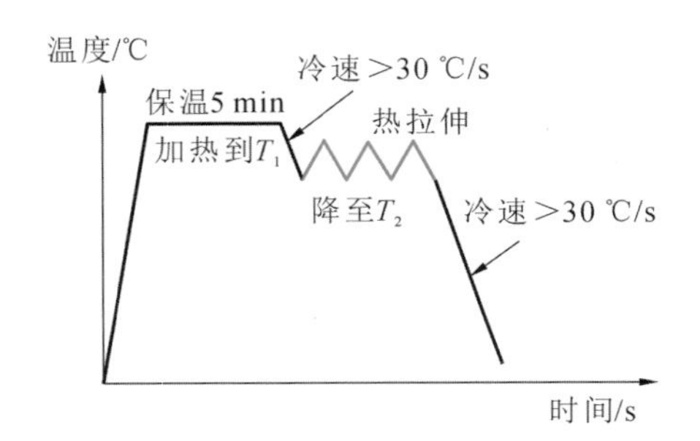


图 2-3　B1500HS 钢板试样等温拉伸试验温度曲线

**表 2-1　B1500HS 钢板试样等温拉伸试验方案**

| 编号 | $T_1$/℃ | $T_2$/℃ | 应变速率/$s^{-1}$ |
|---|---|---|---|
| S1～S3 | 900 | 900 | 0.01/0.10/1.00 |
| S4～S6 | | 800 | 0.01/0.10/1.00 |
| S7～S9 | | 750 | 0.01/0.10/1.00 |
| S10～S12 | | 700 | 0.01/0.10/1.00 |
| S13～S15 | | 650 | 0.01/0.10/1.00 |
| S16～S18 | | 600 | 0.01/0.10/1.00 |
| S19～S21 | 25 | 25 | 0.01/0.10/1.00 |

为了更准确地描述材料高温塑性变形行为，我们通过载荷值和位移值计算得到材料的真实应力和真实应变，见式(2-1)、式(2-2)。

$$\sigma_t = \frac{F}{A_1} = \frac{F}{A_0 l_0} l_1 \tag{2-1}$$

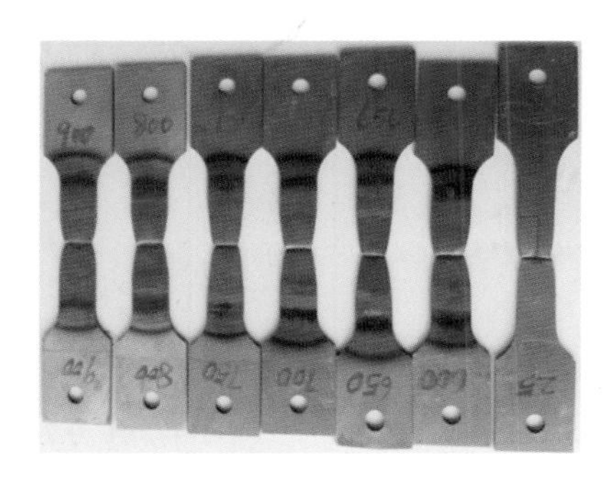

**图 2-4 单向拉伸后试样照片**

$$\varepsilon_t = \ln \frac{l_0 + \Delta l_1}{l_0} \tag{2-2}$$

式中：$F$ 为拉伸载荷；$\sigma_t$ 为真实应力；$\varepsilon_t$ 为真实应变；$A_1$ 为试样变形后的横截面积；$A_0$ 为试样变形前的横截面积；$l_1$ 为试样变形后的长度；$l_0$ 为试样变形前的长度；$\Delta l_1$ 是拉伸过程中夹头发生的位移。

图 2-5 所示为 B1500HS 钢板在不同变形温度和应变速率下的真实应力-真实应变曲线。由图可知，在一定的应变速率和变形温度下，B1500HS 钢板高温流动应力先随应变的增加而迅速上升至最大值，再急剧降低，直至试样拉断。在同一应变速率下，相同应变对应的流动应力随着变形温度的增加而逐渐减小，并且在塑性变形范围内，真实应力-真实应变曲线的斜率随着变形温度的增加有减小的趋势。在变形温度一定的情况下，随应变速率的增加，相同应变对应的材料流动应力也逐渐增加。

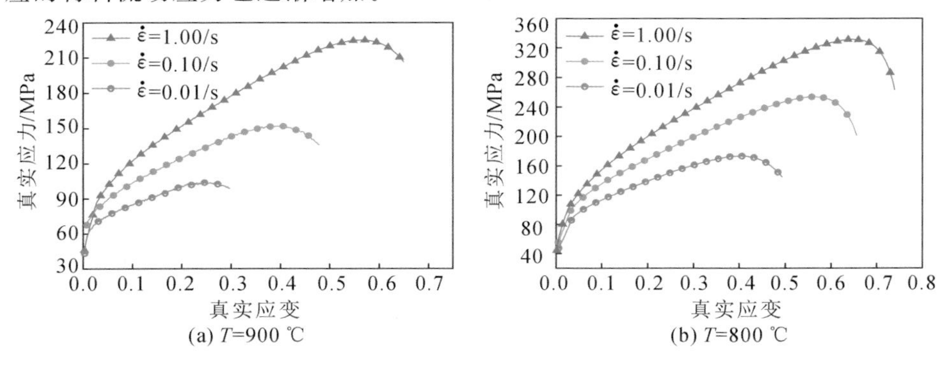


(a) $T$=900 ℃　　(b) $T$=800 ℃

**图 2-5 B1500HS 钢板单向拉伸真实应力-真实应变曲线**

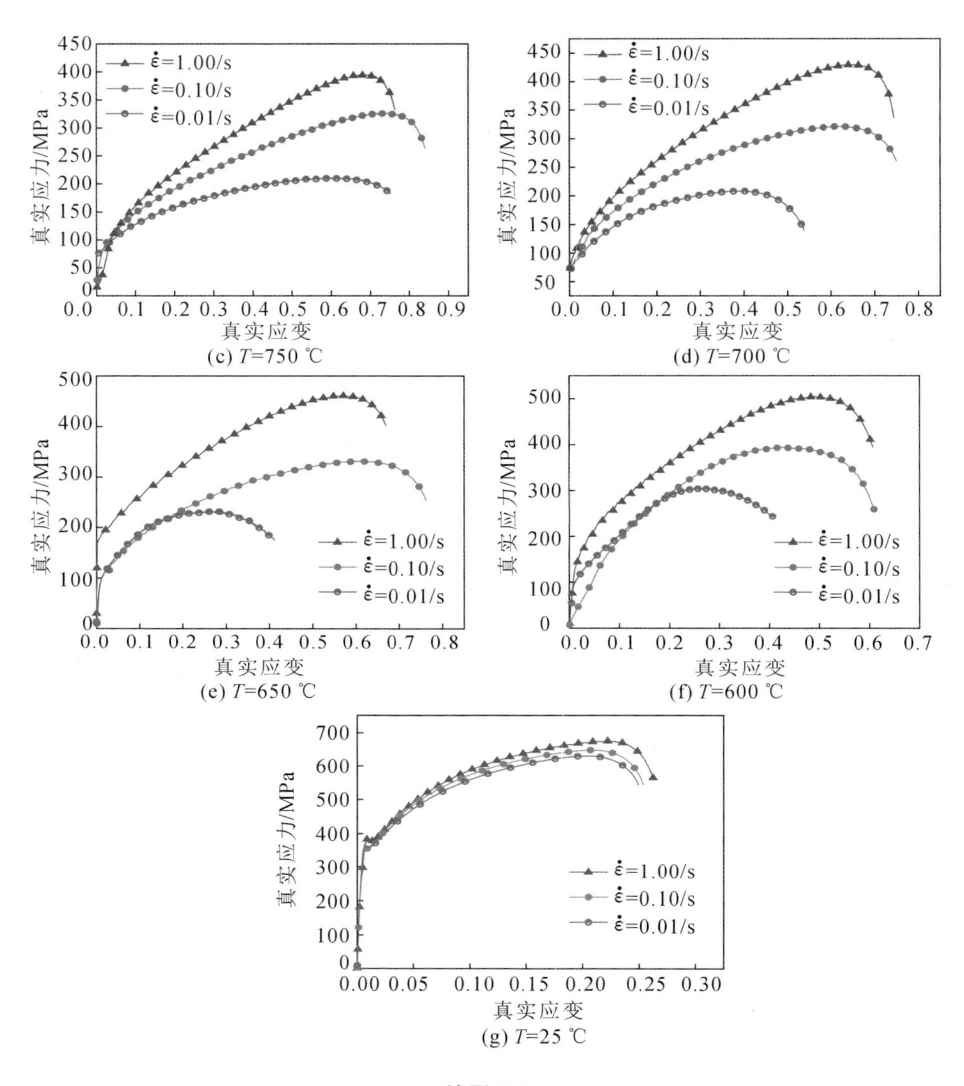

(c) $T$=750 ℃

(d) $T$=700 ℃

(e) $T$=650 ℃

(f) $T$=600 ℃

(g) $T$=25 ℃

**续图 2-5**

## 2.1.2 断裂区微观组织演变

在距拉伸试样断口 15 mm 处切取如图 2-6 所示试样，并进行断口形貌分析。用离子溅射试样制备仪对试样表面进行镀金处理后，通过荷兰 FEI 公司生产的 Quanta 200 环境扫描电子显微镜观察其断口形貌。

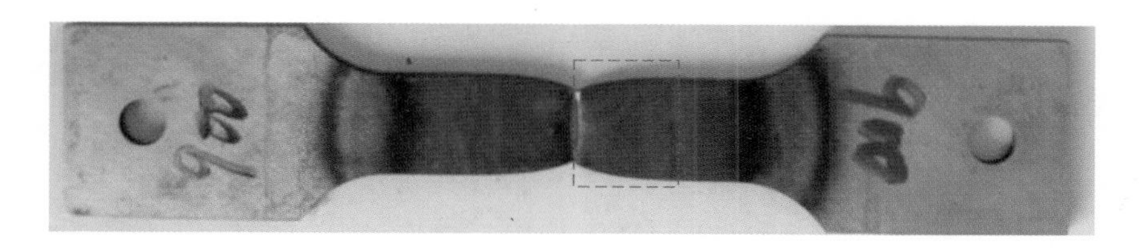

图 2-6　断口观察试样的切取位置

#### 2.1.2.1　拉伸断口中部形貌对比

图 2-7 比较了 B1500HS 钢板在不同温度下等温拉伸淬火后断口中部的形貌特征。可以看出，钢板在拉伸断裂时存在颈缩现象，且颈缩区断面始终垂直于主应变方向，断口处的材料厚度明显减薄，整个断口都是剪切面。高温下拉伸断口皆呈韧窝断裂形貌，且变形温度为 600 ℃时韧窝最明显。随着温度的升高，断口韧窝逐渐减少。试样心部存在拉裂时所产生的贯穿整个试样宽向的二次裂纹和抛物线形剪切韧窝，并且有明显的面缩特征，该二次裂纹和韧窝将整个断面分为上、下两个部分，试样内部分别形成了两个自由表面，表明 B1500HS 钢板在高温下具有较好的塑性。

从图 2-7(a′)～(f′)中可以看出，对于 600～900 ℃高温拉伸试样，在应变速率不变的情况下，随变形温度的降低，韧窝数目增多，即断裂孔洞数目增加，微孔聚合长大作用减弱。图 2-8 为 B1500HS 钢板中部断口韧窝长度占中部总长度的比例($k_d$)随变形温度的变化规律，其中 $k_d$ 通过式(2-3)计算得到。可以看出，随着变形温度的升高，$k_d$ 逐渐下降。

$$k_d = \frac{l_d}{l} \times 100\% \tag{2-3}$$

式中：$l_d$ 为中部断口韧窝的长度；$l$ 为中部总长度。

从图 2-7(e′)～(f′)对应的微观断口可以清晰地看出，大韧窝侧壁上有明显的蛇形滑移线[见图 2-7(e′)～(f′)中放大图]，表明试样在 600～650 ℃下拉断时滑移现象明显，而变形温度较高时滑移现象不明显。可以看出，在较高和较低的变形温度下断口形貌有一些差别，这可能是试样在不同温度下变形和冷却后所得到的相组成不同而导致的。对比图 2-7(g)和其他分图可以发现，室温断口形貌与高温断口形貌相差很大。室温试样断口中部韧窝较长，呈片层状，并有

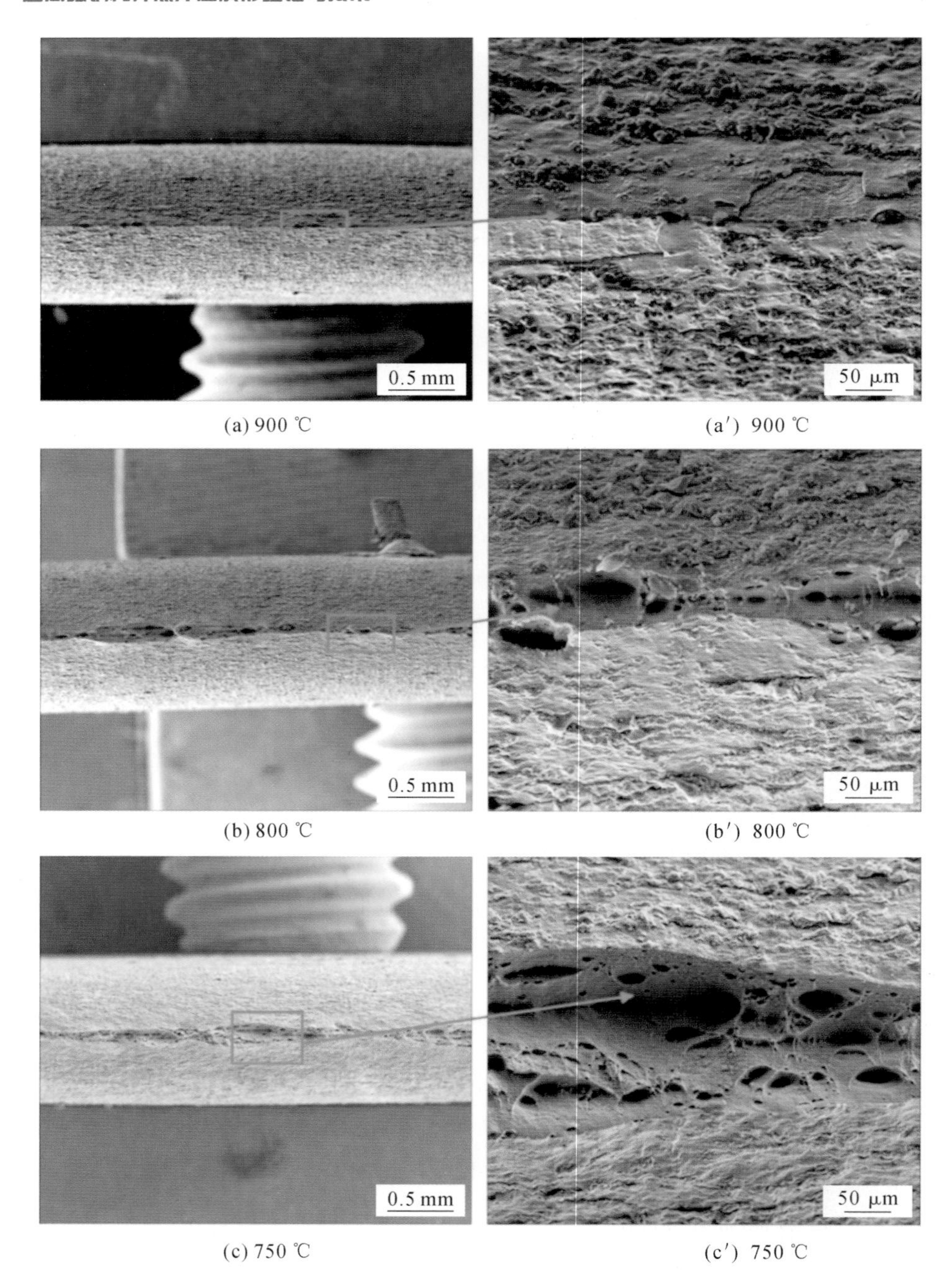


(a) 900 ℃ (a′) 900 ℃

(b) 800 ℃ (b′) 800 ℃

(c) 750 ℃ (c′) 750 ℃

**图 2-7** B1500HS 钢板分别在 900 ℃、800 ℃、750 ℃、700 ℃、650 ℃、600 ℃、25 ℃下等温拉伸淬火后断口中部的形貌特征

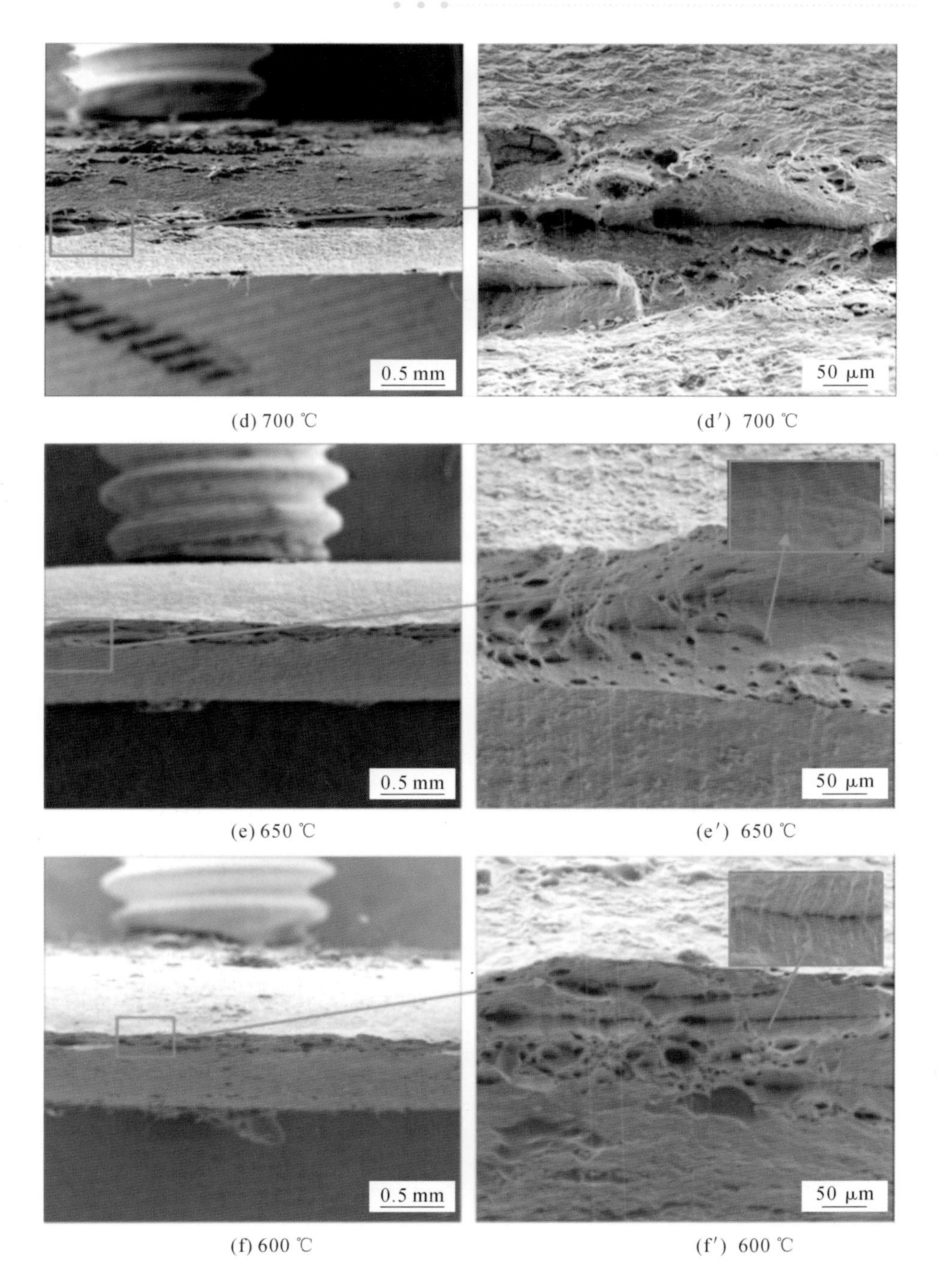


(d) 700 ℃ (d′) 700 ℃

(e) 650 ℃ (e′) 650 ℃

(f) 600 ℃ (f′) 600 ℃

**续图 2-7**

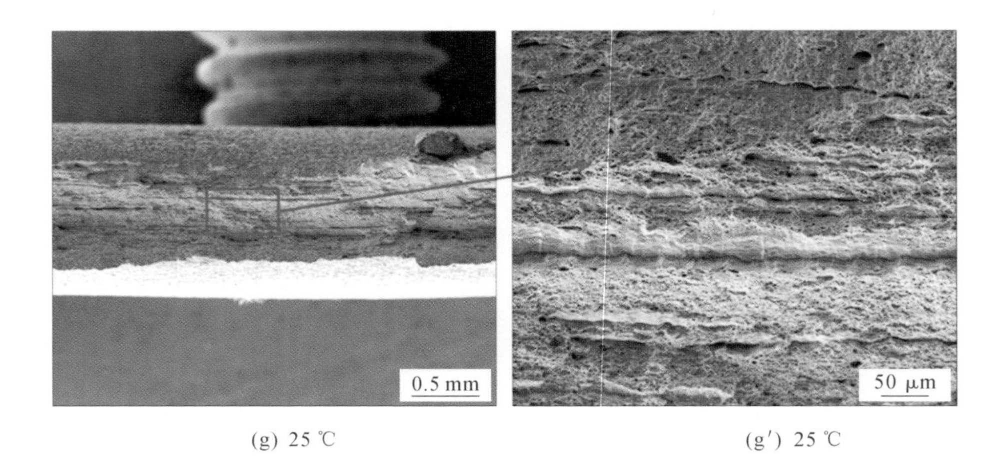


(g) 25 ℃　　(g′) 25 ℃

续图 2-7

撕开痕迹，裂纹始于轧制缺陷处，为珠光体断裂形貌；断口上下两侧韧窝较圆并且比较细小，为铁素体拉断形貌。因为拉伸时珠光体和铁素体塑性形变不能互相协调，塑性好的铁素体先发生塑性变形，塑性差的珠光体条带形变滞后，故而形成微裂纹。在后续拉伸过程中，微裂纹沿着珠光体和铁素体界面扩展，逐步发展成为层状撕裂特征。

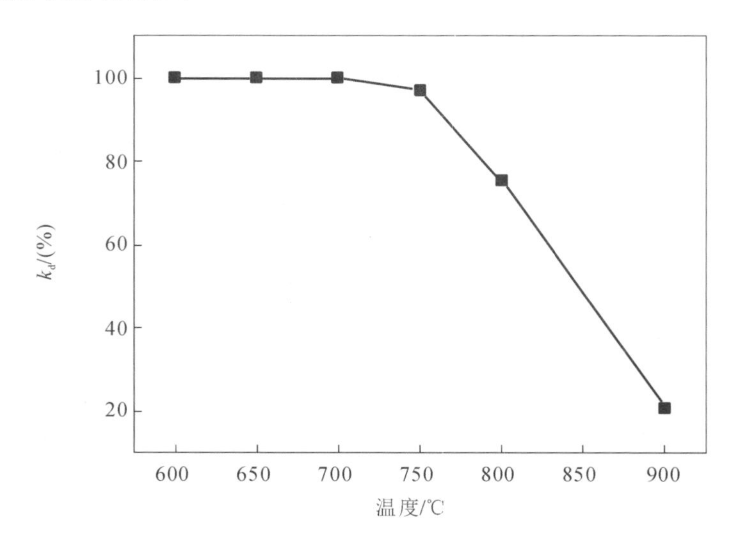


图 2-8　$k_d$随变形温度的变化规律

### 2.1.2.2　拉伸断口端部形貌对比

图 2-9 比较了 B1500HS 钢板在不同温度下等温拉伸淬火后断口端部的形貌特征。对于高温拉伸试样，在应变速率不变的情况下，温度越低，端部重熔区长度越小(700 ℃所对应的断口除外)，重熔现象越不明显。图 2-10 定量地反映了这一特征。同样可以看出，温度越低，端部韧窝越多；当温度为 900 ℃时，端部存在明显的塑性延长带。室温试样的断口端部拉长量最小，这是因为试样的常温塑性没有高温塑性好。

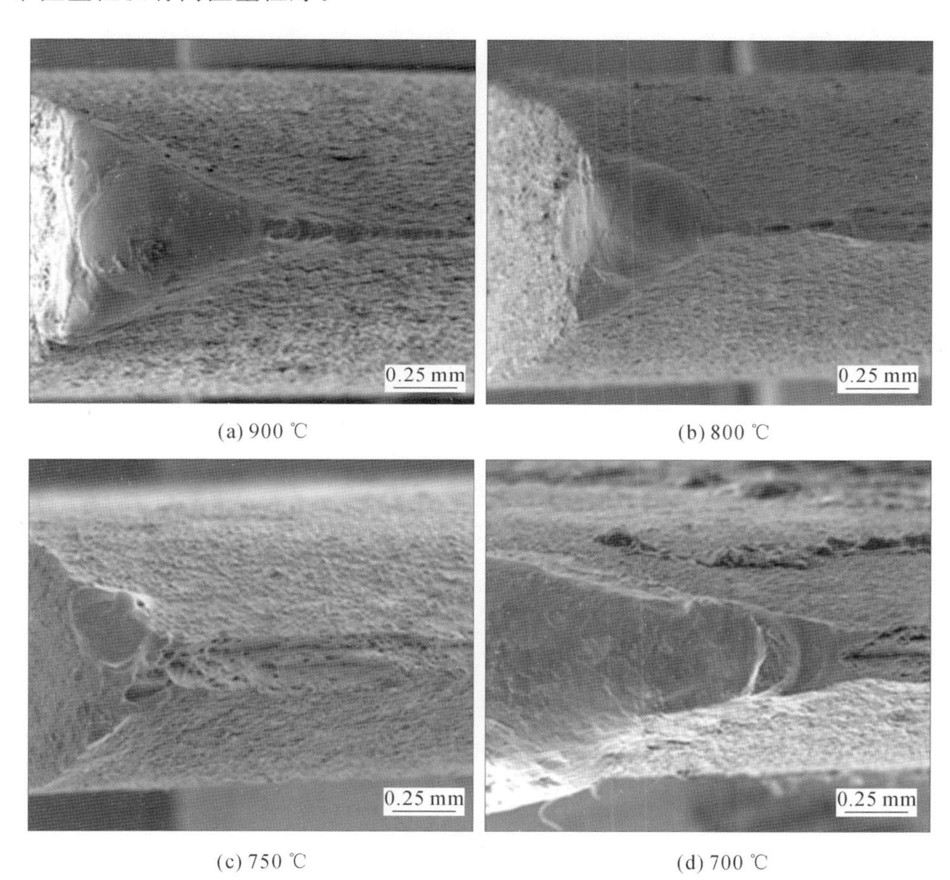


(a) 900 ℃　(b) 800 ℃

(c) 750 ℃　(d) 700 ℃

**图 2-9　试样在 900 ℃、800 ℃、750 ℃、700 ℃、650 ℃、600 ℃、25 ℃下等温拉伸淬火后断口端部的形貌特征**

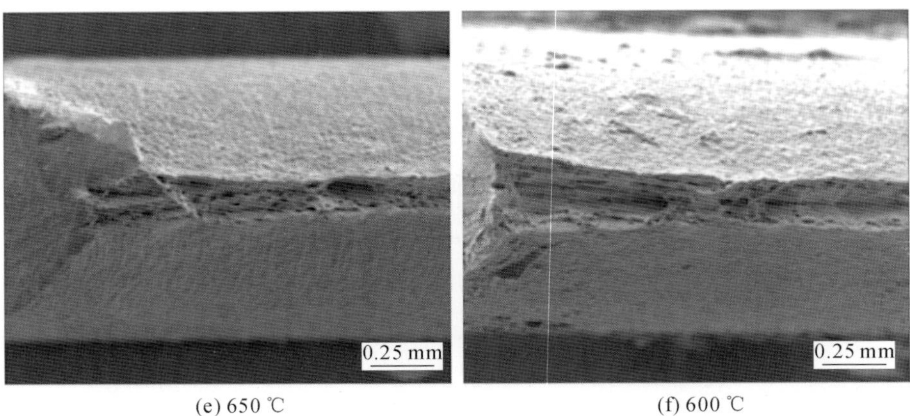


(e) 650 ℃　　　　(f) 600 ℃

(g) 25 ℃

**续图 2-9**

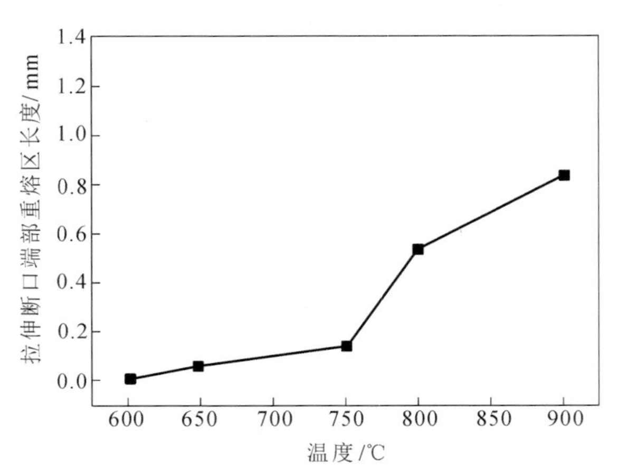


**图 2-10**　B1500HS **钢板在不同温度下等温拉伸淬火后断口端部重熔区长度**

### 2.1.2.3　拉伸断口氧化皮形貌对比

B1500HS 钢板是在高温环境下成形的，钢板表面的氧化皮对板材的性能又有一定的影响，故有必要研究温度对钢板表面氧化皮的影响规律。图 2-11 比较了试样在不同温度下等温拉伸淬火后断口氧化皮的形貌特征。在应变速率不变的情况下，温度越高，氧化皮越厚越致密；温度越低，氧化皮越疏松，端部越尖，分层越多。这表明高温使钢板氧化程度加重，表面氧化皮增加到一定厚度后还会脱落，不利于板材成形。

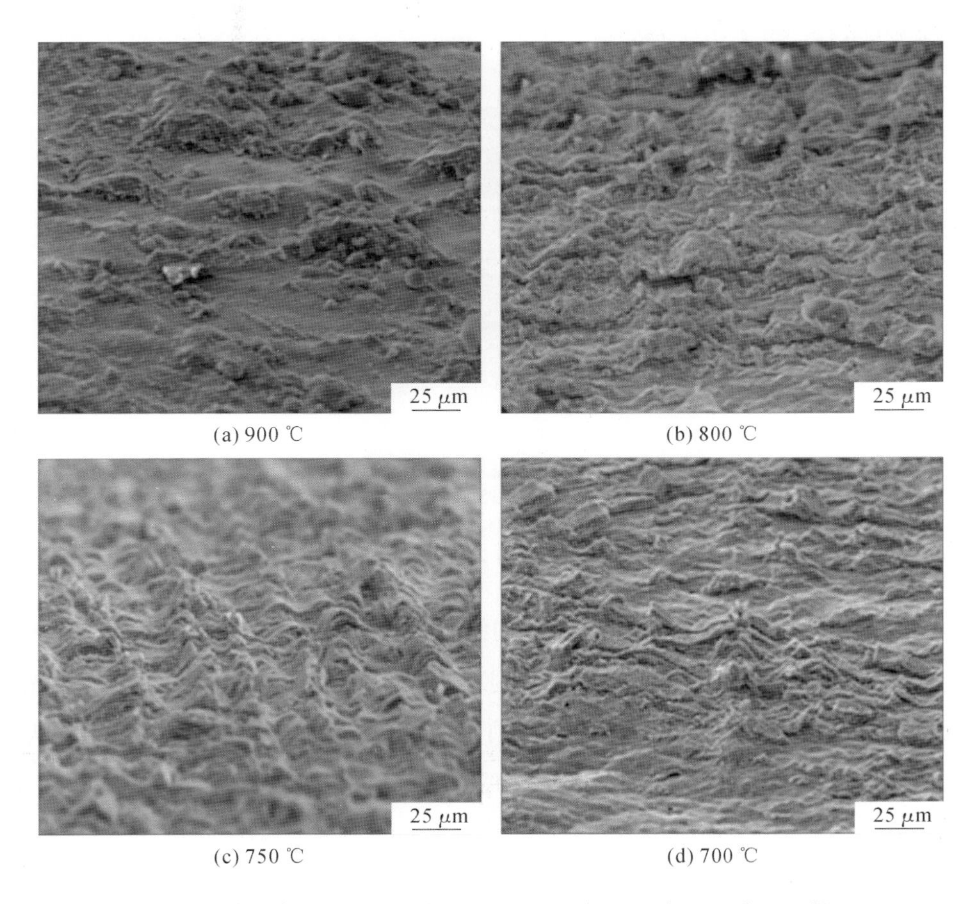


(a) 900 ℃　(b) 800 ℃

(c) 750 ℃　(d) 700 ℃

**图 2-11　试样在 900 ℃、800 ℃、750 ℃、700 ℃、650 ℃、600 ℃、25 ℃下等温拉伸淬火后断口氧化皮的形貌特征**

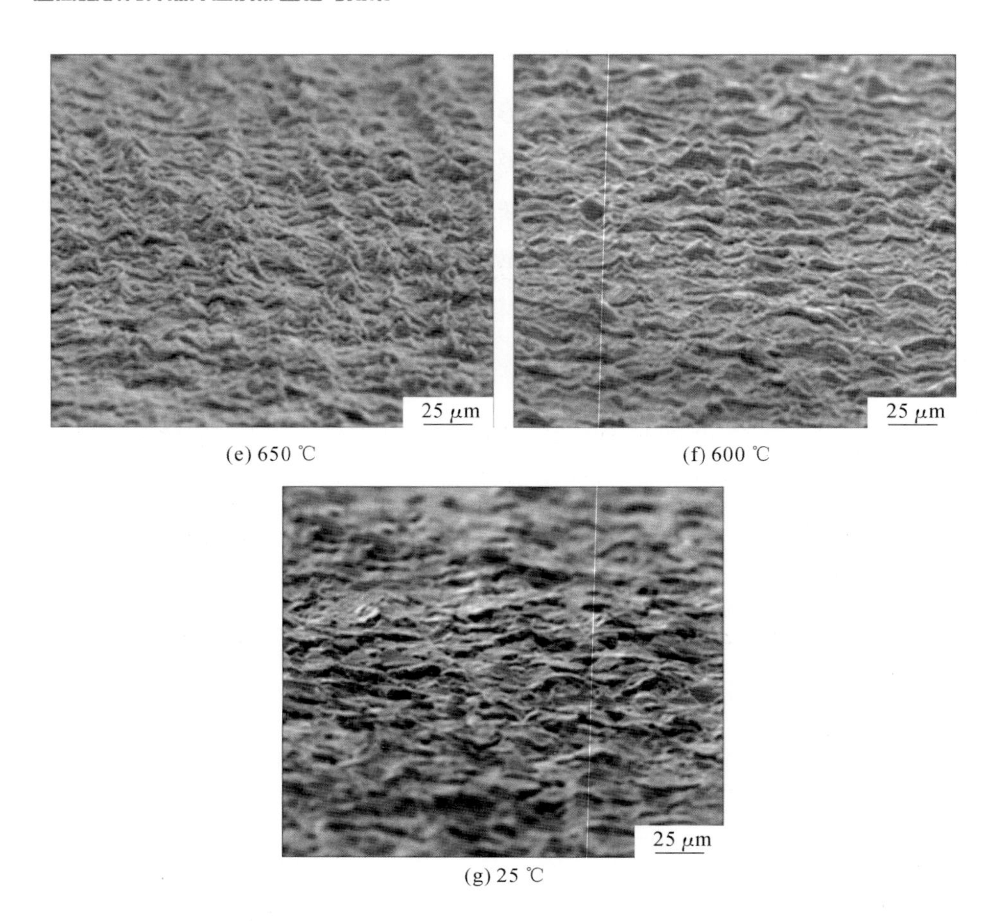


(e) 650 ℃

(f) 600 ℃

(g) 25 ℃

**续图 2-11**

将上述用于观察断口的试样用线切割机沿纵向剖面中线切成两份，尺寸大约为 5 mm×15 mm。对样品断口经过胶木粉镶嵌、金相砂纸预磨、金刚砂抛光和化学腐蚀后，在 ZEISS Axio Scope A1 光学显微镜下观察断口金相组织。为了分析的准确性，也获取了断口的 SEM 组织照片。

对比 B1500HS 钢板在不同温度下拉伸断口形貌和氧化皮形貌，可以发现，变形温度对断口形貌特征影响很大，而变形温度又和微观组织有着密切的关系。下面分析试样在 600～900 ℃区间变形、淬火后拉伸断裂区的金相显微组织。结合 B1500HS 硼钢的过冷奥氏体连续冷却转变曲线（CCT 曲线，如图 2-12 所示）和等温拉伸条件可以定性地得出，B1500HS 硼钢在 600～900 ℃之间进行

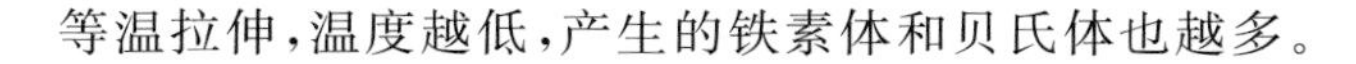

等温拉伸，温度越低，产生的铁素体和贝氏体也越多。

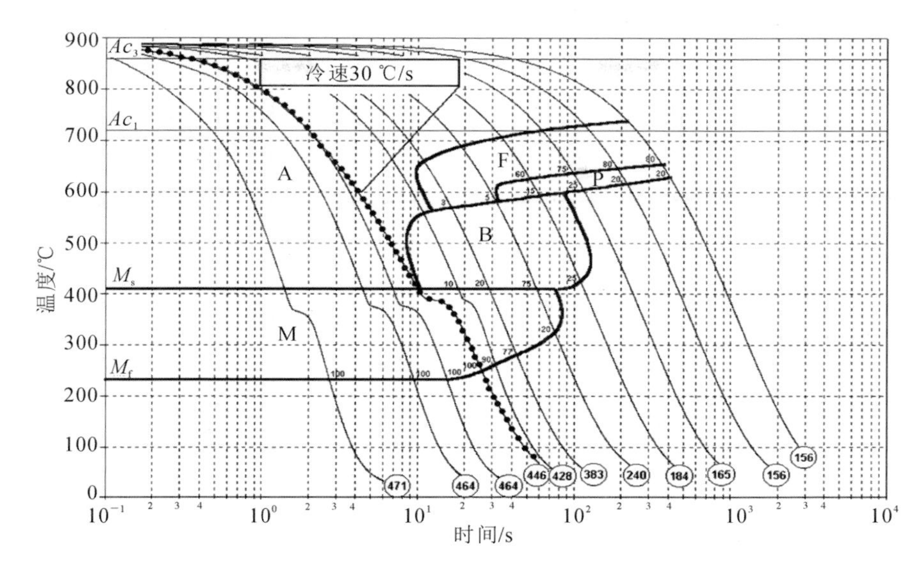


**图 2-12** B1500HS **硼钢的** CCT **曲线**

A—奥氏体；B—贝氏体；F—铁素体；M—马氏体

图 2-13、图 2-14 分别为 B1500HS 钢板在不同温度下等温拉伸淬火后断口的金相组织照片和 SEM 组织照片，应变速率均为 0.1 $s^{-1}$。可以看出，变形温度在 800～900 ℃时，试样淬火冷却后的组织为板条状马氏体。在变形温度为 750 ℃时，等温热拉伸形变促使粒状贝氏体和等轴状铁素体在原奥氏体晶界生成，试样淬火冷却后所得组织为马氏体＋粒状贝氏体＋等轴状铁素体[图 2-13(c)、图 2-14(c)]。当变形温度为 600～700 ℃时，试样淬火冷却后得到的组织为马氏体＋粒状贝氏体＋细条状铁素体[图 2-13(d)～(f)、图 2-14(d)～(f)]，其中细条状铁素体主要在晶界处生成并向晶内生长。通过以上分析可知，析出铁素体的形貌特征随变形温度发生变化：较高温度下奥氏体形变诱发等轴状铁素体在原奥氏体晶界析出；随着变形温度的降低，铁素体在原奥氏体晶界诱发形核向晶内生长，并在原奥氏体晶粒内形成细条状铁素体。常温下拉伸试样的组织为珠光体＋铁素体，所以断口形貌为比较典型的层状撕裂特征，断口呈多层样貌。

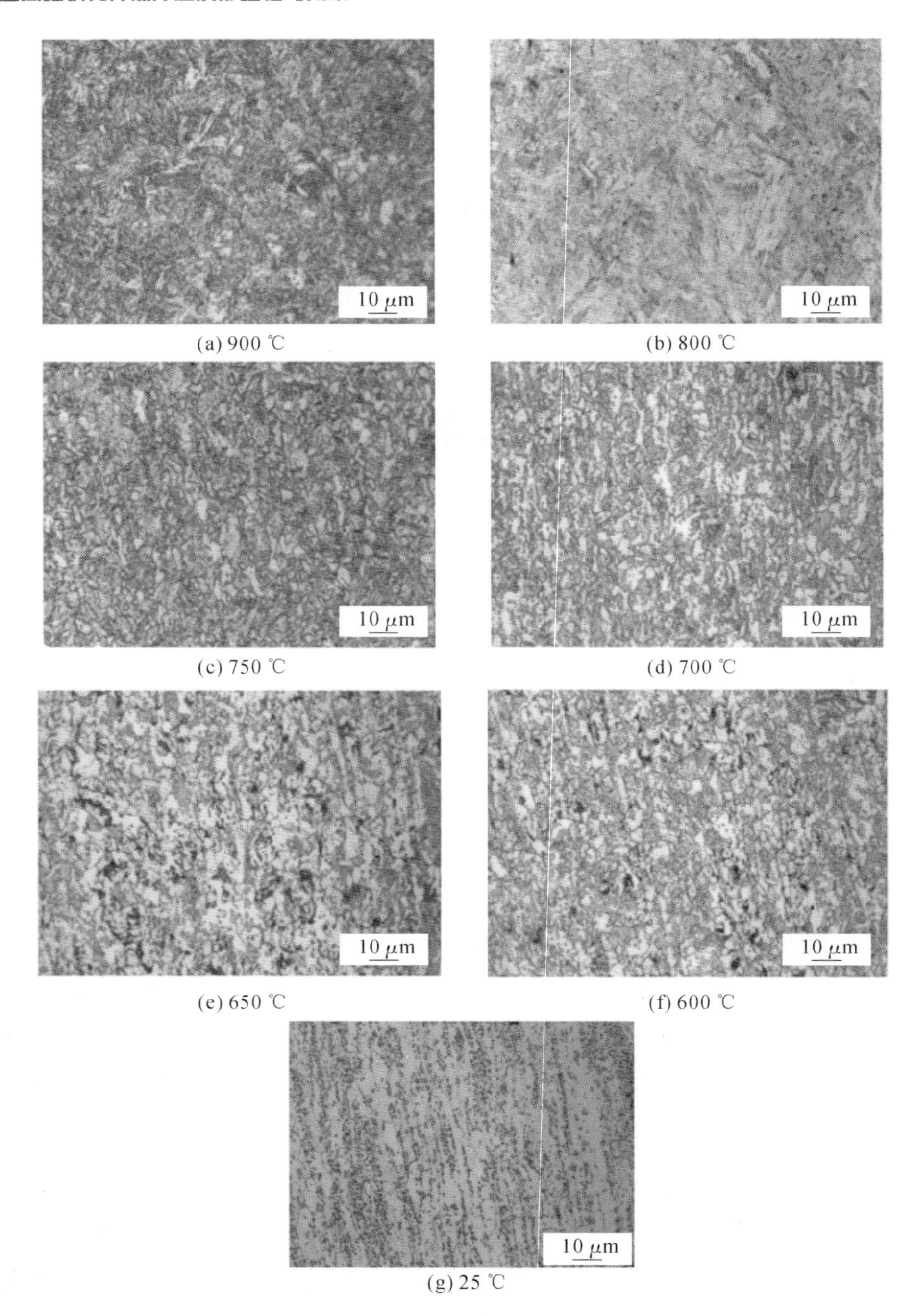


(a) 900 ℃ (b) 800 ℃ (c) 750 ℃ (d) 700 ℃ (e) 650 ℃ (f) 600 ℃ (g) 25 ℃

**图 2-13** 试样在 900 ℃、800 ℃、750 ℃、700 ℃、650 ℃、600 ℃、25 ℃下等温拉伸淬火后断口的金相组织

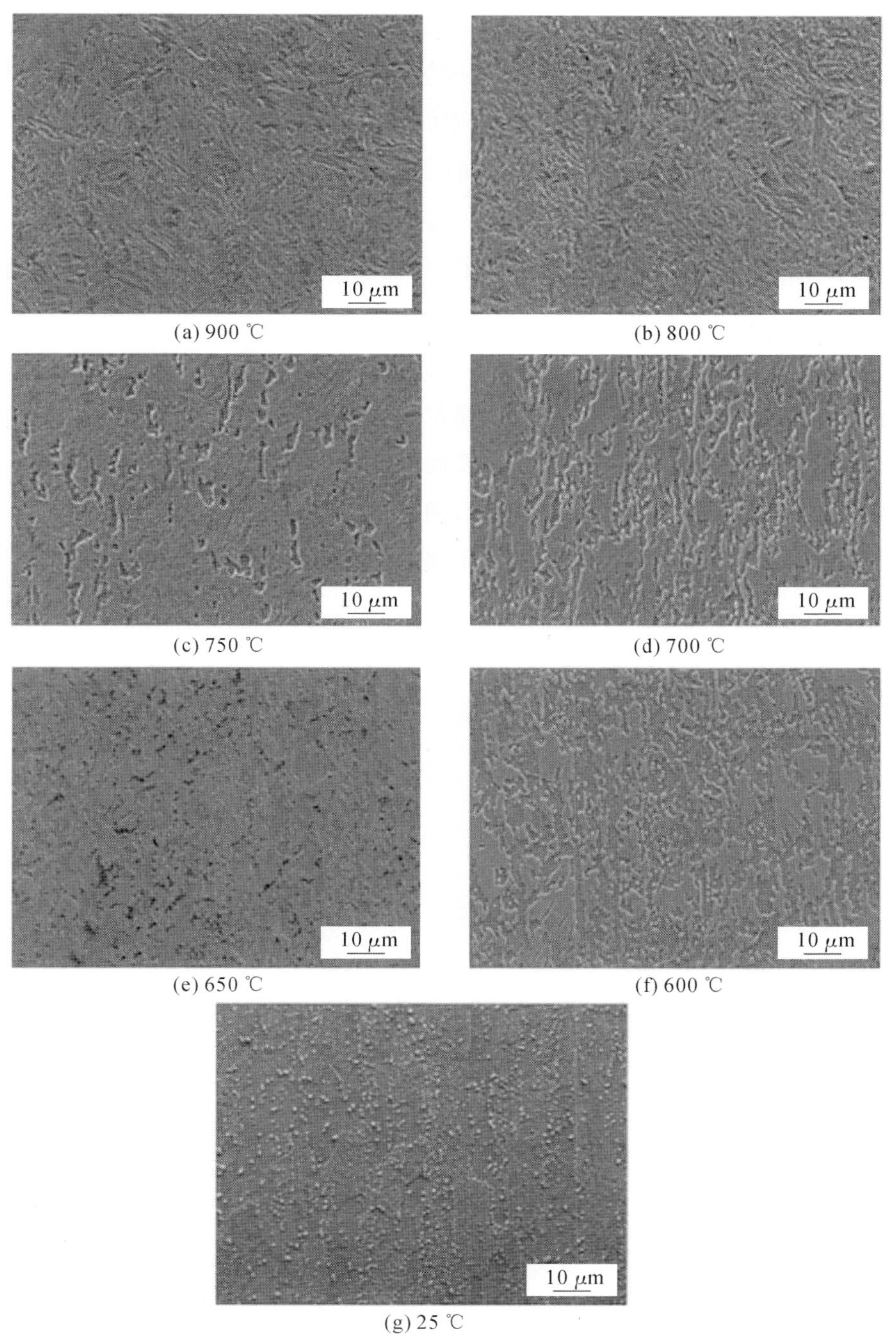


**图 2-14 试样在** 900 ℃、800 ℃、750 ℃、700 ℃、650 ℃、600 ℃、25 ℃**下等温拉伸淬火后断口的** SEM **组织**

研究发现，贝氏体等扩散相的转变主要发生在 600～750 ℃之间。同时发现，高温单向拉伸时仅考虑冷却速率为 30 ℃/s 并不能确保得到完全马氏体相，这是因为试样在 800 ℃以下拉伸时形变促进了扩散型相变。

变形温度对微观组织扩散型相变的影响规律可以从以下几个方面解释。

首先，在 600～900 ℃区间，变形温度的降低增加了扩散型相变的驱动力；其次，在某一个应变和应变速率水平下，降低变形温度可以增加材料的流动应力，所以奥氏体内就有更多的储存能量被激发出来，这就促进了铁素体从奥氏体晶界向奥氏体晶内生长，形成平行排列的铁素体，铁素体的形貌也就由等轴状变成了细条状。另外，在冷却时间充足的情况下，扩散型相就会继续形核和长大。对于一个固定的冷却速率，只要时间足够，较低的变形温度也可以使形变期间发生更多的扩散型相变。因此，随着变形温度的降低，试样中铁素体和粒状贝氏体的体积分数增加而马氏体体积分数减少，如图 2-15 所示。

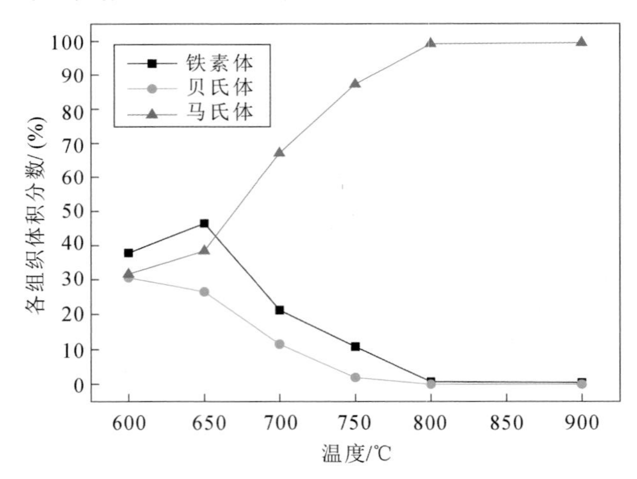


**图 2-15　B1500HS 钢板在不同变形温度下淬火后各组织的体积分数**

通过式(2-4)、式(2-5)得到了热冲压硼钢板的贝氏体开始转变温度 $B_s$ 和马氏体开始转变温度 $M_s$ 分别为 614 ℃和 443 ℃。然而由图 2-14 可以看出，等温拉伸出现粒状贝氏体的温度大约在 750 ℃，因此也可以说明拉伸形变促进了扩散相贝氏体的生成。

$$B_s = 656 - 58\omega_C - 35\omega_{Mn} - 75\omega_{Si} - 15\omega_{Ni} - 34\omega_{Cr} - 41\omega_{Mo} \tag{2-4}$$

$$M_s = 561 - 474\omega_C - 35\omega_{Mn} - 17\omega_{Ni} - 17\omega_{Cr} - 21\omega_{Mo} \tag{2-5}$$

式中：$\omega_{C}$、$\omega_{Mn}$、$\omega_{Si}$、$\omega_{Ni}$、$\omega_{Cr}$和$\omega_{Mo}$分别为C、Mn、Si、Ni、Cr和Mo的质量分数。

通过式(2-6)计算出B1500HS钢板高温拉伸断后伸长率。从图2-16中看出，随着变形温度的增加，钢板断后伸长率先增加再降低。当变形温度为750 ℃时，断后伸长率最大，材料塑性最好。这是因为当变形温度为750 ℃时，淬火冷却后生成了等轴状铁素体，并且等轴状铁素体的塑性比奥氏体和粒状贝氏体都好，故少量等轴状铁素体有利于提高钢板塑性。当变形温度低于750 ℃时，钢板断后伸长率较低，这是因为变形温度低于750 ℃时有细条状铁素体与粒状贝氏体生成，而细条状铁素体塑性比等轴状铁素体差，故材料断后伸长率较小。一旦变形温度高于800 ℃，等轴状铁素体消失，同样导致钢板塑性变差，断后伸长率降低。

$$\delta=\frac{l_1-l_0}{l_0} \tag{2-6}$$

式中：$\delta$为断后伸长率；$l_1$为断后标距长度；$l_0$为标距长度，当温度为25 ℃时，$l_0$为38.1 mm，当温度在600～900 ℃之间时，考虑高温试样温度分布均匀性，$l_0$取为7～8 mm。

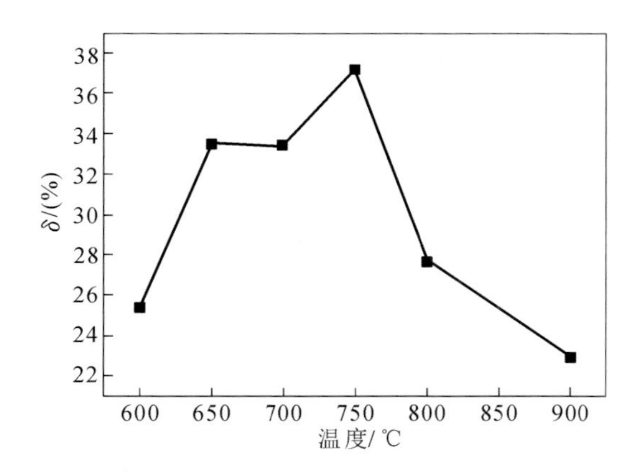


**图2-16**　B1500HS钢板在不同温度下等温拉伸变形后的断后伸长率

## 2.2　高温本构模型

通常根据本构模型建立方法，可以将其分为经验公式拟合的唯象型模型、基于物理内变量模型和实验数据统计学模型等三类。目前用于模拟高温状态下材料行为的本构模型有Johnson-Cook(JC)本构模型、Arrhenius本构模型等。这两种模型属于唯象型模型，从宏观的真实应力-真实应变曲线入手，通过回归拟合而得到材料的本构模型，建模过程简单，应用较广。诸如 Zerilli-Armstrong(ZA)本构模型及其修正模型等则从微观层面的位错密度、晶粒尺寸、动静态回复、动静态再结晶等入手，建立耦合微观结构的本构模型，其建模过程较为复杂，但可以反映宏观变量与微观变量的相互作用关系。

### 2.2.1 基于唯象的宏观本构模型

Arrhenius 本构模型的表达式如式(2-7)所示。该模型可以描述金属高温变形受热激活控制的过程，考虑于变形温度、应变速率、热变形活化能和应力指数的影响，在有限元模拟中得到了较为广泛的应用。

$$\dot{\varepsilon} = A\left[\sinh(\alpha\sigma)\right]^n \exp\left(-\frac{Q}{R_g T}\right) \tag{2-7}$$

式中：$\dot{\varepsilon}$ 为应变速率；$R_g$ 为气体摩尔常数[约 8.31 J/(mol · K)]；$T$ 为绝对温度；$Q$ 为热变形活化能；$n$ 为应力指数；$A$、$\alpha$ 为材料常数；$\sigma$ 为应力。

材料在高温下发生塑性变形，其应变速率与变形温度之间的关系可以表示为

$$Z = \dot{\varepsilon}\exp\left(\frac{Q}{R_g T}\right) \tag{2-8}$$

结合式(2-7)和式(2-8)可得

$$Z = A\left[\sinh(\alpha\sigma)\right]^n \tag{2-9}$$

$$\sigma = \frac{1}{\alpha}\ln\left\{\left(\frac{Z}{A}\right)^{1/n} + \left[\left(\frac{Z}{A}\right)^{2/n} + 1\right]^{1/2}\right\} \tag{2-10}$$

在低应力和高应力水平下，材料应力和应变速率之间的关系分别为

$$\dot{\varepsilon} = B_1\sigma^n, \qquad \alpha\sigma < 0.8 \tag{2-11}$$

$$\dot{\varepsilon} = B_2\exp(\beta\sigma), \qquad \alpha\sigma > 1.2 \tag{2-12}$$

式中：$B_1$、$B_2$ 为常数；$\beta$ 为材料常数。

当 $\varepsilon=0.05$ 时，经计算可得，$\alpha=0.00757$，$Q=426461.37$ J/mol，$n=16.365$，$A=2.115\times10^{20}$。

因此，B1500HS 钢板的本构方程变为

$$\dot{\varepsilon} = 2.115\times10^{20}\left[\sinh(7.57\times10^{-3}\sigma)\right]^{16.365}\times\exp\left(-\frac{4.26\times10^5}{R_g T}\right) \tag{2-13}$$

$Z$ 参数可以表述为

$$Z=\dot{\varepsilon}\exp\left(\frac{Q}{R_{g}T}\right)=2.115\times10^{20}\left[\sinh(7.57\times10^{-3}\sigma)\right]^{16.365} \tag{2-14}$$

由式(2-8)和式(2-9)得

$$\sigma=\frac{1}{\alpha}\text{arcsinh}\left[\sqrt[n]{\frac{\dot{\varepsilon}\times\exp(\frac{Q}{R_{g}T})}{A}}\right] \text{或} \sigma=\frac{1}{\alpha}\text{arcsinh}\left[\exp\left(\frac{\ln\dot{\varepsilon}-\ln A+\frac{Q}{R_{g}T}}{n}\right)\right] \tag{2-15}$$

表 2-2 列出了当 $\varepsilon=0.05$ 时不同温度所对应的应力试验值、预测值及两者的相对误差。通过比较发现，应力预测值与试验值十分接近，两者最大相对误差仅为 7.17%。

**表 2-2　当 $\varepsilon=0.05$ 时不同温度所对应的应力试验值、预测值及相对误差**

| 温度/℃ | $\dot{\varepsilon}=0.01/\text{s}$ | | |
|---|---|---|---|
| | 应力试验值/MPa | 应力预测值/MPa | 相对误差 |
| 900 | 75.2 | 78.1 | 0.0386 |
| 800 | 99.0 | 97.2 | −0.0182 |
| 700 | 117.1 | 124.2 | 0.0606 |
| 600 | 152.0 | 162.9 | 0.0717 |
| 温度/℃ | $\dot{\varepsilon}=0.10/\text{s}$ | | |
| | 应力试验值/MPa | 应力预测值/MPa | 相对误差 |
| 900 | 90.0 | 88.5 | −0.0167 |
| 800 | 112.4 | 109.3 | −0.0276 |
| 700 | 136.9 | 138.3 | 0.0102 |
| 600 | 112.4 | 178.8 | 0.5907 |
| 温度/℃ | $\dot{\varepsilon}=1.00/\text{s}$ | | |
| | 应力试验值/MPa | 应力预测值/MPa | 相对误差 |
| 900 | 100.8 | 99.9 | −0.0089 |
| 800 | 123.2 | 122.4 | −0.0065 |
| 700 | 153.0 | 153.2 | 0.0013 |
| 600 | 215.1 | 200.4 | −0.0683 |

同理，可以求出其他应变(0.10、0.15、0.20、0.25、0.30、0.35、0.40 等)分别对应的 $Q$、$\alpha$、$\ln A$ 和 $n$，如图 2-17 所示。通过多项式拟合，可以得到 $Q$、$\ln A$、$n$、$\alpha$ 与 $\varepsilon$ 之间的关系式分别如下。

$$Q = B_0 + B_1\varepsilon + B_2\varepsilon^2 + B_3\varepsilon^3 + B_4\varepsilon^4 + B_5\varepsilon^5 \tag{2-16}$$

$$\ln A = C_0 + C_1\varepsilon + C_2\varepsilon^2 + C_3\varepsilon^3 + C_4\varepsilon^4 + C_5\varepsilon^5 \tag{2-17}$$

$$n = D_0 + D_1\varepsilon + D_2\varepsilon^2 + D_3\varepsilon^3 + D_4\varepsilon^4 + D_5\varepsilon^5 \tag{2-18}$$

$$\alpha = E_0 + E_1\varepsilon + E_2\varepsilon^2 + E_3\varepsilon^3 + E_4\varepsilon^4 + E_5\varepsilon^5 \tag{2-19}$$

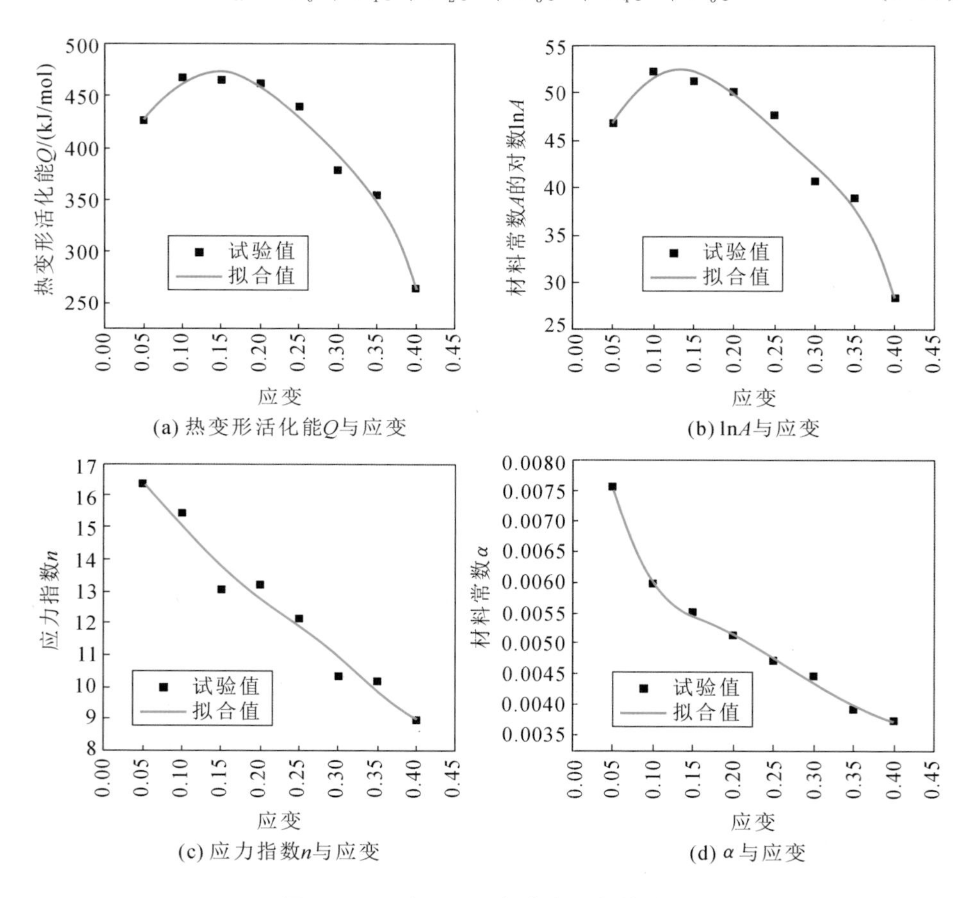


**图 2-17** $Q$、$\ln A$、$n$、$\alpha$ **与应变之间的关系**

关系式中各项系数如表 2-3 所示。

表 2-3　各参数多项式系数

| 参数 | Q | | lnA | | n | | α | |
|---|---|---|---|---|---|---|---|---|
| 多项式系数 | $B_0$ | 400019.26 | $C_0$ | 40.34 | $D_0$ | 20.20 | $E_0$ | 0.01 |
| | $B_1$ | 111826.26 | $C_1$ | 120.69 | $D_1$ | −48.15 | $E_1$ | −0.11 |
| | $B_2$ | $1.40\times10^7$ | $C_2$ | 694.31 | $D_2$ | −49.60 | $E_2$ | 0.86 |
| | $B_3$ | $-1.20\times10^8$ | $C_3$ | −11135.53 | $D_3$ | 827.72 | $E_3$ | −3.27 |
| | $B_4$ | $3.39\times10^8$ | $C_4$ | 37327.10 | $D_4$ | −2003.29 | $E_4$ | 5.89 |
| | $B_5$ | $-3.36\times10^8$ | $C_5$ | −40427.14 | $D_5$ | 1495.92 | $E_5$ | −4.01 |

至此，根据所建立的本构方程，可以计算出不同应变对应的应力值。图2-18为B1500HS钢板真实应力-真实应变试验值（试验数据）与计算值（拟合数据）的比较结果。

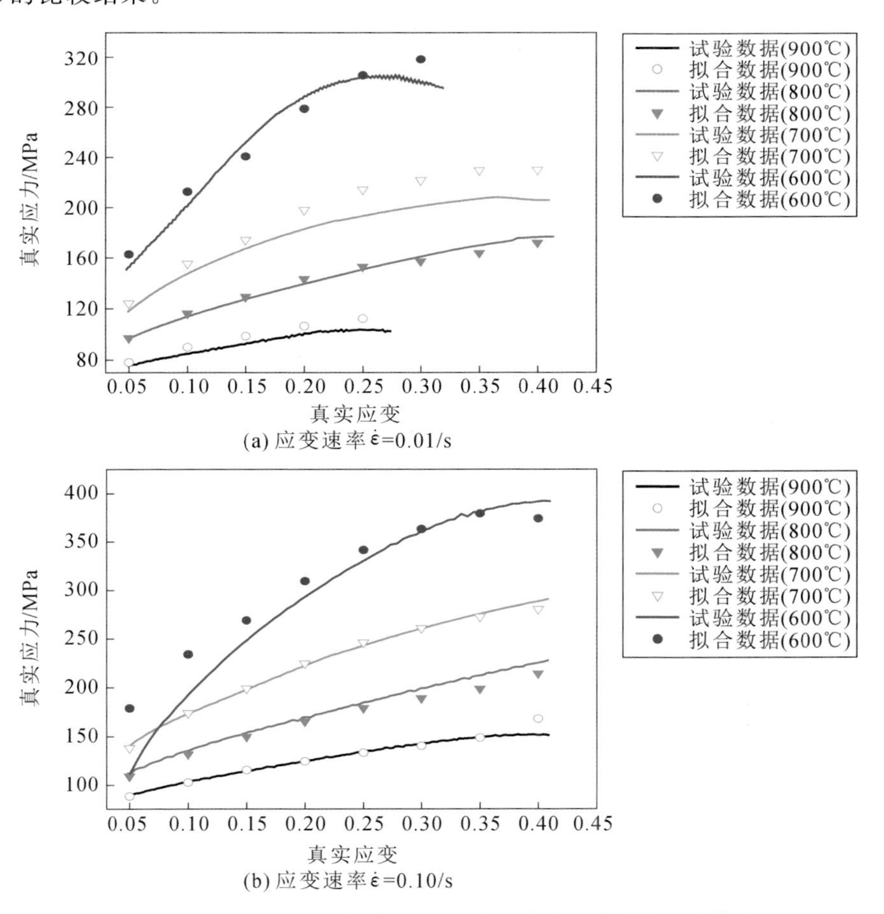

(a) 应变速率 $\dot{\varepsilon}$=0.01/s

(b) 应变速率 $\dot{\varepsilon}$=0.10/s

图 2-18　B1500HS 钢板真实应力-真实应变的试验值及计算值

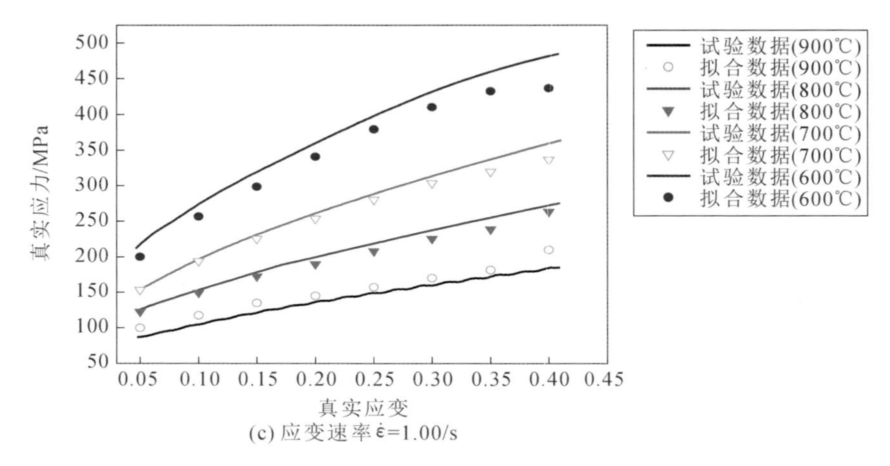


(c) 应变速率 $\dot{\varepsilon}$=1.00/s

**续图 2-18**

采用平均相对误差($A_{ave}$)对预测的真实应力与试验得到的真实应力的吻合度进行量化处理,$A_{ave}$的计算公式见式(2-20)。图 2-19 为真实应力试验值与计算值的关系。

$$A_{ave} = \frac{1}{N}\sum_{i=1}^{N}\left|\frac{E_i - P_i}{E_i}\right| \times 100\% \tag{2-20}$$

式中:$E$ 为真实应力实测值;$P$ 为真实应力计算值;$N$ 为计算应力的个数。

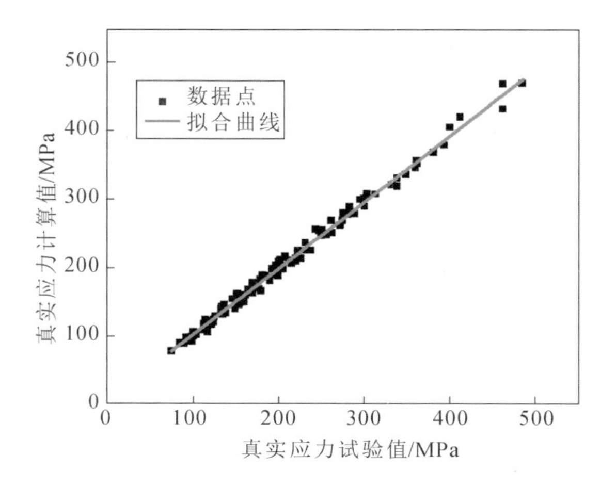


**图 2-19 真实应力试验值与计算值的关系**

根据式(2-20),真实应力试验值与计算值的 $A_{ave}$ 为 5.62%。可见,所建立的本构方程能够很好地描述 B1500HS 钢板的高温塑性变形行为。

## 2.2.2 耦合位错密度的黏弹塑性微观本构模型

### 2.2.2.1 塑性变形阶段的微观本构模型

1. 本构模型的建立

英国帝国理工学院 Jianguo Lin 教授等建立了一套统一黏弹塑性微观本构模型,该模型通过耦合微观变量的演化方程描述材料的热变形行为。借鉴此模型,考虑塑性变形过程中位错密度的演化规律,笔者建立了超高强钢耦合位错密度的黏弹塑性微观本构模型,详细建模过程如下。

(1) 各向同性硬化黏弹塑性本构方程。

图 2-20 所示为理想黏弹塑性材料的流动应力曲线,其流动应力由两部分组成:临界应力 $k$ 和黏塑性应力 $\sigma_v$。据此,建立理想的黏弹塑性微观本构方程:

$$\sigma = k + K(\dot{\varepsilon}_p)^{\frac{1}{n}} \tag{2-21}$$

式中:$\sigma$ 为流动应力;$\dot{\varepsilon}_p$ 为塑性应变速率;$n$ 为应力指数;$K$ 为缩放系数;$K$ 和 $n$ 均与温度相关;$k$ 为临界应力,当流动应力低于该值时,表明没有发生塑性变形,即 $\dot{\varepsilon}_p=0$。

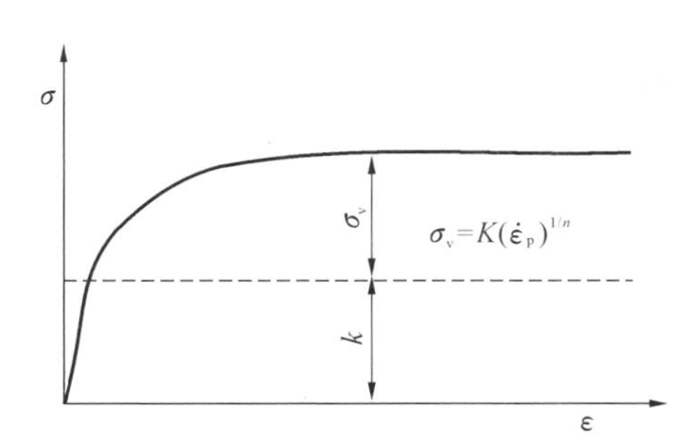


图 2-20 理想黏弹塑性材料的流动应力曲线

进一步,考虑各向同性硬化应力,此时黏弹塑性本构方程变为

$$\sigma = k + R + K(\dot{\varepsilon}_p)^{\frac{1}{n}} \tag{2-22}$$

式中:$R$ 为各向同性硬化应力,硬化效应由位错引发。

与冷变形相比,热变形条件下的硬化作用较小,但也不容忽略。金属材料高温变形过程中的扩散机制和回复机制是产生硬化的主要原因。由于塑性变形所产生的位错直接导致了各向同性硬化现象，故各向同性硬化应力可以表示为位错密度的函数。

对式(2-22)进行整理，得到式(2-23)：

$$\dot{\varepsilon}_{\mathrm{p}}=\left\langle\frac{\sigma-R-k}{K}\right\rangle^{n} \tag{2-23}$$

其中，〈・〉为 Mccauley(麦考利)括号，表示若 $\sigma-R-k\leqslant 0$，则 $\dot{\varepsilon}_{\mathrm{p}}=0$，此时材料处于弹性阶段；若 $\sigma-R-k>0$，则 $\dot{\varepsilon}_{\mathrm{p}}$ 按上式计算，确保材料发生屈服后才进入塑性阶段。

图 2-21 所示为各向同性硬化黏弹塑性材料的流动应力曲线。考虑硬化的黏弹塑性材料的流动应力曲线由三部分组成：临界应力 $k$、各向同性硬化应力 $R$ 和黏塑性应力 $\sigma_{\mathrm{v}}$。在塑性变形过程中黏塑性应力迅速达到饱和状态，此时流动应力曲线可视为各向同性硬化曲线的偏置曲线。

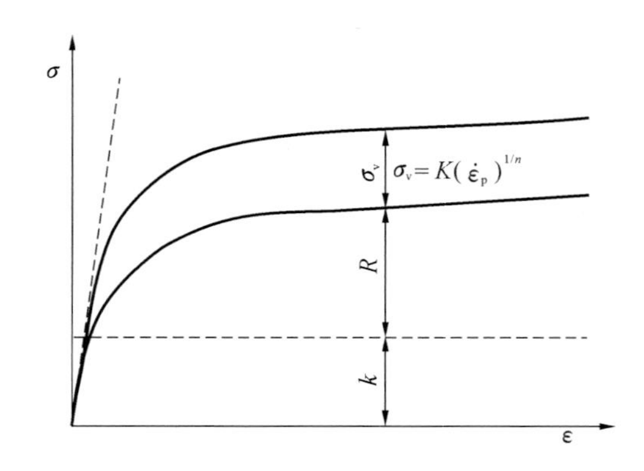


**图 2-21　各向同性硬化黏弹塑性材料的流动应力曲线**

(2) 胡克定律。

总应变由弹性应变和塑性应变两部分组成，其中弹性应变满足胡克定律：

$$\sigma=E(\varepsilon_{\mathrm{T}}-\varepsilon_{\mathrm{p}}) \tag{2-24}$$

式中：$\varepsilon_{\mathrm{T}}$ 为总应变；$\varepsilon_{\mathrm{p}}$ 为塑性应变；$E$ 为弹性模量，与温度显著相关。将式(2-24)表示为率形式，得到

$$\dot{\sigma}=E(\dot{\varepsilon}_{\mathrm{T}}-\dot{\varepsilon}_{\mathrm{p}}) \tag{2-25}$$

其中，$\dot{\varepsilon}_{\mathrm{T}}$ 为总应变速率。对于单向拉伸试验而言，$\dot{\varepsilon}_{\mathrm{T}}$ 为试验时对试样所施加的应变速率。

(3) 位错密度演化方程。

一般地，金属材料高温流变曲线如图 2-22 所示，可将其划分为三个阶段。

第Ⅰ阶段——微应变阶段：应力快速增加，但应变量较小（$<1\%$），出现加工硬化现象。此时，位错密度激增，在金属中形成位错缠结。

第Ⅱ阶段——均匀变形阶段：曲线斜率逐渐下降，表明金属材料进入均匀塑性变形阶段，即开始流变，并伴随加工硬化现象；随着加工硬化作用的加强，开始出现动态回复并不断加强，其软化作用抵消了硬化作用，使得曲线斜率逐渐下降并趋于零。此时，位错密度不断升高并导致动态回复，位错消失率随应变量的增大而增大。

第Ⅲ阶段——稳态流变阶段：当加工硬化速率下降至零时，由变形产生的加工硬化作用与动态回复的软化作用达到动态平衡，此时金属材料实现可持续变形，即流变应力不随应变的增加而增大，而是保持恒定。稳态流变应力值与热变形时的温度和应变速率有关，升高变形温度或降低塑性应变速率均可降低稳态流变应力。此时，位错增殖率和位错消失率达到平衡。

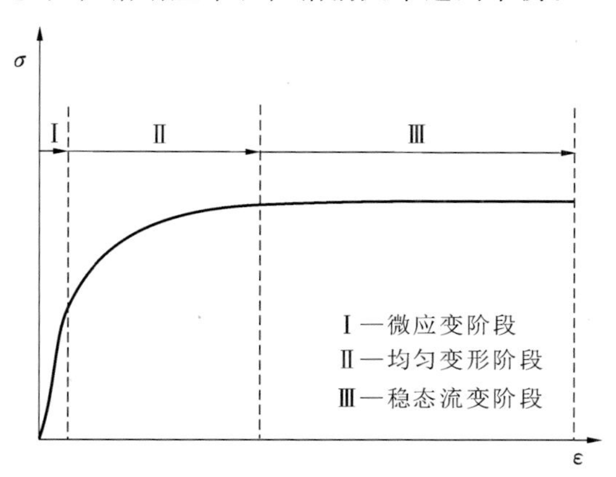


**图 2-22　金属材料高温流变曲线**

① 一般位错密度演化方程。

在高温塑性变形初期，随着变形量的增加，新旧位错发生缠结使得位错密度($\rho$)上升，此过程称为位错增殖。在位错增殖阶段，我们认为位错密度变化率与塑性应变速率呈线性相关关系：

$$\dot{\rho} = \frac{M}{bL}\left|\dot{\varepsilon}_{\mathrm{p}}\right| \tag{2-26}$$

式中：$\dot{\rho}$ 为位错密度变化率；$M$ 为平均泰勒因子；$b$ 为柏氏矢量的模值；$L$ 为位错滑移距离。

在高温塑性变形过程中，热激活作用诱发了位错运动相消和位错重排。位错从结点脱钉，螺型位错的交滑移和刃型位错的攀移使得位错湮灭。在式(2-26)的基础上引入动态回复的影响：

$$\dot{\rho} = M\left(\frac{1}{bL} - k_2\rho\right)|\dot{\varepsilon}_{\mathrm{p}}| \tag{2-27}$$

其中，$k_2$ 为动态回复系数，与温度相关。

在高温塑性变形的后期，金属材料受退火作用的影响而导致位错密度下降。在式(2-27)的基础上引入静态回复的影响：

$$\dot{\rho} = M\left(\frac{1}{bL} - k_2\rho\right)|\dot{\varepsilon}_{\mathrm{p}}| - r \tag{2-28}$$

其中，$r$ 为静态回复项，被定义为

$$r = r_0\exp\left(-\frac{U_0}{R_{\mathrm{g}}T}\right)\sinh\left(\frac{\beta\sqrt{\rho}}{R_{\mathrm{g}}T}\right) \tag{2-29}$$

其中，$U_0$、$\beta$ 和 $r_0$ 可以为常数。

② 正则化位错密度。

在发生塑性变形前，金属材料的位错密度各不相同，这与金属材料的组织结构及其加工路径有关。因此，位错密度的初值是难以准确测量的。为此，引入正则化位错密度$\bar{\rho}$，定义为

$$\bar{\rho} = \frac{\rho - \rho_0}{\rho} = 1 - \frac{\rho_0}{\rho} \tag{2-30}$$

式中：$\rho_0$ 为初始位错密度；$\rho$ 为变形中的位错密度。

变形初始阶段，材料的位错密度与未变形材料的位错密度一样，即 $\rho=\rho_0$。此时，正则化位错密度为 0，即 $\bar{\rho}=0$。随着材料进入塑性变形阶段，位错密度不断增大并达到饱和状态。饱和状态下，$\rho=\rho_{\max}\gg\rho_0$，$\rho_0/\rho\to0$，即 $\bar{\rho}\to1$。

③ 正则化位错密度演化方程。

基于正则化位错密度对式(2-28)进行改写，得到正则化位错密度演化方程：

$$\dot{\bar{\rho}} = A|\dot{\varepsilon}_{\mathrm{p}}| - A\bar{\rho}^{\gamma_1}|\dot{\varepsilon}_{\mathrm{p}}| - C\bar{\rho}^{\gamma_2} \tag{2-31}$$

第一项 $A|\dot{\varepsilon}_{\mathrm{p}}|$ 为位错密度增殖项，表示由塑性变形导致的位错增殖，与式

(2-26)相似，其中 $A\propto M/bL$。该项中正则化位错密度变化率与塑性应变速率成正比。$A$ 是与温度相关的材料常数，但对温度不太敏感，因此在大多数情况下被视为常数。

第二项 $A\bar{\rho}^{\gamma_1}|\dot{\varepsilon}_p|$ 为位错密度动态回复项，保证正则化位错密度的最大值为 1。例如，当 $\bar{\rho}=1$ 时，$\dot{\bar{\rho}}\leqslant 0$，正则化位错密度不再增加。$\gamma_1$ 为常数，取值范围为 0.5～1，通常取为 1。

第三项 $C\bar{\rho}^{\gamma_2}$ 为位错密度静态回复项，冷变形条件下可以忽略不计，即 $C\approx 0$。$\gamma_2$ 是与温度无关的常数，$C$ 则与温度显著相关。

(4) 各向同性硬化。

由位错钉扎和位错相互交织而形成的位错积塞会阻碍其他位错的滑移运动，进而造成位错的累积，形成加工硬化现象。研究表明，激活位错滑移所需要的应变量主要取决于位错的滑移距离 $L$，滑移距离 $L$ 的值又取决于位错密度的算术平方根倒数 $\rho^{-0.5}$。引入正则化位错密度后，各向同性硬化应力可以表示为

$$R = B\bar{\rho}^{0.5} \tag{2-32}$$

其中，$B$ 是与温度显著相关的材料常数。式(2-31)、式(2-32)的物理含义为各向同性硬化效应源于位错累积，但是动态回复和静态回复引发的位错密度下降反而会导致软化行为。式(2-32)可以表示绝大多数金属材料的各向同性硬化应力。将式(2-32)表示为率形式，得到

$$\dot{R} = 0.5B\bar{\rho}^{-0.5}\dot{\bar{\rho}} \tag{2-33}$$

(5) 耦合位错密度的黏塑性本构模型。

联立式(2-23)、式(2-25)、式(2-31)和式(2-33)，得到耦合位错密度的黏塑性本构模型，即式(2-34)。该本构模型考虑了各向同性硬化和位错对材料本构的影响，其中各向同性硬化取决于位错密度，而位错密度则与塑性变形量及动、静态回复有关。

$$\begin{cases}\dot{\varepsilon}_p = \left\langle \dfrac{\sigma - R - k}{K} \right\rangle^n \\ \dot{\bar{\rho}} = A(1-\bar{\rho})|\dot{\varepsilon}_p| - C\bar{\rho}^{\gamma_2} \\ \dot{R} = 0.5B\bar{\rho}^{-0.5}\dot{\bar{\rho}} \\ \dot{\sigma} = E(\dot{\varepsilon}_T - \dot{\varepsilon}_p)\end{cases} \tag{2-34}$$

式中：$n$、$A$ 和 $\gamma_2$ 是与温度无关的常数；$k$、$K$、$B$、$C$ 和 $E$ 是与温度相关的材料常数。

参考 Arrhenius 方程中温度与材料常数的关系，$k$、$K$、$B$、$C$ 和 $E$ 被定义为如下形式：

$$\begin{cases} k = k_0 \exp(\dfrac{Q_k}{R_g T}) \\ K = K_0 \exp(\dfrac{Q_K}{R_g T}) \\ B = B_0 \exp(\dfrac{Q_B}{R_g T}) \\ C = C_0 \exp(\dfrac{-Q_C}{R_g T}) \\ E = E_0 \exp(\dfrac{Q_E}{R_g T}) \end{cases} \tag{2-35}$$

式中：$R_g$ 为气体摩尔常数[约 8.31 J/(mol · K)]；$T$ 为变形温度；$Q$ 为激活能。

至此，耦合位错密度的黏塑性本构模型是一组相互耦合的非线性常微分方程组，一共有 13 个材料常数需要求解：$k_0$、$Q_k$、$K_0$、$Q_K$、$B_0$、$Q_B$、$C_0$、$Q_C$、$E_0$、$Q_E$、$n$、$A$ 和 $\gamma_2$。

2. 本构模型参数的确定

接下来是确定所建立本构模型的参数。根据超高强钢热拉伸试验数据，利用向前欧拉积分法求解模型材料常数，通过遗传算法优化上述材料参数。

（1）向前欧拉积分法求解模型材料常数。

① 向前欧拉积分法。

图 2-23 所示为向前欧拉积分法示意图。对于初值问题的近似解，采用向前欧拉积分法：

$$y_{k,i+1} = y_{k,i} + \Delta t_i \cdot \dot{y}(t_i, y_{k,i}) = y_{k,i} + \Delta t_i \cdot \dot{y}_{k,i}, \qquad k = 1,2,3,\cdots,N \tag{2-36}$$

上式用第 $i$ 次迭代的时间步长 $\Delta t_i$ 求解从 $y_{k,i}$ 到 $y_{k,i+1}$ 的第 $k$ 个变量。其中，$i=1,2,3,\cdots,N$（$N$ 为积分增量的总个数，即总的迭代次数）。非线性常微分方程组中，第 $i$ 次迭代的时间 $t_i$ 为非变量，其推广形式如下：

$$\Delta t_i = t_{i+1} - t_i, \text{即 } t_{i+1} = t_i + \Delta t_i \tag{2-37}$$

在积分过程中将时间步长设为恒定值 $\Delta t$，这种最简单的情况被称为恒定步长积分法。

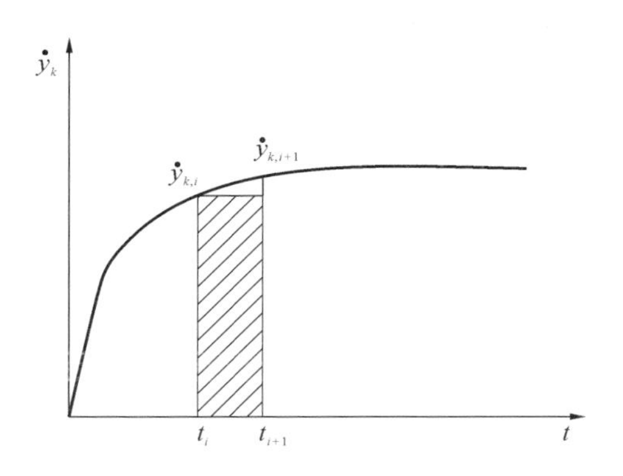


**图 2-23　向前欧拉积分法示意图**

② 向前欧拉积分法在本构模型中的应用。

（ⅰ）确定初值。在初始状态，即 $t=0$ 时，其他所有变量满足：$\varepsilon_p=0.0$，$\bar{\rho}=0.0$，$R=0.0$，$\sigma=0.0$。

（ⅱ）确定变量的变化速率。施加一个时间步长 $\Delta t$，其他所有变量的变化速率可以通过式(2-34)来计算。

（ⅲ）确定变量与变量的变化速率之间的关系。利用向前欧拉积分法，变量与其变化速率之间满足以下关系：

$$\varepsilon_T(i+1)=\varepsilon_T(i)+\dot{\varepsilon}_T(i)\cdot\Delta t \tag{2-38}$$

$$\varepsilon_p(i+1)=\varepsilon_p(i)+\dot{\varepsilon}_p(i)\cdot\Delta t \tag{2-39}$$

$$\bar{\rho}(i+1)=\bar{\rho}(i)+\dot{\bar{\rho}}(i)\cdot\Delta t \tag{2-40}$$

$$R(i+1)=R(i)+\dot{R}(i)\cdot\Delta t \tag{2-41}$$

$$\sigma(i+1)=\sigma(i)+\dot{\sigma}(i)\cdot\Delta t \tag{2-42}$$

$$t(i+1)=t(i)+\Delta t \tag{2-43}$$

（ⅳ）积分终止。对于所求解的方程组而言，当总应变 $\varepsilon_T$ 达到预设值时，即可停止积分。

③ 时间步长的确定。

采用向前欧拉积分法求解非线性常微分方程组时，难点在于确定合理的时

间步长 $\Delta t$。一般而言，时间步长越小，计算精度越高，但相应地，所需计算时间越长，会导致计算资源的浪费；增大时间步长，可以减少计算时间，但是积分误差变大了，计算精度会降低。

由于积分终止的标志是总应变 $\varepsilon_T$ 达到预设值，因此，可以认为总时间 $t$ 与总应变 $\varepsilon_T$ 呈正相关关系，即 $t = \Delta t \cdot N \propto \varepsilon_T$。考虑到热拉伸试验采取了三组不同的应变速率，为保证积分运算的稳定性，在不同的应变速率下选取不同的时间步长：

$$\Delta t \cdot N = \frac{\varepsilon_T}{\dot{\varepsilon}_T} \tag{2-44}$$

式(2-44)的物理意义为积分总时间等于热拉伸试验中试样变形至断裂的时间。可以理解为，将试样变形至断裂的整个动态连续过程分成 $N$ 帧时间间隔为 $\Delta t$ 的静态离散画面。一般而言，$N$ 的取值大概为 5000。由此，得到时间步长的确定方法：

$$\Delta t = \frac{\varepsilon_T}{N \cdot \dot{\varepsilon}_T} \tag{2-45}$$

(2) 遗传算法优化模型材料常数。

① 遗传算法。

正如上文所提到的，采用向前欧拉积分法求解的只是初值问题的近似解，近似解与试验值之间还存在着较大差异。为了减少误差、获得最优解，采用遗传算法作为优化策略。遗传算法借鉴生物界的自然选择机制（达尔文进化论）和自然遗传机制（孟德尔遗传学说），模仿自然界中的进化过程进行随机全局搜索，自动获取并积累搜索域的空间知识，自适应地控制搜索过程，基于适者生存的原则搜索出最优解。

遗传算法与传统算法的本质区别在于优化对象和优化算法的不同。传统算法起始于单点，每次迭代计算得到优化的单点，经过有限次迭代计算，这些有序单点逐渐逼近一个最优解。而遗传算法起始于群体，经迭代计算得到优化的下一代，连续若干次迭代后，种群朝着最优解的方向进化。值得注意的是，在传统算法中，初始点的值由决策者制定，而遗传算法的初始种群是随机产生的。此外，传统算法每次迭代均采取确定性的算法，遗传算法则通过随机进化的方式——选择、交叉和变异，从父辈种群中创建子种群。

② 适应度函数。

在遗传算法中适应度函数指需要优化的函数，即目标函数。以本构模型中材料常数的求解为例，适应度函数用以描述真实应力-真实应变曲线的预测值与试验值之间的差距，评判每组材料常数在该本构模型中的匹配程度。因此，适应度函数的合理性关系到数值解的准确度。

采用最短距离法描述误差：

$$r^2=(r^\varepsilon)^2+(r^\sigma)^2=(\varepsilon^{\mathrm{e}}-\varepsilon^{\mathrm{p}})^2+(\sigma^{\mathrm{e}}-\sigma^{\mathrm{p}})^2 \tag{2-46}$$

式中：$r^2$ 代表试验点与预测点间的误差；$r^\varepsilon$ 和 $r^\sigma$ 分别为应变项和应力项的误差；$\varepsilon^{\mathrm{e}}$ 和 $\sigma^{\mathrm{e}}$ 为试验测量应变和试验测量应力；$\varepsilon^{\mathrm{p}}$ 和 $\sigma^{\mathrm{p}}$ 为理论模型预测应变和预测应力。图 2-24 所示为最短距离法对误差的定义。由图 2-24 可知，$\Delta\varepsilon$ 为试验应变与预测应变的差值，$\Delta\sigma$ 为试验应力与预测应力的差值。因此，$r$ 的数学意义为试验点与预测点在 $\varepsilon$-$\sigma$ 坐标系中的直线距离。

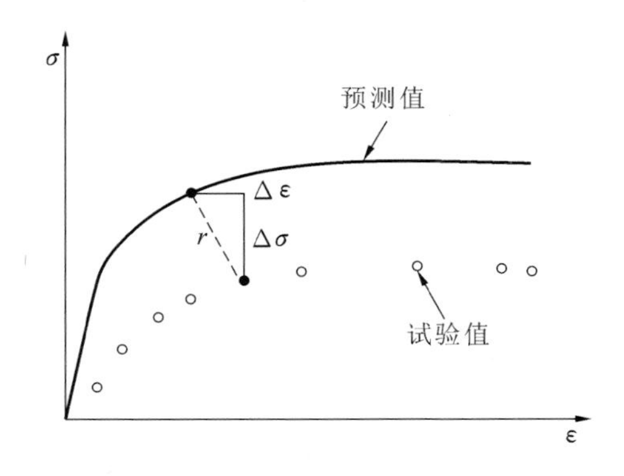


**图 2-24 基于最短距离法的误差定义**

由于归一化处理的应变和应力均为无量纲量，因此采用上述方法得到的误差也是无量纲量。通常，应变值和应力值有 3～4 个数量级的差距，这个差距会直接导致应变误差$(r^\varepsilon)^2$ 和应力误差$(r^\sigma)^2$ 在总误差中所占的比重大不相同，从而不能全面均衡地描述试验点与预测点间的差距。考虑到上述问题，对误差进行了重新定义。参考真实应变 $\varepsilon_{\mathrm{T}}$ 与工程应变 $\varepsilon_{\mathrm{E}}$ 之间的关系：

$$\varepsilon_{\mathrm{T}}=\ln(1+\varepsilon_{\mathrm{E}})$$

将误差以对数形式表示，得到“真实”误差：

$$E = E^{\varepsilon} + E^{\sigma} = \left(\ln \frac{\varepsilon^{t}}{\varepsilon^{e}}\right)^{2} + \left(\ln \frac{\sigma^{t}}{\sigma^{e}}\right)^{2} \tag{2-47}$$

式中：$E^{\varepsilon}$ 和 $E^{\sigma}$ 分别为应变误差和应力误差；$\varepsilon^{t}$ 和 $\sigma^{t}$ 分别为 $t$ 时刻的应变值和应力值。不同于式(2-46)，式(2-47)完全避免了由量纲所带来的困扰，可以更为准确地评判试验点与预测点间的差距。

上述内容针对单个试验点与预测点间的误差进行了定义，该方法同样适用于试验曲线与预测曲线间误差的定义。考虑到曲线上每个点的独特性，在"真实"误差的基础上，引入权重因子——应变权重因子和应力权重因子：

应变权重因子：

$$w_{ij}^{\varepsilon} = \frac{\varepsilon_{ij}^{e}}{\sum_{j=1}^{M} \sum_{i=1}^{N_j} \varepsilon_{ij}^{e}} \tag{2-48}$$

应力权重因子：

$$w_{ij}^{\sigma} = \frac{\sigma_{ij}^{e}}{\sum_{j=1}^{M} \sum_{i=1}^{N_j} \sigma_{ij}^{e}} \tag{2-49}$$

式中：$M$ 表示试验曲线的总数目；$N_j$ 表示第 $j$ 条试验曲线上的试验点的总数目；下标 $ij$ 则表示第 $j$ 条试验曲线上的第 $i$ 个试验点。将式(2-48)和式(2-49)分别代入式(2-47)中的应变误差和应力误差，得到考虑权重因子的"真实"误差：

$$E_{ij} = w_{ij}^{\varepsilon} \cdot \left(\ln \frac{\varepsilon_{ij}^{t}}{\varepsilon_{ij}^{e}}\right)^{2} + w_{ij}^{\sigma} \cdot \left(\ln \frac{\sigma_{ij}^{t}}{\sigma_{ij}^{e}}\right)^{2} \tag{2-50}$$

式中：$E_{ij}$ 表示第 $j$ 条试验曲线上的第 $i$ 个试验点的误差。对所有试验曲线上试验点的误差求和，得到总误差。为了提高适应度函数的灵敏性，将总误差放大1000 倍，得到如下适应度函数：

$$\text{fitness} = 1000 \cdot \sum_{j=1}^{M} \sum_{i=1}^{N_j} E_{ij} \tag{2-51}$$

(3) 材料常数的优化结果。

参考向前欧拉积分法，利用 Matlab 软件编写耦合位错密度的黏塑性本构模型的求解程序。基于 Matlab 软件遗传算法工具箱，以适应度函数式(2-51)的最小值为优化目标，对本构模型的材料常数进行优化求解。表 2-4 所示即为耦合位错密度的黏塑性本构模型材料常数的优化结果。

表 2-4 耦合位错密度的黏塑性本构模型材料常数的优化结果

| 材料常数 | 优化结果 | 材料常数 | 优化结果 | 材料常数 | 优化结果 |
|---|---|---|---|---|---|
| $K_0$/MPa | 5.178636 | $Q_K$/(J/mol) | 25874.49 | $n$ | 4.215939 |
| $k_0$/MPa | 0.000164 | $Q_k$/(J/mol) | 37707.22 | $A$ | 0.254883 |
| $B_0$/MPa | 18.91363 | $Q_B$/(J/mol) | 27153.85 | $\gamma_2$ | 30454.68 |
| $C_0$ | 33451.01 | $Q_C$/(J/mol) | 16478.41 | | |
| $E_0$/MPa | 4604.651 | $Q_E$/(J/mol) | 0.001353 | | |

将表 2-4 中的材料常数代入耦合位错密度的黏塑性本构模型，得到如图 2-25 所示的真实应力-真实应变预测曲线，其适应度函数的值为 5.0574。

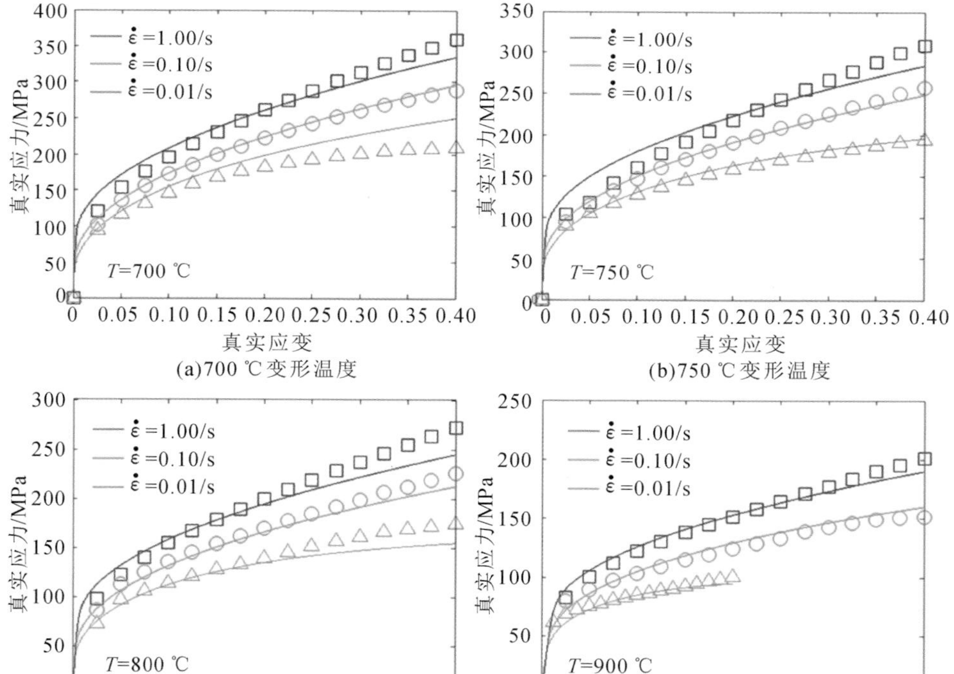

(a)700 ℃变形温度 (b)750 ℃变形温度

(c)800 ℃变形温度 (d)900 ℃变形温度

图 2-25 耦合位错密度的黏塑性本构模型真实应力-真实应变预测曲线与试验值

由图 2-25 可知，不同变形温度和应变速率下的真实应力-真实应变预测曲线与试验值比较吻合，但是在大应变量下，预测值和试验值普遍存在一定的误差。当应变速率为 0.01/s 时，可以发现随着变形温度的上升，预测曲线与试验值的吻合度越来越高；当应变速率为 0.10/s 时，不同变形温度下的试验值几乎都落在了预测曲线上；当应变速率为 1.00/s 时，预测曲线提前进入屈服阶段，但是其加工硬化现象不如试验值显著，导致应变量为 0.20～0.40 时预测值显著低于试验值。总体而言，耦合位错密度的黏塑性本构模型通过引入微观内变量可以较好地反映不同变形温度和应变速率下的超高强钢高温变形行为。

（4）本构模型参数的影响。

耦合位错密度的黏塑性本构模型一共有两种材料常数：与温度相关的材料常数 $k$、$K$、$B$、$C$ 和 $E$；与温度无关的常数 $n$、$A$ 和 $\gamma_2$。这些材料常数是如何影响真实应力-真实应变预测曲线的还不得而知，因此，研究材料常数对本构模型的影响规律对深入理解本构模型的内涵具有重要意义。

① 与温度相关的材料常数对本构模型的影响。

材料常数 $k$、$K$、$B$、$C$ 和 $E$ 与温度相关，在表 2-4 优化结果的基础上分别将其缩放到一系列不同的倍数，随后观察预测曲线的线形变化，发现材料常数 $k$、$K$、$B$ 和 $E$ 对预测曲线的线形有重要影响，而材料常数 $C$ 的数值在放大 50000 倍以内时，其改变对预测曲线的线形影响甚微。

考虑到 750 ℃变形温度和 0.10/s 应变速率下本构模型的预测精度最高，以此为例说明材料常数对真实应力-真实应变预测曲线的影响规律。图 2-26 所示为 $k$、$K$、$B$ 和 $E$ 等材料常数对本构模型预测曲线的影响，即在其他材料常数不变的情况下依次使 $K$、$B$ 和 $E$ 增大至 5 倍，或使 $k$ 增大至 5000 倍。由图 2-26 可知，随着材料常数的增大，真实应力-真实应变预测曲线表现出不同程度的上升。

具体而言，当 $k$ 值增大至 5000 倍时，真实应力-真实应变预测曲线的弹性变形区显著扩大，与优化曲线（原曲线）相比，预测曲线延后进入屈服阶段，其屈服强度得到显著提高。在稳态流变阶段，预测曲线可视为优化曲线的偏置曲线。当 $K$ 值增大至 5 倍时，预测曲线显示出相同的变化规律，只不过弹性变形区的范围更大了，屈服强度更高了。综上，材料常数 $k$ 和 $K$ 对真实应力-真实应变预测曲线的影响规律相同，但影响幅度不同：材料常数 $K$ 的影响幅度远大于材料常数 $k$。

当 $B$ 值增大至 5 倍时，真实应力-真实应变预测曲线的弹性变形区较优化

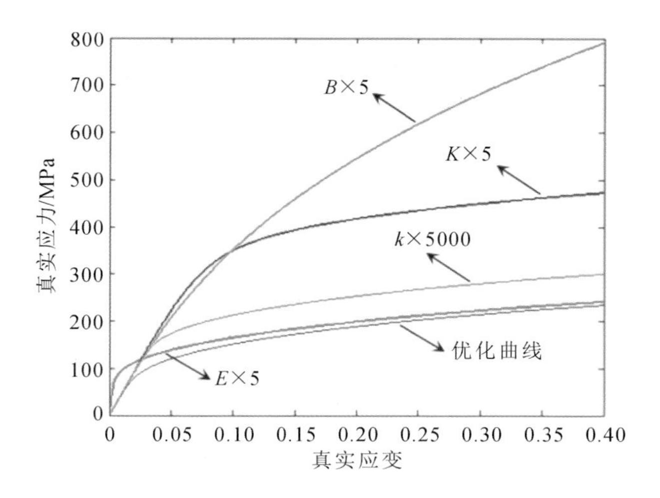


**图 2-26 与温度相关的材料常数对本构模型预测曲线的影响**

曲线有一定程度的增加,而均匀变形阶段的加工硬化现象显著,由于加工硬化导致应力大幅上升,因此预测曲线随着变形量的增加而不断上升。与优化曲线所表征的材料(超高强钢)相比,预测曲线所表征的材料具有更低的屈强比,塑性较好。

当 $E$ 值增大至 5 倍时,真实应力-真实应变预测曲线的弹性变形区显著缩小,这是由弹性模量 $E$ 增大而直接导致的。除此之外,预测曲线与优化曲线没有显著差异。

以上针对单一变形温度下的情况,分析了与温度相关的材料常数 $k$、$K$、$B$ 和 $E$ 对本构模型的影响。接下来将讨论这些材料常数在不同变形温度下对本构模型的影响。

据式(2-35)可知,材料常数 $k$、$K$、$B$、$C$ 和 $E$ 与变形温度 $T$ 之间的关系通式为

$$X = X_0 \exp\left(\frac{Q_X}{R_g T}\right) \tag{2-52}$$

式中:$X$ 代表与温度相关的材料常数;$X_0$ 是乘数项;$Q_X$ 是以自然常数 e 为底的指数项。

由式(2-52)可知,通过调整 $X_0$ 和 $Q_X$ 的数值可以控制材料常数 $X$ 对本构模型的影响。通常,增大 $X_0$ 值和 $Q_X$ 值都可以使 $X$ 值增大,从而使真实应力-真实

应变预测曲线上升。然而，对于不同变形温度下的真实应力-真实应变预测曲线而言，$X$ 值是不一样的，由此体现了 $X_0$ 和 $Q_X$ 在调控 $X$ 值的意义上是不同的。

令 750 ℃变形温度下的 $K$ 值增大至 5 倍，若不改变 $Q_K$ 值，$K_0$ 需增大至 5 倍；若不改变 $K_0$ 值，$Q_K$ 值需增大至 1.53 倍。图 2-27 所示为不同变形温度下材料常数 $K$ 对本构模型预测曲线的影响，不同变形温度下红色线对应 $K_0\times5$ 预测曲线，而蓝色线对应 $Q_K\times1.53$ 预测曲线。由图可知，$Q_K\times1.53$ 预测曲线与 $K_0\times5$ 预测曲线有显著不同，主要体现为相邻变形温度下预测曲线的间距变大了。由此推测，增大 $Q_K$ 值可以突显温度效应，即增强变形温度对预测曲线的影响。考虑到各温度下相关材料常数与温度之间的关系是一致的，此结论可以推广到其他与温度相关的材料常数，如 $k$、$B$ 和 $E$。

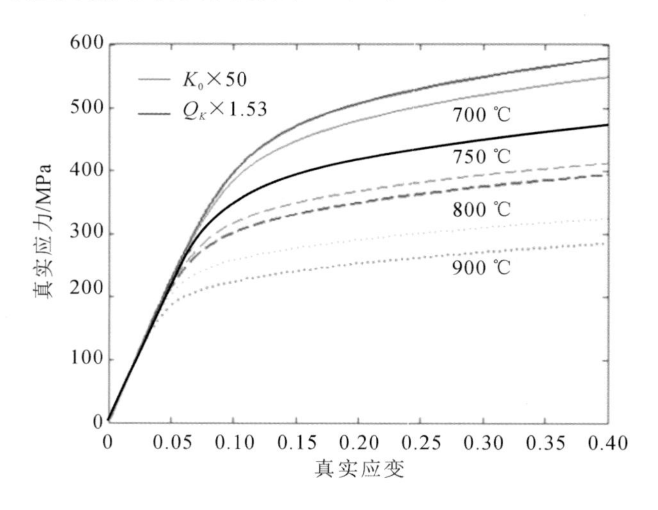


**图 2-27　不同变形温度下材料常数 $K$ 对本构模型预测曲线的影响**

② 与温度无关的材料常数对本构模型的影响。

材料常数 $n$、$A$ 和 $\gamma_2$ 与温度无关，在表 2-4 优化结果的基础上分别将其缩放到一系列不同的倍数，随后对预测曲线的线形变化进行观察，发现预测曲线的线形受材料常数 $n$ 和 $A$ 影响显著，而材料常数 $\gamma_2$ 在放大 50000 倍以内时，其改变对预测曲线的线形影响甚微。

图 2-28 所示为材料常数 $n$ 和 $A$ 对本构模型预测曲线的影响，其中，材料常数 $n$ 和 $A$ 均增大至 5 倍。由图可知，真实应力-真实应变预测曲线随着材料常

数的增大表现出不同幅度的上升。

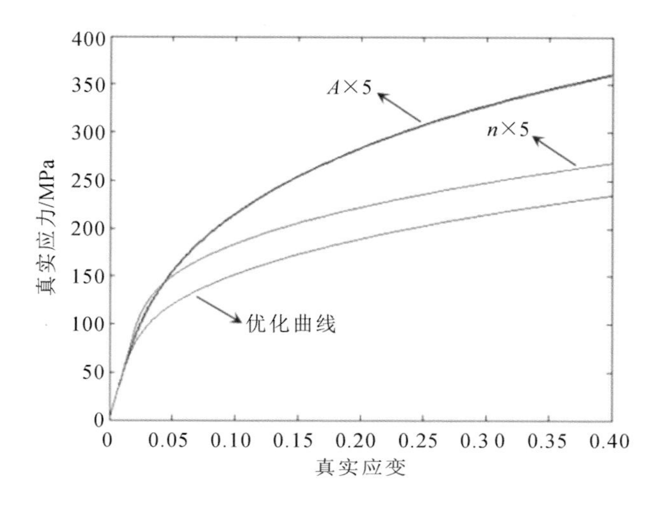


**图 2-28　与温度无关的材料常数对本构模型预测曲线的影响**

当 $n$ 值增大至 5 倍时，真实应力-真实应变预测曲线的弹性变形区较优化曲线有一定程度的增加，而在均匀变形阶段，其加工硬化速率显著提高。在稳态流变阶段，预测曲线可视为优化曲线的偏置曲线。

当 $A$ 值增大至 5 倍时，真实应力-真实应变预测曲线的弹性变形区较优化曲线有一定程度的增加，而均匀变形阶段的加工硬化现象显著，加工硬化导致应力大幅上升，因此预测曲线随变形量的增加而不断上升。与优化曲线所表征的材料相比，预测曲线所表征的材料具有更低的屈强比，塑性较好。

综上，材料常数 $A$ 和 $B$ 对真实应力-真实应变预测曲线的影响规律相同，但是影响幅度不同：材料常数 $A$ 的影响幅度低于材料常数 $B$。究其原因，各向同性硬化应力 $R$ 的取值受材料常数 $A$ 和 $B$ 的显著影响，具体参考式(2-31)和式(2-32)。而材料常数 $C$ 和 $\gamma_2$ 对预测曲线影响甚微的原因在于，材料常数 $C$ 和 $\gamma_2$ 是通过控制位错密度静态回复项来影响各向同性硬化应力 $R$ 的，但是静态回复现象在热拉伸过程中并不明显。

### 2.2.2.2　考虑损伤断裂的微观本构模型

(1) 损伤演化方程与本构模型修正。

根据前文分析，B1500HS 钢板高温拉伸断裂形式主要为微孔聚集型断裂，其机理为，塑性变形产生的微裂纹和孔洞等损伤经形核、长大、聚集最后相互连接融合，导致了宏观裂纹的产生，从而引发了材料断裂。可见，材料断裂失效是损伤形成和累积到极限而导致的结果。因此，材料微观损伤的演化过程反映了其宏观断裂行为。通过研究损伤的演化并结合试验结果，可以获知超高强钢断裂的动态全过程。

① 损伤变量的定义。

由于塑性变形等原因，材料会产生大量的微裂纹和孔洞等损伤，如图 2-29 所示。对于各向同性材料而言，微裂纹和孔洞在各个方向上显然是均匀分布的。假定材料某一横截面的总面积为 $A$，该横截面上的微裂纹和孔洞等损伤所占的面积为 $A_D$，那么实际承受外部载荷的有效面积 $A_E$ 可以表示为

$$A_E = A - A_D \tag{2-53}$$

损伤变量定义为

$$\omega = \frac{A_D}{A} \tag{2-54}$$

$\omega$ 用来衡量损伤变量的大小，其物理意义为各向同性材料的某一横截面上，损伤面积之和与横截面总面积之比。根据损伤变量的定义，可以得到以下几点结论：

（ⅰ）对于处于初始状态（无损伤）的材料而言，$A_D=0$ 即 $\omega=0$；

（ⅱ）对于处于失效状态的材料而言，$A_D=A$ 即 $\omega=1$；

（ⅲ）损伤变量的取值范围为 0～1，即 $0\leqslant\omega\leqslant1$。

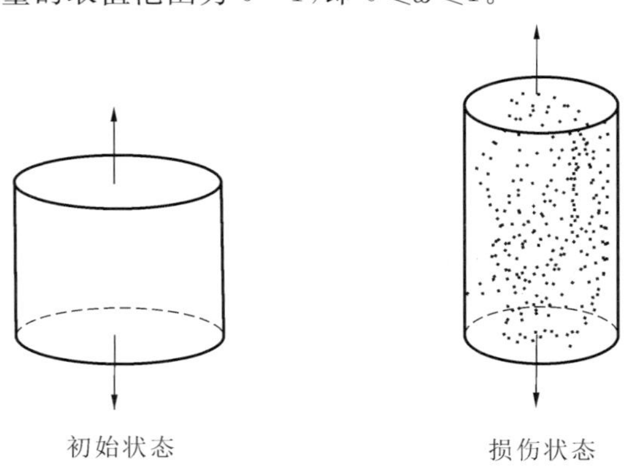


**图 2-29　初始状态与损伤状态示意图**

② 损伤演化方程。

金属在高温变形条件下的损伤与其变形机制有关，这涉及材料的微观组织、变形温度和变形速率。图 2-30 所示为金属热变形条件下的主要损伤机制示意图。

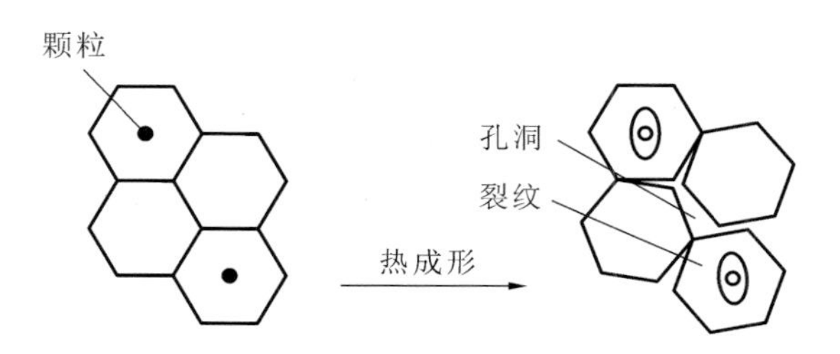


**图 2-30 金属热变形条件下的主要损伤机制示意图**

（ⅰ）当金属变形速率较高或晶粒尺寸较大时，损伤常发生在第二相粒子周围，这种类型的损伤称为塑性诱导损伤。产生原因是，塑性变形导致位错增殖，促使孔洞在晶粒内部的第二相粒子周围形核，这与金属冷成形条件下的损伤机制类似。

（ⅱ）在同一变形温度下而变形速率较低或晶粒尺寸较小时，损伤主要发生在晶界。热变形条件提供给晶粒转动、晶界滑移和晶界扩散的时间很少，于是在晶界这一薄弱区产生了微裂纹。

表 2-5 所示为不同热变形条件下的损伤机制。一旦金属材料产生微裂纹或孔洞，局部应力或局部应变会集中于此。随着变形量的增加，微裂纹和孔洞会融合生长形成宏观裂纹，即材料失效。

**表 2-5 金属热变形的损伤机制**

| 变形条件 | 变形机制 | 损伤区域 | 损伤形式 |
|---|---|---|---|
| 低温/高应变速率/晶粒粗大 | 位错增殖 | 第二相粒子 | 孔洞 |
| 高温/低应变速率/晶粒细小 | 晶界滑移和晶粒转动 | 晶界 | 裂纹 |

基于上述观点，热成形过程中的损伤变化率 $\dot{\omega}$ 可视为与变形温度 $T$、应力 $\sigma$ 和塑性应变速率$\dot{\varepsilon}_{\mathrm{p}}$ 有关的函数：

$$\dot{\omega} = f(T, \sigma, \dot{\varepsilon}_{\mathrm{p}}) \tag{2-55}$$

研究表明，损伤变化率可以表示为与应力 $\sigma$、塑性应变速率 $\dot{\varepsilon}_{\mathrm{p}}$ 和损伤变量 $\omega$ 有关的函数：

$$\dot{\omega} = f(\omega) \cdot \beta_d \cdot \sigma \cdot \dot{\varepsilon}_p \tag{2-56}$$

其中，$\beta_d$ 为材料常数，描述温度对损伤变化率的影响。

综合考虑应力 $\sigma$ 和塑性应变速率 $\dot{\varepsilon}_p$ 对损伤变化率的影响，得到单向应力状态下的损伤演化方程：

$$\dot{\omega} = \frac{\eta_1}{(1-\omega)^{\eta_2}} \cdot \sigma \cdot \dot{\varepsilon}_p^{\eta_3} \tag{2-57}$$

其中，$\eta_1$ 为材料常数，描述温度对损伤变化率的影响。$(1-\omega)^{-\eta_2}$ 描述热拉伸最后阶段损伤剧烈增加的情况，$\eta_2$ 为与温度相关的材料常数，用于拓展损伤模型的适应性，提高模型的自由度，使之应用于不同的材料和加工路径。$\dot{\varepsilon}_p^{\eta_3}$ 用于描述塑性应变速率对损伤变化率的影响，$\eta_3$ 为与温度相关的材料常数。

考虑损伤变化率受塑性应变 $\varepsilon_p$ 和塑性应变速率 $\dot{\varepsilon}_p$ 的影响，得到以下损伤演化方程：

$$\dot{\omega} = D_1 \omega^{d_1} \dot{\varepsilon}_p^{d_2} + D_2 \dot{\varepsilon}_p^{d_3} \cosh(D_3 \varepsilon_p) \tag{2-58}$$

其中，$D_1$ 和 $D_2$ 为与温度相关的材料常数，$d_1$、$d_2$、$d_3$ 和 $D_3$ 为与温度无关的材料常数。式(2-58)中第一项表示损伤变化率受塑性应变速率和损伤变量的影响，第二项则描述损伤变化率受塑性变形的影响。

式(2-58)的损伤演化方程共引入了 6 个材料常数：$D_1$、$D_2$、$D_3$、$d_1$、$d_2$ 和 $d_3$。而式(2-57)只引入了 3 个材料常数：$\eta_1$、$\eta_2$ 和 $\eta_3$。因此，损伤演化方程式(2-58)具有柔性更强、适应范围更广的优点。

③ 流动应力的修正。

假设在热拉伸过程中施加的力为 $F$，材料在断裂前的横截面积为 $A$，则流动应力的表达式为

$$\sigma = \frac{F}{A} \tag{2-59}$$

如前所述，由于损伤的存在，在热拉伸过程中实际承受载荷的有效面积为

$$A_E = A - A_D = A(1-\omega) \tag{2-60}$$

由于横截面积的减小会导致流动应力的增大，因此，需对流动应力方程进行修正，得到有效流动应力 $\sigma_E$：

$$\sigma_E = \frac{F}{A_E} = \frac{F}{A(1-\omega)} = \frac{\sigma}{1-\omega} \tag{2-61}$$

由上式可知：

（ⅰ）对于处于初始状态（无损伤）的材料而言，$\omega=0$，即 $\sigma_E=\sigma$；

（ⅱ）对于处于失效状态的材料而言，$\omega=1$，即 $\sigma_E\to\infty$。

将有效流动应力 $\sigma_E$ 代入式(2-23)和式(2-24)，分别得到下式：

$$\dot{\varepsilon}_p=\left\langle\frac{\sigma/(1-\omega)-R-k}{K}\right\rangle^n \tag{2-62}$$

$$\sigma=E(1-\omega)(\varepsilon_T-\varepsilon_p) \tag{2-63a}$$

$$\dot{\sigma}=E[(1-\omega)(\dot{\varepsilon}_T-\dot{\varepsilon}_p)-\omega(\varepsilon_T-\varepsilon_p)] \tag{2-63b}$$

将损伤演化方程式(2-58)引入耦合位错密度的黏塑性本构模型[式(2-34)]中，并对流动应力进行修正，得到耦合损伤的黏塑性本构模型：

$$\begin{cases}\dot{\varepsilon}_p=\left\langle\dfrac{\sigma/(1-\omega)-R-k}{K}\right\rangle^n\\ \dot{\bar{\rho}}=A(1-\bar{\rho})|\dot{\varepsilon}_p|-C\bar{\rho}^{\gamma_2}\\ \dot{R}=0.5B\bar{\rho}^{-0.5}\dot{\bar{\rho}}\\ \dot{\omega}=D_1\omega^{d_1}\dot{\varepsilon}_p^{d_2}+D_2\dot{\varepsilon}_p^{d_3}\cosh(D_3\varepsilon_p)\\ \dot{\sigma}=E[(1-\omega)(\dot{\varepsilon}_T-\dot{\varepsilon}_p)-\omega(\varepsilon_T-\varepsilon_p)]\end{cases} \tag{2-64}$$

其中，损伤变量的取值范围为0～1，即 $0\leqslant\omega\leqslant1$。材料处于初始状态时，$\omega=0$；材料开始出现颈缩时，认为 $\omega=0.7$。当 $\omega$ 从0.7增至1时，流动应力下降了70%，但应变增幅很小。该模型不仅考虑了各向同性硬化应力和位错对材料本构模型的影响，还耦合了材料损伤演化对流动应力的影响。

参考Arrhenius方程中的温度-材料常数关系，$D_1$ 和 $D_2$ 被定义为如下形式：

$$D_1=D_{10}\exp\left(\frac{Q_{D_1}}{R_gT}\right),D_2=D_{20}\exp\left(\frac{-Q_{D_2}}{R_gT}\right) \tag{2-65}$$

其中，$D_{10}$ 和 $D_{20}$ 为材料常数。

(2) 耦合损伤的黏塑性本构模型的材料常数优化结果。

对于耦合损伤的黏塑性本构模型中的21个材料常数 $k_0$、$Q_k$、$K_0$、$Q_K$、$B_0$、$Q_B$、$C_0$、$Q_C$、$E_0$、$Q_E$、$D_{10}$、$Q_{D_1}$、$D_{20}$、$Q_{D_2}$、$n$、$A$、$\gamma_2$、$d_1$、$d_2$、$d_3$ 和 $D_3$，可以利用前面所介绍的方法进行确定。基于向前欧拉积分法，通过Matlab软件编写耦合损伤的黏塑性本构模型的求解程序。利用Matlab软件遗传算法工具箱，以适应度函数式(2-51)的最小值为优化目标，对本构模型的材料常数进行优化求解。表 2-6 所示即为耦合损伤的黏塑性本构模型材料常数的优化结果。

**表 2-6 耦合损伤的黏塑性本构模型材料常数的优化结果**

| 材料常数 | 优化结果 | 材料常数 | 优化结果 | 材料常数 | 优化结果 |
|---|---|---|---|---|---|
| $K_0$/MPa | 3.974121 | $Q_K$/(J/mol) | 31669.72 | $n$ | 4.102375 |
| $k_0$/MPa | 0.000331 | $Q_k$/(J/mol) | 1864.723 | $A$ | 0.173645 |
| $B_0$/MPa | 21.64652 | $Q_B$/(J/mol) | 26861.28 | $\gamma_2$ | 5060.985 |
| $C_0$ | 33858.82 | $Q_C$/(J/mol) | 8815.192 | $d_1$ | 1.2 |
| $E_0$/MPa | 1511.451 | $Q_E$/(J/mol) | 3180.559 | $d_2$ | 1.0101 |
| $D_{10}$ | 10.32 | $Q_{D_1}$/(J/mol) | 6408.4 | $d_3$ | 0.5 |
| $D_{20}$ | 0.0549 | $Q_{D_2}$/(J/mol) | 102000 | $D_3$ | 26.8 |

将表 2-6 中的优化材料常数代入耦合损伤的黏塑性本构模型，得到如图 2-31 所示的真实应力-真实应变预测曲线。可见，不同变形温度和应变速率下的真实应力-真实应变预测曲线与试验值之间存在一定差距，尤其在大应变量和低应变速率条件下。颈缩前，真实应力-真实应变预测曲线与试验值几乎重合。当应变速率为 0.01/s 时，随着应变量的增大，试验值下降，预测曲线延迟下降，导致断裂应变的预测值过大。随着应变速率的增大，预测曲线与试验值吻合度越来越高。当应变速率为 1.00/s 时，随着应变量的增大，试验应力与预测应力几乎同时达到峰值。整体而言，随变形温度的下降和应变速率的增大，试验断裂应变和预测断裂应变也随之增大。

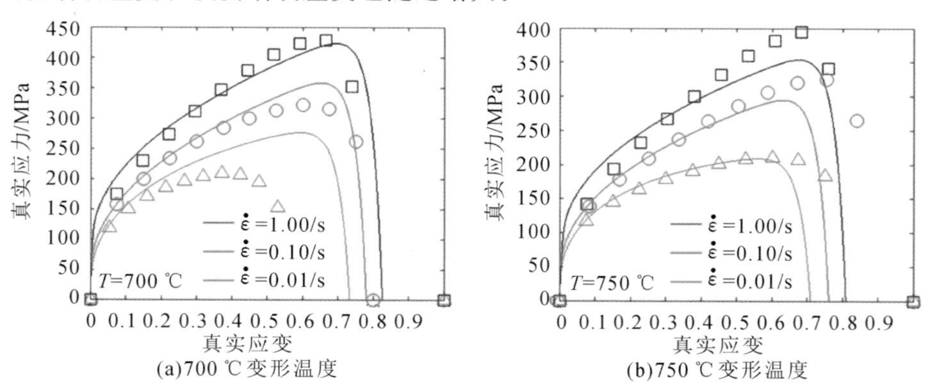

(a)700 ℃变形温度 (b)750 ℃变形温度

**图 2-31 耦合损伤的黏塑性本构模型预测曲线与试验值**

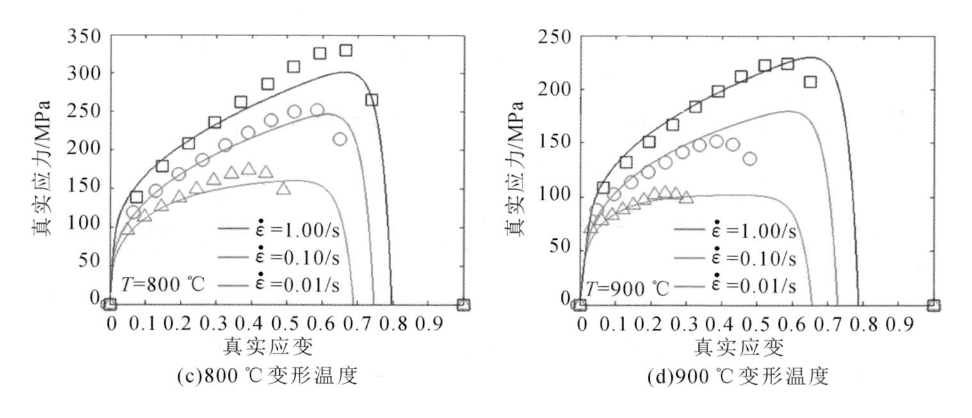

(c)800 ℃变形温度 (d)900 ℃变形温度

**续图 2-31**

## 2.3 高温胀形试验与组织演变规律

### 2.3.1 高温胀形试验及结果分析

利用BCS-50A板材性能试验设备进行刚性凸模高温胀形试验,试验机及模具如图2-32所示。试样的长×宽×厚为180 mm×180 mm×1.6 mm,试样宽度方向与轧制方向相同。具体操作过程为:将试样在加热炉中分别加热至850 ℃、750 ℃、650 ℃、550 ℃,保温1 min,并分别将凸模加热至850 ℃、750 ℃、650 ℃、550 ℃,将压边圈和凹模分别加热至500 ℃保温,待试样温度满足要求之后快速将试样转移至模具,然后以80 mm/min的变形速率进行胀形。对于常温(即25 ℃)的试样,不用放在加热炉中加热,直接放在模具中胀形即可。试验过程中压边力为50 kN,温度误差范围为±20 ℃。试验中通过监测凸模载荷-凸模位移曲线来判断材料表面的颈缩或者破裂现象,从而判断何时停止试验。

图2-33为试验后的试样。可以看出,试样均产生了不同程度的破裂现象,且裂纹开裂方向垂直于轧制方向,开裂的法向平行于主应变方向。图2-34给出了不同温度试样的胀形试验所得到的凸模载荷-凸模位移曲线。可以看出,变形开始后,随着凸模行程(凸模位移)的增大,凸模载荷也迅速增大,达到最大值后再迅速减小,表明试样均发生了颈缩或破裂现象。此外,可以看出,常温下由

(a) 试验机　　(b) 试验模具

图 2-32　高温胀形试验机及试验模具

于材料是铁素体与珠光体的混合组织，其拉深深度较大，载荷也相对较高；试样加热至 550 ℃时材料的成形载荷降低，随着加热温度升高，载荷进一步降低，当温度超过 750 ℃时载荷变化不明显。

图 2-33　试验后的试样

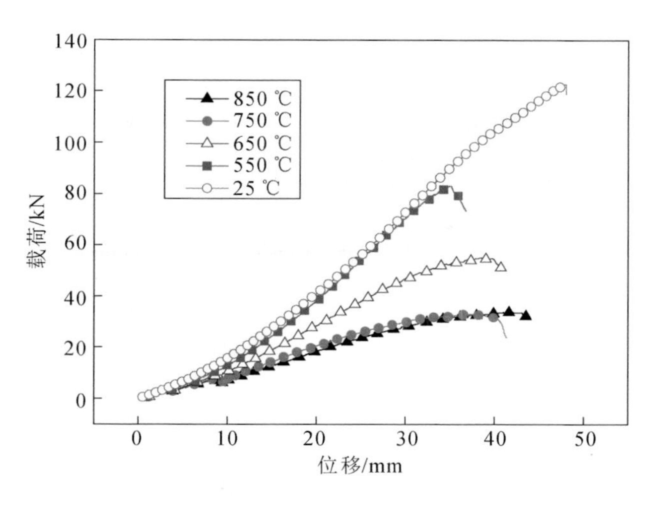


**图 2-34 凸模载荷-凸模位移曲线**

## 2.3.2 EBSD 试验及结果分析

利用 TESCAN MIRA 3 LMH 型热场发射扫描电镜进行背散射电子衍射(EBSD)试验，分析原始坯料与胀形件的晶粒尺寸和织构。分别从初始毛坯试样和胀形后的试样断口切取 A、B 两个 10 mm×10 mm(长×宽)的小试样，用于观察平行于轧制方向和垂直于轧制方向的晶粒尺寸和织构。小试样 A 用于观察试样纵截面(垂直于轧制方向)上的晶粒尺寸和织构；小试样 B 用于观察试样横截面(平行于轧制方向)上的晶粒尺寸和织构。试验方案见表 2-7。切取的试样部位如图 2-35 所示，图中用白色圆圈标示的部位为测量区域。

**表 2-7 EBSD 试验方案**

| 试样编号 | 胀形温度 | 小试样 A 测量次数 | 小试样 B 测量次数 |
| --- | --- | --- | --- |
| 1# | 初始坯料(毛坯) | 1 | 1 |
| 2# | 25 ℃ | 1 | 1 |
| 3# | 550 ℃ | 1 | 1 |
| 4# | 650 ℃ | 1 | 1 |
| 5# | 750 ℃ | 1 | 1 |
| 6# | 850 ℃ | 1 | 1 |

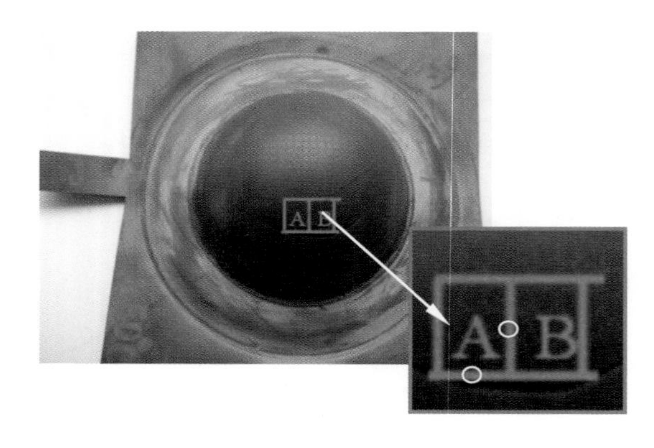


图 2-35 切取的试样部位示意图

将上述制备好的试样经过胶木粉镶嵌、金相砂纸预磨、金刚砂抛光和振动抛光后，在 TESCAN MIRA 3 LMH 型热场发射扫描电镜下进行晶粒尺寸和织构分析。

（1）晶粒尺寸。

图 2-36 为毛坯及胀形件垂直于轧制方向的晶粒尺寸变化示意图，通过数据

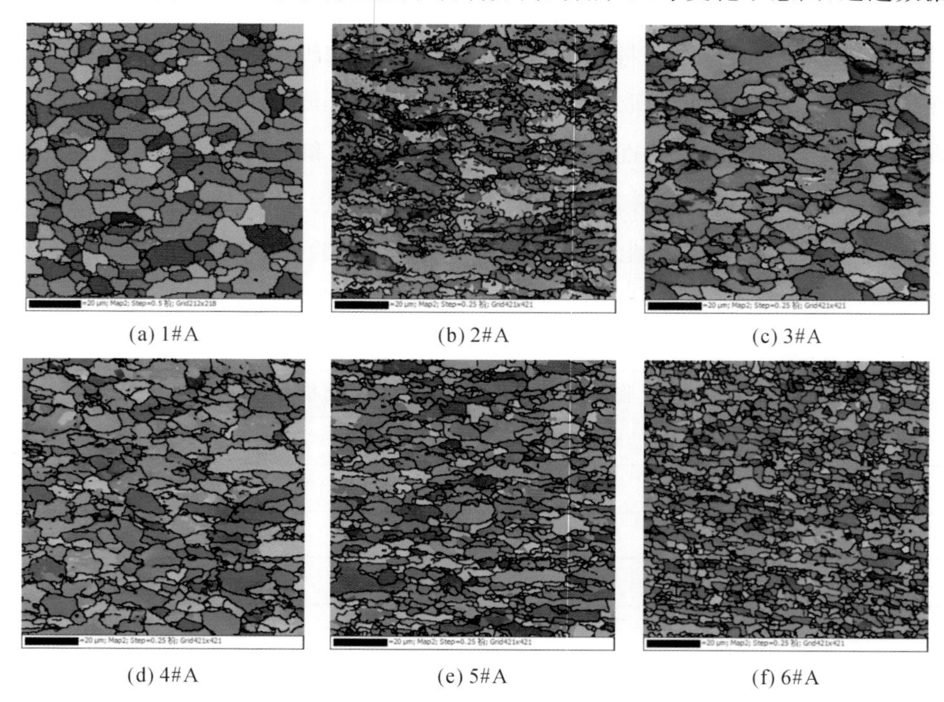

(a) 1#A (b) 2#A (c) 3#A

(d) 4#A (e) 5#A (f) 6#A

图 2-36 毛坯及胀形件垂直于轧制方向的晶粒尺寸变化示意图

计算、统计可以得到，毛坯的平均晶粒尺寸约为 5.82 μm。在 25 ℃下胀形的 2＃A试样晶粒被明显拉长，并且由于变形量较大，导致试样中应力较大，故晶界周围有很多噪点，标定率较低。随着变形温度的增加，动态再结晶晶粒数目明显增多，晶粒得到了明显细化，晶粒被拉长的现象得到了改善。其中，在 850 ℃下胀形的 6＃A 试样晶粒细化作用明显，晶粒大小比较均匀，并且趋近于等轴晶状态，平均晶粒尺寸约为 3.23 μm。由此可知，利用大变形下的动态再结晶可以明显细化铁素体晶粒。

图 2-37 为毛坯及胀形件轧制方向的晶粒尺寸变化示意图，毛坯的平均晶粒尺寸约为 5.91 μm。图 2-37(a)与图 2-36(a)有一些类似的地方，这里不再赘述。下面只分析图 2-36 与图 2-37 的区别。2＃A 试样和 2＃B 试样晶界周围均存在很多噪点，且 2＃B 试样晶界周围噪点的数量较多，这说明 2＃B 试样的变形量和应力较大。对比同一个试样编号对应的 A、B 两个小试样可以发现，B 试样晶粒更细长一些，晶粒变形量也较大，这是因为 B 试样所观察的方向平行于轧制方向，变形量较大。

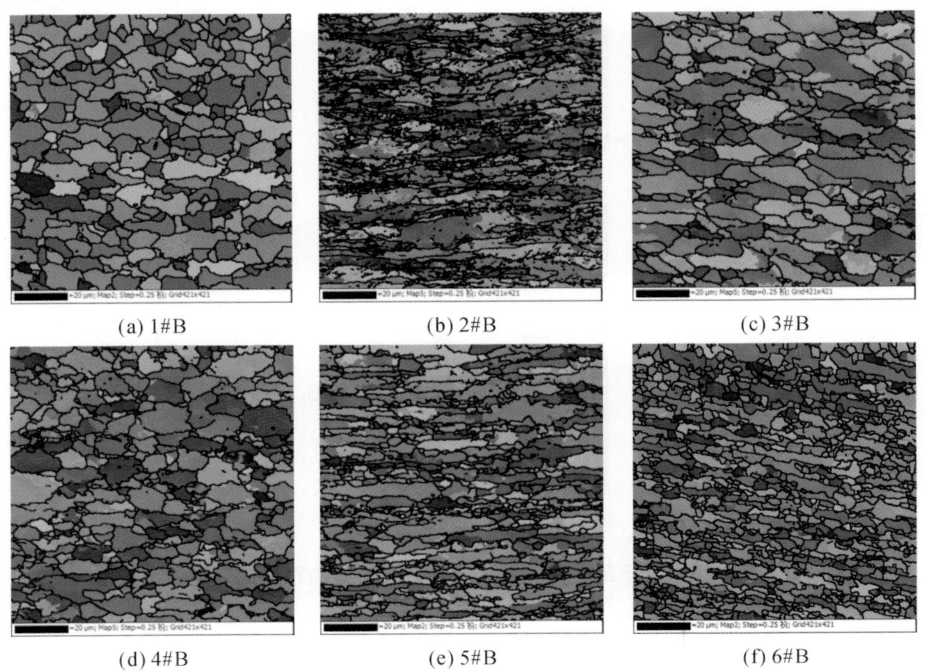

(a) 1#B　(b) 2#B　(c) 3#B

(d) 4#B　(e) 5#B　(f) 6#B

图 2-37　毛坯及胀形件轧制方向的晶粒尺寸变化示意图

（2）取向成像图（IPF）。

图2-38为毛坯及胀形件垂直于轧制方向的晶粒取向成像图。可以看出，初始坯料垂直于轧制方向的晶粒取向不统一。随着变形温度的升高，晶粒取向由〈100〉和〈111〉方向逐步向取向分布不统一发展，说明高温下材料发生了再结晶，取向趋向于不统一分布。从取向成像图右上角的反极图中可以看出，除常温变形以外，随着变形温度的增加，晶粒〈100〉取向和〈111〉取向的强度先增加后降低，当变形温度为750 ℃时，晶粒〈100〉取向和〈111〉取向的强度最强，这说明5＃A试样在变形时晶粒的转动速度最快。

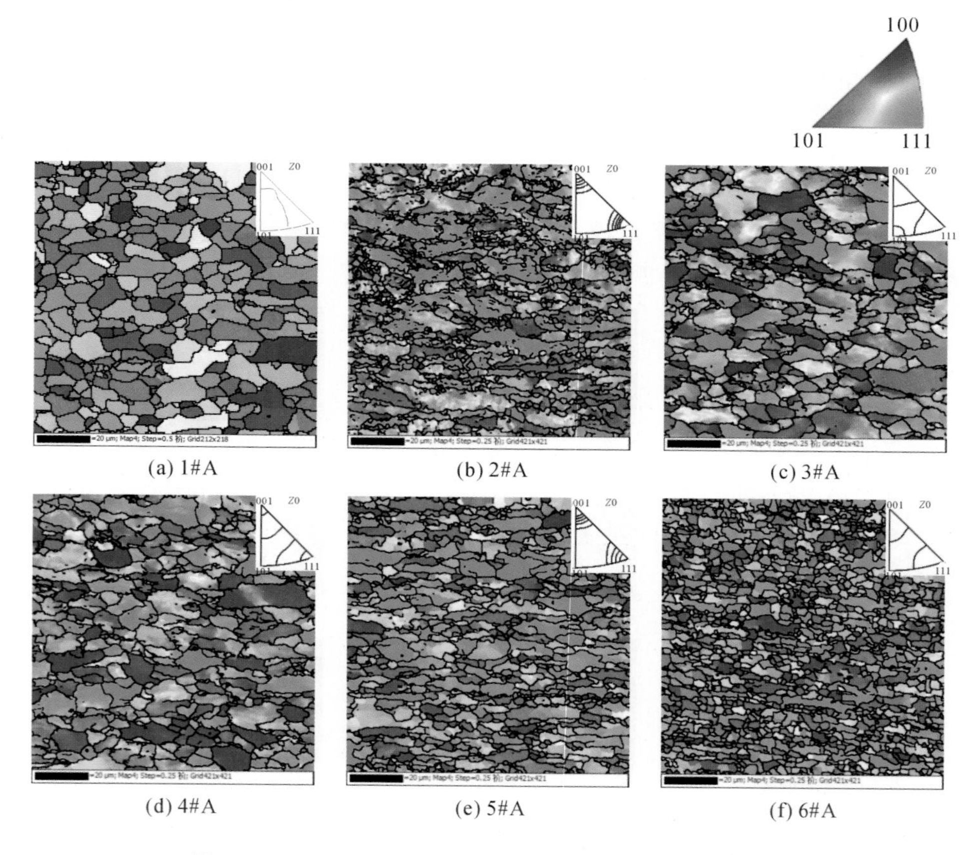


**图2-38　毛坯及胀形件垂直于轧制方向的晶粒取向成像图**

图2-39为毛坯及胀形件轧制方向的晶粒取向成像图。1＃B试样所观察的区域为毛坯轧制方向的晶粒取向，可以看出，取向为〈111〉的晶粒较多，有明显

的取向性；而由图 2-38 可知 1＃A 试样方向取向不统一，这说明通过轧制作用，晶粒的取向变得一致，而垂直于轧制方向的 1＃A 试样晶粒受到轧制作用的影响较小。对比图 2-38 与图 2-39 可进一步发现，垂直于轧制方向的毛坯及胀形件变形量较小，塑性较差，而轧制方向的毛坯及胀形件变形量较大，晶粒细长，塑性较好。同理，2＃B 试样晶界周围噪点的数量明显多于 2＃A 试样晶界周围噪点的数量。

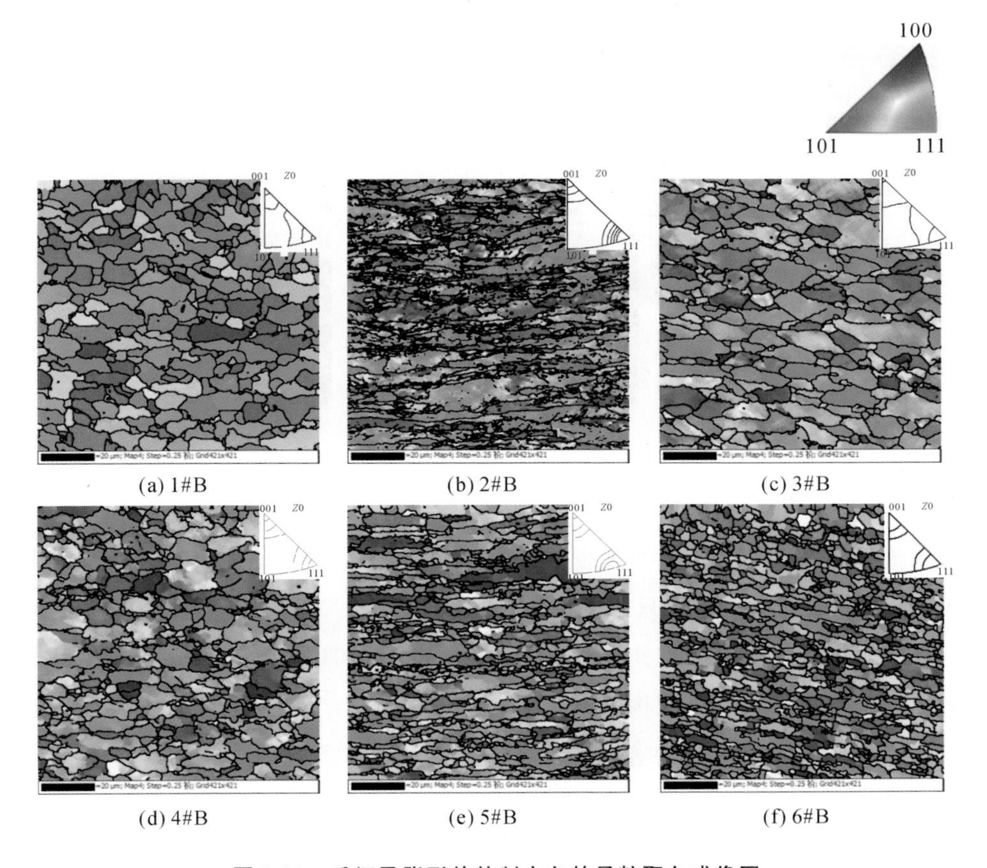


**图 2-39　毛坯及胀形件轧制方向的晶粒取向成像图**

（3）织构。

图 2-40 为毛坯及胀形件垂直于轧制方向的织构变化示意图。除在 550 ℃ 下胀形的 3＃A 试样以外，其他试样的晶粒取向以〈111〉//ND 为主，并存在少量的〈001〉//ND 晶粒，3＃A 试样中这两种织构并不明显。

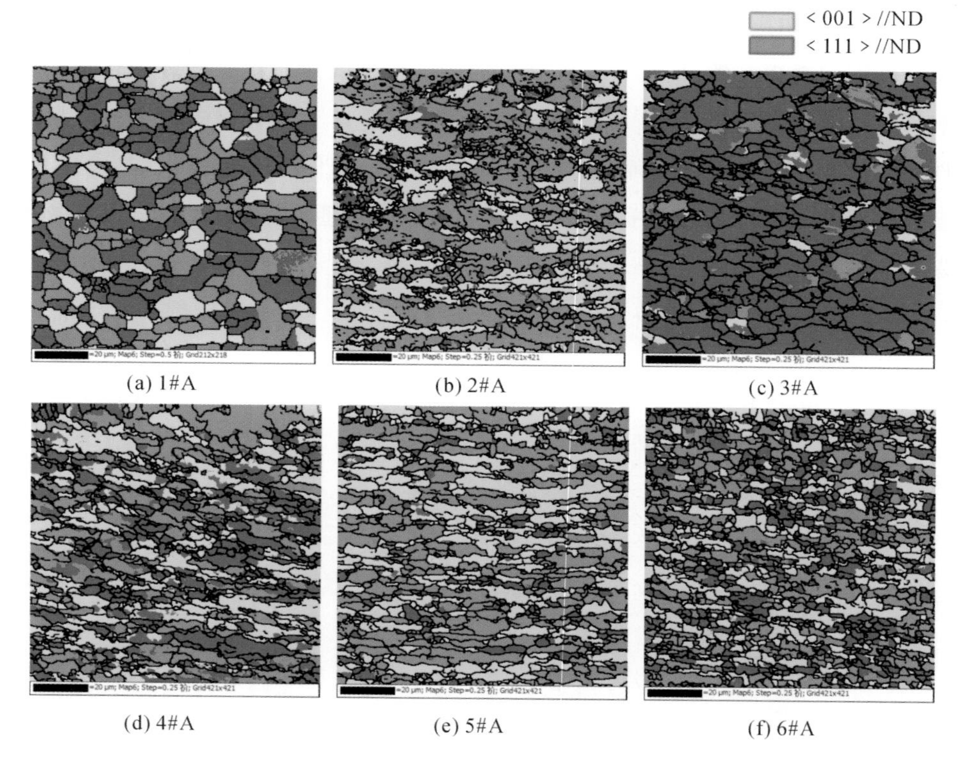


图 2-40　毛坯及胀形件垂直于轧制方向的织构变化示意图

图 2-41 为毛坯及胀形件轧制方向的织构变化示意图，该图反映的织构变化规律与图 2-40 非常类似，只是轧制方向上的〈111〉//ND 织构明显强于垂直于轧制方向上的〈111〉//ND 织构，而轧制方向上的〈001〉//ND 织构与垂直于轧制方向上的〈001〉//ND 织构基本持平。因为〈111〉//ND 织构对于塑性成形是有利的，所以轧制方向上的塑性优于垂直于轧制方向上的塑性。

图 2-42～图 2-43 分别给出了毛坯及胀形件在垂直于轧制方向和轧制方向上的织构体积分数。如图 2-42 所示，除去 1＃A 和 2＃A 试样外，随着变形温度的升高，取向为〈111〉//ND 和〈001〉//ND 的晶粒均是先增多再减少，5＃A 试样中两种晶粒取向的织构体积分数达到最大。这说明在 750 ℃下变形时晶粒的转动速度最快，织构作用最强烈。图 2-43 也表征了这一结论。总体来看，〈111〉取向的晶粒在数量及体积分数上均占优势。晶粒接近〈111〉//ND 取向有利于孪晶生成，接近〈001〉//ND 取向有利于晶界滑移，所以温度越高，生成形变

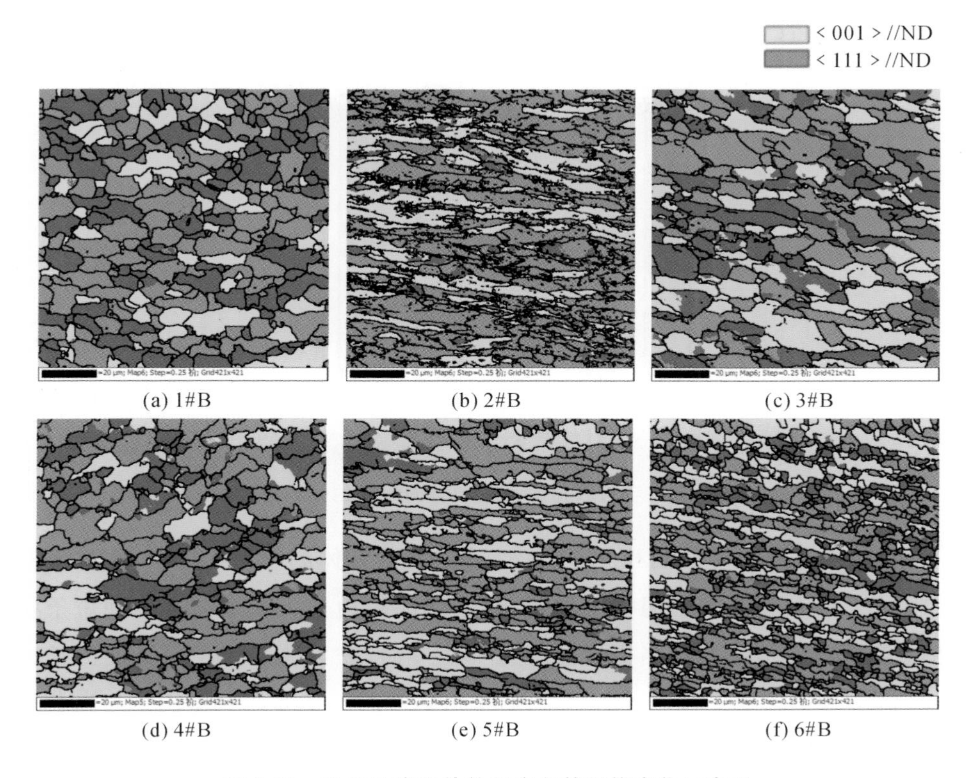


(a) 1#B　(b) 2#B　(c) 3#B

(d) 4#B　(e) 5#B　(f) 6#B

**图 2-41　毛坯及胀形件轧制方向的织构变化示意图**

孪晶的概率越大，晶体的层错能也越低。

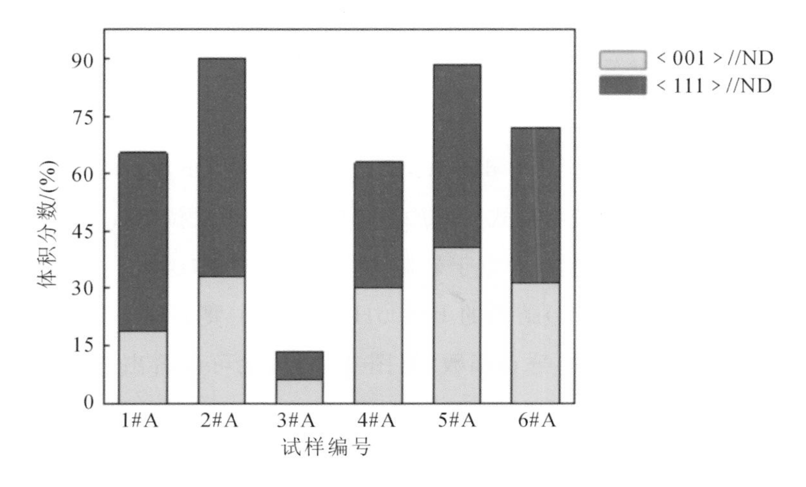


**图 2-42　毛坯及胀形件垂直于轧制方向织构的体积分数**

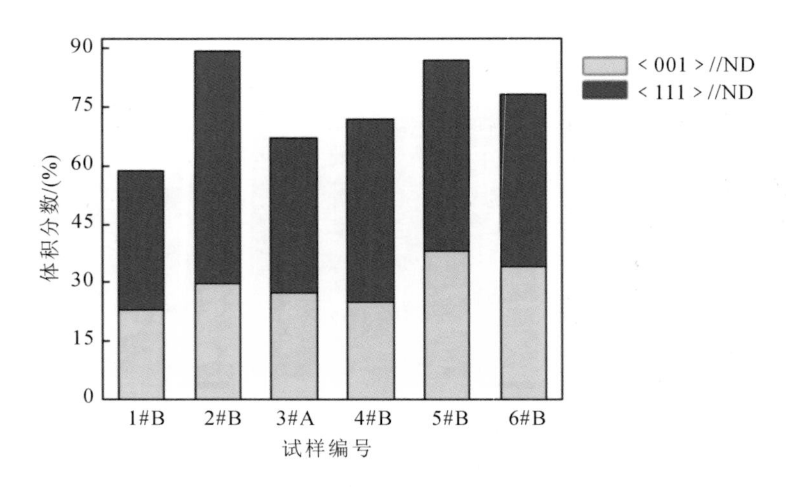


**图 2-43 毛坯及胀形件轧制方向织构的体积分数**

从前面晶粒尺寸分析可知，毛坯试样内的铁素体晶粒为等轴状，而对于发生胀形的试样，随着变形温度的增加，铁素体晶粒由长条状逐渐过渡到短条状并逐渐趋于等轴晶，但是当变形温度为 750 ℃时，铁素体晶粒反而又变为长条状。这是因为试样在 750 ℃变形时，组织由单一的奥氏体变为奥氏体与先共析铁素体混合组织，而先共析铁素体的生成使变形织构得以增强，这也说明 750 ℃时晶粒的形变量增加了，材料在 750 ℃下塑性最好，这与断口形貌和组织分析所得到的结论一致。随着变形温度达到 850 ℃，此时板材的组织只有奥氏体，晶粒已经经历了充分的形核和长大过程，并且由原来的冷轧铁素体＋珠光体组织变成了等轴状的奥氏体组织，即使再发生变形，织构作用也明显减弱了。

(4) 取向分布函数(ODF)。

取向分布函数(orientation distribution function，ODF)是晶体在三维空间分布的一种择优取向的表示形式。其中，晶体的取向用欧拉角($\varphi_1$，$\Phi$，$\varphi_2$)表示。图 2-44 所示为毛坯及胀形件垂直于轧制方向的取向分布函数。对于体心立方(body centered cubic，BCC)结构的 B1500HS 钢板，主要关注 α-纤维织构和 γ-纤维织构，通过与标准取向分布函数(见图 2-45)对比可以看出，初始坯料 α-纤维织构(RD//〈110〉)和 γ-纤维织构(ND//〈111〉)均不是很明显，存在(112)[110]织构，但{110}取向晶粒的密度水平并不高，只有 4.68。经过胀形以后，除 3＃A 试样以外，其他试样的 α-纤维织构和 γ-纤维织构均较明显。常温下胀形的 2＃A 试样存在强烈的 γ-纤维织构。经高温胀形后，试样中 γ-纤维织构有增强的趋势，在 750 ℃下胀形的 5＃A 试样，其变形织构最强烈。当变形温度升高至 850 ℃时，材料内部发生了再结晶，骨骼线变弱，织构变弱。图 2-46 为毛坯及胀形件轧制方向的取向分布函数，该图的特点与图 2-44 类似，这里不再赘述。

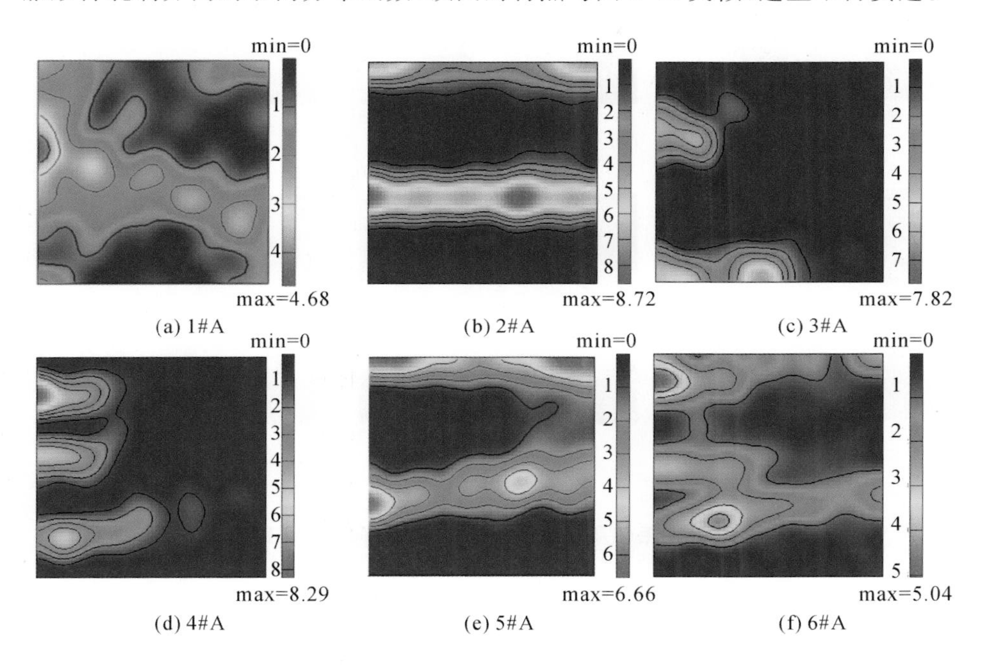


图 2-44　毛坯及胀形件垂直于轧制方向的取向分布函数图

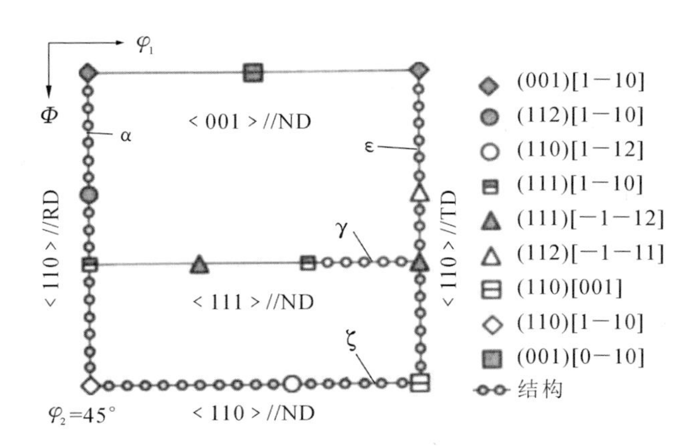


图 2-45　BCC 取向分布函数中典型织构的位置

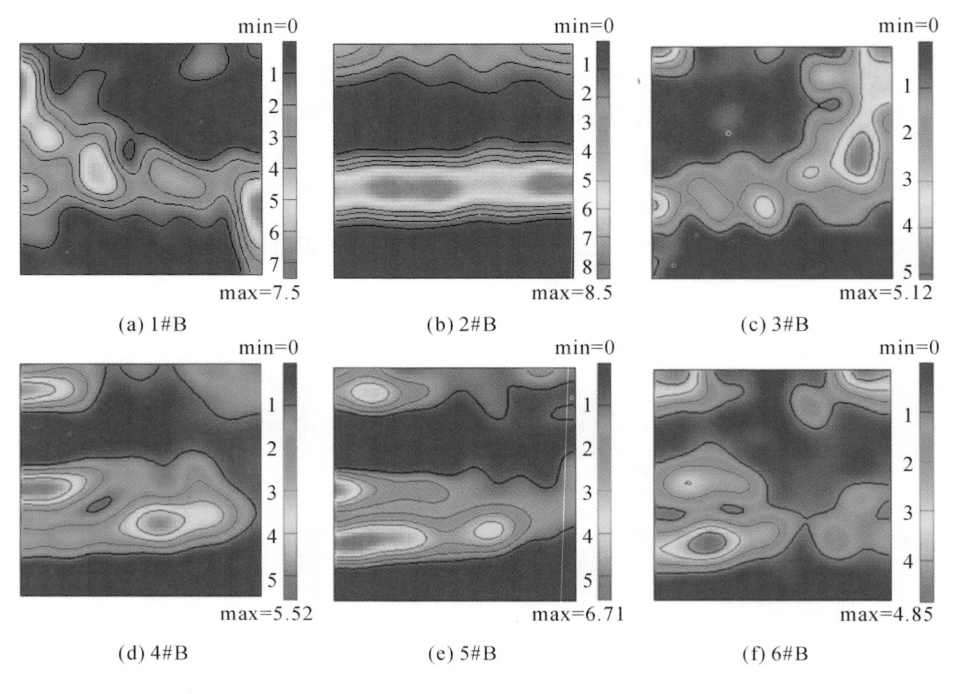


**图 2-46　毛坯及胀形件轧制方向的取向分布函数图**

仅从各个样品的取向分布函数图(图 2-44 和图 2-46)上很难看出样品间的织构细微区别,因此需要比较它们的织构沿欧拉空间坐标轴的强度变化情况。图 2-47 为毛坯及胀形件垂直于轧制方向织构的强度分布图。从图中可以看出,冷轧毛坯垂直于轧制方向的主要织构为{112}〈110〉、{001}〈110〉、{111}〈110〉、{111}〈112〉。γ 取向线上的织构强度分布较均匀,不同变形温度下成形试样的织构最强峰比较分散;α 取向线上的织构强度分布不均匀,同一试样织构最强峰与最低谷的密度水平相差较大,不同试样的织构最强峰也比较分散;随着变形温度的增加,α 取向线上织构最强峰出现了从{111}〈110〉织构转向{001}〈110〉织构的变化趋势。而{001}面织构不利于塑性成形,应尽量避免。

图 2-48 为毛坯及胀形件轧制方向织构的强度分布图。分析该图中织构强度的变化可以发现,初始坯料轧制方向 α 取向线和 γ 取向线上的织构分布均比较明显,其中取向为{111}〈110〉和{111}〈112〉的织构最强烈。对胀形后的试样织构进行分析,可以看出,不同试样 γ 取向线的织构最强峰比较分散;α 取向线上的织构

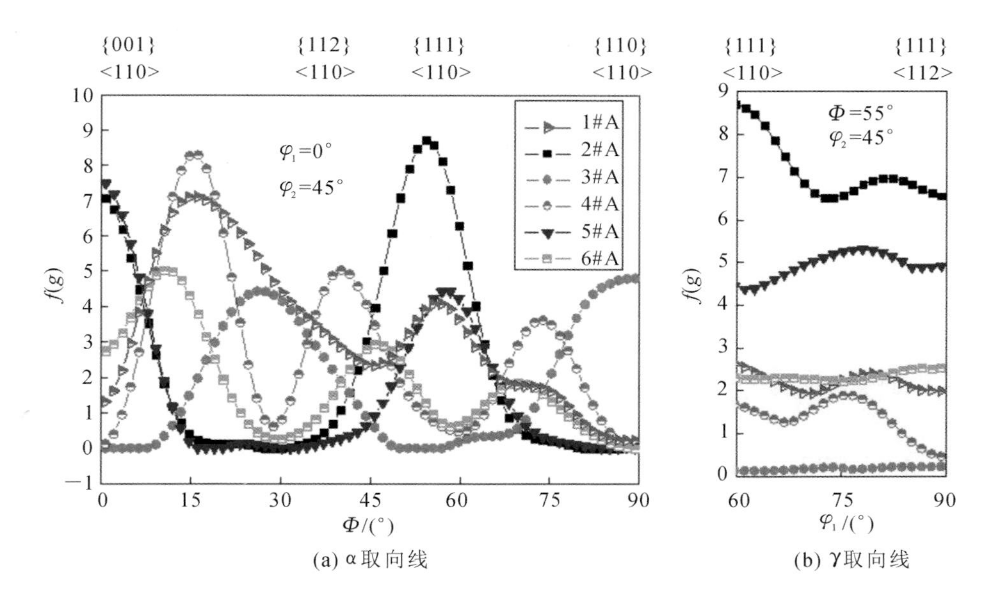


(a) α取向线　　(b) γ取向线

**图 2-47　毛坯及胀形件垂直于轧制方向织构的强度分布图**

强度分布不均匀,织构最强峰集中在{111}⟨110⟩附近。随着变形温度的增加,织构最强峰也出现了从{111}⟨110⟩织构向{001}⟨110⟩织构变化的趋势。

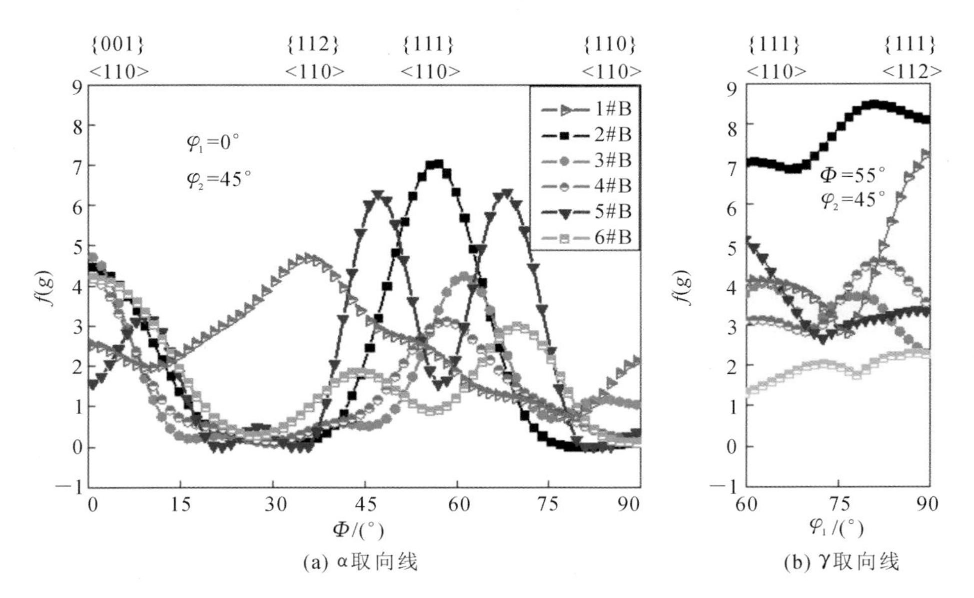


(a) α取向线　　(b) γ取向线

**图 2-48　毛坯及胀形件轧制方向织构的强度分布图**

毛坯及胀形件轧制方向 γ 取向线上的织构强度高于或接近于垂直于轧制方向上的织构强度，而 α 取向线上的织构强度大多略低于垂直于轧制方向上的织构强度。因为 γ 取向线上的织构主要为{111}面织构，并且{111}面织构具有较高的 $r$ 值和较低的 $\Delta r$ 值，所以它有利于塑性变形，这也是轧制方向上的塑性比垂直于轧制方向上的塑性好的原因之一。增强 γ-纤维织构可以提高钢板的深冲性能，防止制耳的产生(边缘的过度延展)。从图 2-47 和图 2-48 均可看出，不考虑毛坯和常温试样，5#B 试样的 γ-纤维织构密度水平最高，表明此温度下 B1500HS 钢板的成形性能最好。

## 2.4 高温成形极限试验与成形极限模型

### 2.4.1 高温成形极限试验及结果分析

与胀形试验不同，板材成形极限(FLD)是采用不同尺寸的试样进行刚模胀形试验而测得的。通过改变试样的宽度，板材在刚模胀形过程中获得不同的应变状态，从而获得不同比例应变加载路径下的应变极限。图 2-49 所示为胀形试样形状及尺寸要求，试样编号依次为 1～9，试样宽度方向与轧制方向相同。

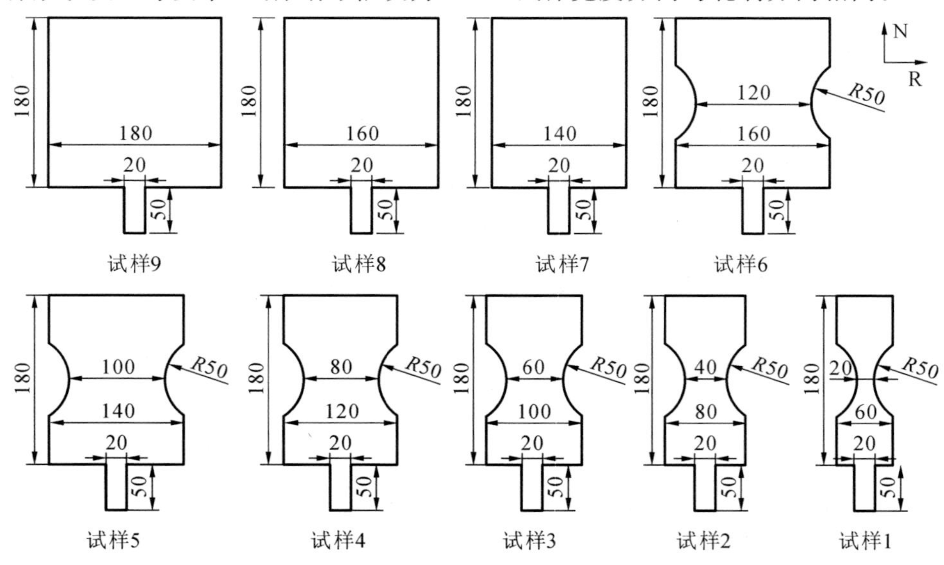


图 2-49　试样尺寸(R 为轧制方向，N 为垂直于轧制方向)

B1500HS钢板高温FLD试验比常温FLD试验多了一些需要考虑的问题，比如温度控制、氧化、摩擦及后续测量等。按照图2-49所示的尺寸要求加工完试样后对其进行表面清理，去除油污及表面脏物并进行网格印制。由于采用电腐蚀方法印制的网格在高温成形后清晰度太低、不易测量，因此本试验利用气动打标机在试样表面上用挤压的方式制成$\phi$2.5 mm的圆形网格，网格制备完成之后在试样表面喷洒润滑剂进行试样表面防护及润滑。试验原理如图2-50所示。具体来说，就是将试样在加热炉中加热至950 ℃保温1 min，并将凸模加热至850 ℃、压边圈和凹模加热至500 ℃，保温，待试样温度满足要求之后快速将试样转移至模具，然后以80 mm/min的速率进行冲压。试验过程中压边力为50 kN，温度误差范围为±20 ℃。试验中通过监测凸模载荷-凸模位移曲线来判断材料表面的颈缩或破裂现象，从而判断何时停止试验。

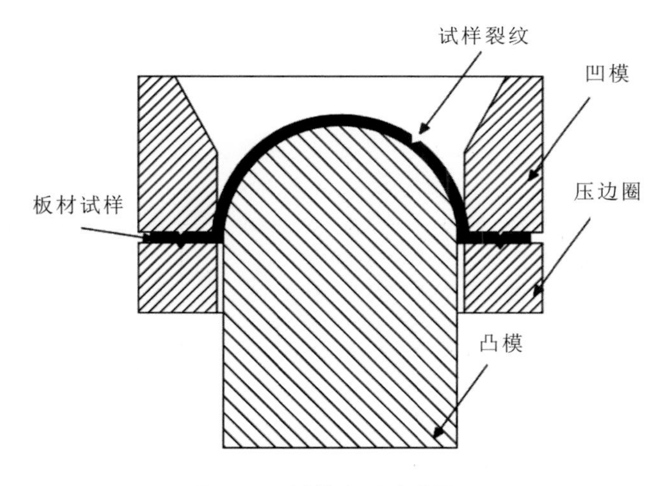


**图2-50　刚模胀形试验原理**

图2-51为高温FLD试验过程中不同宽度试样的最高温度与最低温度的对比。可以得出，试验过程中试样的平均温度约为820 ℃，温度变化的标准差约为22 ℃。图2-52为820 ℃下试验结束后不同试样的胀形件。由图2-52可知，试样均产生了不同程度的颈缩或破裂现象，并且颈缩或破裂的方向与主应变方向垂直，这种颈缩或破裂方式与单向拉伸试验的颈缩或破裂方式相似，均为0°

颈缩方式。图 2-53 给出了不同宽度试样在进行试验时的凸模载荷-凸模位移曲线，可以发现，凸模最大载荷随着试样宽度的增大而增大；胀形开始后，随着凸模行程的增大，凸模载荷也迅速增大，达到最大值后再迅速减小，说明试样均发生了颈缩或破裂现象。

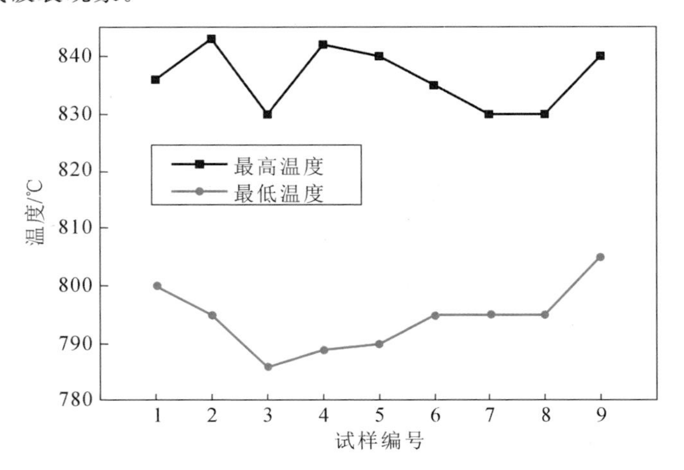


**图 2-51　高温 FLD 试验过程中试样最高温度与最低温度**

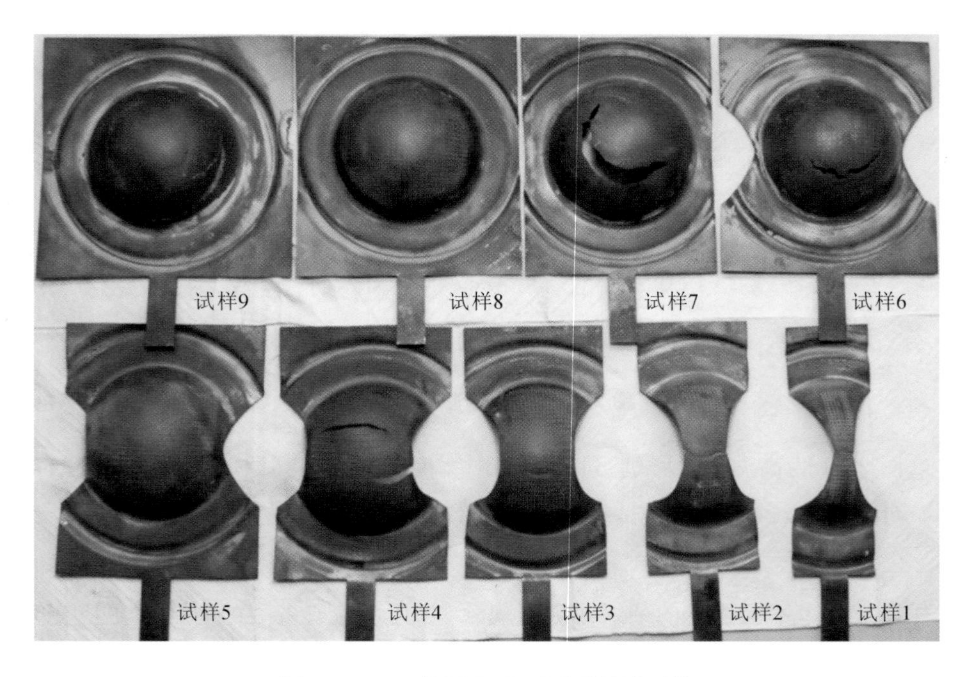


**图 2-52**　820 ℃下 FLD 试验后的胀形件

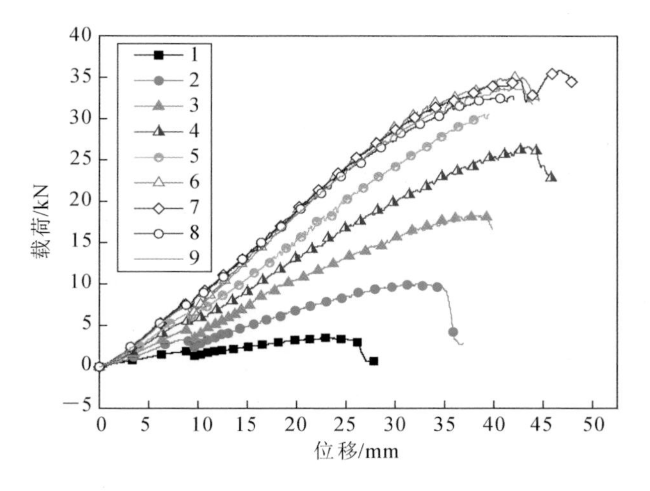


**图 2-53 试验过程中凸模载荷-凸模位移曲线**

采用 GMA System 网格应变自动测试分析系统(见图 2-54)测量试验结束后网格的变形情况。在测量网格变形量时,首先找到需要测量的变形区域,其次从两个方位对所选区域进行拍照,再次在该系统中进行分析,从而测出变形后的网格尺寸,最后由式(2-66)、式(2-67)求出真实主应变 $\varepsilon_1$ 和真实次应变 $\varepsilon_2$,并绘制于 $\varepsilon_1$-$\varepsilon_2$ 坐标系中得到 B1500HS 钢板的成形极限图,如图2-55所示。

$$\begin{cases} e_1 = \dfrac{d_1 - d_0}{d_0} \times 100\% \\ e_2 = \dfrac{d_2 - d_0}{d_0} \times 100\% \end{cases} \tag{2-66}$$

$$\begin{cases} \varepsilon_1 = \ln \dfrac{d_1}{d_0} = \ln(1 + e_1) \\ \varepsilon_2 = \ln \dfrac{d_2}{d_0} = \ln(1 + e_2) \end{cases} \tag{2-67}$$

式中:$d_0$ 为网格圆初始直径;$d_1$ 为畸变后的网格圆长轴尺寸;$d_2$ 为畸变后的网格圆短轴尺寸;$e_1$ 和 $e_2$ 分别为最大工程主应变及最小工程主应变;$\varepsilon_1$ 和 $\varepsilon_2$ 分别为真实主应变(也称为最大真实主应变)及真实次应变(也称为最小真实主应变)。

图 2-54　GMA System 网格应变自动测试分析系统

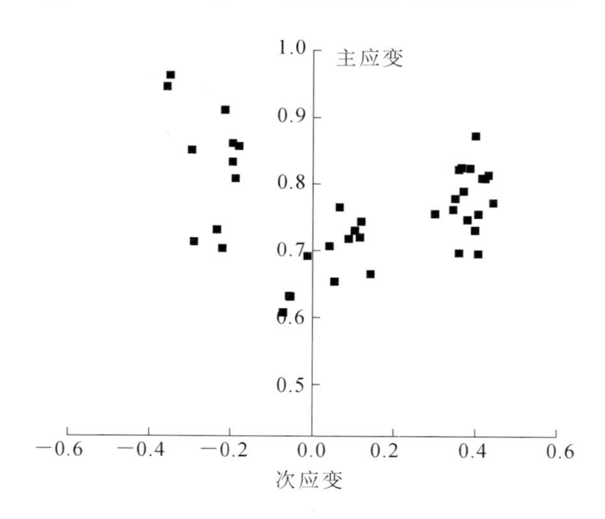


图 2-55　B1500HS 钢板在 820 ℃ 下成形极限图

## 2.4.2　宏观高温成形极限模型

观察高温成形极限数据可以发现，成形极限图左侧数据点拟合图像接近于一条直线，其右侧数据点拟合图像则类似于幂指数函数形式。因此，下面建立 B1500HS 钢板成形极限拟合模型。该模型可以用下式表示：

$$
\begin{aligned}
\varepsilon_1 &= A\varepsilon_2 + C \\
\varepsilon_1 &= B\varepsilon_2^n + C
\end{aligned}
\tag{2-68}
$$

式中：$C$ 是由成形极限图左右两侧的公共点决定的参数。

基于式(2-68)，利用 Matlab 软件对试验数据点进行拟合计算，从而可以得到 B1500HS 钢板的成形极限拟合模型中各参数值，如表 2-8 所列。图 2-56 为成形极限试验值与拟合值的对比图，通过计算可以得出，拟合值与试验值的平均相对误差 $A_{ave}$ 约为 13%，$A_{ave}$ 的计算公式见式(2-20)。因此，成形极限拟合模型可以比较准确地描述 B1500HS 钢板在 820 ℃下的成形极限图。

**表 2-8　成形极限拟合模型公式中各参数值**

| 参数 | $A$ | $B$ | $C$ | $n$ |
|---|---|---|---|---|
| 值 | −0.8224 | 0.2218 | 0.6223 | 0.3638 |

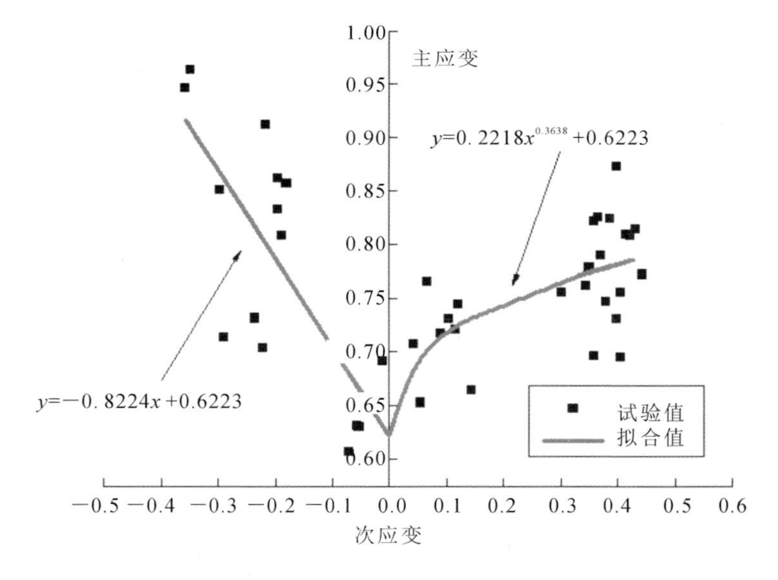


**图 2-56　成形极限试验值与拟合值对比**

为了验证通过拟合模型所得成形极限图的准确性，基于 ABAQUS 有限元软件建立了 B1500HS 钢板成形极限模型(见图 2-57)，由于胀形试样为对称结构，故分析时将其简化为 1/4 模型。以 180 mm×180 mm 尺寸试样为例，采用 ABAQUS/Explicit 来进行计算求解，网格模型采用 S4R 壳单元，断裂准则采用 FLD 断裂准则，代入成形极限拟合值。图 2-58 为 B1500HS 钢板试验结果与模拟结果对比图。从图中可以看出，试验中试样的破裂形式和位置

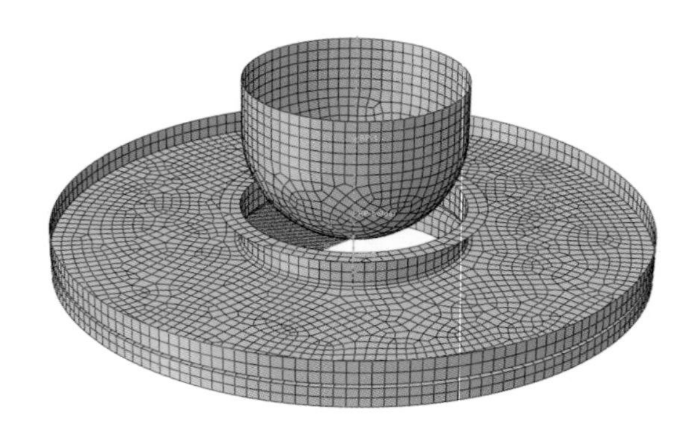

**图 2-57** B1500HS 钢板成形极限模型

与模拟中试样的破裂形式和位置十分相似。图 2-59 对比了试验与模拟的凸模载荷-凸模位移曲线。可以看出，模拟得到的凸模载荷-凸模位移曲线比试验得到的凸模载荷-凸模位移曲线略低，这可能是因为有限元模拟时摩擦系数是固定不变的，而试验过程中，润滑效果随着胀形的进行而变差，导致摩擦系数稍微增大，所以凸模载荷也增加了。综上可以说明，B1500HS 钢板成形极限模型模拟结果与试验结果很接近，表明所得的成形极限图的拟合模型较为准确。

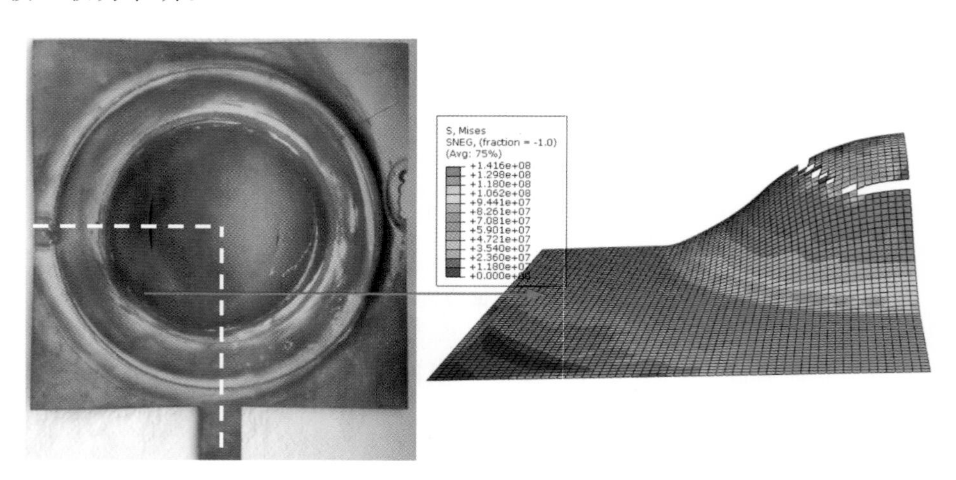


**图 2-58** B1500HS 钢板试验结果与模拟结果对比图

在板材冲压成形中，破裂是常见的失效形式，在有限元仿真模拟时需要选择恰当的成形极限判据，对板材是否破裂做出判定，因此成形极限判据对于破

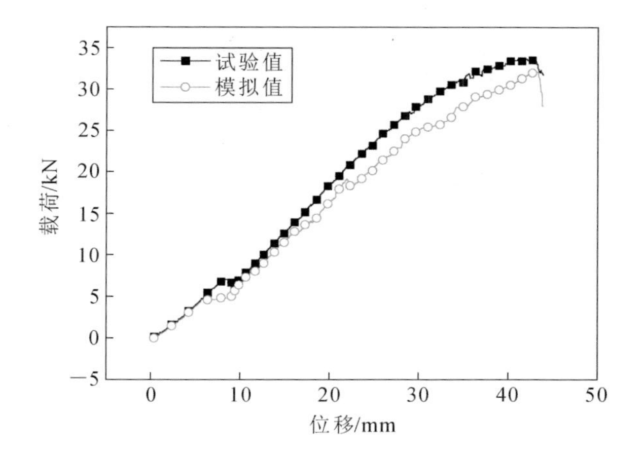


**图 2-59　试验与模拟的凸模载荷-凸模位移曲线**

裂的准确预测至关重要。目前,常用的成形极限判据有 Hill-Swift 失稳判据、Storen-Rice 尖点理论(S-R 尖点理论)、Marciniak-Kuczynski 失稳判据(M-K 失稳判据)。其中 Hill-Swift 失稳判据形式简单,且准确度较高,这里采用该失稳判据对 B1500HS 钢板热成形极限进行预测,即使用 Hill 局部失稳理论和 Swift 分散失稳理论分别计算成形极限图左右两侧的曲线。当材料处于平面应力状态、简单加载、Hollomon 幂指数硬化和各向同性情况下,Hill-Swift 失稳判据可以表示为下面的极限应变方程。

(1) 当 $0 \leqslant \alpha \leqslant 0.5$ 时,材料失稳主要为集中失稳,其极限应变方程可以表示为

$$\varepsilon_{l_1} = \frac{n\left[\left(1+\dfrac{1}{r_0}\right)-\alpha\right]}{\dfrac{1}{r_0}+\dfrac{1}{r_{90}}\alpha} \tag{2-69}$$

$$\varepsilon_{l_2} = \frac{n\left[\left(1+\dfrac{1}{r_{90}}\right)\alpha-1\right]}{\dfrac{1}{r_0}+\dfrac{1}{r_{90}}\alpha} \tag{2-70}$$

(2) 当 $0.5 < \alpha \leqslant 1$ 时,材料失稳主要为分散失稳,其极限应变方程可以表示为

$$\varepsilon_{d_1} = n\frac{\left[(1+r_0)+\left(\dfrac{r_0}{r_{90}}+r_0\right)\alpha^2-2r_0\alpha\right][1+r_0-r_0\alpha]}{[(1+r_0)-r_0\alpha]^2+\left[\left(\dfrac{r_0}{r_{90}}+r_0\right)\alpha-r_0\right]^2\alpha} \tag{2-71}$$

$$\varepsilon_{d_2} = n\frac{\left[(1+r_0)+\left(\frac{r_0}{r_{90}}+r_0\right)\alpha^2-2r_0\alpha\right]\left[\left(\frac{r_0}{r_{90}}+r_0\right)\alpha-r_0\right]}{\left[(1+r_0)-r_0\alpha\right]^2+\left[\left(\frac{r_0}{r_{90}}+r_0\right)\alpha-r_0\right]^2\alpha} \tag{2-72}$$

式中：$r_0$为横向塑性应变与轴向塑性应变的比值；$r_{90}$为垂直于拉伸方向上的塑性应变比；$\alpha$为应力比，$\alpha=\frac{\sigma_2}{\sigma_1}$。取$n=0.62$，$r_0=r_{90}=1$，此时极限应变方程可以写成如下形式。

当$0\leqslant\alpha\leqslant0.5$时：

$$\varepsilon_{l_1} = \frac{1.24-0.62\alpha}{1+\alpha} \tag{2-73}$$

$$\varepsilon_{l_2} = \frac{1.24\alpha-0.62}{1+\alpha} \tag{2-74}$$

当$0.5<\alpha\leqslant1$时：

$$\varepsilon_{d_1} = 0.62\frac{(2+2\alpha^2-2\alpha)(2-\alpha)}{(2-\alpha)^2+(2\alpha-1)^2\alpha} \tag{2-75}$$

$$\varepsilon_{d_2} = 0.62\frac{(2+2\alpha^2-2\alpha)(2\alpha-1)}{(2-\alpha)^2+(2\alpha-1)^2\alpha} \tag{2-76}$$

根据式(2-73)～式(2-76)可以求得成形极限图的最大主应变(主应变)和最小主应变(次应变)，具体计算结果如图2-60所示。通过计算可以得出，Hill-Swift失稳判据计算值与试验值的$A_{ave}$约为23%。

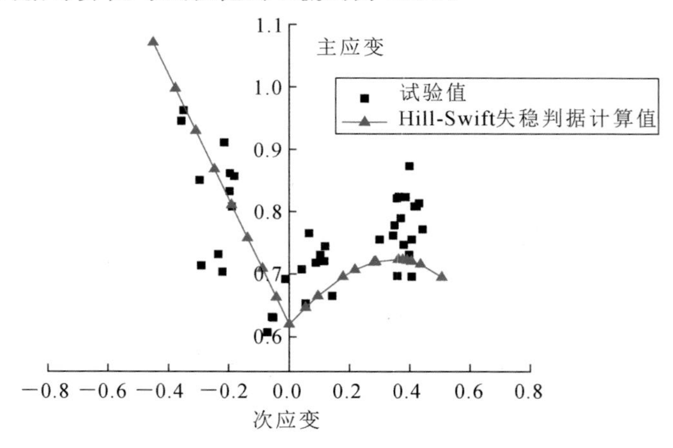


**图2-60　成形极限试验值与Hill-Swift失稳判据计算值**

S-R 尖点理论假设变形前板材是均匀的，当塑性变形发展到一定程度时，板材在屈服表面上形成尖点，从而发生集中性失稳。下面采用 S-R 尖点理论对 B1500HS 钢板热成形极限进行预测。经推导，当材料处于平面应力状态、简单加载、Hollomon 幂指数硬化和各向同性情况下，S-R 尖点理论可以表示为下面的极限应变方程。

$$\varepsilon_1 = \frac{3\rho_\varepsilon^2 + n(2+\rho_\varepsilon)^2}{2(2+\rho_\varepsilon)(1+\rho_\varepsilon+\rho_\varepsilon^2)} \tag{2-77}$$

$$\varepsilon_2 = \rho_\varepsilon \frac{3\rho_\varepsilon^2 + n(2+\rho_\varepsilon)^2}{2(2+\rho_\varepsilon)(1+\rho_\varepsilon+\rho_\varepsilon^2)} \tag{2-78}$$

$$\rho_\varepsilon = \frac{\varepsilon_2}{\varepsilon_1} = \frac{(1-k)\alpha^{s-1} - kh(1-h\alpha)^{s-1}}{(1-k) + k(1-h\alpha)^{s-1}} \tag{2-79}$$

式中：$\rho_\varepsilon$ 为应变比；$s$ 为屈服准则的阶次；$h$ 和 $k$ 为厚向异性系数。

取 $n=0.62$，则 $s=2$，$h=1$，$k=0.5$，此时根据式(2-77)～式(2-79)可以求得成形极限图的最大主应变和最小主应变，具体计算结果如图 2-61 所示。从图中可以看出，S-R 尖点理论计算结果的左侧与试验值吻合度很高，其右侧计算结果则远远低于试验值，并且该曲线的走势也与试验结果相反，即 S-R 尖点理论无法预测 B1500HS 钢板成形极限图的右侧部分，即无法模拟“拉-拉”应力下的成形极限图。

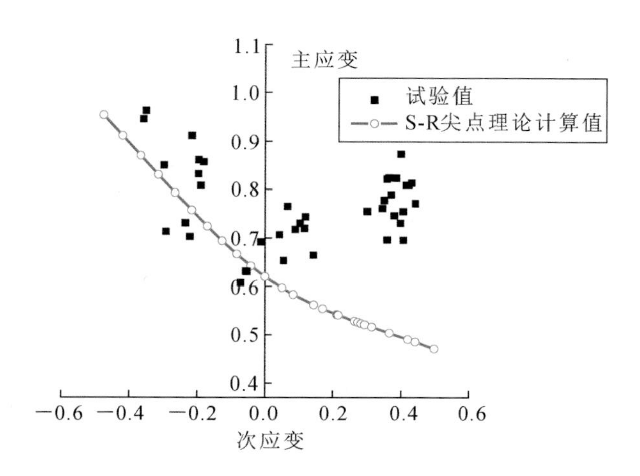


**图 2-61　成形极限试验值与 S-R 尖点理论计算值对比**

将 Hill-Swift 失稳判据计算值、S-R 尖点理论计算值与拟合值进行对比，如图 2-62 所示。可以得出，利用 Hill-Swift 失稳判据可以较好地拟合出 B1500HS 钢板成形极限曲线，并且在成形极限曲线左侧计算值略高于拟合值，而在成形极限曲线右侧计算值略低于拟合值；S-R 尖点理论计算值在成形极限曲线左侧略低于拟合值，而在成形极限曲线右侧与拟合值相差很大，故其只能拟合成形极限曲线左侧部分。通过对比可以发现，S-R 尖点理论计算值比 Hill-Swift 失稳判据计算值小，表明 S-R 尖点理论所得计算值的安全性较高。

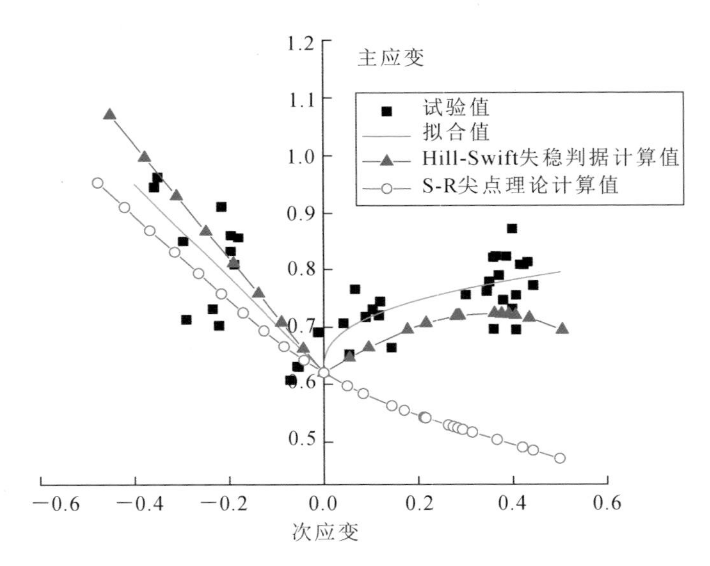


图 2-62 成形极限拟合值与理论计算值对比图

## 2.4.3 耦合损伤的黏塑性成形极限模型

### 2.4.3.1 耦合损伤的黏塑性成形极限模型的建立

依据学者们已有的研究工作，考虑多向应力状态对损伤演化的影响，本小节在耦合损伤的黏塑性本构模型的基础上扩展建立了耦合损伤的黏塑性成形极限模型。

$$
\begin{cases}
\dot{\varepsilon}_{pe} = \left\langle \dfrac{\sigma_e/(1-\omega) - R - k}{K} \right\rangle^n \\
\dot{\boldsymbol{\varepsilon}}_{pij} = \dfrac{3}{2}\dfrac{\boldsymbol{S}_{ij}}{\sigma_e}\dot{\varepsilon}_{pe} \\
\dot{\bar{\rho}} = A(1-\bar{\rho})\,|\dot{\varepsilon}_{pe}| - C\bar{\rho}^{\gamma_2} \\
\dot{R} = 0.5B\bar{\rho}^{-0.5}\dot{\bar{\rho}} \\
\dot{\omega} = f[D_1\omega^{d_1}\dot{\varepsilon}_p^{d_2} + D_2\dot{\varepsilon}_p^{d_3}\cosh(D_3\varepsilon_p)] \\
\dot{\boldsymbol{\sigma}}_{ij} = \boldsymbol{D}_{ijkl}[(1-\omega)(\dot{\boldsymbol{\varepsilon}}_{Tij} - \dot{\boldsymbol{\varepsilon}}_{pij}) - \omega(\boldsymbol{\varepsilon}_{Tij} - \boldsymbol{\varepsilon}_{pij})]
\end{cases}
\tag{2-80}
$$

式中：$\dot{\varepsilon}_{pe}$为等效塑性应变速率；$\sigma_e$ 为等效应力；$\dot{\boldsymbol{\varepsilon}}_{pij}$ 为塑性应变速率张量；$\boldsymbol{S}_{ij}$ 为应力偏张量；$\dot{\boldsymbol{\sigma}}_{ij}$ 为应力变化速率张量；$\boldsymbol{\varepsilon}_{Tij}$ 和 $\boldsymbol{\varepsilon}_{pij}$ 分别为总应变张量和塑性应变张量；$\dot{\boldsymbol{\varepsilon}}_{Tij}$ 为总应变速率张量；$\boldsymbol{D}_{ijkl}$ 为材料的四阶弹性模量矩阵；$f$ 为多向应力状态对损伤演化的影响因子，表达式如下。

$$
f = \frac{\Delta}{(\alpha_1 + \alpha_2 + \alpha_3)^{\varphi}}\left(\frac{\alpha_1\sigma_1 + 3\alpha_2\sigma_H + \alpha_3\sigma_e}{\sigma_e}\right)^{\varphi} \tag{2-81}
$$

式中：$\sigma_1$ 为最大主应力；$\sigma_H$ 为静水应力；$\alpha_1$、$\alpha_2$、$\alpha_3$、$\varphi$ 和 $\Delta$ 均为与温度无关的材料常数。$\alpha_1$、$\alpha_2$ 和 $\alpha_3$ 分别代表与最大主应力、静水应力和等效应力有关的权重因子，表征应力状态对损伤演化的影响。$\varphi$ 为多向应力损伤指数，控制着各个应力对成形极限曲线的综合影响。$\Delta$ 为修正因子，用于补偿拉伸试验（整体长度平均应变）和 Nakajima 试验（局部网格圆应变）之间的应变测量误差。

#### 2.4.3.2　模型材料常数求解与成形极限预测

耦合损伤的黏塑性成形极限模型是一组相互耦合的非线性微分方程组，一共有 26 个材料常数需要求解，可以将它们分为两组来进行求解：① $k_0$、$Q_k$、$K_0$、$Q_K$、$B_0$、$Q_B$、$C_0$、$Q_C$、$E_0$、$Q_E$、$D_{10}$、$Q_{D_1}$、$D_{20}$、$Q_{D_2}$、$n$、$A$、$\gamma_2$、$d_1$、$d_2$、$d_3$ 和 $D_3$；② $\alpha_1$、$\alpha_2$、$\alpha_3$、$\varphi$ 和 $\Delta$。

求解思路：首先利用超高强钢热拉伸试验数据，通过耦合损伤的黏塑性本构模型确定①组中的 21 个材料常数，此过程见前述章节。然后，将数值解代入耦合损伤的黏塑性成形极限模型中，利用超高强钢热胀形试验数据确定②组中的 5 个材料常数。即对于材料常数 $\alpha_1$、$\alpha_2$、$\alpha_3$、$\varphi$ 和 $\Delta$，可利用以下方法进行确定：

（ⅰ）根据有限元模拟结果确定热胀形试验中试样破裂区或颈缩区的平均

应变速率，为 0.0050/s；

（ⅱ）根据试验值确定应变比 $\beta$，即 $\varepsilon_2/\varepsilon_1$；

（ⅲ）对不同应变比 $\beta(-0.5\leqslant\beta\leqslant1)$ 下的耦合损伤的黏塑性成形极限模型进行求解；

（ⅳ）当 $\omega=0.7$ 时，判定材料发生破裂，终止积分，得到面内主应变 $\varepsilon_1$ 和次应变 $\varepsilon_2$ 的大小；

（ⅴ）利用 Matlab 软件遗传算法工具箱，对成形极限模型的材料常数 $\alpha_1$、$\alpha_2$、$\alpha_3$、$\varphi$ 和 $\Delta$ 进行优化。

表 2-9 所示即为材料常数 $\alpha_1$、$\alpha_2$、$\alpha_3$、$\varphi$ 和 $\Delta$ 的优化结果。

**表 2-9　耦合损伤的黏塑性成形极限模型的材料常数优化结果**

| 材料常数 | $\alpha_1$ | $\alpha_2$ | $\alpha_3$ | $\varphi$ | $\Delta$ |
|---|---|---|---|---|---|
| 优化结果 | 13.4 | 0.022 | 12.05 | 53 | 0.08 |

将表 2-9 中的材料常数代入耦合损伤的黏塑性成形极限模型，得到如图 2-63所示的预测曲线。

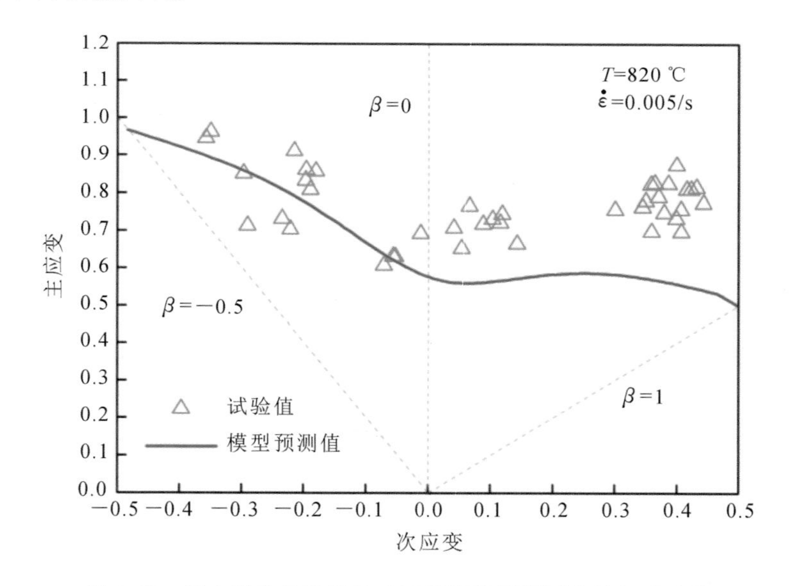


**图 2-63　耦合损伤的黏塑性成形极限模型预测曲线与试验值**

由图 2-63 可知，耦合损伤的黏塑性成形极限模型可以准确地预测超高强钢高温成形极限图的左侧；而在成形极限图的右侧，预测曲线与试验值有一定的误差。可能的误差来源有两个：① 热胀形试验过程中试样温度的控制和测量不准，导致试验数据不精确；② 对耦合损伤的黏塑性本构模型的求解不精确，导致误差累积。

利用成形极限模型预测 0.01/s、0.10/s、1.00/s 应变速率下的成形极限曲线，如图 2-64 所示。可见，随应变速率的上升，成形极限预测曲线整体上升。当应变速率从 0.01/s 上升至 1.00/s 时，$\beta=0$ 时的极限应变从 0.5883 上升为 0.7214，增长了 22.62%。前面热拉伸试验结果表明，800 ℃时断裂应变随着应变速率的增加而上升。结合热拉伸试验结果分析可知，应变速率对成形极限预测曲线的影响规律有一定试验依据，可以认为是合理的。

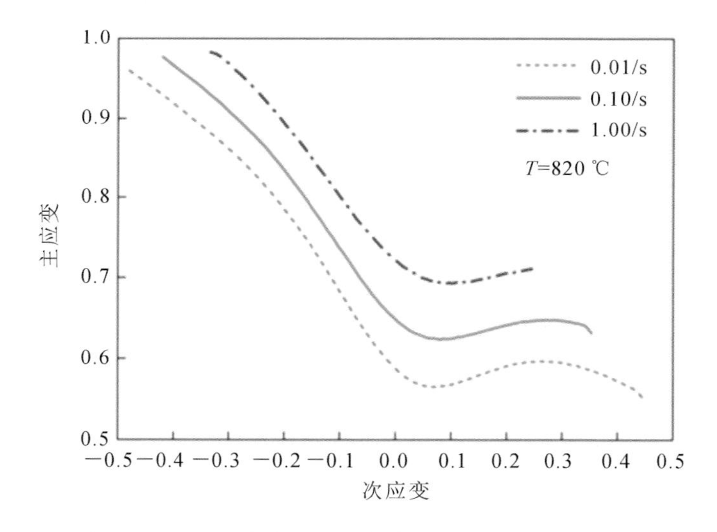


**图 2-64　不同应变速率下的成形极限模型预测结果**

## 2.5　本章小结

本章通过高温拉伸试验研究变形温度和应变速率对超高强钢变形行为的影响，建立了耦合位错密度的黏塑性本构模型，基于高温拉伸试验数据，利用向前欧拉积分法和遗传算法确定模型材料常数，结果表明该模型可以很好地反映不同变形条件下的超高强钢热力学行为。在上述本构模型的基础上，本章引入损伤演化方程并考虑多向应力状态的影响，扩展建立了耦合损伤的黏塑性高温成形极限模型，预测不同变形条件下的超高强钢成形极限曲线，可为复杂构件热冲压成形仿真与试验提供理论基础。

## 本章参考文献

[1] 刘佳宁. 超高强度钢汽车B柱热冲压成形规律与组织性能研究[D]. 武汉：武汉理工大学，2015.

[2] 姜大鑫，武文华，胡平，等. 高强度钢板热成形热、力、相变数值模拟分析[J]. 机械工程学报，2012，48(12)：18-23.

[3] YU B J, GUAN X J, WANG L J, et al. Hot deformation behavior and constitutive relationship of Q420qE steel[J]. Journal of Central South University of Technology, 2011, 18(1): 36-41.

[4] 刘佳宁，宋燕利，华林. 5042铝合金板复合拉深工艺下的制耳规律[J]. 精密成形工程，2013，5(3)：28-34.

[5] MERKLEIN M, LECHLER J. Investigation of the thermo-mechanical properties of hot stamping steels[J]. Journal of Materials Processing Technology, 2006, 177(1-3): 452-455.

[6] HUA L, MENG F Z, SONG Y L, et al. A constitutive model of 6111-T4 aluminum alloy sheet based on the warm tensile test [J]. Journal of Materials Engineering and Performance, 2014, 23(3): 1107-1113.

[7] SHI Z M, LIU K, WANG M Q, et al. Thermo-mechanical properties of ultra high strength steel 22SiMn2TiB at elevated temperature[J]. Materials Science and Engineering A, 2011, 528: 3681-3688.

[8] 宋燕利，张梅，华林，等. 精冲零件断面质量及变形区显微状态的研究[J]. 华中科技大学学报：自然科学版，2015，43(4)：1-5.

[9] NADERI M, DURRENBERGER L, MOLINARI A, et al. Constitutive relationships for 22MnB5 boron steel deformed isothermally at high temperatures[J]. Materials Science and Engineering A, 2008, 478(1-2):

130-139.

[10] MIN J Y,LIN J P,MIN Y A,et al. On the ferrite and bainite transformation in isothermally deformed 22MnB5 steels[J]. Materials Science and Engineering A,2012,550:375-387.

[11] 华林,宋燕利,刘佳宁,等. 一种改善高强度钢板热冲压件综合性能的方法:CN103045834B[P]. 2014-12-03.

[12] BARIANI P F,BRUSCHI S,GHIOTTI A,et al. Testing formability in the hot stamping of HSS[J]. CIRP Annals-Manufacturing Technology,2008,57(1):265-268.

[13] MIN J Y,LIN J P,LI J Y,et al. Investigation on hot forming limits of high strength steel 22MnB5[J]. Computational Materials Science,2010,49(2):326-332.

[14] LIU J N,SONG Y L,LU J,et al. Effect laws and mechanisms of different temperatures on isothermal tensile fracture morphologies of high-strength boron steel[J]. Journal of Central South University,2015,22(4):1191-1202.

[15] KHALEEL M A,ZBIB H M,NYBERG E A. Constitutive modeling of deformation and damage in superplastic materials[J]. International Journal of Plasticity,2001,17(3):277-296.

[16] LIN J,LIU Y. A set of unified constitutive equations for modelling microstructure evolution in hot deformation[J]. Journal of Materials Processing Technology,2003,143:281-285.

[17] LIN J,LIU Y,FARRUGIA D C J,et al. Development of dislocation-based unified material model for simulating microstructure evolution in multipass hot rolling [J]. Philosophical Magazine, 2005, 85 (18): 1967-1987.

[18] LU J,HUA L,SONG Y L,et al. Elevated plastic flow behavior of high strength boron steel based on the modified Zerilli-Armstrong model

[C]. Advanced High Strength Steel and Press Hardening: Proceedings of the 2nd International Conference (ICHSU2015). 2016:41-46.

[19] CHOI S H, KIM E Y, WOO W, et al. The effect of crystallographic orientation on the micromechanical deformation and failure behaviors of DP980 steel during uniaxial tension[J]. International Journal of Plasticity, 2013, 45:85-102.

# 第 3 章 超高强钢构件等强度热冲压成形工艺

超高强钢热冲压在提高构件强度的同时会导致韧性的急剧下降,进而损害碰撞吸能性能。如何在保证材料高强度的同时提升其韧性,已经成为热冲压制造领域的技术难题。为解决这一难题,作者团队提出了基于复相组织精细调控的高强韧热冲压工艺。本章通过平板热冲压-淬火工艺试验,研究了不同工艺参数对材料微观组织和力学性能的影响,以期揭示超高强钢构件高强韧热冲压成形机理。考虑到热冲压构件通常具有复杂的三维曲面结构,工艺参数与构件结构密切相关,本章以中立柱作为典型构件,开展了等强度热冲压成形仿真模拟与工艺试验。

## 3.1 基于复相组织精细调控的高强韧热冲压方法

### 3.1.1 试验材料与试验方案

试验材料为宝钢集团生产的商用热冲压硼钢 B1500HS,将钢板剪切为数块 320 mm×200 mm×1.6 mm(长×宽×厚)的坯料。平模热冲压试验具体流程参照实际热冲压过程,如图 3-1 所示,试验所用设备如图 3-2 和图 3-3 所示,其中模具材料为 H13 钢。钢板在箱式电阻炉内加热至指定温度,保温一定时间后从炉内取出,空冷至指定成形温度后迅速放至平板模具上保压淬火,最终得到不同工艺参数下的平板构件。为保证温度监测的实时性和准确性,采用的温度采集系统热电偶丝最高承受温度为 1250 ℃,温度采集系统精度为 18 位,采样频率为单通道 50000 Hz。经测试,本试验中空冷速率平均实测值为 12.8 ℃/s,模具淬火冷却速率平均实测值为 87 ℃/s。试验方案采用正交试验设计方法,

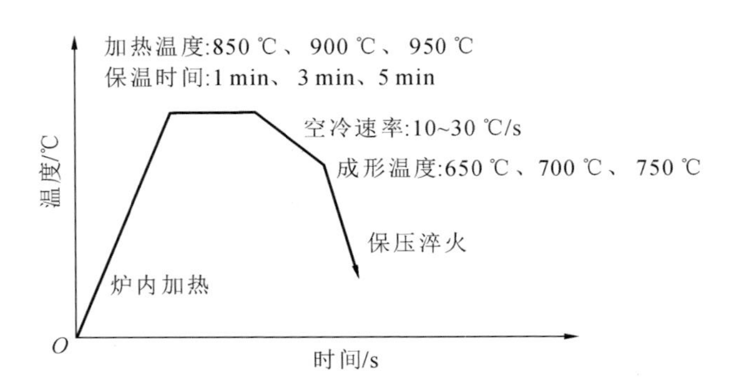


图 3-1　B1500HS 硼钢平模热冲压试验流程示意图

图 3-2　箱式电阻炉

图 3-3　平板模具

设计因素为加热温度、保温时间和成形温度，各因素对应水平的选取参照了本团队前期研究成果。特别需要说明的是，根据图 2-12 所示的 B1500HS 硼钢 CCT 曲线，硼钢加热保温后适度缓冷可使降温曲线穿过贝氏体相变区，获得一定量的贝氏体组织，有助于提升韧性。故本试验选取的成形温度水平相对偏低。设计的 $L_9(3^4)$ 正交试验表如表 3-1 所示。

表 3-1　B1500HS 硼钢平模热冲压 $L_9(3^4)$ 正交试验表

| 工艺编号 | 因素水平 | | |
|---|---|---|---|
| | 加热温度 $A$/℃ | 保温时间 $B$/min | 成形温度 $C$/℃ |
| 1 | $A_1=850$ | $B_1=1$ | $C_1=650$ |
| 2 | $A_1=850$ | $B_2=3$ | $C_3=750$ |
| 3 | $A_1=850$ | $B_3=5$ | $C_2=700$ |
| 4 | $A_2=900$ | $B_1=1$ | $C_3=750$ |

续表

| 工艺编号 | 因素水平 | | |
|---|---|---|---|
| | 加热温度 $A$/℃ | 保温时间 $B$/min | 成形温度 $C$/℃ |
| 5 | $A_2=900$ | $B_2=3$ | $C_2=700$ |
| 6 | $A_2=900$ | $B_3=5$ | $C_1=650$ |
| 7 | $A_3=950$ | $B_1=1$ | $C_2=700$ |
| 8 | $A_3=950$ | $B_2=3$ | $C_1=650$ |
| 9 | $A_3=950$ | $B_3=5$ | $C_3=750$ |

在平模热冲压后的坯料上制取常温拉伸试样，以测量抗拉强度和断后伸长率。试样尺寸根据《金属材料　拉伸试验　第1部分：室温试验方法》(GB/T 228.1—2021)确定，如图3-4所示，其中长度方向为轧制方向，标距为50 mm。试验使用Instron 1341电液伺服万能试验机，加载速率为2 mm/min。考虑到试样断裂位置可能存在特殊性，为保证测量的准确性，断后伸长率根据GB/T 228.1—2021中附录N进行测量。

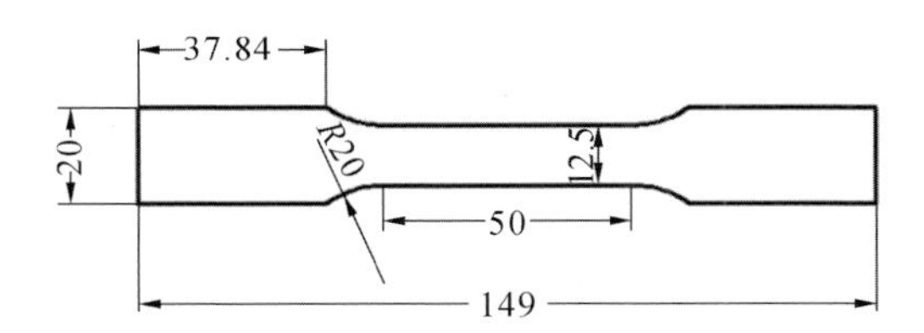


图3-4　常温拉伸试样尺寸图(单位：mm)

在平模热冲压后的坯料上制取Kahn试样，测量其撕裂强度和单位面积裂纹形核功，用以表征材料断裂韧性。取样方向为$L$-$T$方向，其中$L$表示加载方向(即钢板轧制方向)，$T$表示裂纹扩展方向。试样尺寸根据ASTM B871—2001(2013)确定，如图3-5(a)所示，Kahn试样实物如图3-5(b)所示。Kahn试验设备与常温拉伸设备相同，不同之处在于试样装夹方式，如图3-5(c)所示，加载速率为1.3 mm/min。Kahn试验难点在于试样缺口半径难以把控，过小会导致裂纹迅速形核，过大导致应力不集中无法形成裂纹，并且缺口根部与孔中心必须严格保持共线水平，从而保证试样是被撕裂的而不是瞬间断开的。以现有加工水平，使用钼丝半径为0.09 mm的线切割工艺进行加工，最终缺口根部半径为 0.1 mm。为保证孔壁圆滑并与销配合紧密，孔使用激光切割方式加工。

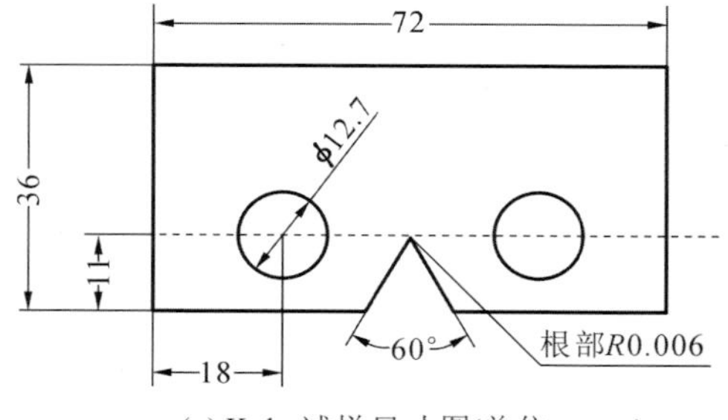

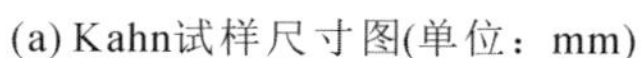
(a) Kahn试样尺寸图(单位：mm)

(b) Kahn试样实物图

(c) Kahn试样装夹示意图

**图 3-5　Kahn 撕裂试验**

在平模热冲压后的坯料上制取夏比摆锤冲击试样，以测量其冲击韧性值。夏比摆锤冲击试样尺寸如图 3-6(a)所示，试样实物如图 3-6(b)所示，长度方向为轧制方向。在室温条件下，使用 PIT 系列 D 型摆锤冲击试验机对 V 形缺口试样进行夏比冲击试验，如图 3-6(c)所示。在试验过程中，试样没有发生屈曲。

在平模热冲压后的坯料上制取 5 mm×5 mm×1.6 mm(长×宽×厚)的试样，使用 ZEISS 金相显微镜观测试样厚度截面的彩色金相组织，并表征马氏体、贝氏体和铁素体组织。制备金相试样的具体操作步骤如下。

(1) 镶嵌：为减少后续磨抛和腐蚀次数，9 个试样厚度面朝下按顺序依次排列放入热镶嵌机中进行一次性镶嵌，使试样紧邻平行排布于镶嵌圆柱体上。

(2) 打磨：依次使用 600 目、1200 目、2000 目水磨砂纸打磨试样至其表面只

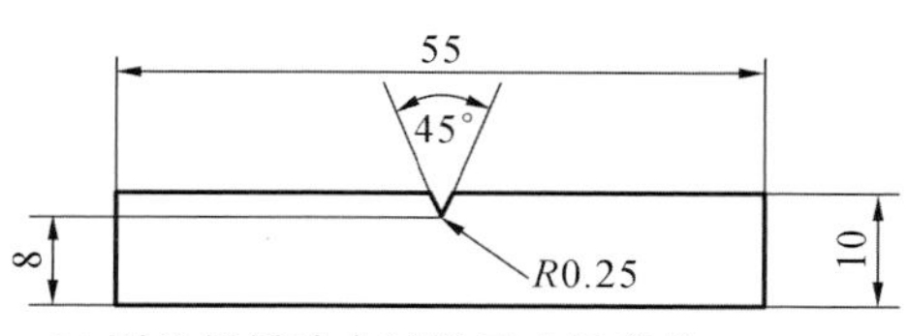


(a) 夏比摆锤冲击试样尺寸图(单位：mm)

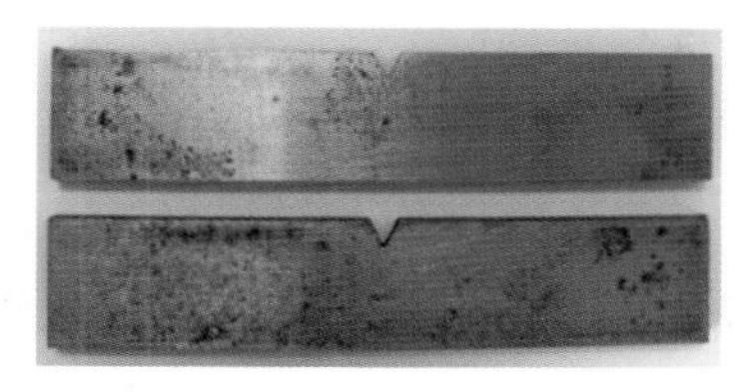

(b) 夏比摆锤冲击试样实物图

(c) D型摆锤冲击试验机

**图 3-6　夏比摆锤冲击试验**

有一个方向的较浅划痕，打磨过程中注意所有试样被测表面的平整度与光滑度。

(3) 抛光：使用抛光布与粒度为 0.25 μm 的金刚石抛光剂，在抛光机上将试样表面抛光至镜面状态，并依次用蒸馏水及酒精清洗，冷风吹干。

(4) 腐蚀：采用二步染色金相腐蚀法。第一步腐蚀剂为 4%苦味酸乙醇溶液(100 mL 乙醇加入 4 g 干苦味酸)，再加入几滴浓盐酸，腐蚀时间约为 20 s，根据组织不同需要调整腐蚀时间的长短；第二步腐蚀剂为 10%焦亚硫酸钠水溶液(100 mL 蒸馏水加入 10 g 焦亚硫酸钠)，腐蚀时间为 8～10 s。第一步腐蚀结束后迅速用蒸馏水清洗并浸入焦亚硫酸钠水溶液中，腐蚀后试样依次用蒸馏水及酒精清洗，冷风吹干(防止氧化)。用苦味酸进行第一步腐蚀是为了区分贝氏体与铁素体，浓盐酸的加入是为了改善晶界腐蚀并增加碳化铁的辨识度。用焦亚硫酸钠水溶液进行第二步腐蚀使马氏体着色，而奥氏体不受影响。

在显微镜偏光模式下调节光圈大小直至可以区分出各相，马氏体、贝氏体和铁素体分别呈黄褐色、蓝黑色和白色。使用 Image Pro Plus 6.0 软件对金相图片进行处理，为提高对比度，使用该软件着色功能将马氏体、贝氏体与铁素体分别填充为红色、绿色和蓝色，然后进行像素计数以量化各相所占体积分数。

扫描电镜(SEM)试样尺寸及制备过程与上述金相试验相同，不同之处在于SEM试样采用3%硝酸酒精溶液腐蚀，腐蚀程度以在光镜下能够明显看出腐蚀的相界面为准，SEM试样如图3-7(a)所示。采用线切割工艺取Kahn试样的断口部分，试样用超声波清洗后，进行SEM断口形貌观察。所用设备为ZEISS场发射扫描电子显微镜(附加X-Max 50 X射线能谱仪)，如图3-7(b)所示。

(a) SEM试样图

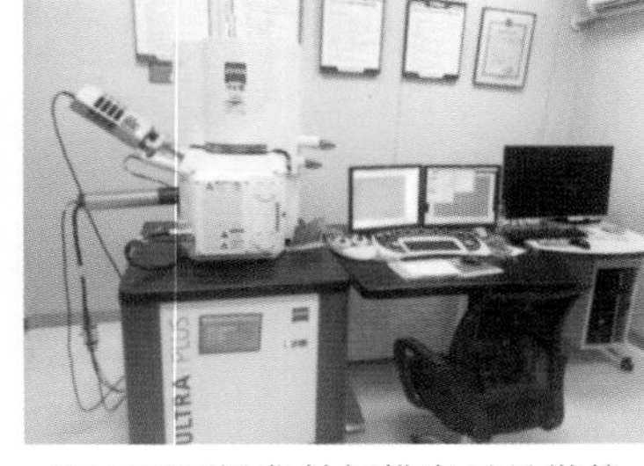


(b) ZEISS场发射扫描电子显微镜

图3-7 SEM组织形貌观察

## 3.1.2 热变形条件对力学性能的影响

### 3.1.2.1 热冲压平板力学性能结果综合分析

对上述常温拉伸试验、Kahn试验和夏比摆锤冲击试验结果进行统计、处理，得到表3-2。为方便比较，我们绘制了不同热冲压工艺下力学性能综合统计雷达图，如图3-8所示。

表3-2 不同热冲压工艺下力学性能综合统计结果

| 工艺编号 | 因素列 | | | 试验指标 | | | | | 强塑积 |
|---|---|---|---|---|---|---|---|---|---|
| | $A$/℃ | $B$/min | $C$/℃ | $\sigma_b$/ MPa | $\delta$/(%) | TS/ MPa | UIE /(N/mm) | $\alpha_{KV}$ /(kJ/m²) | $U_T$ /(GPa·%) |
| 1 | 850 | 1 | 650 | 820.60 | 21.72 | 894.45 | 305.00 | 523.30 | 17.82 |
| 2 | 850 | 3 | 750 | 1267.11 | 11.86 | 1784.75 | 346.00 | 597.80 | 15.03 |
| 3 | 850 | 5 | 700 | 804.75 | 13.52 | 1107.02 | 251.25 | 643.00 | 10.88 |
| 4 | 900 | 1 | 750 | 1519.53 | 10.08 | 1870.98 | 437.50 | 810.20 | 15.32 |

续表

| 工艺编号 | 因素列 | | | 试验指标 | | | | | 强塑积 |
|---|---|---|---|---|---|---|---|---|---|
| | $A$/℃ | $B$/min | $C$/℃ | $\sigma_b$/ MPa | $\delta$/(%) | TS/ MPa | UIE /(N/mm) | $\alpha_{KV}$ /(kJ/m²) | $U_T$ /(GPa · %) |
| 5 | 900 | 3 | 700 | 1519.67 | 5.86 | 1696.17 | 314.25 | 677.00 | 8.91 |
| 6 | 900 | 5 | 650 | 1509.54 | 7.44 | 1788.51 | 372.75 | 712.00 | 11.23 |
| 7 | 950 | 1 | 700 | 1485.92 | 5.86 | 1576.24 | 256.00 | 680.10 | 8.71 |
| 8 | 950 | 3 | 650 | 1458.20 | 5.36 | 1628.79 | 310.50 | 591.80 | 7.82 |
| 9 | 950 | 5 | 750 | 1401.42 | 6.42 | 1776.60 | 381.25 | 633.60 | 9.00 |

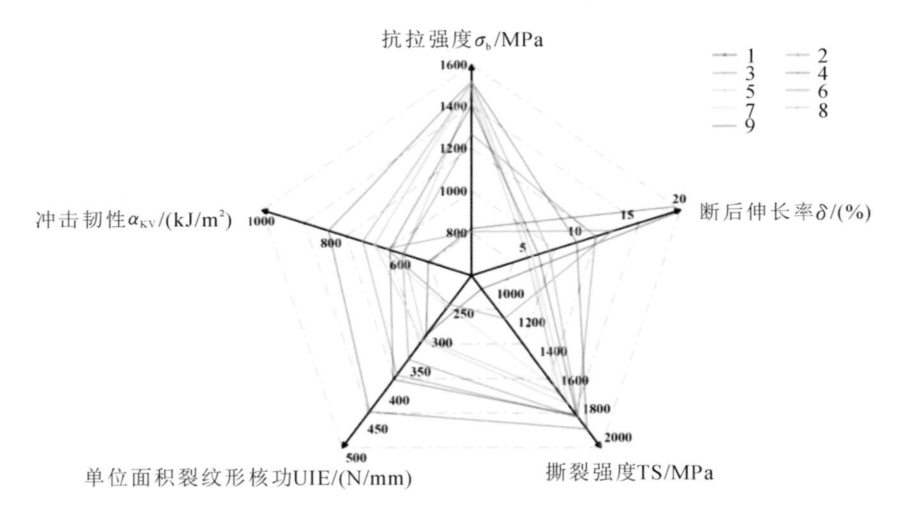


图 3-8 不同热冲压工艺下力学性能综合统计雷达图

正交设计试验在减少试验次数的同时带来只能对孤立的试验点进行分析的问题，在对 5 个试验指标进行单独分析时，其优化条件明显不一致，最优方案选择存在一定的局限性。因此，采用综合评分法进一步优化分析热冲压工艺参数范围，通过对强韧性指标进行综合评分，将多目标问题转化为单目标问题，采用式(3-1)和式(3-2)进行评分计算：

$$y_{ij} = 100 \cdot \frac{x_{ij}}{x_{j_{\max}}} \tag{3-1}$$

$$y_i = \sum \omega_j \cdot y_{ij} \tag{3-2}$$

式中：$i$ 为试验号（即工艺编号）（$i=1\sim9$）；$j$ 为第 $i$ 号试验的第 $j$ 项试验指标（$j=1\sim5$）；$y_{ij}$ 为第 $i$ 号试验的第 $j$ 项试验指标评分值；$x_{ij}$ 为第 $i$ 号试验的第 $j$ 项试验指标值；$x_{j_{max}}$ 为该试验指标最大值；$\omega_j$ 为第 $j$ 项试验指标权重（权重分配：抗拉强度占 40%，断后伸长率占 10%，撕裂强度占 30%，单位面积裂纹形核功占 10%，冲击韧性值占 10%）；$y_i$ 为第 $i$ 号试验的各指标综合评分值。经计算，不同热冲压条件下各试验综合评分值分别为 59.37、82.72、58.84、94.64、85.43、89.14、81.33、81.37 和 84.86。对综合评分及各单试验指标进行极差与方差分析，为简化起见，在此仅给出对综合评分的极差与方差分析，如表 3-3、表 3-4 所示。

**表 3-3　综合评分极差分析**

| 试验号与计算结果 | 因素列 | | | 综合评分 |
|---|---|---|---|---|
| | A/℃ | B/min | C/℃ | |
| 1 | 850 | 1 | 650 | 59.37 |
| 2 | 850 | 3 | 750 | 82.72 |
| 3 | 850 | 5 | 700 | 58.84 |
| 4 | 900 | 1 | 750 | 94.64 |
| 5 | 900 | 3 | 700 | 85.43 |
| 6 | 900 | 5 | 650 | 89.14 |
| 7 | 950 | 1 | 700 | 81.33 |
| 8 | 950 | 3 | 650 | 81.37 |
| 9 | 950 | 5 | 750 | 84.86 |
| $K_1$ | 200.93 | 235.34 | 229.88 | — |
| $K_2$ | 269.21 | 249.52 | 225.60 | — |
| $K_3$ | 247.56 | 232.84 | 262.22 | — |
| $k_1$ | 66.98 | 78.45 | 76.63 | — |
| $k_2$ | 89.74 | 83.17 | 75.20 | — |
| $k_3$ | 82.52 | 77.61 | 87.41 | — |
| 极差 | 22.76 | 5.56 | 12.21 | — |
| 最优方案 | $A_2$ | $B_2$ | $C_3$ | — |

表 3-4　综合评分方差分析

| 方差来源 | 离差平方和 | 自由度 | 平均离差平方和 | $F$ 值 | 显著性 | 最优方案 |
|---|---|---|---|---|---|---|
| $A$ | 811.6930889 | 2 | 405.8465444 | 7.96686524 | 不显著 | $A_2$ |
| $B$ | 53.94942222 | 2 | 26.97471111 | 0.52952006 | 不显著 | $B_2$ |
| $C$ | 267.2464889 | 2 | 133.6232444 | 2.62305642 | 不显著 | $C_3$ |
| 试验误差 | 101.8836222 | 2 | 50.94181111 | — | — | — |
| 总和 | 1234.772622 | 8 | — | — | — | — |

方差分析步骤如下：若进行 $m$ 个因素的试验，试验次数为 $n$，试验结果分别为 $x_1$ 至 $x_n$，每个因素有 $n_a$ 个水平，每个水平做 $a$ 次试验。首先计算离差平方和，总离差平方和计算式如下：

$$S_{\mathrm{T}} = \sum_{k=1}^{n}(x_k - \bar{x})^2 = \sum_{k=1}^{n} x_k^2 - \frac{1}{n}\left(\sum_{k=1}^{n} x_k\right)^2 = Q_{\mathrm{T}} - P \tag{3-3}$$

其中，$\bar{x} = \frac{1}{n}\sum_{k=1}^{n} x_k$ 。以因素 $A$ 为例，各因素离差平方和计算式如下：

$$\begin{aligned} S_{\mathrm{A}} &= \sum_{i=1}^{n_a}\sum_{j=1}^{a}(\bar{x}_{ij} - \bar{x})^2 = \frac{1}{a}\sum_{i=1}^{n_a}\left(\sum_{j=1}^{a} x_{ij}\right)^2 - \frac{1}{n}\left(\sum_{i=1}^{n_a}\sum_{j=1}^{a} x_{ij}\right)^2 \\ &= \frac{1}{a}\sum_{i=1}^{n_a} K_i{}^2 - \frac{1}{n}\left(\sum_{i=1}^{n} x_k\right)^2 = Q_{\mathrm{A}} - P \end{aligned} \tag{3-4}$$

其中，$\bar{x}_{ij} = \frac{1}{a}\sum_{i=1}^{n_a} x_{ij}$；$x_{ij}$ 表示因素 $A$ 的第 $i$ 水平第 $j$ 个试验结果，试验误差的离差平方和为 $S_{\mathrm{E}} = S_{\mathrm{T}} - S_y$，这里 $S_y$ 表示各因素离差平方和之和。

然后计算自由度，试验总自由度为 $f_z = n-1$，各因素自由度为 $f_y = n_a - 1$，试验误差自由度为 $f_{\mathrm{E}} = f_z - f_y$。接着计算平均离差平方和，如式(3-5)和式(3-6)所示，进而计算比值 $F$，如公式(3-7)所示。

$$M_{S_y} = \frac{S_y}{f_y} \tag{3-5}$$

$$M_{S_{\mathrm{E}}} = \frac{S_{\mathrm{E}}}{f_{\mathrm{E}}} \tag{3-6}$$

$$F = \frac{M_{S_y}}{M_{S_{\mathrm{E}}}} = \frac{S_y}{f_y} / \frac{S_{\mathrm{E}}}{f_{\mathrm{E}}} \tag{3-7}$$

最终对因素进行显著性检验，给定检验水平 $\alpha$，以 $F_{\alpha}(f_y, f_E)$ 查 $F$ 分布表，做以下比较进而确定显著性水平：当 $F > F_{0.01}(2,2) = 99$ 时，显著性为 * * *；当 $F_{0.01}(2,2) \geqslant F > F_{0.05}(2,2) = 19$ 时，显著性为 * *；当 $F_{0.05}(2,2) \geqslant F > F_{0.1}(2,2) = 9$，显著性为 *；当 $F \leqslant F_{0.1}(2,2)$ 时，显著性为不显著。

对综合评分及各单试验指标极差与方差结果进行统计，统计结果如表 3-5 所示。分析各项因素对试验指标的影响，除单位面积裂纹形核功之外，加热温度对试验各项指标影响最大；考虑抗拉强度与断后伸长率这两个指标，加热温度对构件强度影响最大，成形温度对构件强度影响最小；考虑撕裂强度与冲击韧性这两项指标，加热温度对构件韧性影响最大，保温时间对构件韧性影响最小。从而得出，加热温度对构件强韧性影响最大。对方差显著性影响的分析也印证了加热温度对试验指标的影响最显著这一结论。考虑单位面积裂纹形核功指标，对其影响最大的因素是成形温度，在方差分析中表现为高度显著。这是因为在 Kahn 撕裂试验中，裂纹萌生最易发生在软相晶界处，而成形温度的下降使得空冷时间增加，导致铁素体与贝氏体等软相生成，软相的出现提供了裂纹萌生的条件，相较于加热温度与保温时间，成形温度更重要。

**表 3-5　综合评分及各单试验指标极差、方差统计结果**

| 试验指标 | 极差分析因素影响 | 极差分析最优方案 | 方差分析因素影响 | 方差分析最优方案 | 方差显著性 |
| --- | --- | --- | --- | --- | --- |
| $\sigma_b$/MPa | $A>B>C$ | $A_2B_2C_3$ | $A>B>C$ | $A_2B_2C_3$ | $A$ 显著 |
| $\delta$/(%) | $A>B>C$ | $A_1B_1C_1$ | $A>B>C$ | $A_1B_1C_1$ | $A$ 显著 |
| TS/MPa | $A>C>B$ | $A_2B_2C_3$ | $A>C>B$ | $A_2B_2C_3$ | 均不显著 |
| UIE/(N/mm) | $C>A>B$ | $A_2B_3C_3$ | $C>A>B$ | $A_2B_3C_3$ | $C$ 高度显著，$A$ 显著 |
| $\alpha_{KV}$/(kJ/m$^2$) | $A>C>B$ | $A_2B_1C_3$ | $A>C>B$ | $A_2B_1C_3$ | 均不显著 |
| 综合评分 | $A>C>B$ | $A_2B_2C_3$ | $A>C>B$ | $A_2B_2C_3$ | 均不显著 |

根据因素水平来选择最优方案时，除断后伸长率之外，加热温度的最优水平均为 900 ℃，成形温度的最优水平均为 750 ℃，在保温时间的最优水平上没有统一结论。考虑断后伸长率指标，最优方案为加热温度 850 ℃、成形温度 650 ℃，这是因为在 850 ℃下，奥氏体转变不充分，空冷期间奥氏体转变为铁素体、

贝氏体等软相，导致最终硬相马氏体减少，故此工艺下试样断后伸长率最好。

综上所述，加热温度为 900 ℃、保温时间为 1 min、成形温度为 750 ℃时，得到的热冲压构件强韧化效果最好。通过图 3-8 可以看出工艺 4 下构件强韧性最佳，相较于传统热冲压工艺（传统热冲压工艺定义为加热温度 950 ℃，保温时间 5 min，成形温度 750 ℃），工艺 4 下试样抗拉强度提升 8.42%，断后伸长率提升 57%，撕裂强度提升 5.31%，单位面积裂纹形核功提升 14.75%，冲击韧性提升 27.87%，与此同时，加热温度的降低和保温时间的缩短能够大幅提升热冲压生产效率，并降低能耗。

#### 3.1.2.2　热变形条件对强度与塑性的影响

图 3-9 显示了试样在不同热冲压工艺参数下的常温拉伸试验结果，试样抗拉强度与断后伸长率的统计结果如表 3-2 所示。工艺 3 下试样抗拉强度最低，为804.75 MPa，工艺 4、5 和 6 下试样抗拉强度均较高，最高为 1519.67 MPa，两者相差近 1 倍。不同加热温度下试样的平均抗拉强度呈现出明显差异，即 $\bar{\sigma}_{b_{900\,℃}} > \bar{\sigma}_{b_{950\,℃}} > \bar{\sigma}_{b_{850\,℃}}$。加热温度同为 850 ℃的三个试样，成形温度在 750 ℃时试样的抗拉强度明显高于其余两个，原因在于成形温度越高，奥氏体转变为马氏体越多，导致抗拉强度增加。

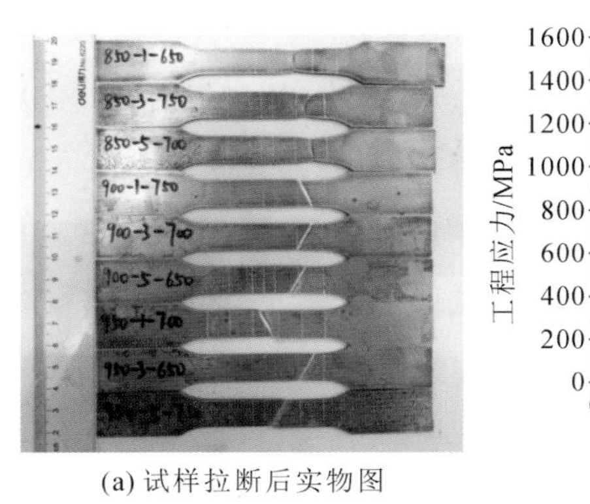


(a) 试样拉断后实物图

(b) 工程应力-应变曲线

**图 3-9　常温拉伸试验结果**

作为表征材料塑性的指标，断后伸长率与抗拉强度呈倒数关系。工艺 8 下试样断后伸长率最低，为 5.36%，工艺 1 下试样断后伸长率最高，为 21.72%，两者相差达 3 倍。不同加热温度下试样的平均断后伸长率呈现出明显差异，即

$\bar{\delta}_{850\ ℃}>\bar{\delta}_{900\ ℃}>\bar{\delta}_{950\ ℃}$。工艺 1 下试样断后伸长率远超其他试样的原因在于，加热温度低的同时保温时间较短，因此板料无法充分进行均匀奥氏体化，残余铁素体较多；另外，成形温度较低，材料 CCT 曲线穿越贝氏体相变区形成贝氏体，使得试样断后伸长率大幅提升。

如图 3-9(a)所示，从试样拉伸断裂方式来看，所有试样均为延性断裂，加热温度为 850 ℃的一组试样抗拉强度普遍较低，其断口明显存在颈缩，且抗拉强度越小颈缩现象越明显，其余试样断口与主应力方向成 45°夹角。

#### 3.1.2.3 热变形条件对断裂韧性与冲击韧性的影响

(1) 热变形条件对断裂韧性的影响。

为表征材料断裂韧性，通过 Kahn 撕裂试验引入撕裂强度 TS 和单位面积裂纹形核功 UIE 两个韧性评价指标，其本质是对 V 形缺口试样进行准静态加载，测定外加撕裂载荷在裂纹形核扩展过程中所做的功。撕裂强度 TS(单位为 MPa)和单位面积裂纹形核功 UIE(单位为 N/mm)计算公式如下。

$$\mathrm{TS}=\frac{P}{A}+\frac{MC}{I}=\frac{P}{bt}+3\,\frac{P}{bt}=4\,\frac{P}{bt} \tag{3-8}$$

$$\mathrm{UIE}=\frac{S_1}{bt} \tag{3-9}$$

式中：$P$ 为最大力，N；$t$ 为平均试样厚度，mm；$b$ 为宽度(缺口根部与试样后边缘之间的距离)，mm；$M$ 为弯矩，N · mm；$C$ 为截面形心到外缘的距离，mm；$I$ 为截面的惯性矩，$\mathrm{mm}^4$；$S_1$ 为撕裂过程中裂纹扩展的能量，N · mm。试验过程载荷(即撕裂力)-位移曲线如图 3-10(a)所示，试样撕裂强度和单位面积裂纹形核功统计直方图如图 3-10(b)所示，试样撕裂实物照片如图 3-10(c)所示，试样撕裂强度和单位面积裂纹形核功的统计结果如表 3-2 所示。

对不同热冲压工艺参数下的试样进行 Kahn 撕裂试验可得，工艺 1 下试样撕裂强度最低，为 894.45 MPa，工艺 4 下试样撕裂强度最高，为 1870.98 MPa。相比于加热温度为 850 ℃的一组试样，当加热温度为 900 ℃与 950 ℃时试样平均撕裂强度明显较高。对于加热温度同为 850 ℃的一组试样，当成形温度为 750 ℃时试样撕裂强度明显高于其余两组，原因在于成形温度越高，马氏体转变

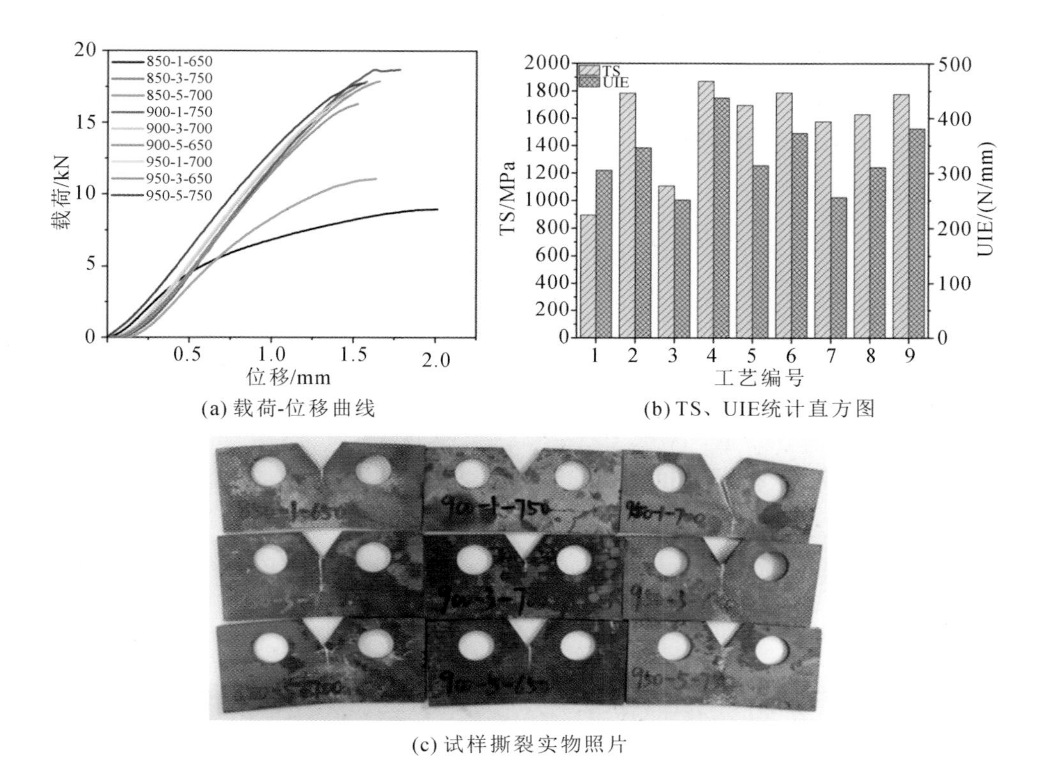


(a) 载荷-位移曲线　　(b) TS、UIE统计直方图

(c) 试样撕裂实物照片

**图 3-10　Kahn 撕裂试验结果**

量越多，试样在承受撕裂载荷时不易断裂，因此撕裂强度较高。

作为表征材料断裂韧性指标之一的单位面积裂纹形核功，除受最大撕裂力影响之外，还与试样断后伸长率相关。工艺 3、7 下试样单位面积裂纹形核功较低，为 251.25 N/mm 和 256.00 N/mm，工艺 4 下试样单位面积裂纹形核功最高，为 437.50 N/mm。通过极差与方差分析可得，成形温度对试样单位面积裂纹形核功影响最大，不同成形温度下试样的平均单位面积裂纹形核功呈现出明显差异，即当成形温度为 750 ℃时试样平均单位面积裂纹形核功明显高于其余两组，规律与撕裂强度一致，也从侧面说明材料在抵抗裂纹形核过程中，断后伸长率指标对其影响较小。至于$\overline{\mathrm{UIE}}_{650\,℃}>\overline{\mathrm{UIE}}_{700\,℃}$，原因在于成形温度降低促进了贝氏体的产生，大大增加试样断后伸长率，弥补了强度的不足，使得裂纹形核困难。

(2) 热变形条件对冲击韧性的影响。

冲击韧性值对应构件的抗碰撞冲击性能，其值越大，在发生碰撞时构件吸收冲击功越多，人身受到伤害的可能性越低。试样冲击吸收功与冲击韧性之间的关系如式(3-10)：

$$\alpha_{KV} = \frac{A_{KV}}{S_0} \times 10^{-3} \tag{3-10}$$

其中，$\alpha_{KV}$为冲击韧性，kJ/m$^2$；$A_{KV}$为冲击吸收功，J；$S_0$ 为试样缺口处截面面积，m$^2$。测得不同热冲压工艺下试样夏比摆锤冲击结果如表 3-2 所示。

工艺 1 下试样冲击韧性值最低，为 523.30 kJ/m$^2$，工艺 4 下试样冲击韧性值最高，为 810.20 kJ/m$^2$；相比于加热温度为 850 ℃与 950 ℃的两组试样，在 900 ℃下保温的试样平均冲击韧性值明显最高，加热温度同为 900 ℃的三个试样，保温 1 min 足以使材料奥氏体化完全，在较高的成形温度下马氏体充分转变，使得板料冲击韧性值较高，所以工艺 4 下试样冲击韧性值最高。

## 3.1.3 热变形条件对组织演变与断口形貌的影响

### 3.1.3.1 热变形条件对组织演变的影响

对不同热冲压工艺参数下的试样进行金相观察并用软件着色，如图 3-11 所示，各相所占体积分数统计结果如表 3-6 所示。

(a) 工艺1：850 ℃-1 min-650 ℃

**图 3-11 不同热冲压工艺条件下试样金相图**

(图中左侧为金相图，右侧为软件着色后金相图，红色、绿色、蓝色分别代表马氏体、贝氏体和铁素体)

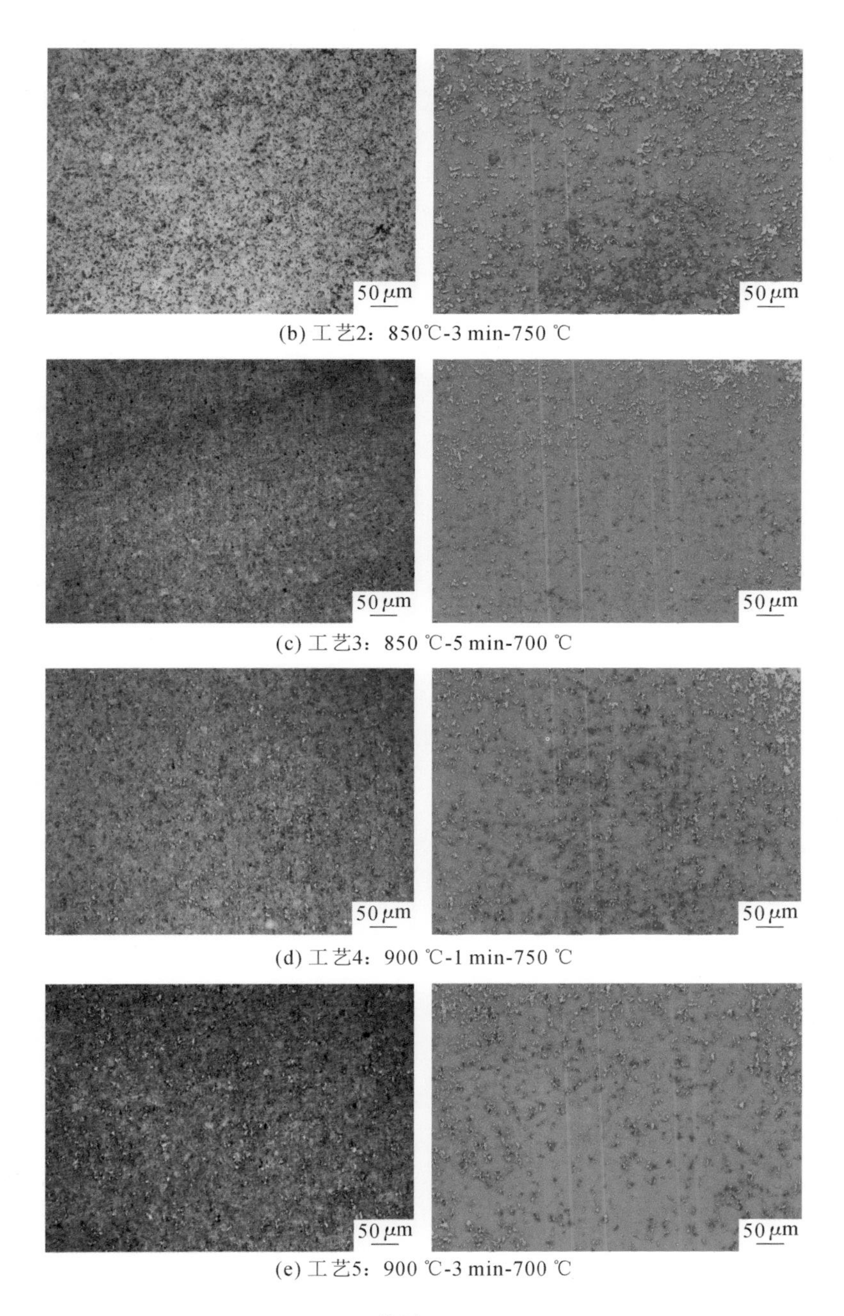


(b) 工艺2：850℃-3 min-750 ℃

(c) 工艺3：850 ℃-5 min-700 ℃

(d) 工艺4：900 ℃-1 min-750 ℃

(e) 工艺5：900 ℃-3 min-700 ℃

**续图 3-11**

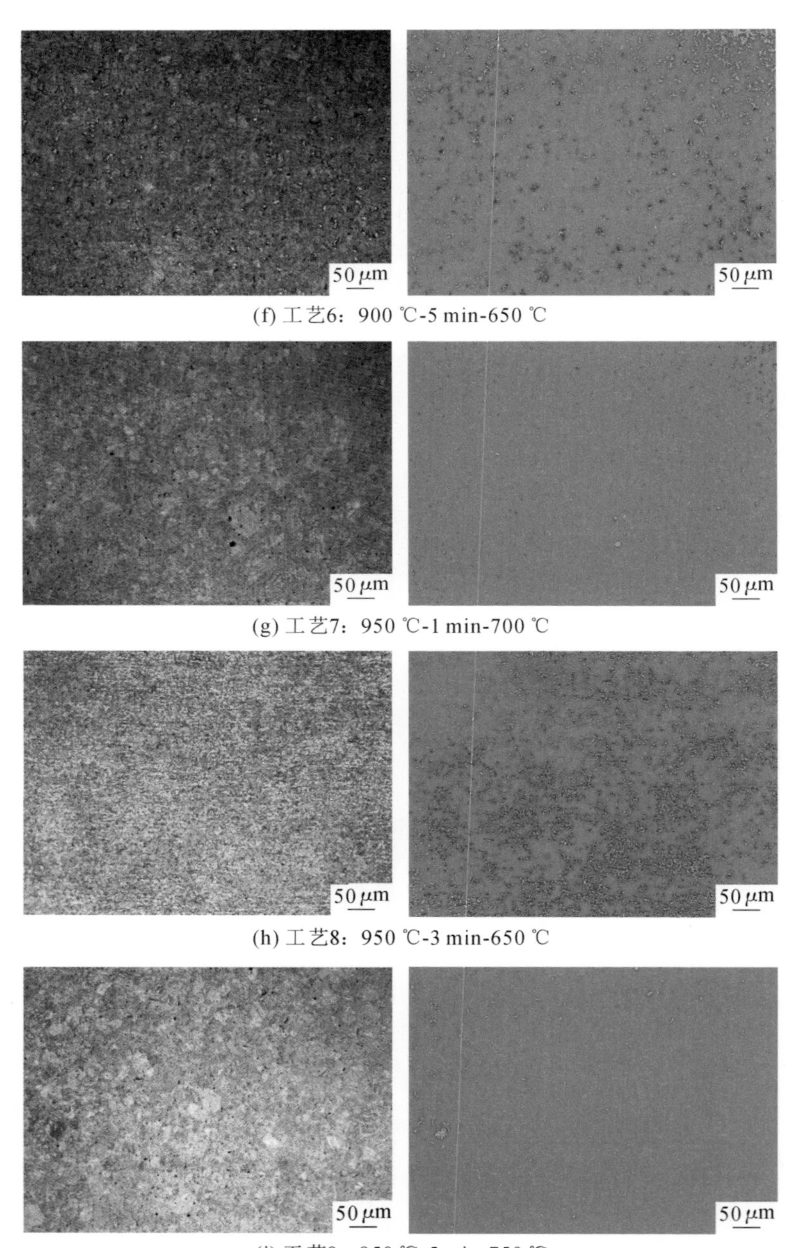


(f) 工艺6：900 ℃-5 min-650 ℃

(g) 工艺7：950 ℃-1 min-700 ℃

(h) 工艺8：950 ℃-3 min-650 ℃

(i) 工艺9：950 ℃-5 min-750 ℃

**续图 3-11**

表 3-6　不同热冲压工艺下板料各相所占体积分数

| 工艺编号 | 工艺参数 | 马氏体体积分数/(%) | 贝氏体体积分数/(%) | 铁素体体积分数/(%) |
|---|---|---|---|---|
| 1 | 850-1-650 | 30.38 | 47.47 | 22.15 |
| 2 | 850-3-750 | 77.62 | 12.64 | 9.74 |
| 3 | 850-5-700 | 90.86 | 7.47 | 1.67 |
| 4 | 900-1-750 | 81.76 | 8.48 | 9.76 |
| 5 | 900-3-700 | 88.70 | 7.66 | 3.64 |
| 6 | 900-5-650 | 93.21 | 4.39 | 2.40 |
| 7 | 950-1-700 | 99.51 | 0.49 | 0 |
| 8 | 950-3-650 | 86.52 | 3.62 | 9.86 |
| 9 | 950-5-750 | 98.99 | 1.01 | 0 |

当温度高于 $A_{e3}$（奥氏体与铁素体平衡温度）时，B1500HS 硼钢处于奥氏体单相区；当温度在 $A_{e3}$ 至 $B_s$（贝氏体开始转变温度）时，B1500HS 硼钢处于奥氏体-铁素体相区；当温度在 $A_{e1}$（奥氏体、铁素体、渗碳体或碳化物共存温度）至 $B_s$ 时，B1500HS 硼钢处于奥氏体-珠光体相区；当温度在 $M_s$（马氏体开始转变温度）至 $B_s$ 时，B1500HS 硼钢处于奥氏体-贝氏体相区。$A_{e3}$、$A_{e1}$、$B_s$ 和 $M_s$ 可由公式(3-11)～公式(3-14)计算得到：

$$A_{e3} = 912 - 203\sqrt{w_C} - 15.2w_{Ni} + 44.7w_{Si} + 104w_V + 31.5w_{Mo} + 13.1w_W - 30w_{Mn} - 11w_{Cr} + 20w_{Cu} - 700w_P - 400w_{Al} - 120w_{As} - 400w_{Ti} \tag{3-11}$$

$$A_{e1} = 723 - 16.9w_{Ni} + 29.1w_{Si} + 6.38w_W - 10.7w_{Mn} - 16.9w_{Cr} + 290w_{As} \tag{3-12}$$

$$B_s = 637 - 58w_C - 35w_{Mn} - 15w_{Ni} - 34w_{Cr} - 41w_{Mo} \tag{3-13}$$

$$M_s = 539 - 423w_C - 30.4w_{Mn} - 17.7w_{Ni} - 12.1w_{Cr} - 7.5w_{Mo} + 10w_{Co} - 7.5w_{Si} \tag{3-14}$$

根据硼钢的化学成分组成（质量百分数）计算得到，$A_{e3}$、$A_{e1}$、$B_s$ 和 $M_s$ 分别为 768 ℃、711 ℃、568 ℃和 396 ℃。如图 3-11(a)所示，工艺 1 下试样微观组织与其余试样存在根本差异，该工艺下试样贝氏体含量最多，马氏体较少，这是因为在较低加热温度下保温较短时间，基体相未完全转化为奥氏体，铁素体残留，较长的空冷时间为铁素体相变提供机会。根据B1500HS硼钢的CCT曲线可知，此时试样连续冷却转变曲线势必经过贝氏体相变区，因此马氏体含量急剧下跌，从而造成工艺1下的试样除断后伸长率达到21.72%的最高值之外，其余力学性能都较低。通过比较，贝氏体相含量与断后伸长率正相关，马氏体相含量与抗拉强度、撕裂强度、单位面积裂纹形核功和冲击韧性正相关，在成形温度较低的情况下，贝氏体和铁素体含量普遍较高。

对不同热冲压工艺参数下的试样进行SEM测试，结果如图3-12所示，马氏体相多为板条状且板条束取向存在差异，贝氏体呈细小弥散点状分布，贝氏体组织特征为在大块状铁素体内分布着一些颗粒状小岛。如图3-12(a)～(f)所示，试样均不同程度出现粒状贝氏体组织，组织细小且弥散分布，这些颗粒状小岛可起到第二相强化作用，而当加热温度为950 ℃时试样组织几乎全部由板条状马氏体组成。

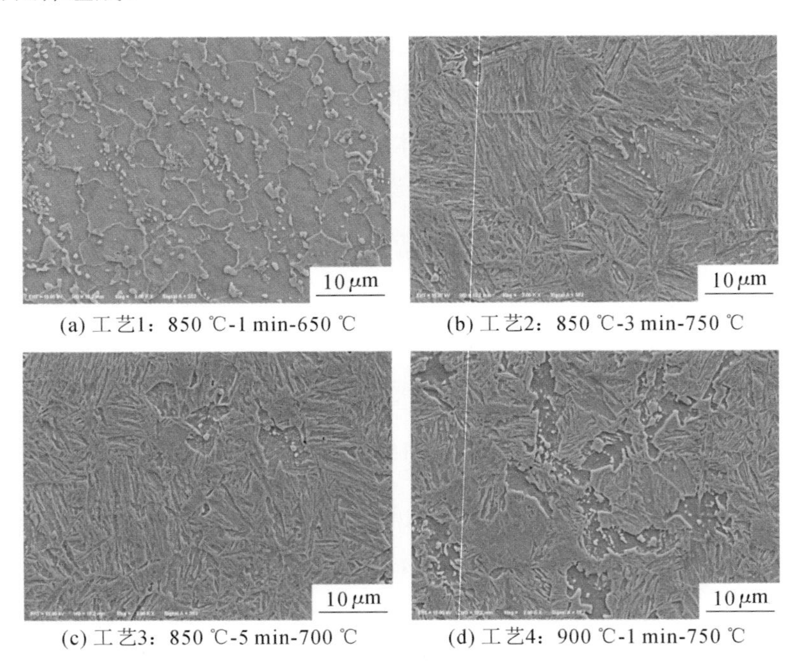


(a) 工艺1：850 ℃-1 min-650 ℃　(b) 工艺2：850 ℃-3 min-750 ℃

(c) 工艺3：850 ℃-5 min-700 ℃　(d) 工艺4：900 ℃-1 min-750 ℃

**图3-12　不同热冲压工艺下试样SEM图**

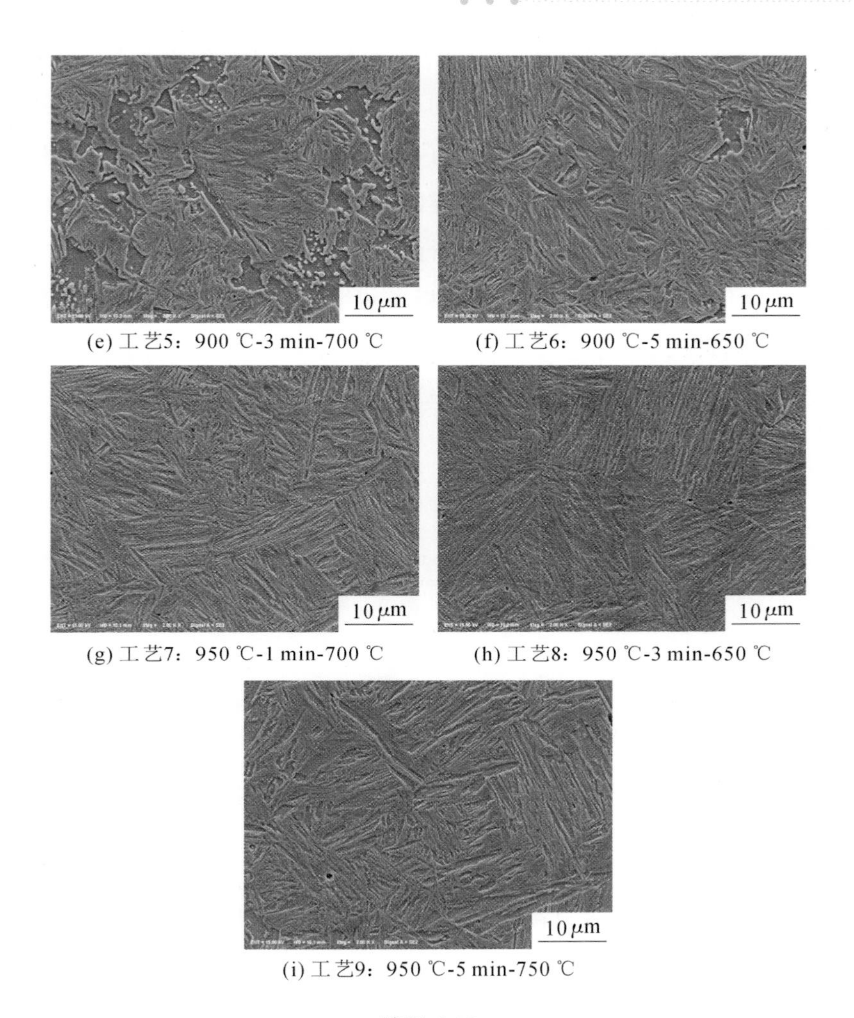


(e) 工艺5：900 ℃-3 min-700 ℃　　(f) 工艺6：900 ℃-5 min-650 ℃

(g) 工艺7：950 ℃-1 min-700 ℃　　(h) 工艺8：950 ℃-3 min-650 ℃

(i) 工艺9：950 ℃-5 min-750 ℃

**续图 3-12**

如图 3-12(d)所示，铁素体基体上均匀分布着大量细小的 M-A 岛(马氏体-残余奥氏体岛)。在粒状贝氏体的形成过程中，由过冷奥氏体转变而来的铁素体最初呈条状，具有较高的位错密度。由于 M-A 岛是硬相，以细小弥散相的形式析出，可以与位错相互作用，因此 M-A 岛可以阻碍位错的运动，起到弥散强化作用，进而提高钢的强度。然而，M-A 岛的存在也破坏了材料基体的连续性，使之产生点阵畸变，影响了材料的断裂行为，这些分散的 M-A 岛很小并呈球状，与片状、尖角状的第二相相比，球状的第二相可以减少应力集中，另外，M-A

岛呈不连续分布，岛与岛之间有一定的距离。M-A 岛中间存在韧性较好的板条铁素体，使裂纹难以扩展，因此 M-A 岛的不连续分布可以避免形成连续裂纹扩展的通道。因此，M-A 岛的存在不仅提高了钢的强度，而且提高了钢的韧性和塑性。

进一步比较工艺 4 与工艺 9 下试样的马氏体板条尺寸，图 3-13 为放大倍数为 5000 时试样的微观组织形貌，以平行长度为 4 μm 统计其间马氏体板条数量。在工艺 4 下，平行长度内的马氏体板条较细且排列致密，其数量约为 9 个，即单个马氏体板条宽度约为 0.44 μm；在工艺 9 下，平行长度内的马氏体板条较粗且排列疏松，其数量约为 5 个，即单个马氏体板条宽度约为 0.80 μm。

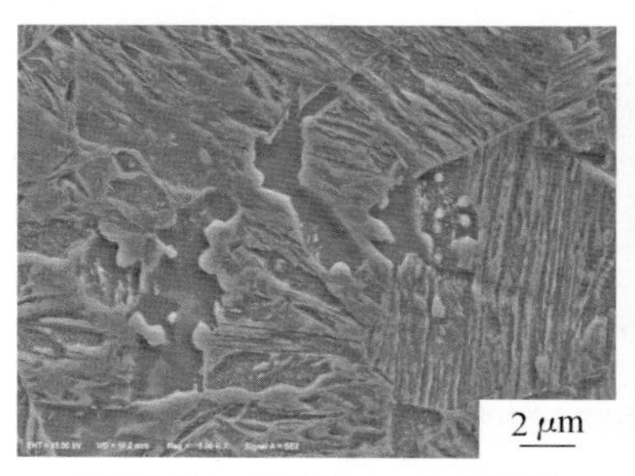


(a) 工艺4：900 ℃-1 min-750 ℃

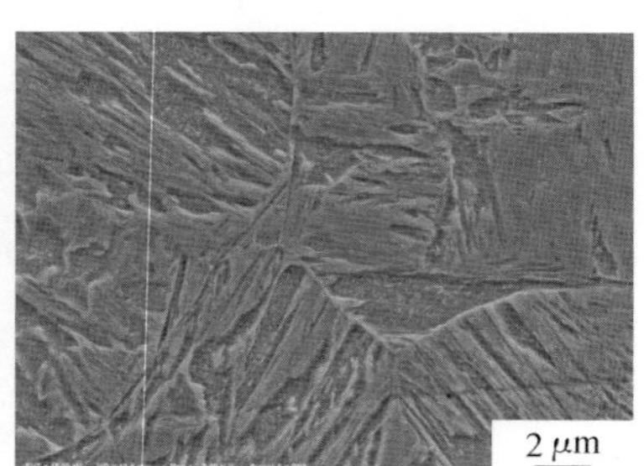


(b) 工艺9：950 ℃-5 min-750 ℃

**图 3-13　不同热冲压工艺下试样 SEM 图**(放大 5000 倍)

由此可推断出工艺 4 下马氏体板条尺寸较小且排布密集。原因是当加热温度为 950 ℃时，加热温度过高导致原子扩散剧烈，造成奥氏体晶粒粗大，而马氏体转变是以共格切变方式进行的，因此马氏体板条束较宽。在加热温度为 950 ℃工艺条件下，试样虽然几乎全部由板条状马氏体组成，但其抗拉强度却略低于加热温度为 900 ℃时的非全马氏体试样。可见，通过相变强化方式得到粒状贝氏体组织，可以提高构件的强韧性。比较相含量、形貌和分布与力学性能的关系发现，在保证板条马氏体主体地位的同时调节成形温度，适当引入粒状贝氏体组织，可在保证板料抗拉强度不低于 1500 MPa 的同时提高板料的韧性与塑性，这是由于马氏体相减少带来的强度降低可由粒状贝氏体的第二相强化作用抵消，加上贝氏体对板料韧性的提升作用，使得构件强度与韧性协同提升。如图 3-12(d)～(f)所示，加热温度 900 ℃时明显观察到粒状贝氏体，相较于加热温度为 950 ℃时的全马氏体试样[见图 3-12(g)～(i)]，其撕裂强度与单位面积裂纹形核功均有提升，但贝氏体相不宜过多。如图 3-12(a)所示，在加热温度为 850 ℃、保温时间为 1 min、成形温度为 650 ℃的工艺参数下，贝氏体相过多将造成试样塑性提升的同时强度急剧降低。根据彩色金相法测定的结果，贝氏体体积分数以 8%左右为最佳。

#### 3.1.3.2 热变形条件对断口形貌的影响

不同热冲压工艺参数下 Kahn 试样断口形貌的 SEM 结果如图 3-14 所示。如图 3-14(a)～(f)所示，加热温度为 850 ℃与 900 ℃时试样断口均呈现韧窝断裂形貌；如图 3-14(g)～(i)所示，加热温度为 950 ℃时试样断裂方式为解理与韧窝混合断裂方式，可明显观察到解理面的存在。相对于 950 ℃加热温度下的试样，加热温度在 850 ℃与 900 ℃时试样断裂韧性较好。所有试样断裂前均有明显的塑性变形，韧窝断口形貌表现为微孔聚集断裂，所有试样中均可观察到不同数量、尺寸的韧窝与撕裂棱。由于受撕裂应力，试样上韧窝形状均为拉长韧窝，呈抛物线状。韧窝尺寸通常用韧窝宽度和深度衡量，韧窝尺寸越大说明材料韧性越好。

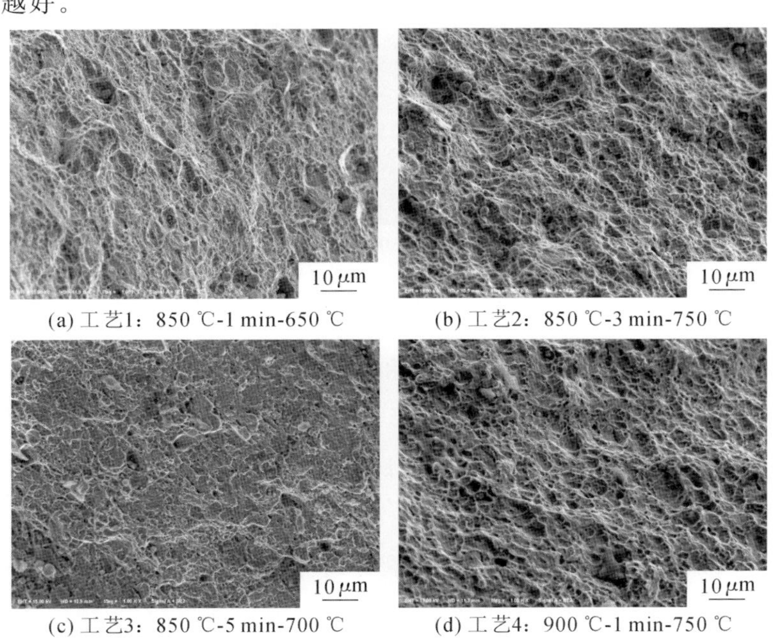


(a) 工艺1：850 ℃-1 min-650 ℃

(b) 工艺2：850 ℃-3 min-750 ℃

(c) 工艺3：850 ℃-5 min-700 ℃

(d) 工艺4：900 ℃-1 min-750 ℃

**图 3-14** Kahn 试样断口形貌 SEM 图

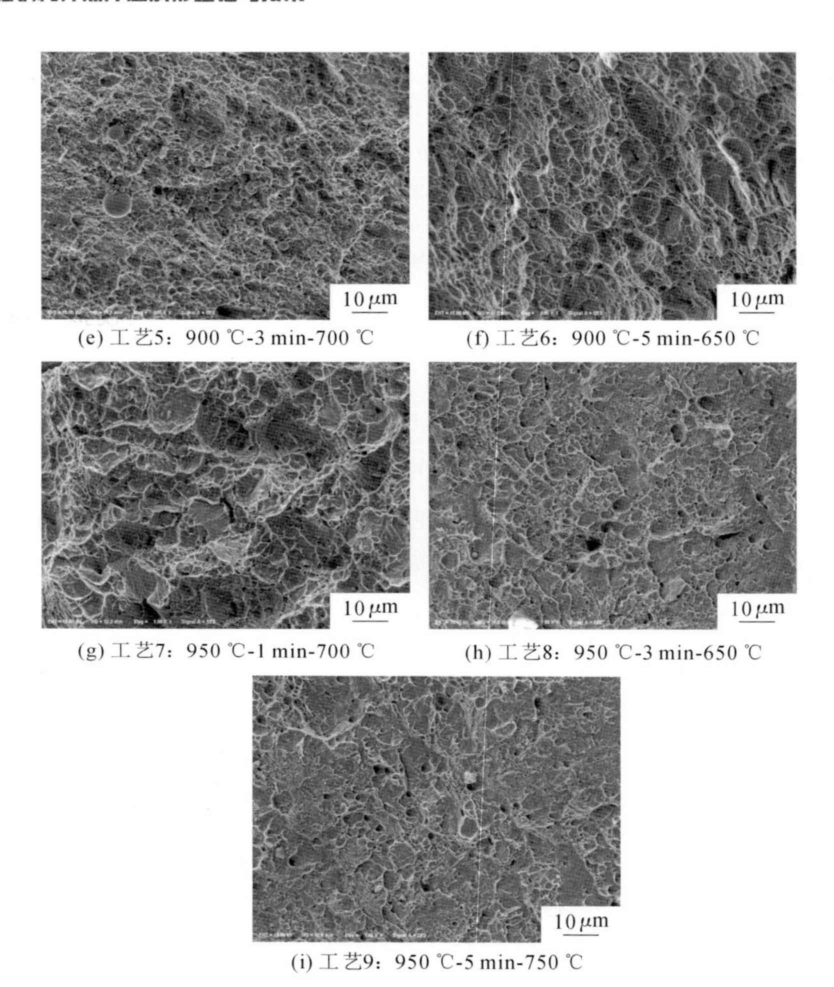

(e) 工艺5：900 ℃-3 min-700 ℃
(f) 工艺6：900 ℃-5 min-650 ℃
(g) 工艺7：950 ℃-1 min-700 ℃
(h) 工艺8：950 ℃-3 min-650 ℃
(i) 工艺9：950 ℃-5 min-750 ℃

**续图 3-14**

如图 3-14(h)～(i)所示，在工艺 8 和 9 下试样上观察到不同程度的孔洞，说明试样在断裂前经历了较大的塑性变形。从孔洞数量上看，工艺 9 下试样的孔洞明显多于工艺 8 下试样，在工艺 7 下试样上解理台阶较多，因此，当加热温度为 950 ℃时，韧性由低到高依次是工艺 7、8、9 下对应试样，断口形貌呈现的结果与 UIE 大小相吻合。其余试样的断裂方式均为韧性断裂，从图 3-14(a)～(f)中可明显看出工艺 1、3 下试样韧窝较浅，断裂前吸收能量较少，韧性较差，其中工艺 3 下试样韧窝是所有韧性断裂试样中最浅的，其 UIE 值也是最小的，工艺

4 下试样韧窝尺寸最大，其 UIE 值同样最大，韧性最好。

## 3.2　典型构件热冲压成形分析与组织精细调控

实际生产的热冲压构件通常具有复杂的三维曲面结构，构件结构与工艺条件密切相关，借助有限元仿真模拟进行热冲压工艺开发，能够提高效率，降低成本。本节以中立柱为典型构件，开展了等强度热冲压成形仿真模拟与物理试验，并分析了形变与相变的相互作用机理。

### 3.2.1　中立柱热冲压有限元模型

（1）中立柱模面设计。

中立柱模面设计的成功与否直接影响热冲压模拟结果的好坏。中立柱的准备、冲压方向的选择、工艺补充面和压料面的生成等都属于模面设计的重要步骤。因为中立柱热冲压模型没有采用压边圈，所以中立柱工艺补充面和压料面的生成较为简单。

在 AutoForm 前处理中可以生成中立柱工艺补充面和压料面。经过初步设计，建立起来的模面模型如图 3-15 所示。

（2）中立柱冲压方向确定。

中立柱冲压方向选择的标准主要有避免冲压负角及减小拉延深度差。通过在 AutoForm 前处理中反复调整冲压角度，最终确定 0/0/87°为中立柱的冲压方向。调整后的冲压方向如图 3-16 所示。可以看出，整个中立柱都是安全的。

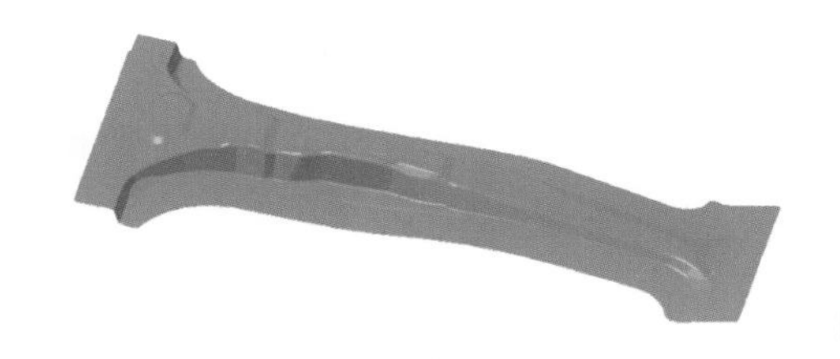

图 3-15　模面模型

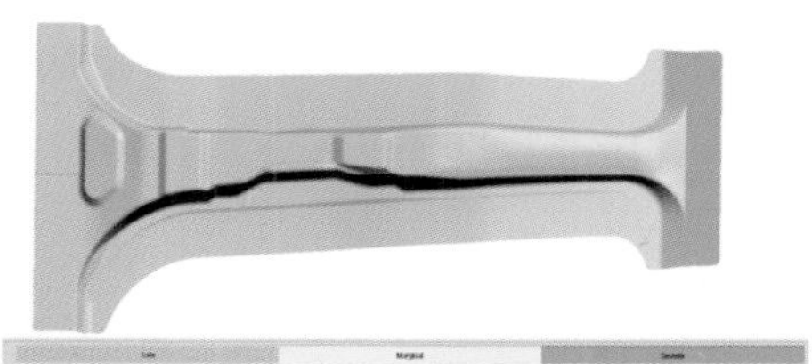

图 3-16　冲压方向调整

（3）坯料形状设计。

实际生产中，坯料形状对零件成形效果有非常大的影响，所以设计合理的

图 3-17 中立柱坯料图

坯料形状非常重要。根据有限元反向模拟法，在 AutoForm 中利用 Blank generator功能版块生成坯料形状，既提高了精度，又降低了生产成本。图 3-17 为利用 AutoForm 生成的坯料图。

(4) 模型网格划分。

将中立柱模型导入 AutoForm 中进行网格自动划分。图 3-18 所示为凸模、凹模和坯料在 AutoForm 中生成的网格模型。

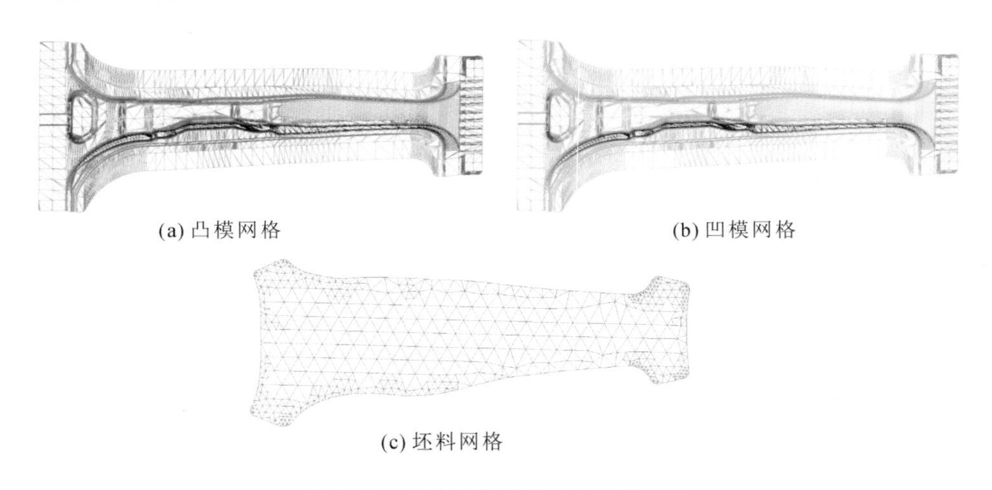

(a) 凸模网格

(b) 凹模网格

(c) 坯料网格

图 3-18 热冲压模型模具与坯料网格

(5) 热冲压工序及其参数设定。

本模型采用 Incremental(增量法)进行模拟，选用热冲压定义、重力向下的方式，具体参数设置见表 3-7，热冲压工序设置如图 3-19 所示。中立柱热冲压模型如图 3-20 所示。

表 3-7 中立柱热冲压有限元模拟参数设置

| 参数 | 加热温度/℃ | 板料厚度/mm | 模具间隙/mm | 模具温度/℃ | 转移时间/s | 冲压速度/(mm/s) | 保压力/MPa | 保压时间/s |
|---|---|---|---|---|---|---|---|---|
| 值 | 920 | 1.6 | 1.76 | 50 | 2 | 70 | 25 | 8 |

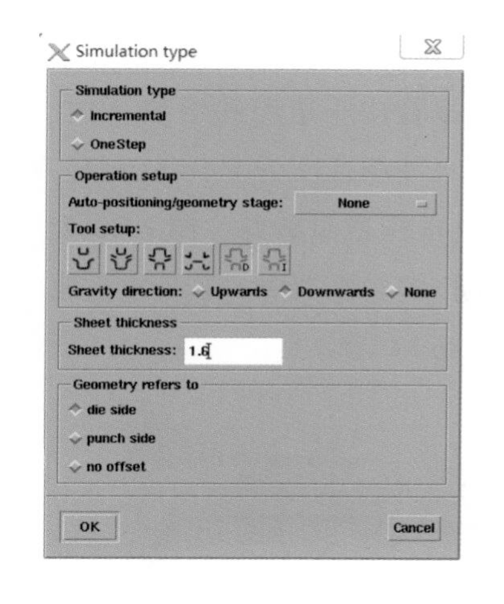


图 3-19　热冲压工序设置

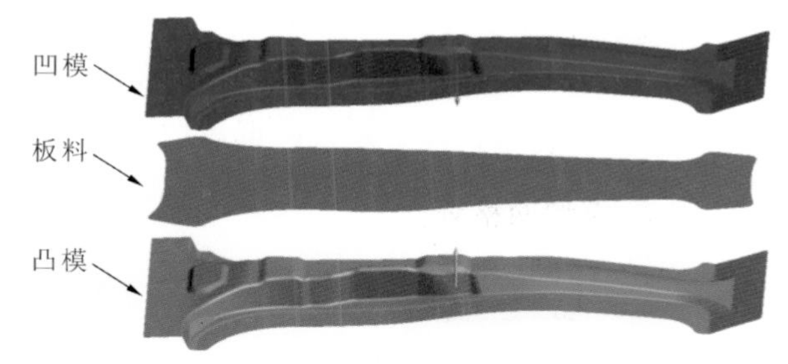


图 3-20　中立柱热冲压模型

## 3.2.2　工艺参数对热冲压中立柱成形质量的影响规律

本小节主要研究冲压速度、保压力、保压时间和模具间隙四种工艺参数对热冲压中立柱成形质量的影响规律。表 3-8 给出了上述四种冲压工艺参数的模拟对比方案。为了保证模拟结果准确可靠，本小节采用单一变量法研究冲压工艺参数对热冲压中立柱成形质量的影响规律。除以上参数之外，该模型所对应的材料模型、网格模型和其他边界条件均保持一致。

表 3-8　工艺参数的设定

| 工艺参数 | 基本值 | 对比值 |
|---|---|---|
| 冲压速度/(mm/s) | 70 | 60、80、90、100 |
| 保压力/MPa | 25 | 15、20、30、35 |
| 保压时间/s | 8 | 4、6、10、12 |
| 模具间隙/mm | 1.76 | 1.60、1.68、1.84、1.92 |

下面主要讨论不同的冲压工艺参数对中立柱的成形性、减薄率以及马氏体含量等指标的影响规律，因为这些指标直接影响着中立柱的热冲压成形质量。

### 3.2.2.1　冲压速度的影响

图 3-21 为冲压速度对中立柱成形性的影响规律。从图中可知，冲压速度对中立柱成形性影响较小。这是因为中立柱成形性主要由材料流动均匀性决定，

冲压速度只影响了冲压的快慢，对材料流动的均匀性并未起到作用。图 3-22 为冲压速度对中立柱减薄率的影响规律。可以看出，随着冲压速度的增加，中立柱的最大增厚率和最大减薄率均是先减小后增加。当冲压速度为 70 mm/s 时，最大增厚率和最大减薄率降到最低，说明此时中立柱成形质量较好。图 3-23 为冲压速度对中立柱最低马氏体含量(体积分数，余同)的影响规律，随着冲压速度的增加，最低马氏体含量先降低后增加，但均保持在 91%以上。

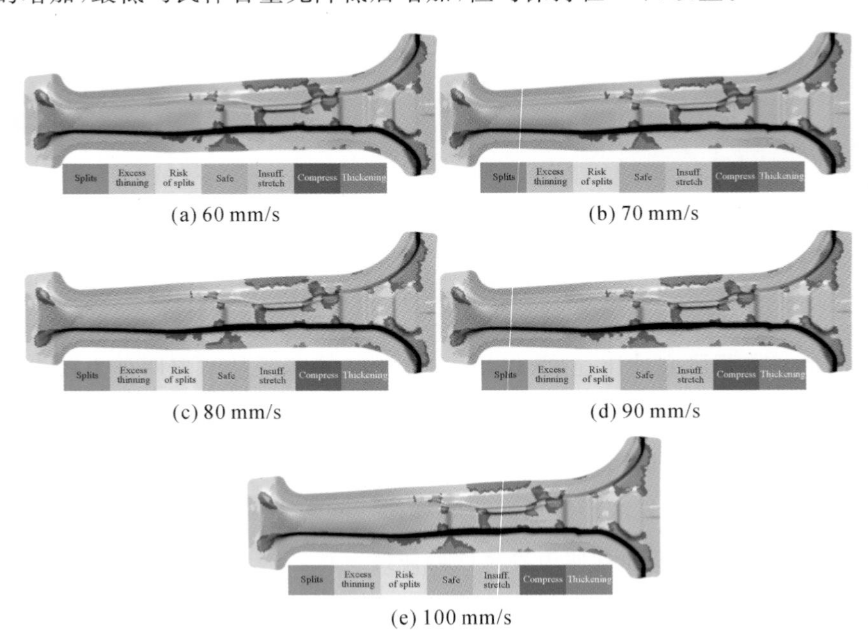


(a) 60 mm/s (b) 70 mm/s

(c) 80 mm/s (d) 90 mm/s

(e) 100 mm/s

**图 3-21 冲压速度对中立柱成形性的影响**

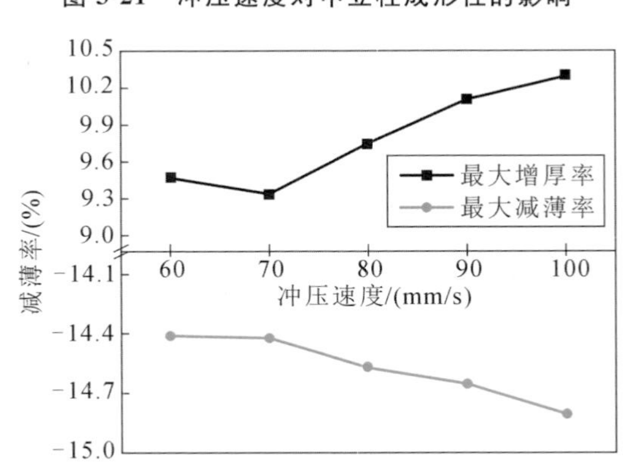


**图 3-22 冲压速度对中立柱减薄率的影响**

(正值代表增厚，负值代表减薄)

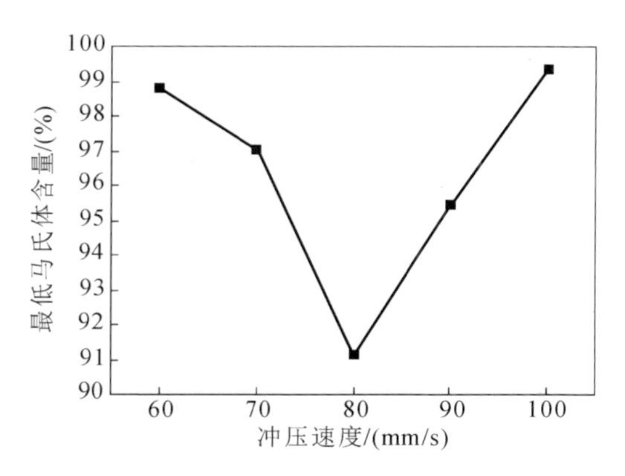


**图 3-23　冲压速度对中立柱最低马氏体含量的影响**

### 3.2.2.2　保压力的影响

图 3-24 为保压力对中立柱成形性的影响规律。从图中可知，保压力对中立柱成形性影响很小，保压力只影响了淬火时模具对中立柱法兰部分的压力，对材料流动的均匀性作用较小。图 3-25 为保压力对中立柱减薄率的影响规律。可以看出，随着保压力的增加，中立柱的最大增厚率和最大减薄率总体上逐渐减小。图 3-26 为保压力对中立柱最低马氏体含量的影响规律。可以看出，保压力对最低马氏体含量的影响规律性不明显，最低马氏体含量控制在 96%以上。

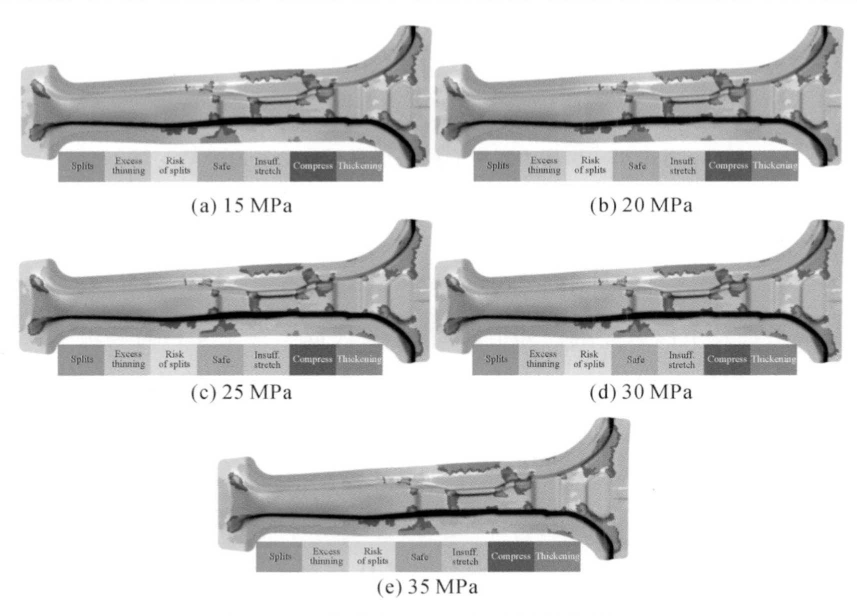


**图 3-24　保压力对中立柱成形性的影响**

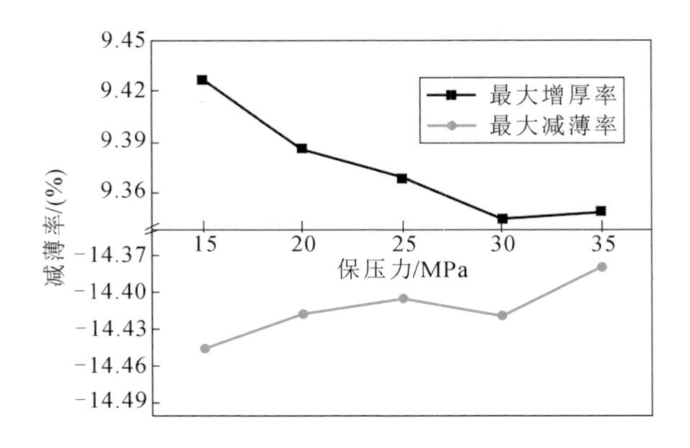


**图 3-25　保压力对中立柱减薄率的影响**

（正值代表增厚，负值代表减薄）

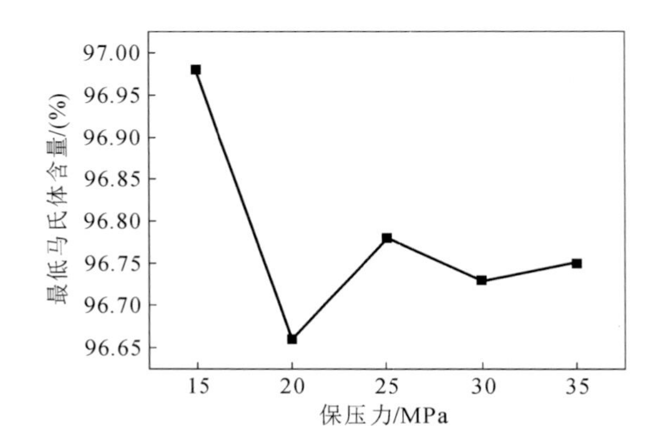


**图 3-26　保压力对中立柱最低马氏体含量的影响**

#### 3.2.2.3　保压时间的影响

图 3-27 为保压时间对中立柱成形性的影响规律。从图中可知，保压时间对中立柱成形性几乎没有影响。如上所述，中立柱成形性主要由材料流动均匀性决定，保压时间只影响了中立柱淬火的时间，对材料流动的均匀性作用很小。图 3-28 为保压时间对中立柱减薄率的影响规律。可以看出，随着保压时间的增加，中立柱的最大增厚率逐渐减小，最大减薄率逐渐增大。图 3-29 为保压时间对中立柱最低马氏体含量的影响规律。随着保压时间的增加，最低马氏体含量逐渐增加，当保压时间达到 8 s 时，最低马氏体含量增至最多，此后保持不变，大约为 96.8％。

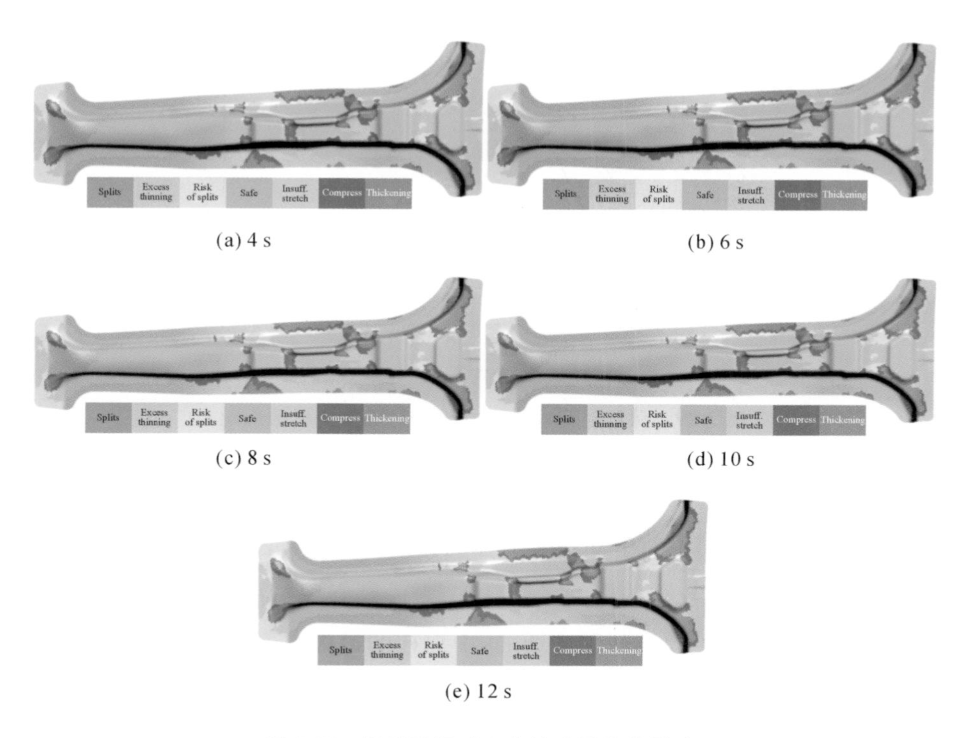


(a) 4 s　(b) 6 s　(c) 8 s　(d) 10 s　(e) 12 s

**图 3-27　保压时间对中立柱成形性的影响**

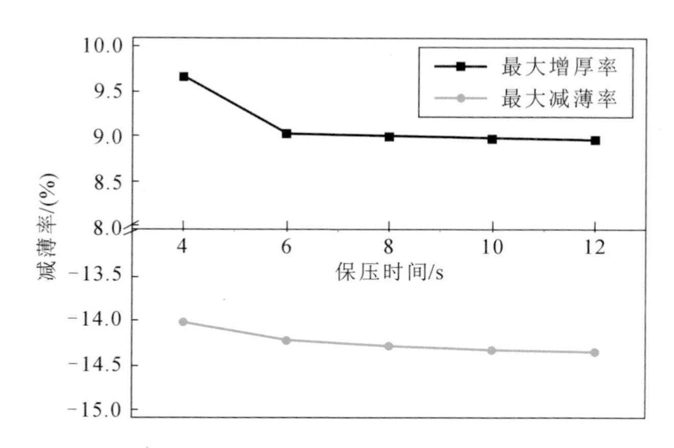


**图 3-28　保压时间对中立柱减薄率的影响**

（正值代表增厚，负值代表减薄）

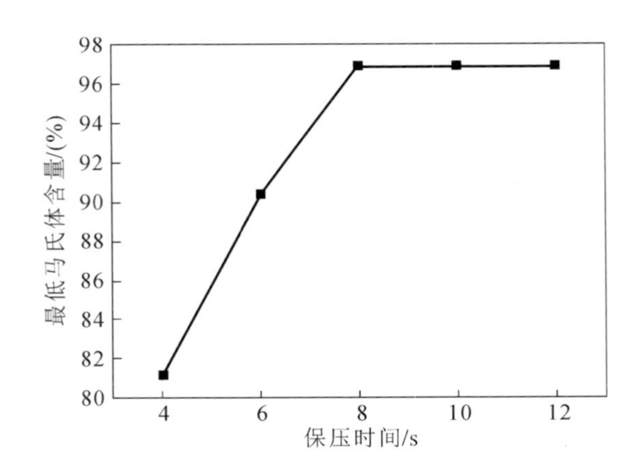


**图 3-29 保压时间对中立柱最低马氏体含量的影响**

#### 3.2.2.4 模具间隙的影响

图 3-30 为模具间隙对中立柱成形性的影响规律。从图中可知,模具间隙对中立柱局部成形性有较小的影响。图 3-31 为模具间隙对中立柱减薄率的影响规律。可以看出,随着模具间隙的增加,中立柱的最大减薄率先减小后增加,而最大增厚率变化特征不规律。这是因为当模具间隙小于 1.76 mm 时,较小的模具间隙增大了板料与模具之间的摩擦,阻碍了金属的流动,使得金属容易滞留在局部而增厚。当模具间隙大于 1.76 mm 时,较大的模具间隙给板料提供了足够的流动空间,摩擦系数较小,使得金属容易流动,体现为增厚小、减薄大的特征。图 3-32 为模具间隙对中立柱最低马氏体含量的影响规律。从图中可以看出,随着模具间隙的增加,最低马氏体含量先增加后减小。这是因为随着模具间隙的增大,板料与模具之间的摩擦生热有所减少,有利于中立柱淬火冷却;而随着模具间隙的进一步增大,板料与模具间的接触变差,不利于中立柱淬火冷却,因此最低马氏体含量又有所减少。当模具间隙为 1.76 mm 时,最低马氏体含量最多。

通过分析冲压速度、保压力、保压时间及模具间隙四个参数对中立柱成形性、减薄率以及马氏体含量的影响规律,确定了汽车中立柱热冲压工艺的合理参数:冲压速度 70 mm/s、保压力 25 MPa、保压时间 8 s、模具间隙 1.76 mm。

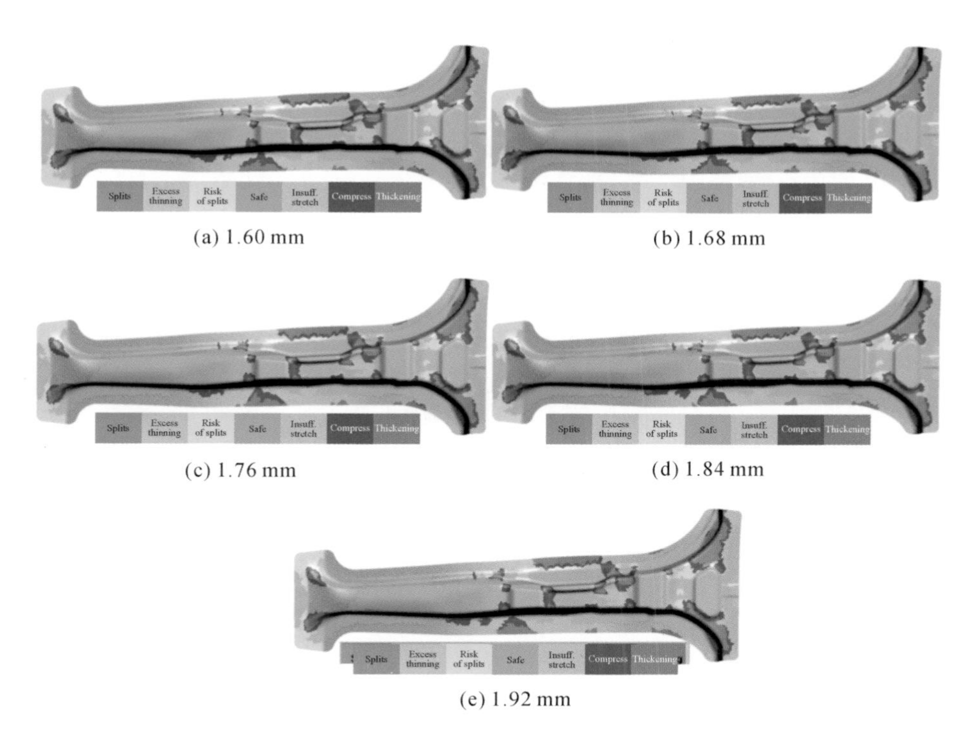


(a) 1.60 mm　(b) 1.68 mm　(c) 1.76 mm　(d) 1.84 mm　(e) 1.92 mm

图 3-30　模具间隙对中立柱成形性的影响

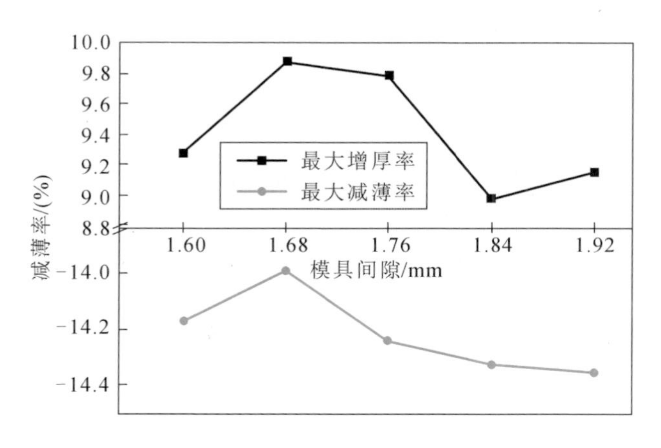


图 3-31　模具间隙对中立柱减薄率的影响

（正值代表增厚，负值代表减薄）

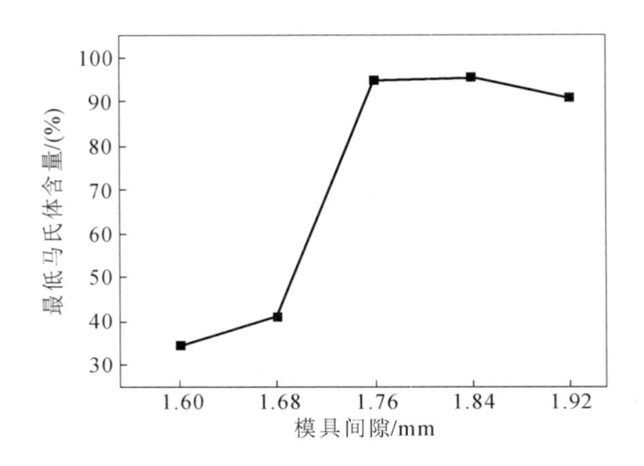


**图 3-32　模具间隙对中立柱最低马氏体含量的影响**

## 3.2.3　中立柱热冲压试验与结果分析

### 3.2.3.1　中立柱热冲压试验

图 3-33 所示为热冲压试验装备，其中汽车中立柱热冲压模具包括凹模、凸模等，转移系统用于运载热坯料和热冲压件。考虑到实际坯料转移时间略长，经计算将坯料的加热温度上调至 930 ℃，以保证坯料的实际冲压温度与模拟冲压温度一致。

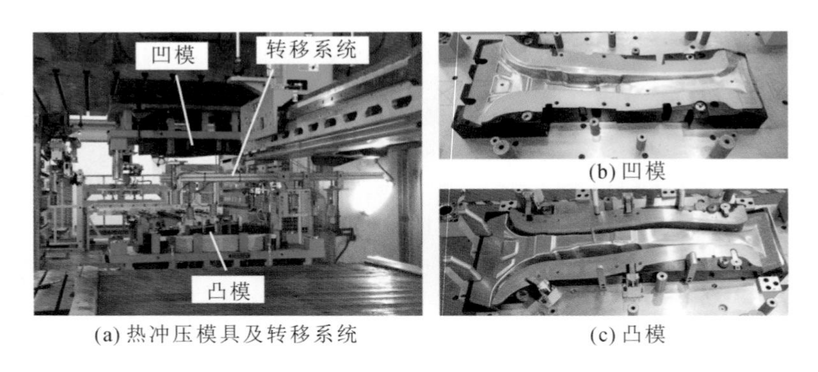


(a) 热冲压模具及转移系统　(b) 凹模　(c) 凸模

**图 3-33　热冲压试验装备**

汽车中立柱加强板热冲压试验步骤如下：

(1) 将如图 3-34 所示的坯料放入辊式加热炉内，加热至 930 ℃并保温 300 s。

(2) 取出热坯料并快速转移至热冲压模具上，进行快速冲压成形和保压淬火，保压期间的保压力为 25 MPa，保压时间延长至 10 s 以保证更好的保压效果。

(3) 开模取出构件并放置在空气中冷却。

(4) 对构件进行激光切割。

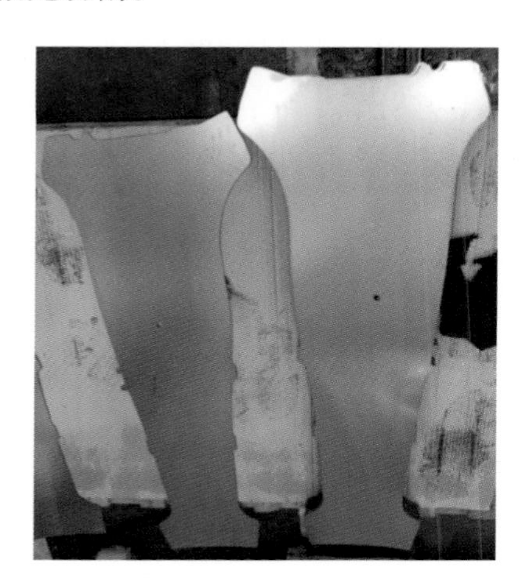

图 3-34　汽车中立柱热冲压坯料

图 3-35(a)所示为汽车中立柱热冲压试验结果。由图可知，中立柱热冲压成形性很好，没有出现裂纹或皱纹。拉伸试验表明热冲压件的抗拉强度为 1505～1546 MPa。图 3-35(b)所示为汽车中立柱热冲压模拟结果。可见，构件大部分表面得到了充分拉伸，没有出现破裂等缺陷，与热冲压试验结果相吻合。

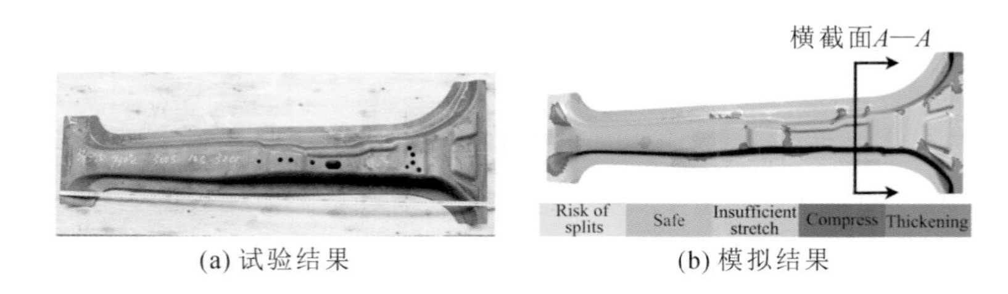


(a) 试验结果　　(b) 模拟结果

图 3-35　汽车中立柱热冲压

### 3.2.3.2　中立柱典型位置的应变分析

在图 3-35(b)所示热冲压汽车加强板的横截面 A—A 上取样，具体取样位置如图 3-36 所示。罗马字母代表具体取样点，在下文称为试样Ⅰ、试样Ⅱ、试样Ⅲ和试样Ⅳ。

图 3-37 为热冲压过程中取样点的温度变化曲线。由图可知，试样Ⅰ、试样Ⅱ和试样Ⅲ的温度变化曲线几乎重合，曲线误差范围在 7%以内。试样Ⅳ的冷却速率明显高于其他试样，这是因为试样Ⅳ位于构件边缘，在热冲压过程中具备良好的传热环境。在温度最高点至 $M_s$(386 ℃)区间，每个取样点的冷却速率分别为 263 ℃/s、263 ℃/s、219 ℃/s 和 494 ℃/s；在温度最高点至 $M_f$(282 ℃)区间，每个取样点的冷却速率分别为 188 ℃/s、190 ℃/s、159 ℃/s 和 374 ℃/s。

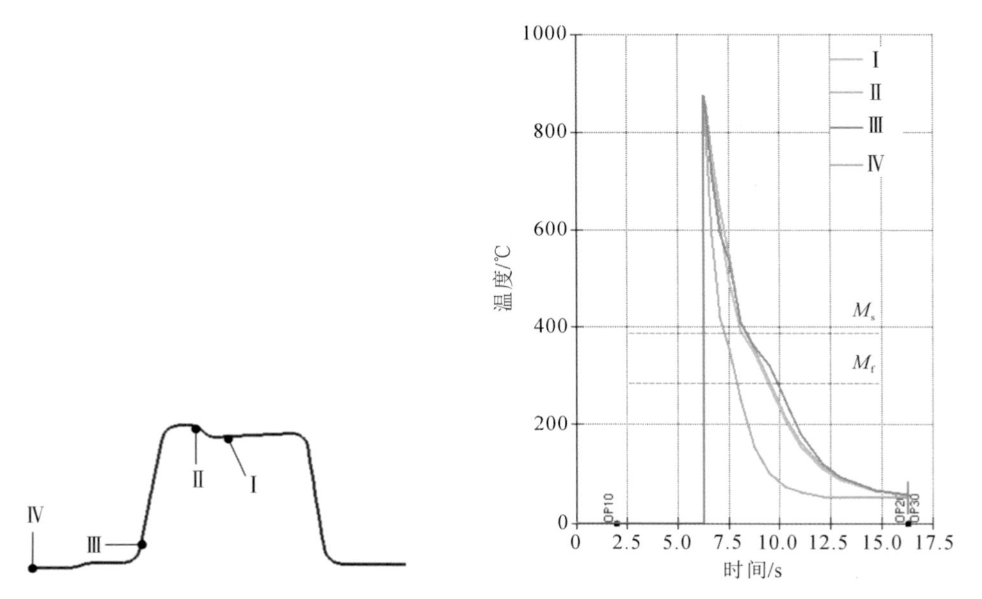


图 3-36 取样位置

图 3-37 取样点的温度变化曲线

综上，对于试样Ⅰ、试样Ⅱ和试样Ⅲ而言，可以完全忽略冷却速率对马氏体相变的影响。而对于试样Ⅳ，必须考虑冷却速率对马氏体相变的影响。

(1) 宏观应变分析。

图 3-38(a)所示为热冲压中立柱加强板的等效塑性应变云图，图 3-38(b)所示为横截面 $A$—$A$ 处的等效塑性应变云图。由图可知，不同的区域产生不同的塑性变形。试样Ⅰ、试样Ⅱ、试样Ⅲ和试样Ⅳ的模拟等效塑性应变分别为 0.0399、0.0726、0.1440、0.0341。

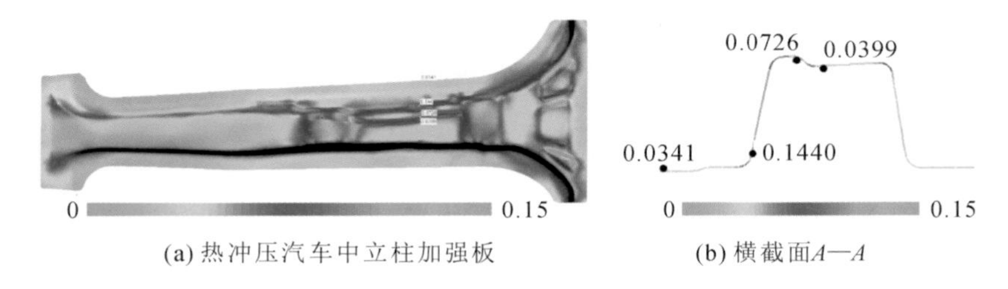


(a) 热冲压汽车中立柱加强板　　(b) 横截面A—A

**图 3-38　等效塑性应变云图**

（2）微观应变分析。

为了保证取样点的有效性，利用 XRD 技术对四个试样的变形量进行测量分析。测量过程中采用 40 kV 电压、40 mA 电流的 Cu-Kα 射线。XRD 技术测试材料变形量的原理如下：

由于外部因素如机加工、热循环的影响，材料晶粒内部会产生微观应变，导致衍射峰变宽，因此，微观应变是与衍射峰宽度增加量有关的函数，其表达式为

$$\varepsilon=\frac{\Delta d}{d}=\frac{\varphi}{4\tan\theta} \tag{3-15}$$

式中：$\varepsilon$ 为微观应变，是应变量 $\Delta d$ 和晶面间距 $d$ 之间的比值；$\varphi$ 为衍射峰宽度增加量；$\theta$ 为衍射角。

晶粒内部的微观应变与宏观尺度上的应变相对应，宏观应变为通过模拟计算得到的等效塑性应变。图 3-39 所示为试样在宏观尺度上和微观尺度上的变形量。由图可知，等效塑性应变的变化趋势与 XRD 微观应变测量值的变化趋势相吻合。值得注意的是，由于宏观应变和微观应变的量纲不同，因此数值上的比较是无意义的。

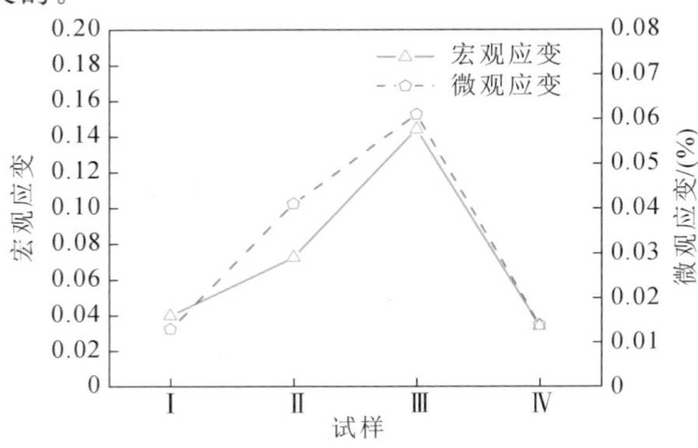


**图 3-39　试样的变形量**

### 3.2.4 形变对马氏体相的影响规律和机理

#### 3.2.4.1 形变对马氏体相的影响规律

通过 SEM 观察试样的微观组织形貌，之后利用显微硬度测试仪测量试样的显微硬度，测试载荷为 300 g，加载时间为 5 s，每个测试点的间距为 0.3 mm。

图 3-40 所示为通过 SEM 观察到的试样微观组织形貌。对于所有试样而言，其微观组织的主要成分为马氏体，另有少量未转变的残余奥氏体。由图 3-40 可知，试样Ⅲ拥有更多、更细的马氏体组织，试样Ⅱ次之，然后是试样Ⅰ。这表明马氏体含量随着变形量的增加而升高。

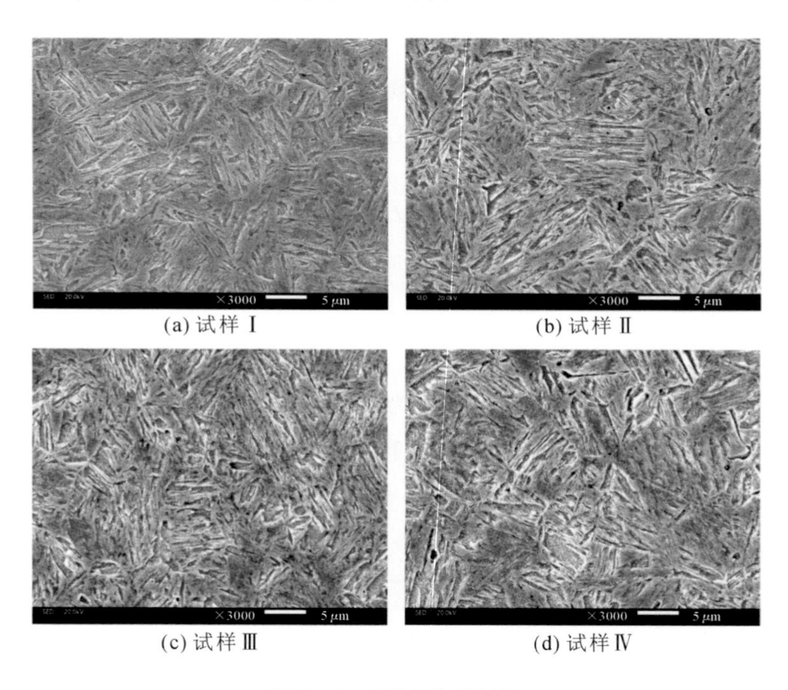


(a) 试样Ⅰ (b) 试样Ⅱ (c) 试样Ⅲ (d) 试样Ⅳ

**图 3-40** SEM 微观组织

图 3-41 所示为试样的显微硬度。由图可知，试样Ⅰ、试样Ⅱ和试样Ⅲ显微硬度的平均值逐渐增大，分别为 458.58 HV、476.74 HV 和 490.29 HV。这与通过 SEM 所观察到的现象相符。随着变形量的增加，马氏体含量升高，鉴于马氏体为硬相，试样的显微硬度不断上升。

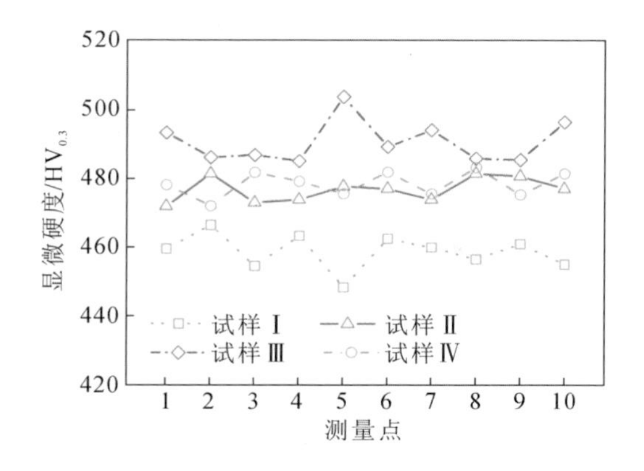


**图 3-41 显微硬度**

其他文献也曾报道过类似的试验现象。例如，Shipway 和 Bhadeshia 以 Fe-0.45C-2.08Si-2.69Mn 钢为研究对象，分析了小变形条件(低于奥氏体的屈服强度)下的贝氏体相变，发现应力能提高相变动力。

然而，试样Ⅳ表现出另一种情况。虽然所施加的应力和应变不同，但是试样Ⅳ的微观组织形貌与试样Ⅱ的类似。此外，试样Ⅳ的平均显微硬度为 478.34 HV，与试样Ⅱ的平均显微硬度值(476.74 HV)相近。冷却速率给出了合理的解释。参考之前所分析的，试样Ⅳ位于构件边缘，热冲压全程与空气接触充分，温度快速下降，冷却速率显然高于其他部位。高冷却速率有促进马氏体相变的作用，可以提高马氏体含量和组织显微硬度。

#### 3.2.4.2 形变对马氏体相的影响机理

热冲压形变从两个方面促进马氏体相变：一方面，机械驱动力补充了部分相变驱动力；另一方面，高位错密度为马氏体形核提供了绝佳条件。

(1) 机械驱动力。

马氏体相变是非扩散切变型相变，需要提供足够的相变驱动力以克服相变阻力，诸如表面能的增加、由体积膨胀所导致的弹性应变能的增加。图 3-42 所示为马氏体相变过程中吉布斯自由能的变化示意图。由图可知，在未变形条件下，相变驱动力为奥氏体与马氏体吉布斯自由能的差值，称之为化学驱动力($\Delta G_{chem}^{A\to M}$)。通常，化学驱动力可以通过过冷(降低温度)获得。如图 3-42 所示，随着温度的下降，化学驱动力不断攀升。在变形条件下，由塑性变形所产生的应变能可以作为机械驱动力($\Delta G_{mech}^{A\to M}$)来提供部分相变驱动力,以减小化学驱动力。这直接导致了 $M_s$ 上升至 $M_{s,def}$,致使马氏体相变提前发生。

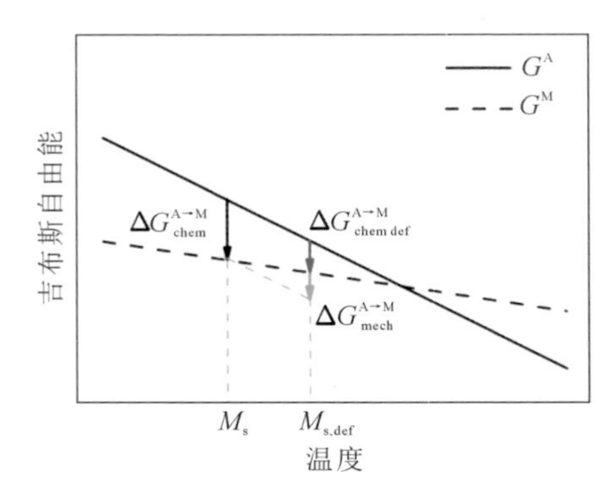


**图 3-42　马氏体相变中吉布斯自由能的变化**

根据 Patel 和 Cohen 所提出的应力对马氏体相变的影响准则,机械驱动力包括两项,即切应力做功和主应力做功,表达式如下:

$$U = \tau\gamma_0 + \sigma\varepsilon_0 \tag{3-16}$$

式中:$U$ 为施加应力所做的功;$\tau$ 为切应力;$\gamma_0$ 为切应变;$\sigma$ 为主应力(正值表明主应力为拉应力,负值表明主应力为压应力);$\varepsilon_0$ 为主应变。

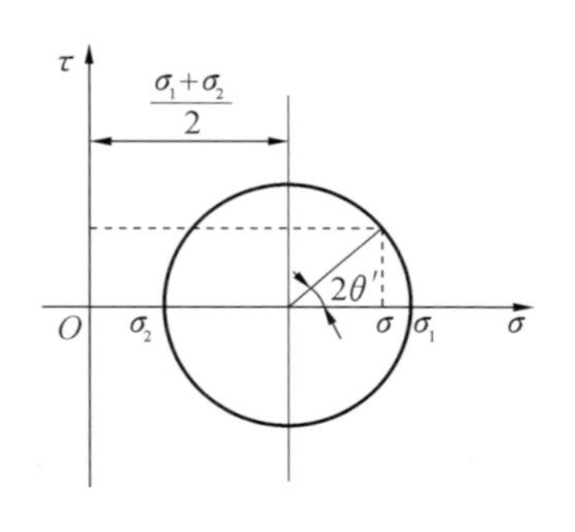


**图 3-43　平面应力状态下的摩尔应力圆**

假设热冲压过程中板料处于平面应力状态,切应力和主应力可以通过摩尔应力圆的形式体现,如图 3-43 所示,则切应力和主应力可以表示为

$$\begin{cases} \tau = \dfrac{\sigma_1 - \sigma_2}{2}\sin 2\theta' \\ \sigma = \dfrac{\sigma_1 + \sigma_2}{2} + \dfrac{\sigma_1 - \sigma_2}{2}\cos 2\theta' \end{cases} \tag{3-17}$$

式中:$\sigma_1$ 为最大主应力(简称主应力);$\sigma_2$ 为最小主应力(简称次应力);$\theta'$ 为物理面与惯态面的夹角。通过类似的摩尔应力圆,可以利用式(3-18)计算切应变和主应变的值:

$$\begin{cases} \gamma_0 = \dfrac{\varepsilon_1 - \varepsilon_2}{2}\sin 2\theta' \\ \varepsilon_0 = \dfrac{\varepsilon_1 + \varepsilon_2}{2} + \dfrac{\varepsilon_1 - \varepsilon_2}{2}\cos 2\theta' \end{cases} \tag{3-18}$$

式中：$\varepsilon_1$ 为最大主应变(简称主应变)；$\varepsilon_2$ 为最小主应变(简称次应变)。

$U$ 可以通过式(3-19)计算得到：

$$\begin{aligned} U = & \frac{\sigma_1 - \sigma_2}{2}\frac{\varepsilon_1 - \varepsilon_2}{2} + \frac{\sigma_1 + \sigma_2}{2}\frac{\varepsilon_1 + \varepsilon_2}{2} \\ & + \left(\frac{\sigma_1 - \sigma_2}{2}\frac{\varepsilon_1 + \varepsilon_2}{2} + \frac{\sigma_1 + \sigma_2}{2}\frac{\varepsilon_1 - \varepsilon_2}{2}\right)\cos 2\theta' \end{aligned} \tag{3-19}$$

假设 $U$ 的最大值 $U_{max}$ 为机械驱动力，则

$$\Delta G_{mech}^{A \to M} = U_{max} = \sigma_1 \varepsilon_1 \tag{3-20}$$

将主应力和主应变的模拟计算结果代入式(3-20)，可以得到 $U_{max}$ 的值。

表 3-9 所示为每个试样机械驱动力的计算值。由表可知，应变值的大小与应力值的大小相对应。试样的应力状态主要为拉伸状态，根据式(3-16)可知，拉应力可以提高相变机械驱动力，从而促进马氏体相变。当所施加外力的主应力从 198 MPa 增加到 300 MPa 时，机械驱动力提高了 220 J/mol。可以推论，塑性变形能诱发马氏体相变，使马氏体相变开始温度高于理论值 $M_s$。同时，随着应力值或应变值的增加，马氏体相变温度也会随之上升。

**表 3-9　试样的机械驱动力**

| 试样 | 主应变 | 次应变 | 主应力/MPa | 次应力/MPa | $U_{max}$/(J/mol) |
|---|---|---|---|---|---|
| Ⅰ | 0.0294 | 0.00813 | 198 | 169 | 41 |
| Ⅱ | 0.0381 | 0.00688 | 235 | 210 | 63 |
| Ⅲ | 0.1230 | −0.04940 | 300 | 263 | 261 |
| Ⅳ | 0.0147 | 0.00124 | 179 | 175 | 19 |

(2) 马氏体形核。

当温度下降至 $M_s$ 时，奥氏体晶体缺陷出现了随机波动，包括浓度变化、结构变化和能量变化。由于原子扩散对于低温区而言相当困难，这意味着在马氏体相变过程中成分不发生变化，因此不需要浓度波动。忽略成分的改变，马氏体相变的发生不仅仅取决于能量，还与结构有关。晶体缺陷可以为马氏体形核

提供必要的能量涨落和结构涨落。能量涨落和结构涨落间的正反馈作用会放大涨落作用，从而导致奥氏体结构的失稳和新结构（马氏体结构）的建立。当马氏体在奥氏体晶粒内部的位错上形核时，因形核而导致的系统吉布斯自由能变化可以定义为

$$\Delta G = V\Delta g + VU_{\mathrm{V}} + A\psi - he \tag{3-21}$$

式中：$V$ 为晶核体积；$\Delta g$ 为马氏体相变驱动力；$U_{\mathrm{V}}$ 为应变能；$A$ 为晶核表面积；$\psi$ 为表面能；$h$ 为晶核长度；$e$ 为位错应变能。式中等号右边第二项和第三项为马氏体相变阻力，第四项为位错对形核的贡献。

在塑性变形条件下，晶粒内部和晶界处引入了大量的点位错和线位错等晶体缺陷。随着变形量的增加，位错密度必然提高，有利于为马氏体相变提供理想的形核位置。

Hsu 定量分析了应力和应变对形核壁垒的影响，发现形核壁垒与应力和应变的函数成反比。因此，增大所施加的应力或应变有利于降低形核壁垒，从而提高形核率。此外，塑性变形可以促使奥氏体晶粒破碎，从而细化马氏体晶粒，提高组织的力学性能。

在热冲压过程中，应力集中倾向于在晶界处产生，这为晶界中马氏体的优先形核提供了能量。图 3-44(a)所示为试样 Ⅱ 的 SEM 微观组织。由图可知，板条状马氏体在晶界处形核，并向着晶内延伸。图 3-44(b)所示为马氏体晶界形核的示意图。晶界附近的结构和能量微区涨落为马氏体形核提供了必要的热力学条件。总之，马氏体晶核的形成有赖于晶体缺陷（结构）及其所提供的缺陷能（能量）。

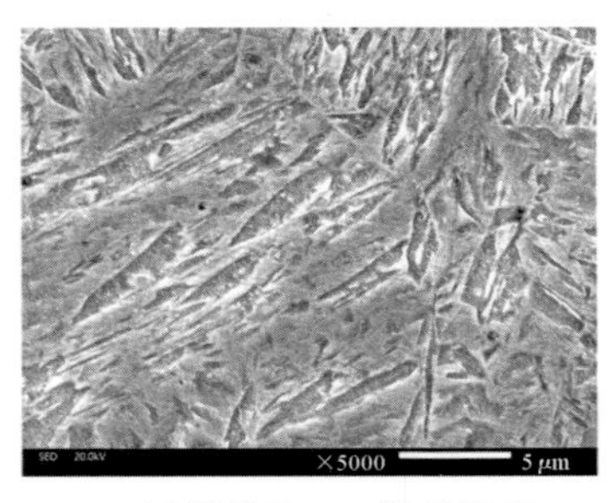


(a) 试样 Ⅱ 的SEM微观组织

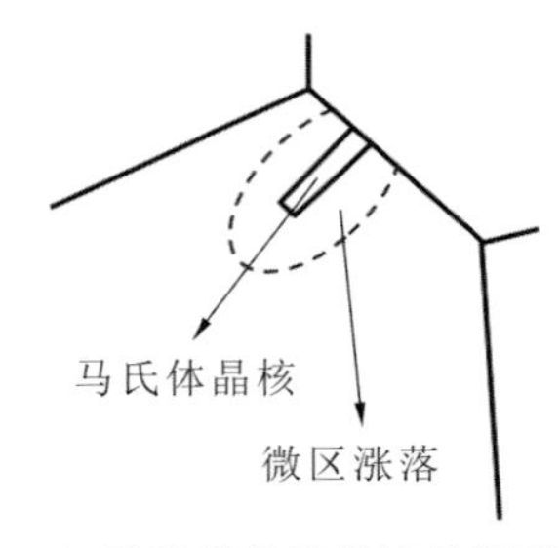


(b) 马氏体晶界形核示意图

**图 3-44　马氏体组织与晶界形核**

## 3.2.5　形变对残余奥氏体相的影响规律和机理

### 3.2.5.1　形变对残余奥氏体相的影响规律

图 3-45 所示为试样的 XRD 图谱及马氏体相与奥氏体相的标准图谱。由图可知，试样的 XRD 图谱有三个明显的衍射峰。以试样Ⅲ为例进行分析，其最强峰位于 44.677°，晶面间距为 0.20266 nm，晶面为(110)。与之相对应的马氏体相标准衍射峰的位置为 44.622°，两者相差 0.055°，测量图谱向右侧偏移。对于晶面为(111)的奥氏体相的衍射峰，测量值和标准值分别为 42.678°和 42.758°，两者基本一致。大量的相变研究揭示出新相与母相之间存在一定的取向关系。通过 XRD 分析可以得到马氏体相与奥氏体相之间的取向关系。由图谱可知，马氏体相和奥氏体相衍射峰位置间的差值为 0.9995°，符合 K-S 位向关系。

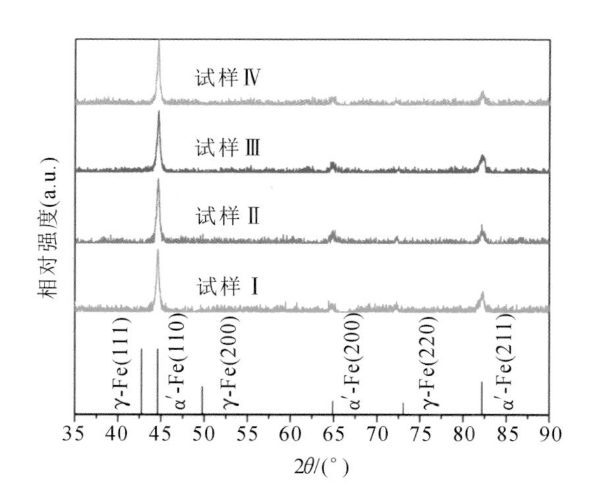


**图 3-45**　XRD **图谱**

通过 XRD 技术可以计算残余奥氏体的晶格常数与碳含量。奥氏体为面心立方结构，其晶格常数满足如下关系式：

$$a = b = c, \alpha = \beta = \gamma = 90^\circ \tag{3-22}$$

晶格常数 $a$ 可以通过衍射峰位置计算得到：

$$a = \frac{\lambda}{2\sin\theta}\sqrt{h^2 + k^2 + l^2} \tag{3-23}$$

根据 Bragg 方程，有

$$d = \frac{\lambda}{2\sin\theta} \tag{3-24}$$

式中：$\lambda$ 为 X 射线的波长；$\theta$ 为衍射角；$(hkl)$ 为晶面指数；$d$ 为晶面间距。

对于绝大多数固溶相而言，晶格常数随着溶质浓度的增加而增大，它们之间呈近似的线性关系，遵循 Vegard 定律。奥氏体的碳含量可以通过下式计算得到：

$$a = 0.3573 + 0.033 \times w_C \tag{3-25}$$

图 3-46 所示为试样的晶格常数与碳含量。由图可知，所有试样的残余奥氏体碳含量均超过了超高强钢 B1500HS 的碳含量 0.23%。Barnard 等观察到碳原子扩散至残余奥氏体的现象，这个现象为其化学稳定提供了直接支持。此外，Hsu 计算了低碳马氏体形成过程中奥氏体富碳所需的时间。他们指出，碳原子扩散现象可能与板条状马氏体的形成伴随发生，前者与后者保持同步或前者略微滞后。进一步研究认为，碳原子扩散不是马氏体相变的主要过程。这是由于碳原子为间隙原子，其扩散对置换原子的扩散位移没有任何影响。然而，残余奥氏体的富碳有助于提高其稳定性。

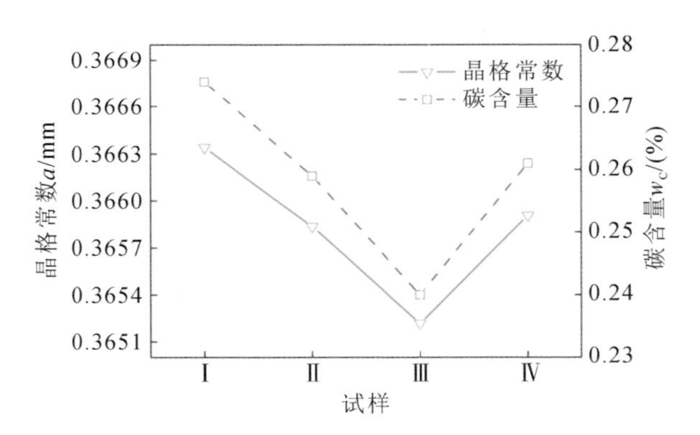


**图 3-46 晶格常数与碳含量**

从图 3-46 中可以观察到不同试样中残余奥氏体的碳含量水平。对于试样Ⅰ、试样Ⅱ和试样Ⅲ而言，在同一冷却速率下，随着变形量的增加，残余奥氏体的碳含量下降。对于试样Ⅰ和试样Ⅳ而言，在同一变形程度下，随着冷却速率的提高，残余奥氏体的碳含量也下降。因此，塑性变形和冷却速率均会影响碳原子的扩散过程。

#### 3.2.5.2　形变对残余奥氏体相的影响机理

在低碳马氏体的形成过程中，位错部位易发生碳偏聚，这可能延长碳原子的扩散时间，从而减小扩散系数。因此，碳原子的扩散过程很可能受形变的阻碍作用。变形量大意味着材料流动快、应变速率较高，导致碳原子的扩散不充分。正如图 3-46 所示，对于试样Ⅰ、试样Ⅱ和试样Ⅲ而言，残余奥氏体的碳含量随着变形量的增加而下降。

与同一应变水平的试样Ⅰ相比，试样Ⅳ的残余奥氏体碳含量仍降低。这表明冷却速率过高也会阻碍碳原子的扩散。这是因为温度对扩散系数有重要影响，低温条件下，碳原子扩散系数降低，碳原子难以越过马氏体与奥氏体晶界而扩散至奥氏体晶粒内部，使得残余奥氏体的碳含量下降。

## 3.3　本章小结

本章研究了不同工艺参数与微观组织对 B1500HS 硼钢热冲压强韧性的影响规律和机理，选取典型车身构件开展热冲压试验研究，分析了超高强钢热冲压变形量对组织转变、力学性能和元素分布的影响规律，建立了多向应力状态下马氏体相变的机械驱动力理论计算模型，研究了热冲压过程中形变对相变的影响机理，可为生产实际提供理论依据和技术支持。

## 本章参考文献

[1]　谢光驹. 高强韧车身构件伺服热冲压工艺设计与组织调控机理研究[D]. 武汉：武汉理工大学，2021.

[2]　BOK H H，LEE M G，KIM H D，et al. Thermo-mechanical finite element analysis incorporating the temperature dependent stress-strain response of low alloy steel for practical application to the hot stamped part [J]. Metals and Materials International，2010，16(2)：185-195.

[3]　LU J，SONG Y L，HUA L，et al. Influence of thermal deformation

conditions on the microstructure and mechanical properties of boron steel [J]. Materials Science and Engineering A,2017,701:328-337.

[4] RUSINEK A,KLEPACZKO J R. Experiments on heat generated during plastic deformation and stored energy for TRIP steels[J]. Materials and Design,2009,30(1):35-48.

[5] 宋燕利,华林,路珏,等. 超高强钢汽车构件热冲压成形技术与装备[J]. 锻造与冲压,2018(22):16-21.

[6] FEKETE B, SZEKERES A. Investigation on partition of plastic work converted to heat during plastic deformation for reactor steels based on inverse experimental-computational method [J]. European Journal of Mechanics-A/Solids,2015,53:175-186.

[7] LEE W S,LIU C Y. The effects of temperature and strain rate on the dynamic flow behaviour of different steels[J]. Materials Science and Engineering A,2006,426(1-2):101-113.

[8] 谢光驹,宋燕利,路珏,等. 基于复相组织精细调控的硼钢高强韧热冲压工艺[J]. 塑性工程学报,2022,29(2):35-46.

[9] RAJ R. Development of a processing map for use in warm-forming and hot-forming processes[J]. Metallurgical Transactions A, 1981, 12(6): 1089-1097.

[10] PRASAD Y V R K,GEGEL H L,DORAIVELU S M,et al. Modeling of dynamic material behavior in hot deformation:forging of Ti-6242[J]. Metallurgical Transactions A,1984,15(10):1883-1892.

[11] 沈玉含. 超高强度钢车身构件热冲压成形与相变机理研究[D]. 武汉:武汉理工大学,2019.

[12] 胡平. 热冲压先进制造技术[M]. 北京:科学出版社,2018:50-154.

[13] DUMONT D, DESCHAMPS A, BRECHET Y. On the relationship between microstructure, strength and toughness in AA7050 aluminum alloy[J]. Materials Science and Engineering A,2003,356(1-2):326-336.

[14] SHEN Y H,SONG Y L,HUA L,et al. Influence of plastic deformation

on martensitic transformation during hot stamping of complex structure auto parts [J]. Journal of Materials Engineering and Performance, 2017,26(4):1830-1838.

[15] SHIPWAY P H,BHADESHIA H K D H. The effect of small stresses on the kinetics of the bainite transformation [J]. Materials Science and Engineering A,1995,201 (1-2):143-149.

[16] PATEL J R,COHEN M. Criterion for the action of applied stress in the martensitic transformation [J]. Acta Metallurgica,1953,1(5):531-538.

[17] HSU T Y. Martensitic transformation under stress [J]. Materials Science and Engineering A,2006,438:64-68.

[18] SHEN Y H,SONG Y L,HUA L,et al. Function relationship between structural characteristics of automotive beam parts and wrinkling in hot stamping[C]. Advanced High Strength Steel and Press Hardening: Proceedings of the 2nd International Conference (ICHSU2015). 2016: 299-304.

[19] 刘宗昌,任慧平,安胜利. 马氏体相变[M]. 北京:科学出版社,2012: 34-35.

[20] RIDLEY N, STUART H, ZWELL L. Lattice parameters of Fe-C austenites at room temperature [J]. Transactions of the Metallurgical Society of AIME,1969,245(8):1834-1836.

[21] ONINK M, BRAKMAN C M, TICHELAAR F D, et al. The lattice-parameters of austenite and ferrite in Fe-C alloys as functions of carbon concentration and temperature [J]. Scripta Metallurgica et Materialia, 1993,29(8):1011-1016.

[22] YANG S,SONG Y L. Numerical investigation of opposed dies shearing process on low plasticity materials[J]. Ironmaking and Steelmaking, 2014,41(1):12-18.

[23] BARNARD S J,SMITH G D W,SARIKAYA M,et al. Carbon atom distribution in a dual phase steel: an atom probe study [J]. Scripta

Metallurgica,1981,15(4):387-392.

[24] SONG Y L,HAN Y,HUA L,et al. Optimal design and hot stamping of B-pillar reinforcement panel with variable strength based on side impact [C]. Advanced High Strength Steel and Press Hardening: Proceedings of the 2nd International Conference (ICHSU2015). 2016:320-326.

[25] 徐祖耀. 马氏体相变与马氏体[M]. 2 版. 北京:科学出版社,1999:84-89.

[26] FRANK F C. Capillary equilibria of dislocated crystals [J]. Acta Crystallographica,1951,4(6):497-501.

# 第 4 章 超高强钢构件变强度热冲压成形工艺

随着超高强钢构件尺寸大型化、结构集成化和功能一体化，其热冲压成形难度显著增加，局部回弹、开裂、起皱风险增大，而且配合件增多，尺寸精度与配合要求大幅提高。更为重要的是，大型复杂构件多为承受碰撞载荷的关键安全件，同一构件不同位置可能有不同的碰撞吸能性需求。变强度热冲压是解决大型复杂构件差异化性能难题的重要技术途径。

目前超高强钢变强度热冲压主要有两种方式：①改变温度条件控制分区相变，使构件不同区域获得不同的力学性能，如采用分区加热、分区淬火、局部退火等工艺。②改变钢板组合及结构形式，获得变强度或变厚度坯料，再热冲压，如采取拼焊板、补丁板和变厚度轧制板等工艺。

本章以汽车中立柱和拼焊板门环为例，介绍变强度热冲压成形工艺，在介绍中立柱变强度热冲压时，分别从现有中立柱总成结构替代和全新中立柱开发两个角度出发进行规划。

## 4.1 梯度性能构件定制策略与高强韧热冲压成形方法

为兼顾中立柱加强板的强度与侧面碰撞吸能性能（简称侧碰性能），有必要对现有的低强度中立柱总成进行超高强钢中立柱替代和梯度力学性能优化设计。

首先，建立整车侧面碰撞有限元模型，分析轻量化前中立柱加强板的侧碰性能，并提出轻量化方案；然后，基于分级优化方法，对中立柱加强板梯度力学性能分布、区域大小及过渡区位置进行优化设计；最终得到具有合理梯度力学性能分布的中立柱加强板。

## 4.1.1 侧面碰撞有限元模型的建立

### 4.1.1.1 移动可变形壁障有限元模型的建立

本小节遵照国家标准《汽车侧面碰撞的乘员保护》(GB 20071—2006),并参考 LSTC 官网,建立了移动可变形壁障(moving deformable barrier,MDB)的有限元模型。MDB 模型由 6 个碰撞块和 1 辆移动车组成,其中碰撞块采用蜂窝铝结构,其结构尺寸如图 4-1 所示。按照要求建立的 MDB 有限元模型如图 4-2 所示。

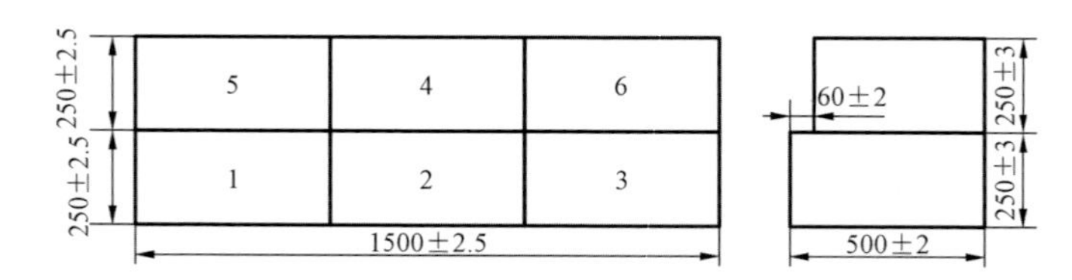


图 4-1　碰撞块的结构尺寸

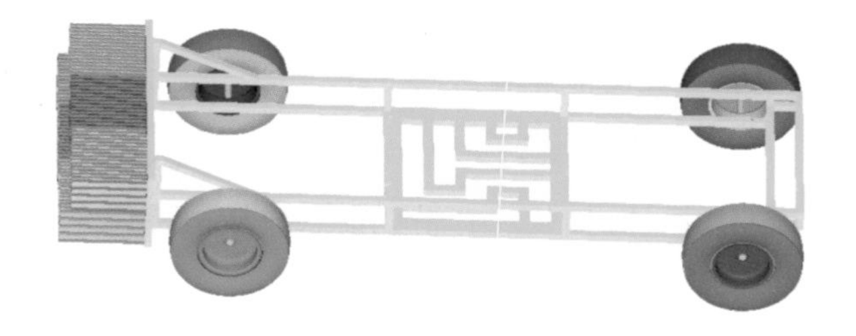

图 4-2　MDB 有限元模型

按照国标 GB 20071—2006 中对 MDB 模型的性能要求,将图 4-2 中的 MDB 模型与刚性墙进行正面碰撞,以碰撞块 1 为例,若它的刚度能够保证力-位移曲线落在图 4-3 规定的曲线区域内,则说明其性能符合国标要求。

在 HyperMesh 软件中建立验证模型,如图 4-4 所示,MDB 模型的速度设为 35 km/h,碰撞时间设为 120 ms。仿真结束后分别提取各碰撞块及所有碰撞块的力-位移曲线,如图 4-5 所示。可以看出,各碰撞块的力-位移曲线及所有碰撞块的力-位移曲线均很好地位于国标 GB 20071—2006 中所要求的限值范围中,满足汽车侧碰性能需求。

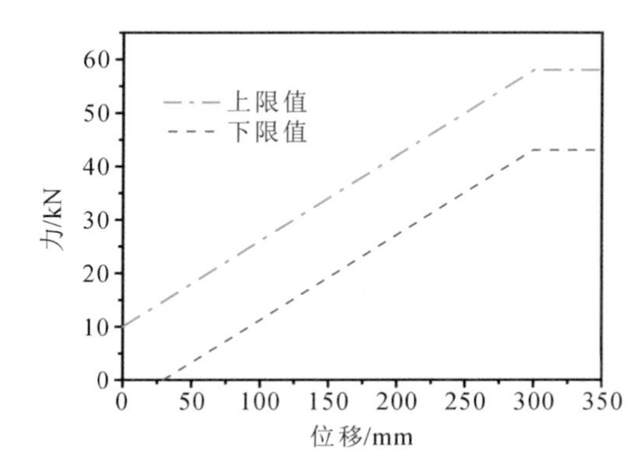


图 4-3　碰撞块 1 的力-位移曲线规范

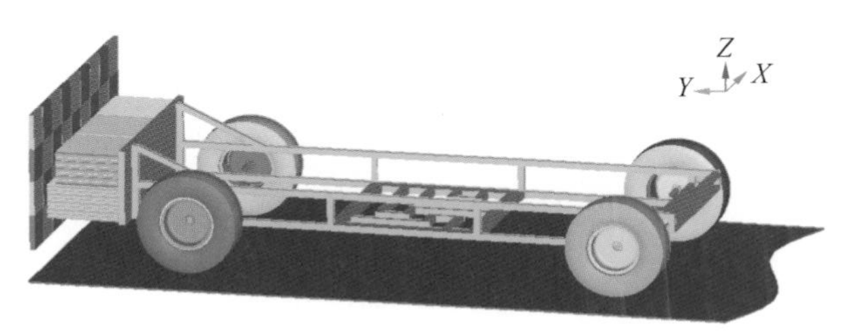


图 4-4　MDB 的验证有限元模型

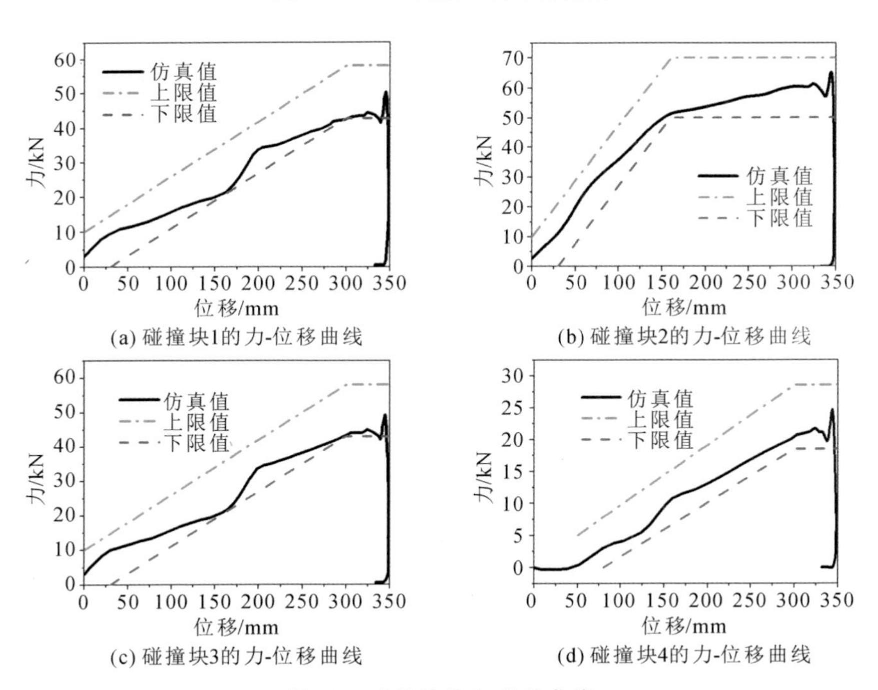


(a) 碰撞块1的力-位移曲线

(b) 碰撞块2的力-位移曲线

(c) 碰撞块3的力-位移曲线

(d) 碰撞块4的力-位移曲线

图 4-5　碰撞块的力-位移曲线

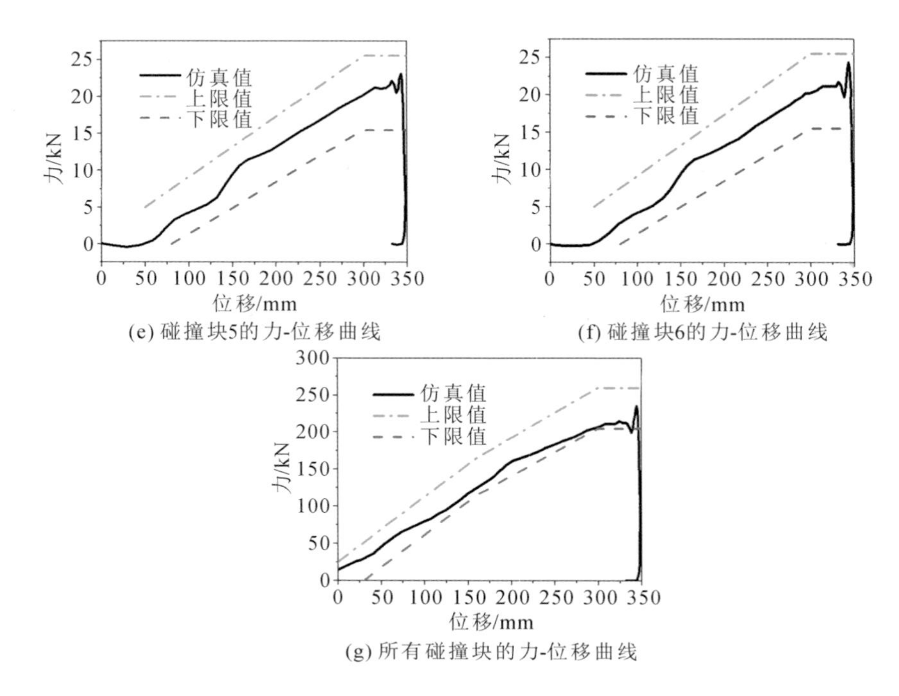


(e) 碰撞块5的力-位移曲线

(f) 碰撞块6的力-位移曲线

(g) 所有碰撞块的力-位移曲线

**续图 4-5**

图 4-6(a)为碰撞块的变形量(位移)曲线,可以看出,最大变形量为 324.39 mm,符合国家标准要求,即在(330±20)mm 范围内。图 4-6(b)为碰撞块的速度变化曲线,移动可变形壁障速度从初始值 9.722 m/s 迅速下降,到 55 ms 左右减为零,速度方向改变。最后移动可变形壁障以 0.328 m/s 的速度反弹(图中未体现),符合碰撞工况。

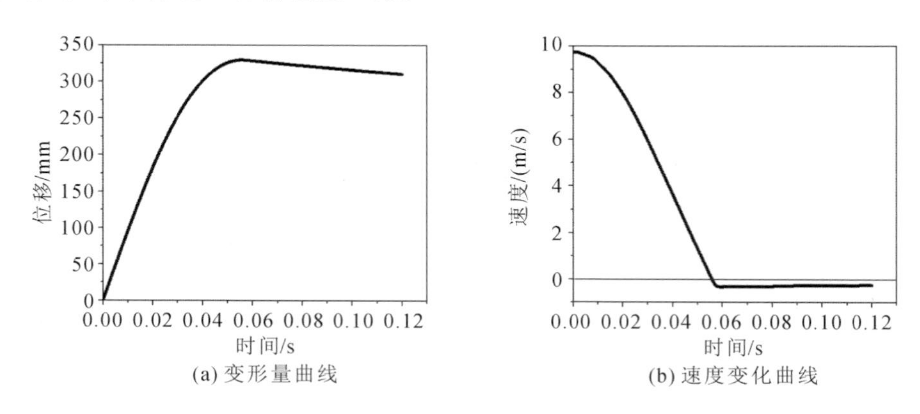


(a) 变形量曲线

(b) 速度变化曲线

**图 4-6 碰撞块的变形量及速度变化曲线**

综上所述，所建立的MDB模型满足国标要求，可应用于汽车侧面碰撞有限元模拟中。

#### 4.1.1.2　整车侧面碰撞有限元模型的建立

将建立的MDB有限元模型与整车有限元模型均导入HyperMesh软件中，遵照国标GB 20071—2006的要求，得到了整车侧面碰撞有限元模型，如图4-7所示。其中，使用自接触(single surface)定义了整车和MDB模型各自的接触形式，使用面面接触(surface to surface)定义了MDB模型与整车的相互接触形式，摩擦系数均设为0.1，整车与地面的摩擦系数设为0.4。MDB模型的初始速度设为50 km/h，碰撞时间设为120 ms。

图4-7　整车侧面碰撞有限元模型

### 4.1.2　轻量化中立柱加强板侧碰性能分析

#### 4.1.2.1　侧碰模型稳定性分析

实际的汽车侧面碰撞过程服从能量守恒定律和质量守恒定律，但是在有限元模拟中，由于涉及多种积分算法和不同的接触算法，有可能出现沙漏现象和质量增加现象。如果沙漏能较大和质量变化过多，则后续计算结果不可信，因此为了保证计算结果的可信度，一般要将沙漏能占总能量的百分比和质量增加百分比控制在5%以内。

图4-8为中立柱总成轻量化前模型的能量变化曲线，可以得到，沙漏能最大值为0.716 kJ，总能量为93.249 kJ，即沙漏能占总能量的0.768%。图4-9为中立柱总成轻量化前模型的质量增加百分比曲线，可以得到，整个碰撞过程中质量增加了0.65%。

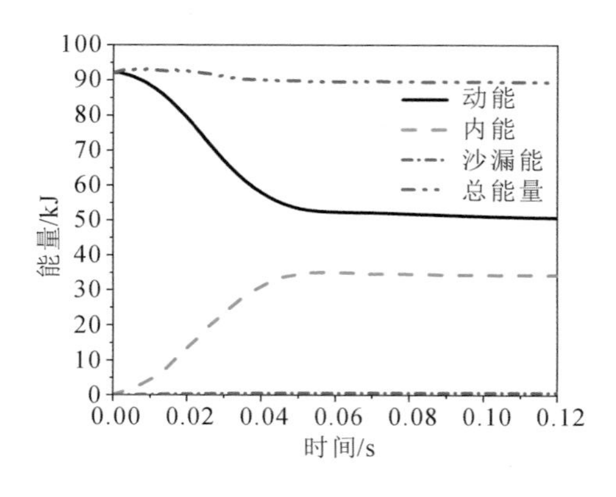


图 4-8 轻量化前能量变化曲线

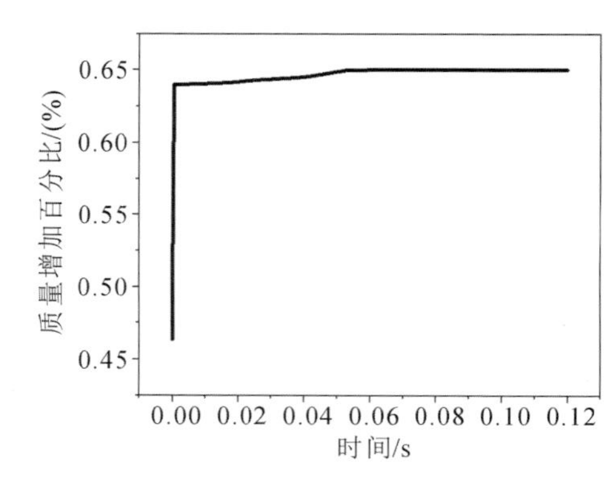


图 4-9 轻量化前质量增加百分比曲线

综上所述，沙漏能占总能量的百分比和质量增加百分比均小于 5%，因此本次计算结果可信。

#### 4.1.2.2 侧面碰撞性能分析

轻量化前中立柱总成结构特征如图 4-10 所示，其中内板和外板分别为车身内外覆盖件，加强板 1、加强板 2 和加强板 3 为车身安全结构件。加强板在汽车侧面碰撞中起保护乘员的作用，材料均采用 B340/590DP 钢板，厚度为1.6 mm，并使用冷冲压成形方式制成。

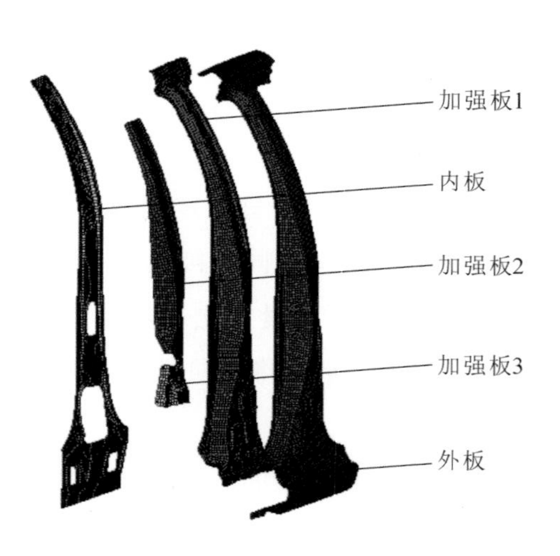


图 4-10 轻量化前中立柱总成结构特征

参照文献，在侧面碰撞安全性分析中，通常以中立柱的最大侵入量、最大侵入速度以及吸能性能来评价整车侧面碰撞安全性。选取中立柱加强板对应驾驶员胸部处最大侵入量 $D_{Amax}$ 和最大侵入速度 $V_{Amax}$、对应驾驶员腹部处最大侵入量 $D_{Bmax}$ 和最大侵入速度 $V_{Bmax}$ 作为优化目标或约束条件，以吸能量 EA 作为评价指标，选取的测量点如图 4-11 所示。

**图 4-11　侵入量与侵入速度测量点**

下面对轻量化前中立柱加强板的侧碰性能进行分析。选取中立柱加强板对应驾驶员胸部处(定义为 A 点)和腹部处(定义为 B 点)作为测量点，得到其侵入量曲线和侵入速度曲线，如图 4-12 所示。可以看出，A 点最大侵入量与最大侵入速度分别为157.129 mm和 5.298 m/s，B 点最大侵入量与最大侵入速度分别为199.566 mm和 6.301 m/s。

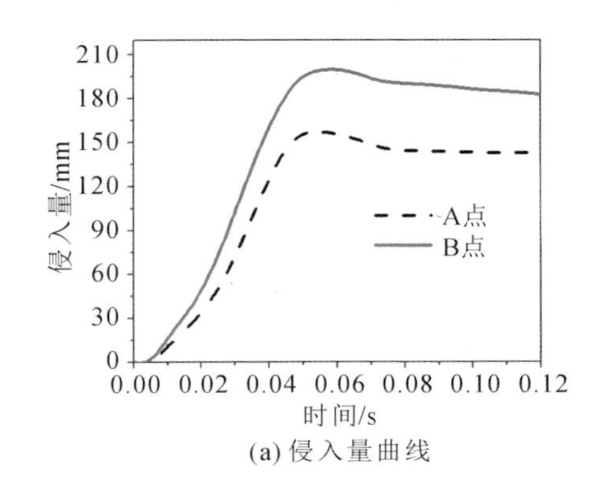


(a) 侵入量曲线

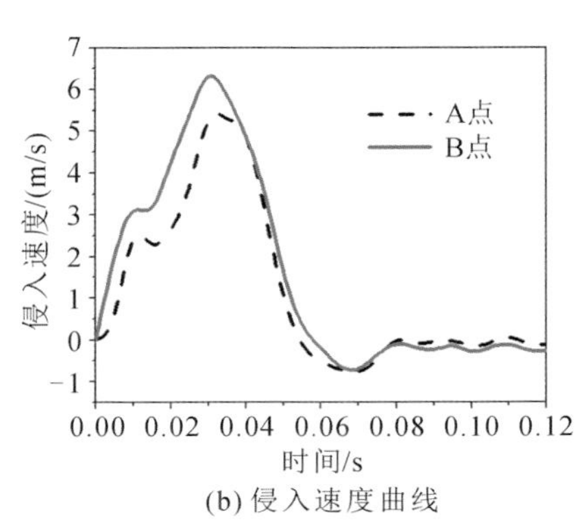


(b) 侵入速度曲线

**图 4-12　轻量化前测量点处的侵入量曲线与侵入速度曲线**

图 4-13 为轻量化前中立柱加强板的吸能曲线，可以看出，碰撞过程中中立柱加强板吸能量的最大值为 1.29 kJ。

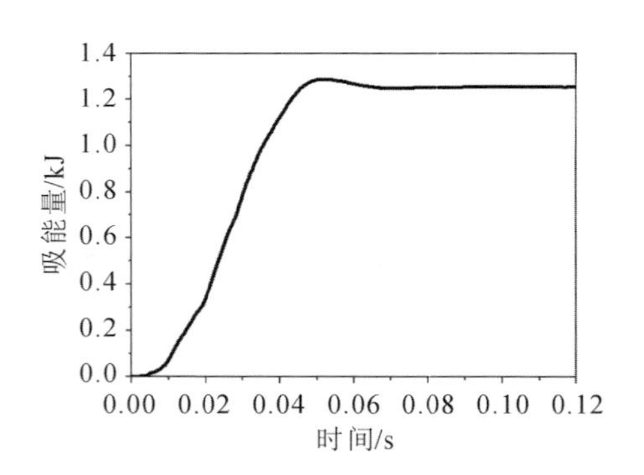


**图 4-13　轻量化前中立柱加强板的吸能曲线**

### 4.1.3　中立柱加强板梯度性能分区优化设计

传统的热冲压成形工艺中，板料各个位置的变形条件基本相同，所得到的热冲压构件为全马氏体组织，抗拉强度达 1500 MPa 甚至更高，但延伸率较低，这对于提升汽车安全结构件碰撞吸能性能是不利的。下面对均匀力学性能(抗拉强度为 1500 MPa)热冲压中立柱加强板的侧碰性能进行分析，以证实中立柱加强板梯度力学性能分布设计的必要性。

如图 4-14(a)所示，轻量化前中立柱总成由内、外板以及加强板 1～3 组成，拟采用热冲压加强板代替加强板 1～3 以实现轻量化[图 4-14(b)]。中立柱加强板的材料选取 B1500HS 钢，抗拉强度为 1500 MPa。

下面建立侧碰模型，分析均匀力学性能热冲压件的吸能性能。选取轻量化后中立柱加强板 A 点和 B 点作为测量点，得到其侵入量曲线和侵入速度曲线，如图 4-15 所示。可以看出，A 点最大侵入量与最大侵入速度分别为 132.358 mm和 4.499 m/s，B 点最大侵入量与最大侵入速度分别为 184.283 mm和 5.694 m/s。

图 4-16 为均匀力学性能(抗拉强度为 1500 MPa)中立柱加强板的吸能曲线，可以看出，碰撞过程中中立柱加强板吸能量的最大值为 1.10 kJ。

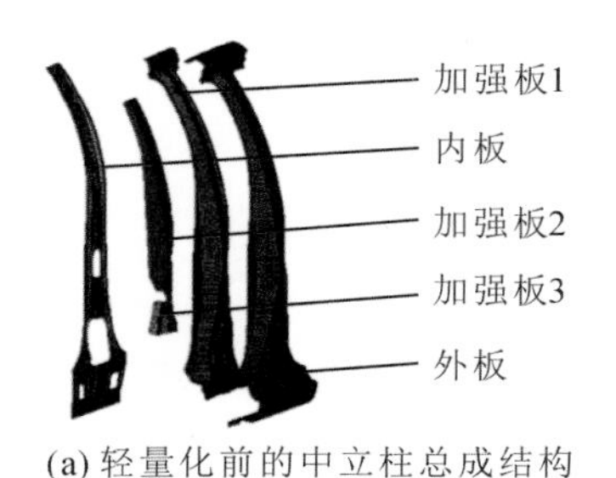


(a) 轻量化前的中立柱总成结构

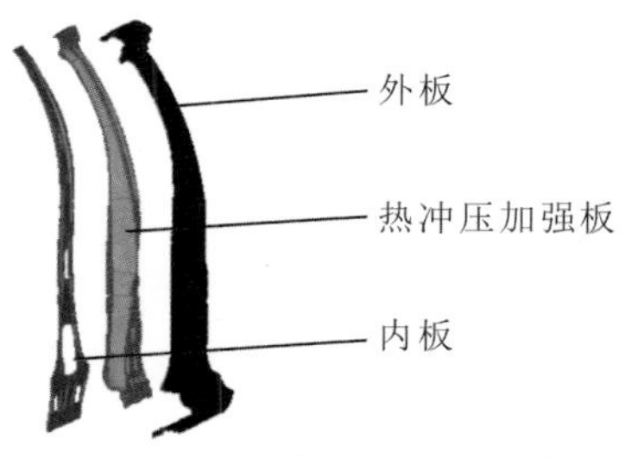


(b) 轻量化后的中立柱总成结构

**图 4-14 中立柱总成的轻量化方案**

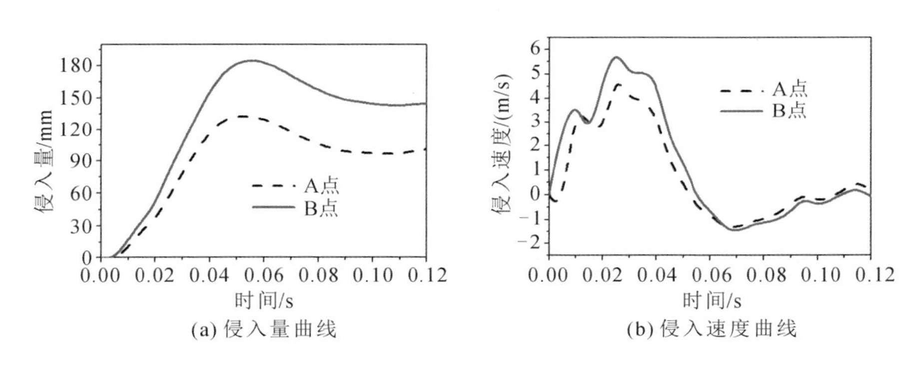


(a) 侵入量曲线　(b) 侵入速度曲线

**图 4-15 轻量化后测量点处的侵入量曲线与侵入速度曲线**

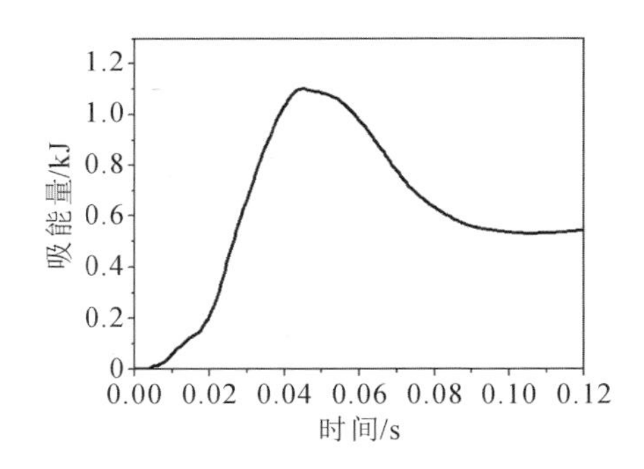


**图 4-16 均匀力学性能(抗拉强度为 1500 MPa)**

**中立柱加强板的吸能曲线**

经对比可知,与轻量化前中立柱加强板相比,均匀力学性能中立柱加强板A点最大侵入量和最大侵入速度分别减少了15.8%和15.1%,B点最大侵入量和最大侵入速度分别减少了7.7%和9.6%。与轻量化前中立柱加强板的吸能性能相比，均匀力学性能中立柱加强板吸能量的最大值减少了14.7%，吸能性能变差。因此，为使中立柱加强板兼顾强度与吸能性能，需要对其进行梯度性能优化设计。

#### 4.1.3.1 梯度力学性能分布位置优化设计

(1) 设计变量。

对轻量化后的中立柱加强板进行梯度性能优化设计，其中包括梯度力学性能分布位置和区域大小的优化设计，厚度保持1.6 mm不变。采用分级优化方法，首先对分布位置进行优化设计，然后在此基础上对区域大小进行二次优化。

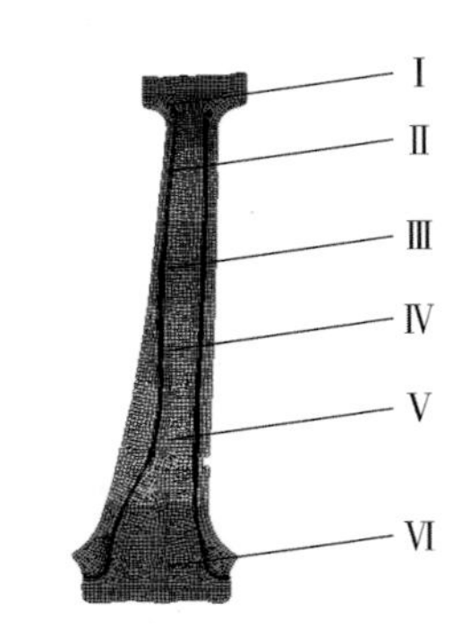


**图 4-17 中立柱加强板梯度力学性能分布位置设计方案**

按常用钢种的抗拉强度等级(DP590、DP780、DP980等)将中立柱加强板沿高度方向分为6个区域，每个区域大小基本相同。热冲压中立柱加强板梯度力学性能分布位置设计方案如图4-17所示。选取每个区域的抗拉强度 $R_{mi}(i=1,2,\cdots,6)$ 为设计变量，$R_{mi}$ 的取值范围如表4-1所示。

**表 4-1 设计变量的取值范围** (单位：MPa)

| 设计变量 | $R_{m1}$ | $R_{m2}$ | $R_{m3}$ | $R_{m4}$ | $R_{m5}$ | $R_{m6}$ |
|---|---|---|---|---|---|---|
| 下限值 | 600 | 600 | 600 | 600 | 600 | 600 |
| 上限值 | 1500 | 1500 | 1500 | 1500 | 1500 | 1500 |

(2) 试验方案。

为了得到近似模型，需对设计变量进行有限数量的采样计算，采样点选取的基本原则是在满足回归函数的前提下，尽可能减少试验次数。如表4-2所示，对中立柱加强板6个区域设计5种抗拉强度水平，采用 $L_{25}(5^6)$ 正交试验得到25个样本点。对每个样本点采用有限元软件LS-DYNA进行求解，其试验方案与对应的结果如表4-3所示。

**表 4-2　因素-水平表**　　(单位:MPa)

| 水平 | 因素 | | | | | |
|---|---|---|---|---|---|---|
| | $R_{m1}$ | $R_{m2}$ | $R_{m3}$ | $R_{m4}$ | $R_{m5}$ | $R_{m6}$ |
| 1 | 600 | 600 | 600 | 600 | 600 | 600 |
| 2 | 800 | 800 | 800 | 800 | 800 | 800 |
| 3 | 1000 | 1000 | 1000 | 1000 | 1000 | 1000 |
| 4 | 1250 | 1250 | 1250 | 1250 | 1250 | 1250 |
| 5 | 1500 | 1500 | 1500 | 1500 | 1500 | 1500 |

**表 4-3　梯度力学性能分布位置优化的试验方案及计算结果**

| 试验号 | $R_{m1}$ /MPa | $R_{m2}$ /MPa | $R_{m3}$ /MPa | $R_{m4}$ /MPa | $R_{m5}$ /MPa | $R_{m6}$ /MPa | $D_{Amax}$ /mm | $V_{Amax}$ /(m/s) | $D_{Bmax}$ /mm | $V_{Bmax}$ /(m/s) |
|---|---|---|---|---|---|---|---|---|---|---|
| 1 | 600 | 600 | 600 | 600 | 600 | 600 | 162.264 | 5.133 | 204.800 | 6.089 |
| 2 | 600 | 800 | 800 | 800 | 800 | 800 | 149.085 | 4.840 | 198.427 | 6.098 |
| 3 | 600 | 1000 | 1000 | 1000 | 1000 | 1000 | 143.295 | 4.668 | 195.722 | 6.171 |
| 4 | 600 | 1250 | 1250 | 1250 | 1250 | 1250 | 137.077 | 4.679 | 188.523 | 5.785 |
| 5 | 600 | 1500 | 1500 | 1500 | 1500 | 1500 | 134.434 | 4.705 | 184.507 | 5.778 |
| 6 | 800 | 600 | 800 | 1000 | 1250 | 1500 | 153.519 | 4.749 | 194.384 | 5.819 |
| 7 | 800 | 800 | 1000 | 1250 | 1500 | 600 | 136.623 | 4.774 | 179.585 | 5.703 |
| 8 | 800 | 1000 | 1250 | 1500 | 600 | 800 | 144.141 | 4.856 | 201.361 | 6.227 |
| 9 | 800 | 1250 | 1500 | 600 | 800 | 1000 | 150.321 | 4.918 | 205.458 | 6.181 |
| 10 | 800 | 1500 | 600 | 800 | 1000 | 1250 | 166.079 | 4.918 | 203.885 | 6.095 |
| 11 | 1000 | 600 | 1000 | 1500 | 800 | 1250 | 150.620 | 4.742 | 202.532 | 6.182 |
| 12 | 1000 | 800 | 1250 | 600 | 1000 | 1500 | 152.810 | 4.797 | 203.348 | 6.227 |
| 13 | 1000 | 1000 | 1500 | 800 | 1250 | 600 | 134.666 | 4.686 | 181.902 | 5.692 |
| 14 | 1000 | 1250 | 600 | 1000 | 1500 | 800 | 153.942 | 4.824 | 187.032 | 5.783 |
| 15 | 1000 | 1500 | 800 | 1250 | 600 | 1000 | 149.323 | 4.915 | 207.226 | 6.500 |
| 16 | 1250 | 600 | 1250 | 800 | 1500 | 1000 | 143.474 | 4.777 | 186.197 | 5.817 |
| 17 | 1250 | 800 | 1500 | 1000 | 600 | 1250 | 150.076 | 4.997 | 210.396 | 6.534 |
| 18 | 1250 | 1000 | 600 | 1250 | 800 | 1500 | 162.522 | 4.961 | 206.202 | 6.336 |

续表

| 试验号 | $R_{m1}$ /MPa | $R_{m2}$ /MPa | $R_{m3}$ /MPa | $R_{m4}$ /MPa | $R_{m5}$ /MPa | $R_{m6}$ /MPa | $D_{Amax}$ /mm | $V_{Amax}$ /(m/s) | $D_{Bmax}$ /mm | $V_{Bmax}$ /(m/s) |
|---|---|---|---|---|---|---|---|---|---|---|
| 19 | 1250 | 1250 | 800 | 1500 | 1000 | 600 | 137.258 | 4.862 | 182.572 | 5.784 |
| 20 | 1250 | 1500 | 1000 | 600 | 1250 | 800 | 139.503 | 4.764 | 188.956 | 6.059 |
| 21 | 1500 | 600 | 1500 | 1250 | 1000 | 800 | 143.942 | 4.810 | 186.948 | 5.833 |
| 22 | 1500 | 800 | 600 | 1500 | 1250 | 1000 | 157.455 | 4.764 | 194.042 | 5.681 |
| 23 | 1500 | 1000 | 800 | 600 | 1500 | 1250 | 143.563 | 4.595 | 189.417 | 5.431 |
| 24 | 1500 | 1250 | 1000 | 800 | 600 | 1500 | 150.955 | 5.054 | 213.203 | 6.573 |
| 25 | 1500 | 1500 | 1250 | 1000 | 800 | 600 | 137.733 | 4.833 | 191.877 | 5.902 |

（3）近似模型。

采用 Hyper Kriging 方法构建近似模型。利用 Hyper Study 集成优化软件可获得由近似模型拟合的设计变量与优化目标和约束之间的关系曲线，分布位置优化时区域Ⅰ及区域Ⅱ A 点最大侵入量和最大侵入速度与设计变量之间的关系曲线如图 4-18 所示，B 点有类似的关系曲线。为了验证近似模型的精确性，需对其残差进行分析。表 4-4 为中立柱加强板 A 点近似模型的残差分析，其中，$D_{Amax}$和 $V_{Amax}$为仿真值，$D_{Amax}'$和 $V_{Amax}'$为利用Hyper Kriging方法得到的预测值，$\varepsilon$ 为绝对误差，$\varepsilon'$为相对误差。

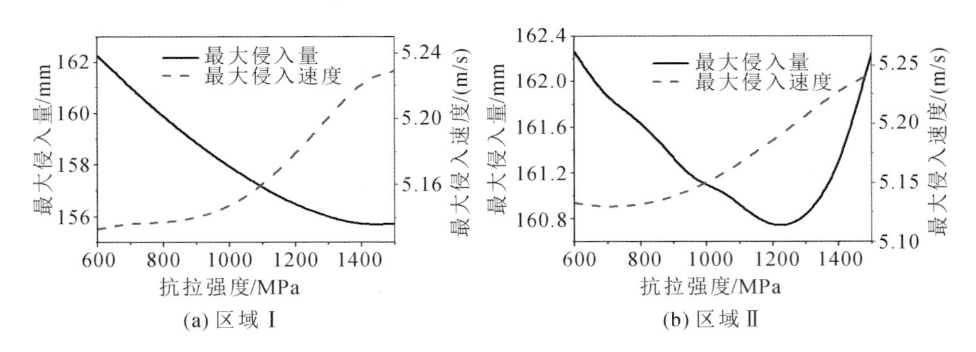

(a) 区域Ⅰ　(b) 区域Ⅱ

**图 4-18　分布位置优化时 A 点最大侵入量和最大侵入速度与设计变量之间的关系曲线**

均方根误差用符号 RMSE 表示，其表达式为

$$\mathrm{RMSE}=\sqrt{\frac{1}{n}\sum_{i=1}^{n}\varepsilon_i^2} \tag{4-1}$$

式中：$n$ 为预估点的个数；$\varepsilon_i$ 为第 $i$ 个预估点的绝对误差。

将表 4-4 中的数据代入式(4-1)，可以分别得到 $D_{\mathrm{Amax}}$ 和 $V_{\mathrm{Amax}}$ 的均方根误差为 0.0043 和 0.0001。同理，可以分别得到 $D_{\mathrm{Bmax}}$ 和 $V_{\mathrm{Bmax}}$ 均方根误差为 0.0043 和 0.0003。均方根误差都非常小，即近似模型具有较高的精度。

**表 4-4 中立柱加强板 A 点近似模型的残差分析**

| 试验号 | $D_{\mathrm{Amax}}$ /mm | $D_{\mathrm{Amax}}'$ /mm | $\varepsilon_{\mathrm{D}}$ /mm | $\varepsilon_{\mathrm{D}}'$ /(%) | $V_{\mathrm{Amax}}$ /(m/s) | $V_{\mathrm{Amax}}'$ /(m/s) | $\varepsilon_{\mathrm{V}}$ /(m/s) | $\varepsilon_{\mathrm{V}}'$ /(%) |
|---|---|---|---|---|---|---|---|---|
| 1 | 162.264 | 162.264 | 0 | 0 | 5.133 | 5.133 | 0 | 0 |
| 2 | 149.085 | 149.100 | −0.015 | −0.010 | 4.840 | 4.840 | 0 | 0 |
| 3 | 143.295 | 143.285 | 0.010 | 0.007 | 4.668 | 4.668 | 0 | 0 |
| 4 | 137.077 | 137.075 | 0.002 | 0.001 | 4.679 | 4.679 | 0 | 0 |
| 5 | 134.434 | 134.435 | −0.001 | −0.001 | 4.705 | 4.705 | 0 | 0 |
| 6 | 153.519 | 153.520 | −0.001 | −0.001 | 4.749 | 4.749 | 0 | 0 |
| 7 | 136.623 | 136.620 | 0.003 | 0.002 | 4.774 | 4.774 | 0 | 0 |
| 8 | 144.141 | 144.136 | 0.005 | 0.003 | 4.856 | 4.856 | 0 | 0 |
| 9 | 150.321 | 150.317 | 0.004 | 0.003 | 4.918 | 4.918 | 0 | 0 |
| 10 | 166.079 | 166.075 | 0.004 | 0.002 | 4.918 | 4.918 | 0 | 0 |
| 11 | 150.620 | 150.621 | −0.001 | 0.001 | 4.742 | 4.742 | 0 | 0 |
| 12 | 152.810 | 152.810 | 0 | 0 | 4.797 | 4.797 | 0 | 0 |
| 13 | 134.666 | 134.669 | −0.003 | −0.002 | 4.686 | 4.686 | 0 | 0 |
| 14 | 153.942 | 153.944 | −0.002 | −0.001 | 4.824 | 4.824 | 0 | 0 |
| 15 | 149.323 | 149.328 | −0.005 | −0.003 | 4.915 | 4.915 | 0 | 0 |
| 16 | 143.474 | 143.474 | 0 | 0 | 4.777 | 4.777 | 0 | 0 |
| 17 | 150.076 | 150.076 | 0 | 0 | 4.997 | 4.997 | 0 | 0 |
| 18 | 162.522 | 162.523 | −0.001 | −0.001 | 4.961 | 4.961 | 0 | 0 |
| 19 | 137.258 | 137.259 | −0.001 | −0.001 | 4.862 | 4.862 | 0 | 0 |

续表

| 试验号 | $D_{Amax}$ /mm | $D_{Amax}'$ /mm | $\varepsilon_D$ /mm | $\varepsilon'_D$ /(%) | $V_{Amax}$ /(m/s) | $V_{Amax}'$ /(m/s) | $\varepsilon_V$ /(m/s) | $\varepsilon'_V$ /(%) |
|---|---|---|---|---|---|---|---|---|
| 20 | 139.503 | 139.503 | 0 | 0 | 4.764 | 4.764 | 0 | 0 |
| 21 | 143.942 | 143.943 | −0.001 | −0.001 | 4.810 | 4.810 | 0 | 0 |
| 22 | 157.455 | 157.453 | 0.002 | 0.001 | 4.764 | 4.764 | 0 | 0 |
| 23 | 143.563 | 143.567 | −0.004 | −0.003 | 4.595 | 4.595 | 0 | 0 |
| 24 | 150.955 | 150.955 | 0 | 0 | 5.054 | 5.054 | 0 | 0 |
| 25 | 137.733 | 137.731 | 0.002 | 0.001 | 4.833 | 4.833 | 0 | 0 |

(4) 优化计算。

采用自适应响应应面法(ARSM)对汽车中立柱加强板的强度分布进行优化求解。在自适应响应应面法中,优化目标函数和约束函数的拟合方式如下:

$$g_l(x) \approx \hat{g}_j(x) = a_{j0} + \sum_{l=1}^{n} a_{jl} X_l + \sum_{l=1}^{n} \sum_{k=1}^{n} a_{jlk} X_l X_k \qquad (j = 1,2,\cdots,m+1) \tag{4-2}$$

式中:$m$ 为约束的个数;$n$ 为设计变量的数目;$a_{j0}$、$a_{jl}$、$a_{jlk}$ 为二次多项式系数。

以 6 个区域的抗拉强度为设计变量,由于中立柱加强板 B 点的评价指标数值大于 A 点的评价指标数值,以中立柱加强板 B 点最大侵入量为优化目标,以轻量化前中立柱加强板 A 点最大侵入量和最大侵入速度、B 点最大侵入速度以及各区域的抗拉强度为约束条件,可定义优化数学模型如下:

$$\begin{cases} \text{优化目标:} & \text{Minimize} \quad D_{Bmax} \\ \text{s.t.} & D_{Amax} \leqslant 157.129 \\ & V_{Amax} \leqslant 5.298 \\ & V_{Bmax} \leqslant 6.301 \\ & R_{mi} \in \{600,800,1000,1250,1500\} \end{cases} \tag{4-3}$$

式中:$D_{Amax}$、$D_{Bmax}$ 分别表示测量点 A 和 B 的最大侵入量;$V_{Amax}$、$V_{Bmax}$ 分别表示测量点 A 和 B 的最大侵入速度;$R_{mi}$($i=\text{Ⅰ},\text{Ⅱ},\cdots,\text{Ⅵ}$)分别表示各区域抗拉强度。为简化起见,将各区域强度选值限定在 5 个水平中,即 600 MPa、800 MPa、

1000 MPa、1250 MPa 和 1500 MPa。

基于近似模型及优化数学模型[式(4-3)],采用自适应响应面优化算法对其进行优化,得到了合理的梯度力学性能分布位置,优化结果如表 4-5 所示。由于这里采用单件热冲压中立柱加强板替代传统的中立柱组合,并保证相近的碰撞吸能性,因此优化后抗拉强度较低。

**表 4-5 力学性能分布位置优化后的中立柱加强板抗拉强度分布**

| 区域 | Ⅰ | Ⅱ | Ⅲ | Ⅳ | Ⅴ | Ⅵ |
|---|---|---|---|---|---|---|
| 抗拉强度/MPa | 800 | 600 | 1000 | 1000 | 1000 | 600 |

(5) 优化结果验证。

为了验证梯度力学性能分布位置优化结果的合理性,将力学性能分布位置优化后的中立柱加强板应用在整车上进行侧面碰撞模拟,并与轻量化前的侧碰性能进行比较。图 4-19 和图 4-20 分别给出了中立柱加强板优化前后 A 点和 B 点的侵入量曲线和侵入速度曲线。可以看出,分布位置优化后 A 点最大侵入量与最大侵入速度分别为 143.519 mm 和 4.871 m/s,B 点最大侵入量与最大侵入速度分别为 185.950 mm 和 5.865 m/s。相比轻量化前,分布位置优化后的中立柱加强板 A 点的最大侵入量和最大侵入速度分别减少了8.7%和 8.1%,B 点的最大侵入量和最大侵入速度分别减少了6.8%和 6.9%,优化效果明显。

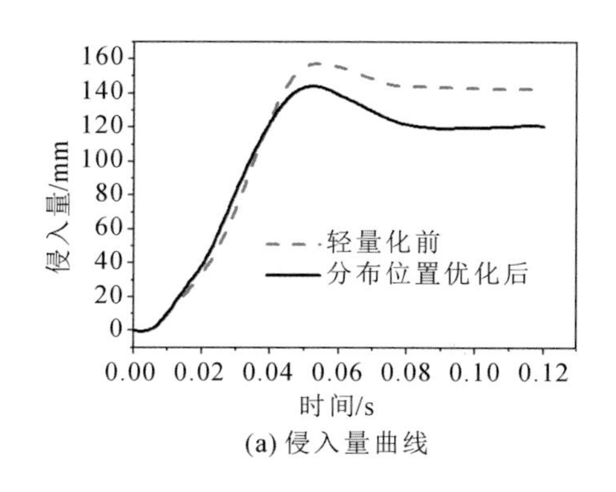

(a) 侵入量曲线

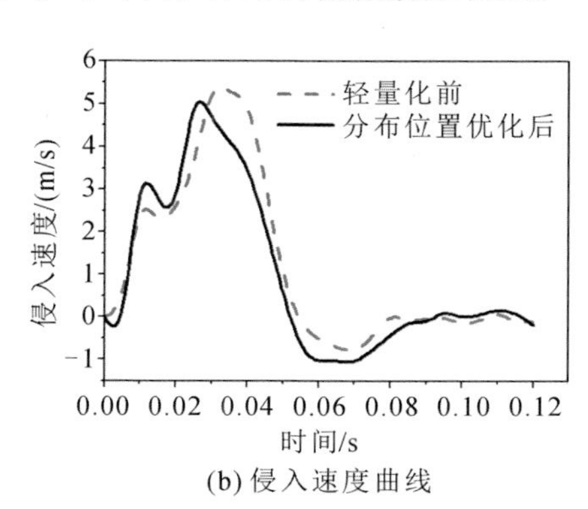

(b) 侵入速度曲线

**图 4-19 分布位置优化前后 A 点侵入量和侵入速度曲线**

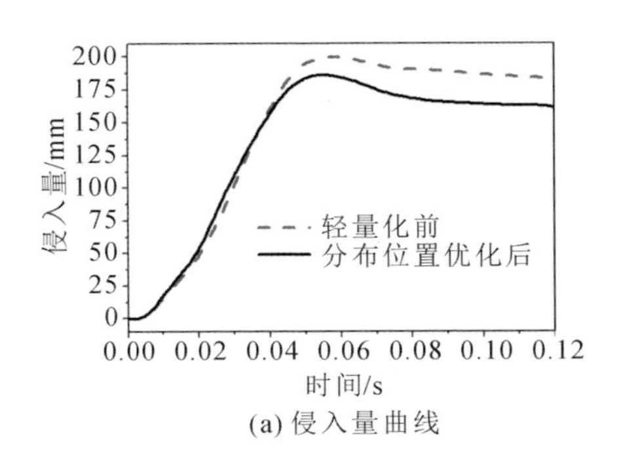

(a) 侵入量曲线

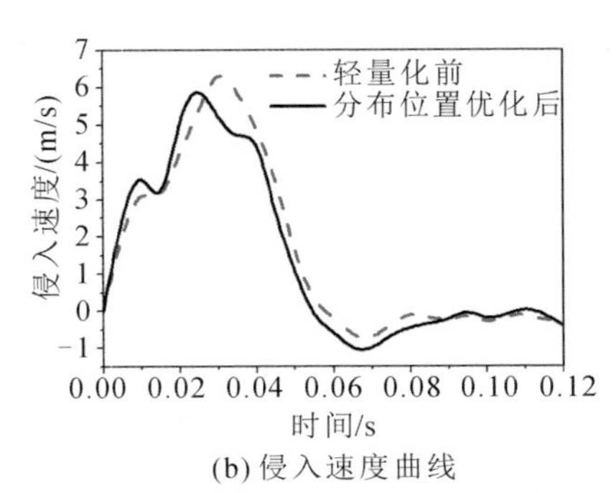

(b) 侵入速度曲线

**图 4-20 分布位置优化前后 B 点侵入量曲线和侵入速度曲线**

#### 4.1.3.2 梯度力学性能区域大小优化设计

(1) 设计变量。

前面已经实现梯度力学性能分布位置优化，根据分级优化原理，这里将对各区域的大小(即长度)进行优化设计。

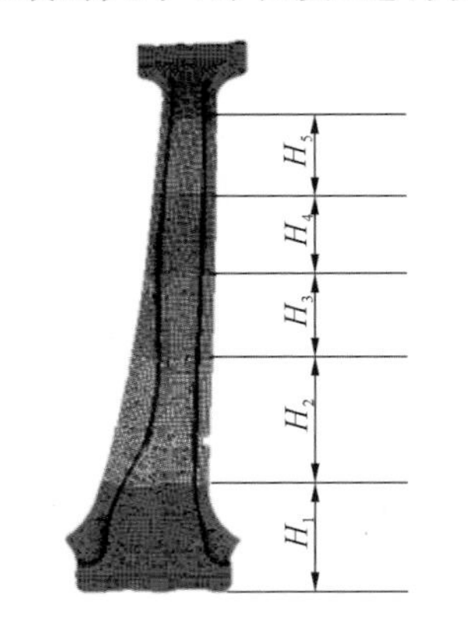

**图 4-21 中立柱加强板梯度力学性能区域大小设计方案**

选取中立柱加强板上的 5 个区域的大小 $H_i(i=1,2,\cdots,5)$作为设计变量，如图 4-21 所示。以均分区域大小 200 mm 为依据，定义设计变量 $H_i$的取值范围如表 4-6 所示。参照表 4-5 的优化结果，从中立柱下端至上端的抗拉强度依次定义为 600 MPa、1000 MPa、1000 MPa、1000 MPa、600 MPa 和 800 MPa。由于 5 个变量的上限值总和不大于中立柱总长度 1150 mm，故 $H_1$、$H_2$、$H_3$、$H_4$和 $H_5$可以作为独立变量。

**表 4-6 设计变量的取值范围** (单位:mm)

| 设计变量 | $H_1$ | $H_2$ | $H_3$ | $H_4$ | $H_5$ |
|---|---|---|---|---|---|
| 下限值 | 140 | 140 | 140 | 140 | 140 |
| 上限值 | 230 | 230 | 230 | 230 | 230 |

(2) 试验方案。

采用正交试验设计的方法得到样本点，拟采用 $L_{16}(4^5)$正交表，共有 16 次试验，其因素-水平表如表 4-7 所示。对每个样本点采用有限元软件LS-DYNA进行求解，其试验方案与对应的结果如表 4-8 所示。

**表 4-7 因素-水平表** （单位：mm）

| 水平 | 因素 | | | | |
|---|---|---|---|---|---|
| | $H_1$ | $H_2$ | $H_3$ | $H_4$ | $H_5$ |
| 1 | 140 | 140 | 140 | 140 | 140 |
| 2 | 170 | 170 | 170 | 170 | 170 |
| 3 | 200 | 200 | 200 | 200 | 200 |
| 4 | 230 | 230 | 230 | 230 | 230 |

**表 4-8 梯度力学性能区域大小优化的试验方案及计算结果**

| 试验号 | $H_1$ /mm | $H_2$ /mm | $H_3$ /mm | $H_4$ /mm | $H_5$ /mm | $D_{Amax}$ /mm | $V_{Amax}$ /(m/s) | $D_{Bmax}$ /mm | $V_{Bmax}$ /(m/s) |
|---|---|---|---|---|---|---|---|---|---|
| 1 | 140 | 140 | 140 | 140 | 140 | 153.892 | 5.145 | 196.399 | 5.931 |
| 2 | 140 | 170 | 170 | 170 | 170 | 157.813 | 4.959 | 192.965 | 5.871 |
| 3 | 140 | 200 | 200 | 200 | 200 | 151.767 | 4.820 | 190.110 | 5.806 |
| 4 | 140 | 230 | 230 | 230 | 230 | 143.889 | 4.747 | 189.688 | 5.798 |
| 5 | 170 | 140 | 170 | 200 | 230 | 157.160 | 4.908 | 192.763 | 5.924 |
| 6 | 170 | 170 | 140 | 230 | 200 | 157.721 | 5.106 | 192.576 | 5.891 |
| 7 | 170 | 200 | 230 | 140 | 170 | 157.684 | 4.908 | 192.940 | 5.841 |
| 8 | 170 | 230 | 200 | 170 | 140 | 153.526 | 4.900 | 192.078 | 5.696 |
| 9 | 200 | 140 | 200 | 230 | 170 | 147.674 | 4.840 | 189.816 | 5.564 |
| 10 | 200 | 170 | 140 | 200 | 140 | 149.107 | 4.914 | 190.144 | 5.893 |
| 11 | 200 | 200 | 230 | 170 | 230 | 146.824 | 4.805 | 189.688 | 5.822 |
| 12 | 200 | 230 | 170 | 140 | 200 | 151.343 | 4.926 | 191.182 | 5.884 |
| 13 | 230 | 140 | 230 | 170 | 200 | 148.142 | 4.836 | 189.874 | 5.813 |
| 14 | 230 | 170 | 200 | 140 | 230 | 148.731 | 4.871 | 189.990 | 5.833 |
| 15 | 230 | 200 | 170 | 230 | 140 | 143.102 | 4.699 | 187.568 | 5.763 |
| 16 | 230 | 230 | 140 | 200 | 170 | 144.126 | 4.785 | 189.884 | 5.770 |

（3）近似模型。

基于 Hyper Study 集成优化软件，利用 Hyper Kriging 方法得到由近似模型拟合的设计变量与优化目标和约束之间的关系曲线。为了验证近似模型的精确性，对其残差进行分析，根据式（4-1）分别计算得到 $D_{\mathrm{Amax}}$、$V_{\mathrm{Amax}}$、$D_{\mathrm{Bmax}}$ 和 $V_{\mathrm{Bmax}}$ 的均方根误差为 0.0033、0.0001、0.0011 和 0.0001，均方根误差都非常小，所以上述通过 Hyper Kriging 方法得到的近似模型精度很高。

（4）优化计算。

以图 4-21 中的 5 个区域大小为设计变量，以中立柱加强板 B 点最大侵入量 $D_{\mathrm{Bmax}}$ 为优化目标，以力学性能分布位置优化后中立柱加强板 A 点最大侵入量 $D_{\mathrm{Amax}}$ 和最大侵入速度 $V_{\mathrm{Amax}}$、B 点最大侵入速度 $V_{\mathrm{Bmax}}$ 以及各区域大小为约束条件，定义优化数学模型如下：

$$
\begin{cases}
\text{优化目标：} & \text{Minimize} \quad D_{\mathrm{Bmax}} \\
\text{s. t.} & D_{\mathrm{Amax}} \leqslant 143.519 \\
 & V_{\mathrm{Amax}} \leqslant 4.871 \\
 & V_{\mathrm{Bmax}} \leqslant 5.865 \\
 & 140 \leqslant H_i \leqslant 230, i=1,2,\cdots,5
\end{cases}
\tag{4-4}
$$

基于近似模型及优化数学模型，即式（4-4），在 Hyper Study 软件中采用自适应响应面优化算法对其进行优化，得到合理的梯度力学性能区域大小，如表 4-9 所示。

**表 4-9　优化后的梯度力学性能区域大小**

| 区域 | $H_1$ | $H_2$ | $H_3$ | $H_4$ | $H_5$ |
| --- | --- | --- | --- | --- | --- |
| 大小/mm | 153 | 192 | 230 | 230 | 140 |

（5）优化结果验证。

为验证梯度性能区域大小优化结果的合理性，将区域大小优化后的中立柱加强板应用在整车上进行侧面碰撞模拟，与力学性能分布位置优化后的侧碰性能进行比较。图 4-22 和图 4-23 分别给出了中立柱加强板 A 点和 B 点的侵入量曲线和侵入速度曲线，可以看出，相比力学性能分布位置优化后的结果，区域大小优化后的中立柱加强板 A 点的最大侵入量和最大侵入速度分别减少了

3.1%和9.9%,B点最大侵入量和最大侵入速度分别减少了1.6%和6.9%,达到优化效果。

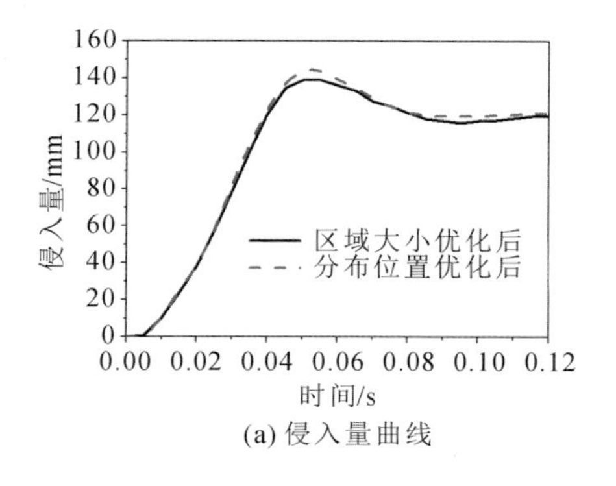

(a) 侵入量曲线

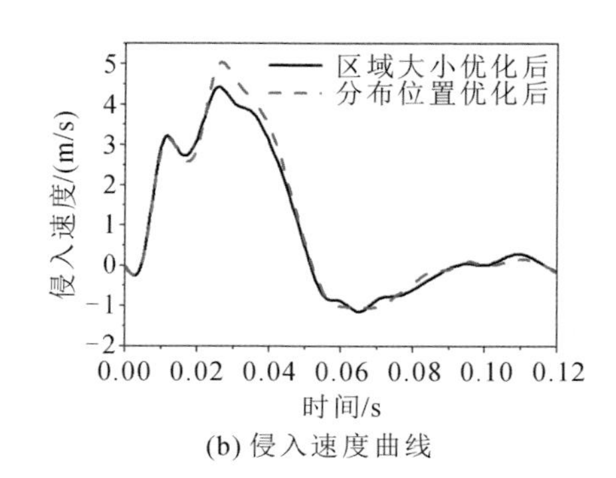

(b) 侵入速度曲线

**图 4-22 A点侵入量和侵入速度对比曲线**

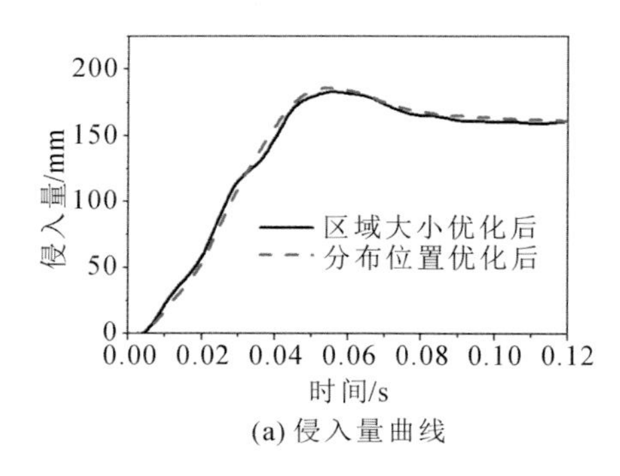

(a) 侵入量曲线

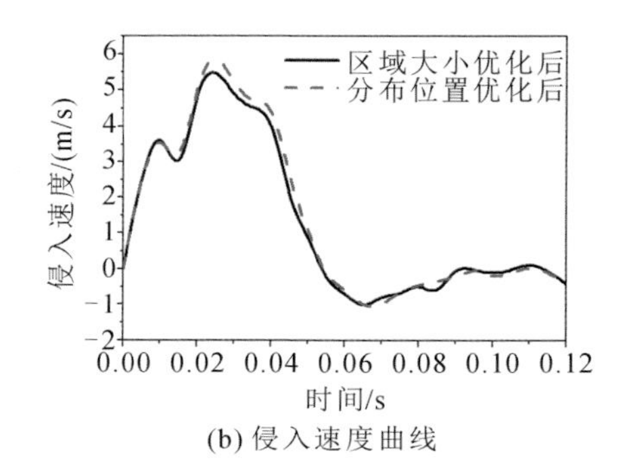

(b) 侵入速度曲线

**图 4-23 B点侵入量和侵入速度对比曲线**

#### 4.1.3.3 中立柱加强板梯度力学性能过渡区优化设计

前面针对中立柱加强板梯度性能的分布进行优化设计,其前提条件是假设相邻力学性能区域之间无过渡区,但在实际生产中相邻力学性能区域之间的过渡区是必然存在的,且过渡区大小一般为20～100 mm。梯度力学性能过渡区有助于相邻区域力学性能的平稳过渡,避免力学性能突变和应力集中,力学性能过渡区的存在还能够提升吸能性能。这里在上面研究结果的基础上,拟通过对中立柱加强板力学性能过渡区分布形式的优化设计,实现其侧面耐撞性与吸能性能的最优匹配。

(1) 中立柱加强板力学性能过渡区优化设计方案。

分级优化后的梯度力学性能中立柱加强板可以分为4个区域、3种强度,故需设计3个过渡区域，其中有2个过渡区域是相同的，如图4-24所示。针对过渡区的设计，本小节主要分析了过渡区大小和过渡区强度的分布规律。

根据如图4-25所示强度变化规律，采用以下两种方案对中立柱加强板过渡区进行设计。

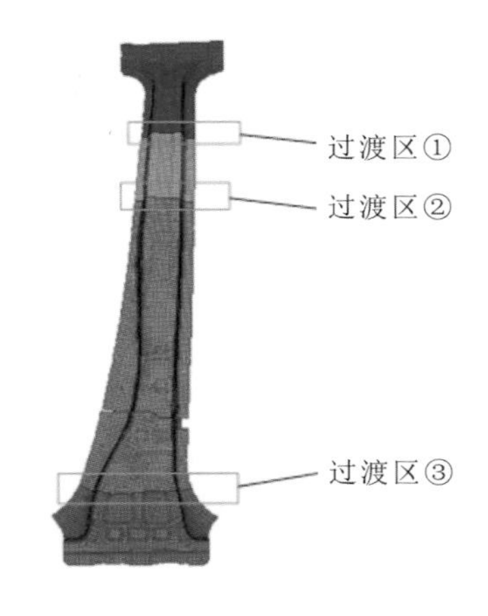


图 4-24　梯度力学性能中立柱加强板过渡区分布

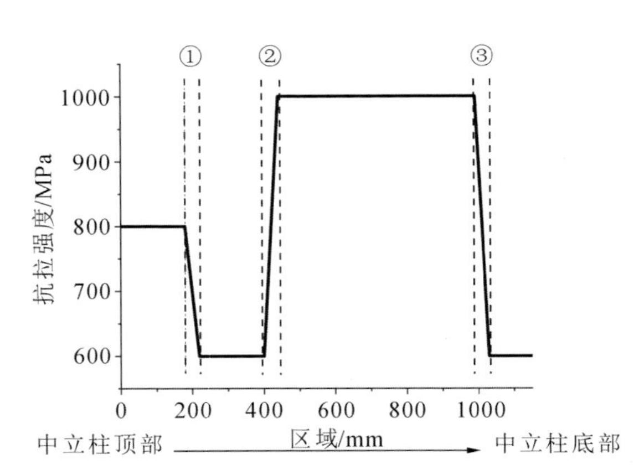


图 4-25　过渡区的强度变化规律

方案一：三个过渡区的强度变化率（即单位长度强度变化量）相同。

方案二：三个过渡区的区域大小相同。

(2) 基于等强度变化率的力学性能过渡区优化设计。

a. 试验方案设计。

方案一中过渡区①的大小分别选为20 mm、30 mm、40 mm、50 mm，对每一组试验采用有限元软件LS-DYNA进行求解，其试验方案设计及结果如表4-10所示。

表 4-10　过渡区设计的试验方案及其结果

| 试验号 | 过渡区①大小 $L_1$/mm | 过渡区②大小 $L_2$/mm | 过渡区③大小 $L_3$/mm | $D_{Amax}$ /mm | $V_{Amax}$ /(m/s) | $D_{Bmax}$ /mm | $V_{Bmax}$ /(m/s) |
| --- | --- | --- | --- | --- | --- | --- | --- |
| 1 | 20 | 40 | 40 | 156.212 | 4.826 | 184.035 | 6.089 |
| 2 | 30 | 60 | 60 | 162.372 | 4.899 | 188.017 | 6.137 |
| 3 | 40 | 80 | 80 | 165.073 | 5.019 | 188.526 | 6.218 |
| 4 | 50 | 100 | 100 | 178.283 | 5.283 | 192.884 | 6.271 |

b. 近似模型。

基于 Hyper Study 集成优化软件，得到由近似模型拟合的设计变量与优化目标和约束之间的关系曲线。对近似模型进行残差分析可知，该近似模型具有较高的拟合精度。

c. 优化计算。

优化方法采用遗传算法。将中立柱加强板 A 点最大侵入量 $D_{\mathrm{Amax}}$、最大侵入速度 $V_{\mathrm{Amax}}$ 以及 B 点最大侵入量 $D_{\mathrm{Bmax}}$、最大侵入速度 $V_{\mathrm{Bmax}}$ 均设为优化目标，即为多目标优化。以过渡区①的大小 $L_1$ 为设计变量，可定义优化数学模型如下：

$$\begin{cases} \text{优化目标：} & \text{Minimize} \quad D_{\mathrm{Amax}} \\ & \text{Minimize} \quad V_{\mathrm{Amax}} \\ & \text{Minimize} \quad D_{\mathrm{Bmax}} \\ & \text{Minimize} \quad V_{\mathrm{Bmax}} \\ \text{s. t.} & 20 \leqslant L_1 \leqslant 50 \end{cases} \tag{4-5}$$

基于近似模型及多目标优化数学模型，即式(4-5)，在 Hyper Study 软件中采用遗传算法对其进行优化，将 4 个优化目标的权重设为相同值，得到了方案一的最优过渡区分布，即三个过渡区的强度变化率相同，优化结果如表 4-11 所示。

**表 4-11　方案一的最优过渡区分布**

| 过渡区 | $L_1$ | $L_2$ | $L_3$ |
|---|---|---|---|
| 区域大小/mm | 20 | 40 | 40 |

(3) 基于等区域大小的力学性能过渡区优化设计。

采用方案二，将梯度力学性能中立柱加强板的三个过渡区域大小设为相同，即强度变化率不同，分级优化的设计变量可选过渡区①的区域大小，可供选择的区域大小为 20 mm、40 mm、60 mm、80 mm、100 mm，对每一组试验采用有限元软件 LS-DYNA 进行求解，其试验方案设计及结果如表 4-12 所示。

同样地，基于近似模型和多目标优化数学模型，计算得到了方案二的最优过渡区分布，其中三个过渡区域强度变化率不相同，结果如表 4-13 所示。

表 4-12　过渡区设计的试验方案及结果

| 试验号 | 过渡区① $L_1$/mm | 过渡区② $L_2$/mm | 过渡区③ $L_3$/mm | $D_{Amax}$ /mm | $V_{Amax}$ /(m/s) | $D_{Bmax}$ /mm | $V_{Bmax}$ /(m/s) |
|---|---|---|---|---|---|---|---|
| 1 | 20 | 20 | 20 | 142.673 | 4.807 | 182.018 | 6.055 |
| 2 | 40 | 40 | 40 | 159.274 | 4.948 | 188.062 | 6.195 |
| 3 | 60 | 60 | 60 | 169.885 | 5.253 | 190.461 | 6.332 |
| 4 | 80 | 80 | 80 | 165.529 | 5.137 | 186.224 | 6.243 |
| 5 | 100 | 100 | 100 | 184.828 | 4.901 | 197.873 | 6.107 |

表 4-13　方案二的过渡区最优分布

| 过渡区 | $L_1$ | $L_2$ | $L_3$ |
|---|---|---|---|
| 区域大小/mm | 20 | 20 | 20 |

(4) 中立柱加强板力学性能过渡区优化结果比较。

下面分析两种方案优化后的中立柱加强板侵入量、侵入速度、碰撞吸能性能。图 4-26 和图 4-27 分别给出了两种方案优化后的两个测量点侵入量和侵入速度对比曲线。可以看出，与方案一相比，方案二优化后 A 点最大侵入量和最大侵入速度分别减少了 8.7%和 0.4%，B 点最大侵入量和最大侵入速度分别减少了 1.1%和 0.6%。图 4-28 为两种方案下中立柱加强板碰撞吸能对比曲线，可以看出，与方案一相比，方案二优化后的中立柱加强板吸能量最大值减少了 0.7%。

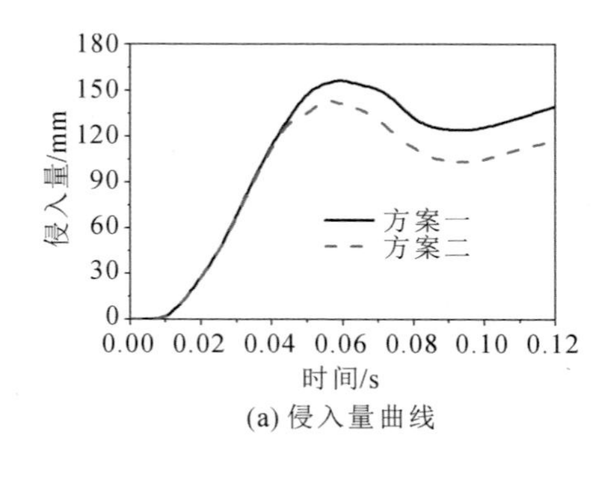

(a) 侵入量曲线

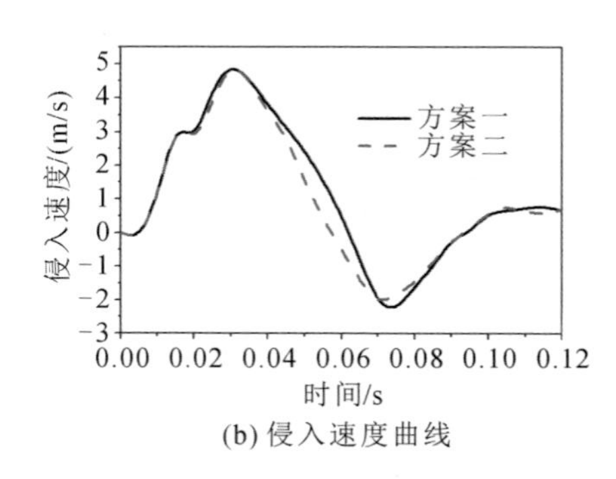

(b) 侵入速度曲线

图 4-26　A 点侵入量和侵入速度对比曲线

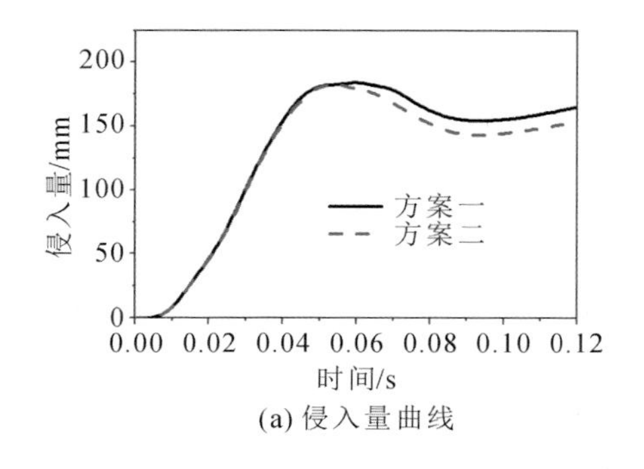

(a) 侵入量曲线

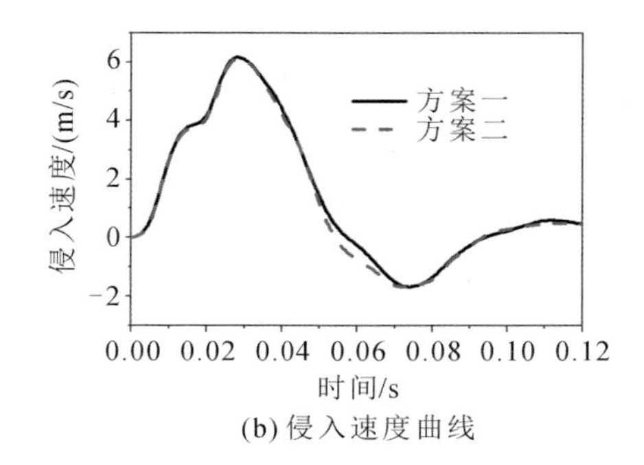

(b) 侵入速度曲线

**图 4-27　B点侵入量和侵入速度对比曲线**

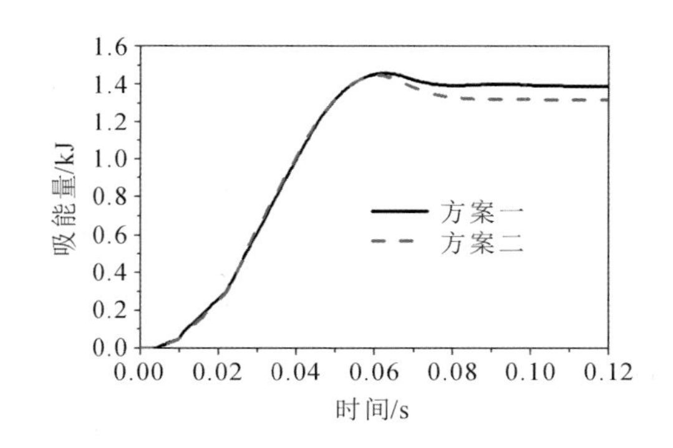


**图 4-28　两种方案下中立柱加强板碰撞吸能性能对比曲线**

综合考虑中立柱加强板的强度和吸能性能，采用方案二优化后的过渡区分布为最优结果，即三个过渡区大小相同，均为 20 mm，且强度呈线性变化。

将方案二优化后的中立柱加强板与前面分级优化后的梯度力学性能中立柱加强板（无力学性能过渡区）进行比较，各性能指标对比曲线如图 4-29、图4-30 和图 4-31 所示。可以看出，与分级优化后的梯度力学性能中立柱加强板相比，方案二优化后的梯度力学性能中立柱加强板在侵入量和侵入速度指标上稍差（例如 B 点最大侵入量增加了 2.6%），但是其吸能性能明显优于分级优化后的梯度力学性能中立柱加强板，吸能量最大值增加了10.7%，所以力学性能过渡区的分布对中立柱加强板的强度与吸能性能均有很大的影响。

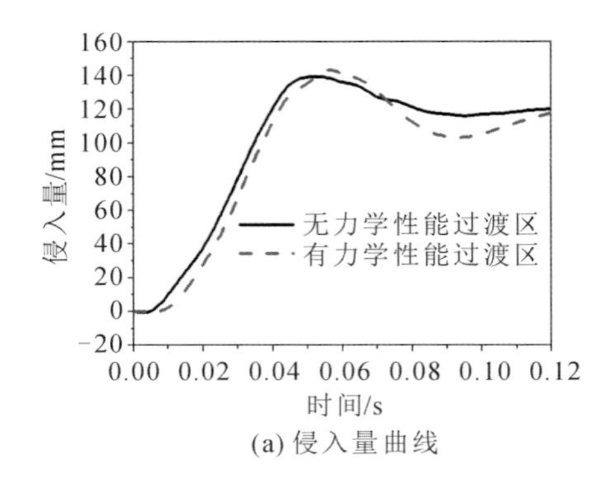


(a) 侵入量曲线

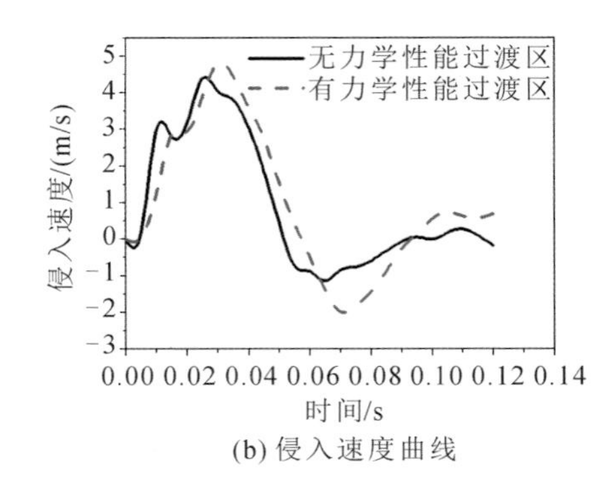


(b) 侵入速度曲线

**图 4-29　A 点侵入量和侵入速度对比曲线**

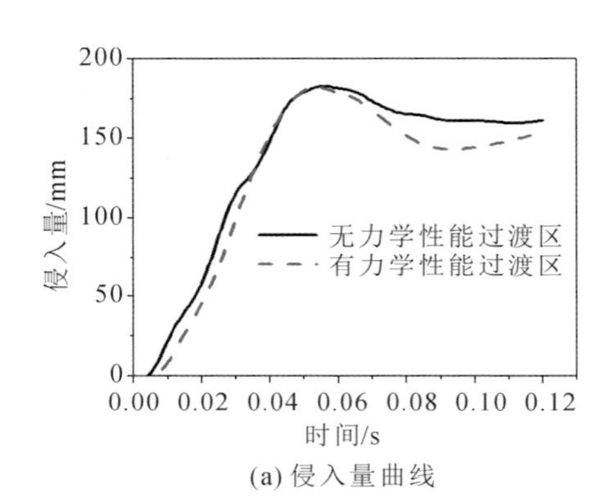


(a) 侵入量曲线

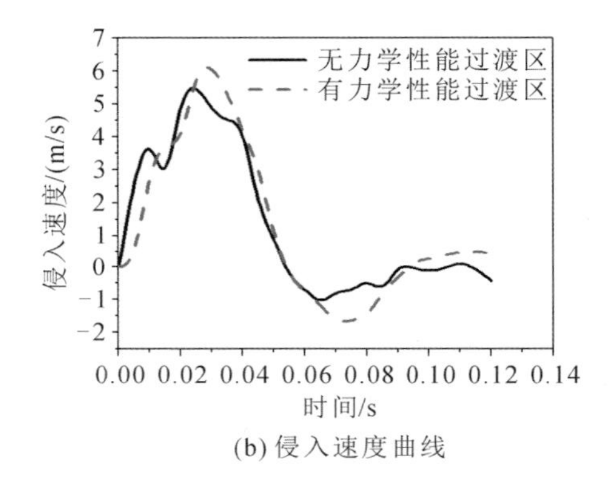


(b) 侵入速度曲线

**图 4-30　B 点侵入量和侵入速度对比曲线**

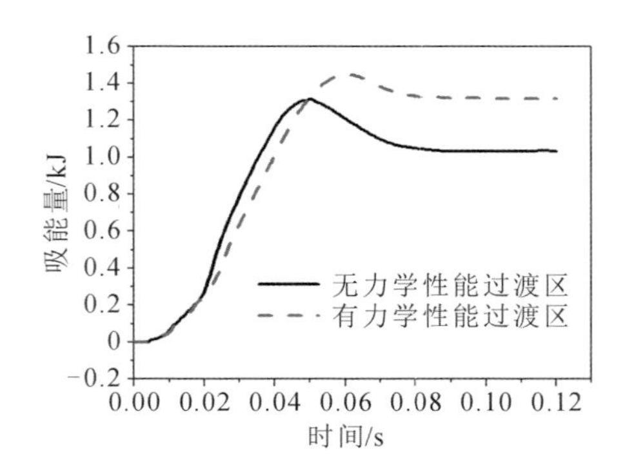


**图 4-31　中立柱加强板的碰撞吸能性能对比曲线**

### 4.1.4 梯度性能中立柱加强板热冲压成形

本小节利用传热系数调节和模具温度调节两种方法,对梯度力学性能中立柱加强板热冲压成形进行模拟,通过温度调控实现对相变过程的调控。

#### 4.1.4.1 基于调节传热系数的热冲压模拟

(1) 传热系数对中立柱加强板力学性能的影响。

在实际生产中,可以通过增加模具表面涂层的方法实现梯度力学性能构件的制造。在有限元模拟分析中,可以通过改变板料与模具之间的传热系数的方法做相应的有限元模拟。

下面建立均匀力学性能的中立柱加强板热冲压成形有限元模型。其中,板料采用的是B1500HS硼钢板,其热学性能参数如表4-14所示。其他工艺参数的设置如表4-15所示。为了研究传热系数(HTC)对中立柱加强板力学性能分布的影响规律,将传热系数设为变量,可选择的数值为10 W/($m^2$·K)、150 W/($m^2$·K)、300 W/($m^2$·K)、450 W/($m^2$·K)、600 W/($m^2$·K)、750 W/($m^2$·K)、900 W/($m^2$·K)和1050 W/($m^2$·K)。

表4-14 B1500HS硼钢板热学性能参数

| 参数 | 密度/(t/$mm^3$) | 杨氏模量/MPa | 泊松比 | 热容量/[mJ/($mm^3$·K)] | 热导率/[W/(m·K)] | 热膨胀系数/(1/K) |
|---|---|---|---|---|---|---|
| 室温下 | $7.38\times10^{-9}$ | $2.1\times10^{5}$ | 0.3 | 3.642 | 42 | $1.3\times10^{-5}$ |
| 奥氏体温度下 | $7.38\times10^{-9}$ | $1.5\times10^{5}$ | 0.3 | 4.370 | 32 | $1.3\times10^{-5}$ |

表4-15 热冲压成形有限元模拟工艺参数

| 参数 | 板料温度/℃ | 板料厚度/mm | 模具间隙/mm | 模具温度/℃ | 板料转移时间/s | 冲压速度/(mm/s) | 保压力/MPa | 保压时间/s |
|---|---|---|---|---|---|---|---|---|
| 值 | 920 | 1.6 | 1.6 | 75 | 2 | 70 | 30 | 10 |

图4-32分别为不同的传热系数对热冲压中立柱加强板抗拉强度和维氏硬度的影响规律。

可以看出,在其他工艺参数不变的前提下,随着传热系数的增大,中立柱加强板的抗拉强度和维氏硬度均逐渐增大。当传热系数为10 W/($m^2$·K)(可以

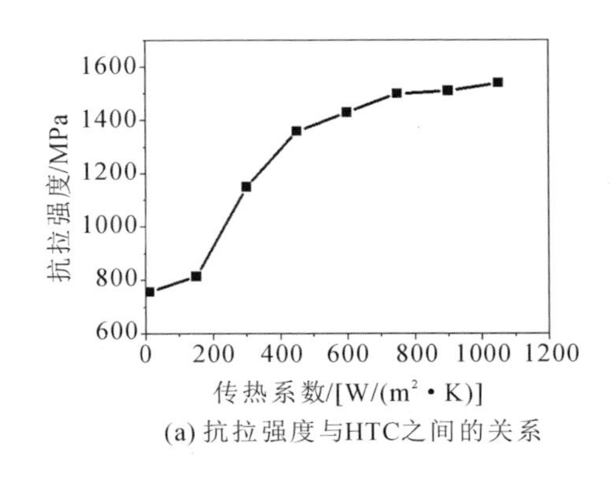

(a) 抗拉强度与HTC之间的关系

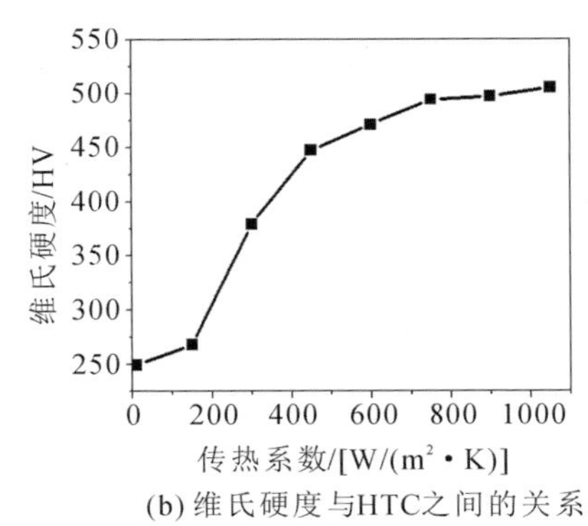

(b) 维氏硬度与HTC之间的关系

图 4-32 抗拉强度和维氏硬度与 HTC 之间的关系

认为涂层材料的隔热能力非常强）时，热冲压中立柱加强板的抗拉强度为 757 MPa，维氏硬度为 249 HV，分别是本次热冲压成形有限元模拟得到的最低抗拉强度与最低维氏硬度；当传热系数为 1050 W/($m^2$ · K)时，热冲压中立柱加强板的抗拉强度达到 1500 MPa 以上，维氏硬度达到 498 HV。

（2）梯度力学性能中立柱加强板热冲压有限元模拟。

根据前述优化设计方案，将中立柱加强板分为 4 个区域，相邻力学性能之间有 3 个过渡区域，如图 4-33 所示，过渡区的力学性能分布按照优化结果设计。

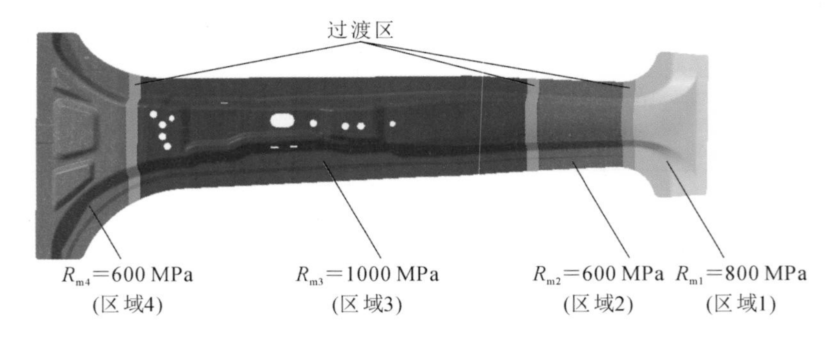


图 4-33 梯度力学性能中立柱加强板

将图 4-34 中的中立柱加强板模型导入 AutoForm 软件中，建立梯度力学性能中立柱加强板的热冲压有限元模型，如图 4-34 所示。基于中立柱加强板的力学性能与传热系数之间的变化关系，可以推算出每种抗拉强度及维氏硬度所对应的传热系数，由此可以得出一组传热系数，使得成形后的中立柱加强板具有

图 4-33 所示的力学性能分布。表 4-16 给出了热冲压有限元模拟后各个区域的抗拉强度和维氏硬度，以及对应区域的传热系数。其中过渡区域的传热系数介于相邻两个区域传热系数之间，并且按照图 4-32 中的规律分布。

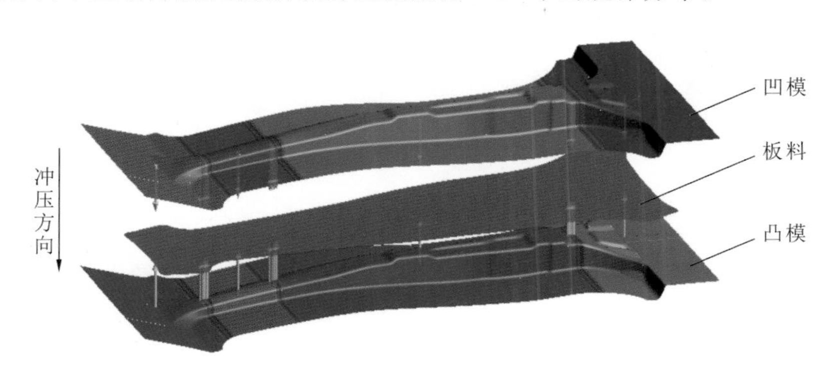


**图 4-34　梯度力学性能中立柱加强板的热冲压有限元模型**

**表 4-16　各个区域的传热系数及力学性能数值**

| 区域 | 1 | 2 | 3 | 4 |
| --- | --- | --- | --- | --- |
| 传热系数/[W/($m^2$・K)] | 150 | 10 | 230 | 10 |
| 抗拉强度/MPa | 802 | 757 | 1010 | 757 |
| 维氏硬度/HV | 263 | 249 | 327 | 249 |

图 4-35 为梯度力学性能热冲压方案一条件下中立柱加强板的成形极限图

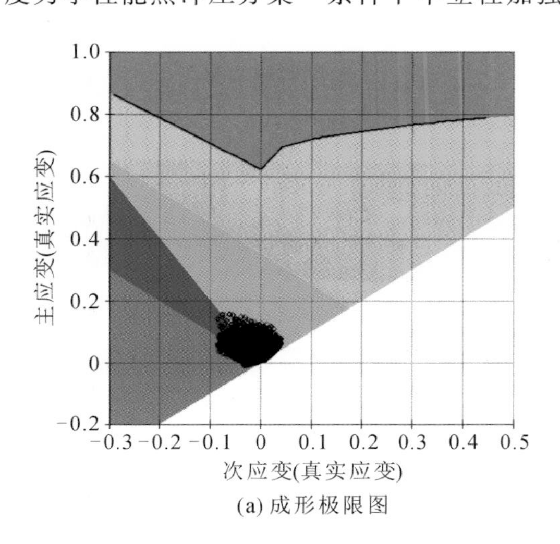


(a) 成形极限图

**图 4-35　梯度力学性能中立柱加强板(方案一)的成形极限图及成形性云图**

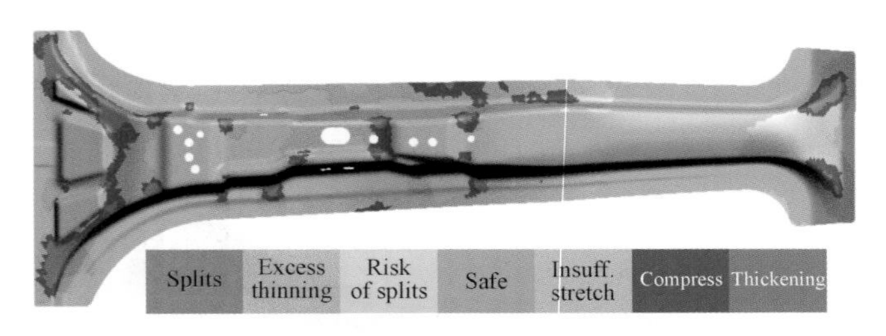


(b) 成形性云图

**续图 4-35**

和成形性云图。图 4-36 为其减薄率云图和起皱率云图。可以看出，成形后的梯度力学性能中立柱加强板无开裂区域，减薄最严重的位置在大端小孔附近，最大减薄率为 10.5%，起皱最严重的位置在大端边缘，最大起皱率为 4.1%，减薄率和起皱率的最大值分别控制在 15%以内和 5%以内，所以由此方案得到的梯度力学性能中立柱加强板的成形性符合要求。

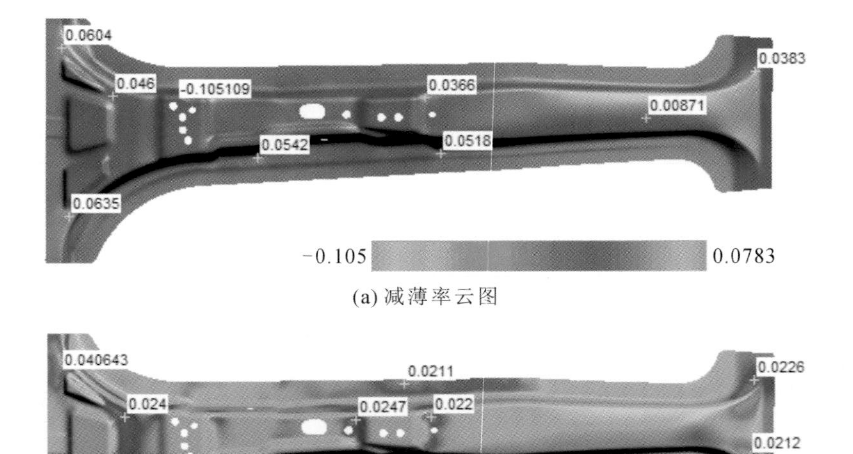


(a) 减薄率云图

0.040643
0.0211
0.0226
0.024
0.0247
0.022
0.0212
0.023
0.0312
0
0.0406

(b) 起皱率云图

**图 4-36　梯度力学性能中立柱加强板(方案一)的减薄率云图和起皱率云图**

图 4-37 和图 4-38 分别给出了梯度力学性能热冲压方案一条件下中立柱加强板的抗拉强度分布云图和维氏硬度分布云图。可以看出，中立柱加强板的抗拉强度和维氏硬度均呈梯度分布，其中，区域 1 和区域 3 得到的抗拉强度相对于目标值(优化设计后的抗拉强度)的误差均小于 2%，区域 2 和区域 4 得到的抗拉强度相对于目标值的误差为 26%。图 4-39 为热冲压成形后中立柱加强板的抗拉强度和目标值之间的比较曲线。

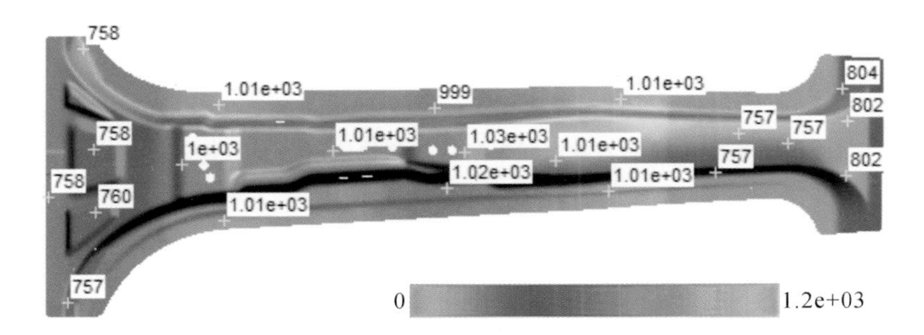


图 4-37 梯度力学性能中立柱加强板(方案一)抗拉强度的分布云图

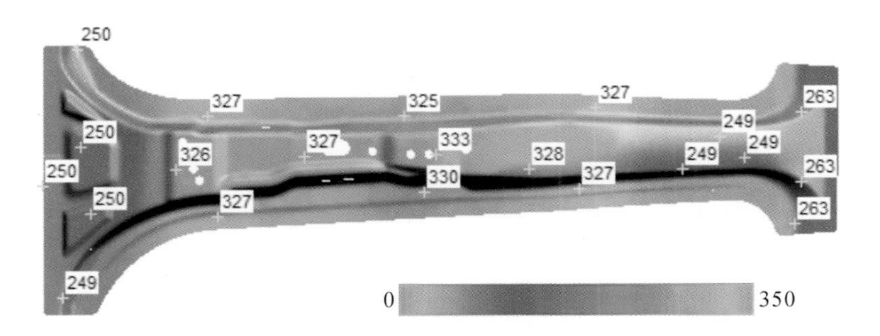


图 4-38 梯度力学性能中立柱加强板(方案一)维氏硬度的分布云图

图 4-40(a)和(b)分别给出了梯度力学性能热冲压方案一条件下中立柱加强板的马氏体含量分布云图和贝氏体含量分布云图，可以看出，区域 1、区域 2 和区域 4 的组织成分全部为贝氏体，区域 3 的组织由马氏体和贝氏体组成。

图 4-41 为本次热冲压有限元模拟中各个区域的温度变化曲线，其中马氏体和贝氏体区域是根据 B1500HS 的 CCT 曲线得出的，$M_s$ 为马氏体转变开始温度，$M_f$ 为马氏体转变结束温度，可以看出，区域 1、区域 2 和区域 4 的温度变化曲

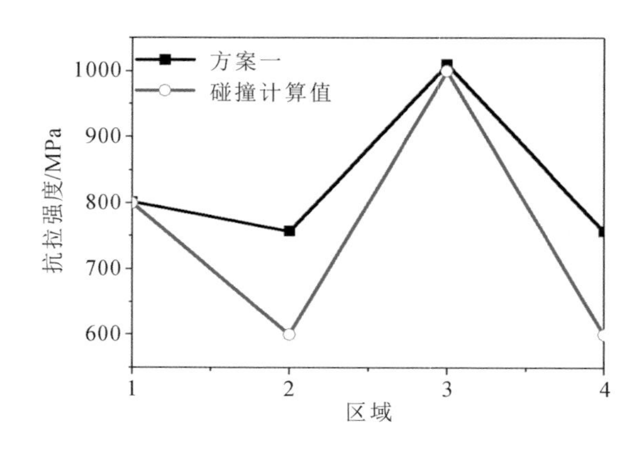


图 4-39　梯度力学性能中立柱加强板(方案一)抗拉强度和目标值之间的比较曲线

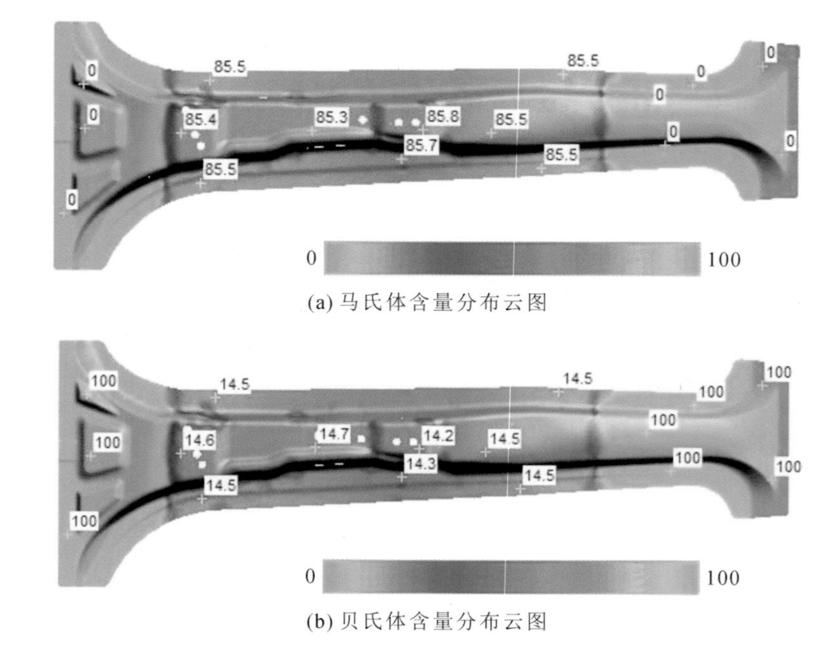


图 4-40　梯度力学性能中立柱加强板(方案一)的微观组织云图

线均只经过贝氏体区域,所以其组织成分均为贝氏体,而区域 3 的温度变化曲线依次穿过贝氏体区域和马氏体区域,所以其组织由马氏体和贝氏体共同组成,与图 4-40 显示的结果是一致的。

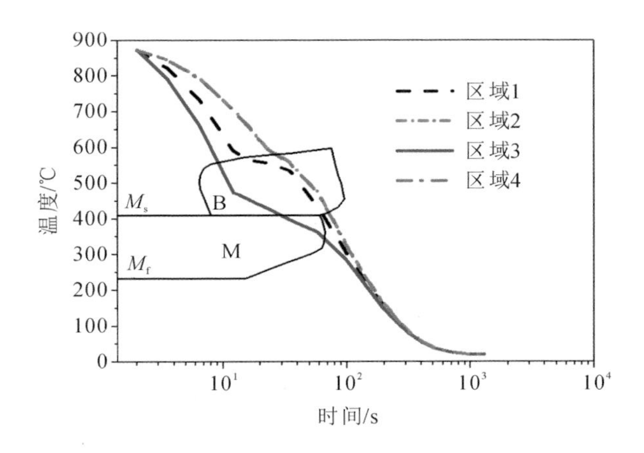


**图 4-41 梯度力学性能中立柱加强板(方案一)各区域温度变化曲线**

#### 4.1.4.2 基于模具调温方案的热冲压模拟

(1) 模具温度对中立柱加强板力学性能的影响。

模具温度对热冲压成形构件的力学性能分布有很大的影响,在有限元模拟分析中,可以通过改变凸凹模的表面温度以实现构件的力学性能梯度分布。首先,利用 AutoForm 软件建立均匀力学性能中立柱加强板热冲压有限元模型,分析不同的模具温度对热冲压中立柱加强板力学性能分布的影响规律。板料同样采用 B1500HS 硼钢板。

在热冲压成形有限元模拟中,其他工艺参数的设置如表 4-17 所示。为了研究模具温度对中立柱加强板的力学性能分布的影响规律,将模具温度设为变量,可选择的数值为 75 ℃、150 ℃、225 ℃、300 ℃、375 ℃、450 ℃、525 ℃、600 ℃。

**表 4-17 热冲压成形有限元模拟的工艺参数**

| 参数 | 板料温度/℃ | 板料厚度/mm | 模具间隙/mm | 热传导系数/[W/($m^2$ · K)] | 板料转移时间/s | 冲压速度/(mm/s) | 保压力/MPa | 保压时间/s |
|---|---|---|---|---|---|---|---|---|
| 值 | 920 | 1.6 | 1.6 | 3.5 | 2 | 70 | 30 | 10 |

图 4-42(a)和(b)分别为不同的模具温度对热冲压中立柱加强板的抗拉强度和维氏硬度的影响规律。可以看出,在其他工艺参数不变的前提下,随着模具温度在一定范围内增加,中立柱加强板的抗拉强度和维氏硬度均逐渐减小。其中,当模具温度低于 300 ℃时,热冲压中立柱加强板的抗拉强度均为

1500 MPa以上；当模具温度达到 600 ℃时，热冲压中立柱加强板的抗拉强度在 800 MPa 以下。

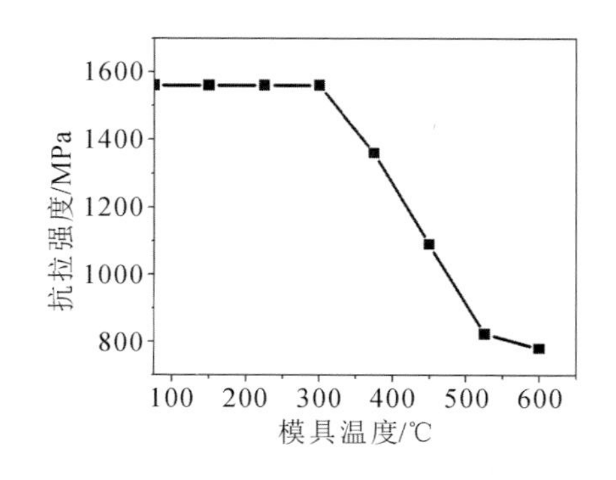


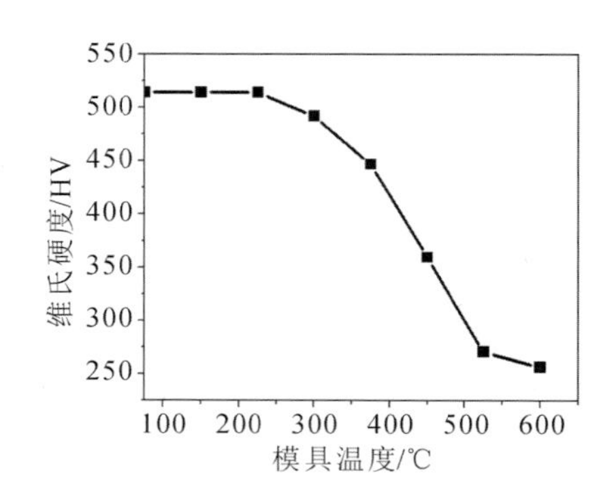


**图 4-42　抗拉强度和维氏硬度与模具温度之间的关系**

(2) 梯度力学性能中立柱加强板热冲压有限元模拟。

基于图 4-42 所示的中立柱加强板力学性能与模具温度之间的关系，推算出每种抗拉强度及维氏硬度所对应的模具温度，由此可以得出一组模具温度，使得成形后的中立柱加强板具有图 4-33 所示的力学性能分布。表 4-18 给出了热冲压有限元模拟后各个区域的抗拉强度和维氏硬度以及对应区域的模具温度。其中过渡区域的模具温度介于相邻两区域模具温度之间，且按照图 4-42 中的规律分布。

**表 4-18　各个区域的模具温度及力学性能数值**

| 区域 | 1 | 2 | 3 | 4 |
|---|---|---|---|---|
| 模具温度/℃ | 570 | 650 | 445 | 650 |
| 抗拉强度/MPa | 806 | 760 | 1030 | 760 |
| 维氏硬度/HV | 263 | 250 | 327 | 250 |

图 4-43 为梯度力学性能热冲压方案二条件下中立柱加强板的成形极限图和成形性云图。图 4-44 为其减薄率云图和起皱率云图。可以看出，成形后的梯度力学性能中立柱加强板无开裂区域，减薄最严重的位置在大端小孔附近，最大减薄率为 11.1%，起皱最严重的位置在大端边缘，最大起皱率为 3.7%，减薄率和起皱率的最大值分别控制在 15%和 5%以内，所以由此方案得到的梯度力学性能中立柱加强板的成形性符合要求。

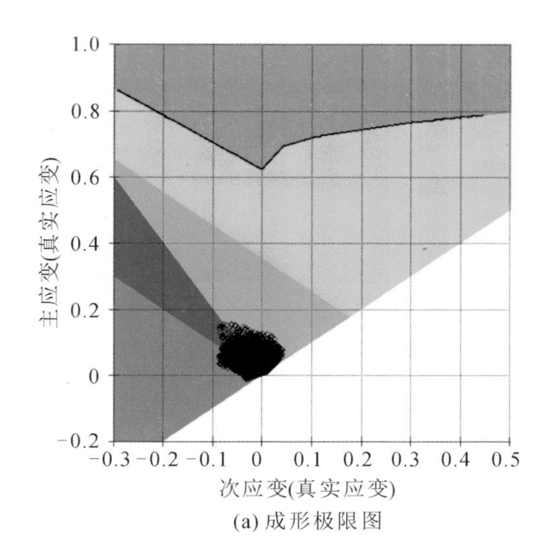


(a) 成形极限图

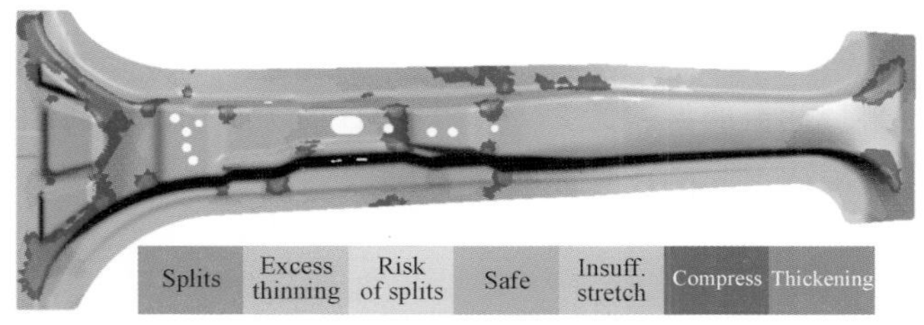


(b) 成形性云图

图 4-43　梯度力学性能中立柱加强板(方案二)的成形极限图及成形性云图

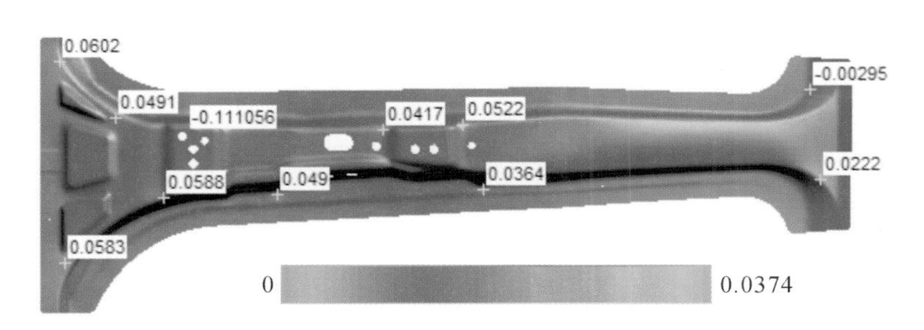


(a) 减薄率云图

图 4-44　梯度力学性能中立柱加强板(方案二)的减薄率云图和起皱率云图

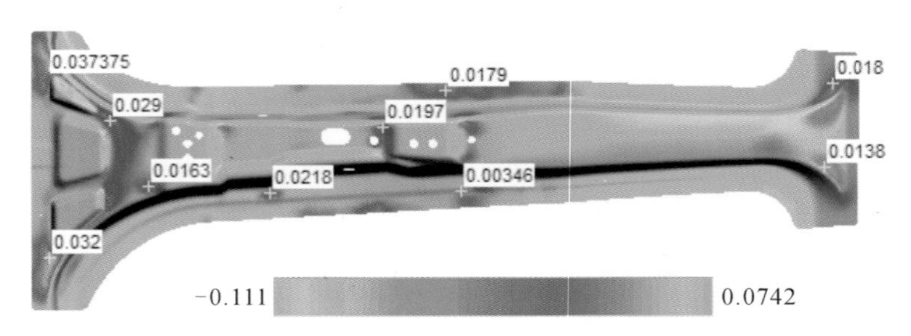


(b) 起皱率云图

**续图 4-44**

图 4-45 和图 4-46 分别给出了梯度力学性能热冲压方案二条件下中立柱加强板的抗拉强度分布云图和维氏硬度分布云图。可以看出，中立柱加强板的抗拉强度和维氏硬度均呈梯度分布，其中，区域 1 和区域 3 得到的抗拉强度相对于目标值（优化设计后的抗拉强度）的误差均小于 3%，区域 2 和区域 4 得到的抗拉强度相对于目标值的误差为 27%。图 4-47 为热冲压成形后中立柱加强板的抗拉强度和目标值之间的比较曲线。

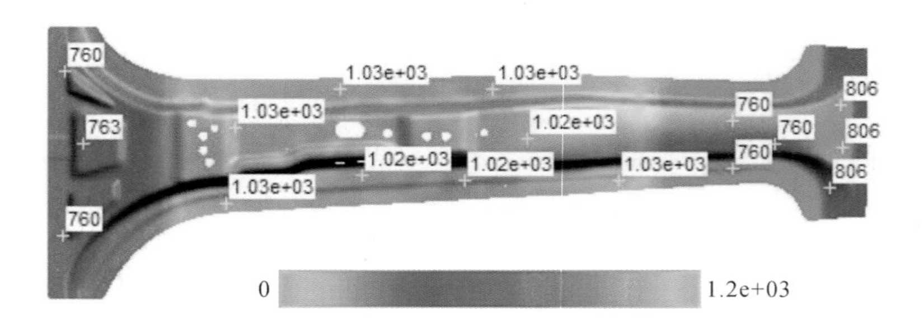


**图 4-45　梯度力学性能中立柱加强板（方案二）抗拉强度的分布云图**

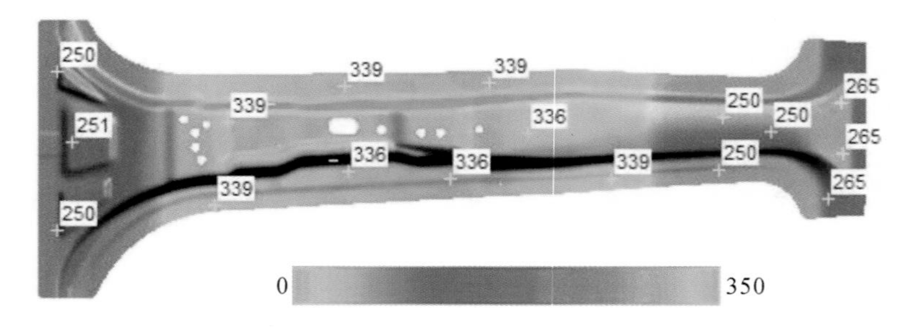


**图 4-46　梯度力学性能中立柱加强板（方案二）维氏硬度的分布云图**

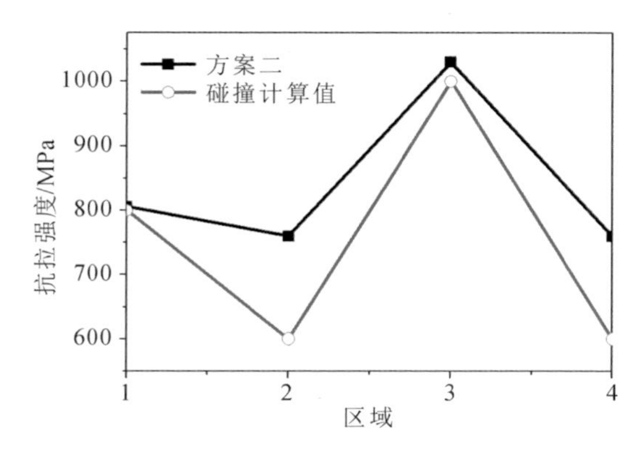


**图 4-47 梯度力学性能中立柱加强板(方案二)抗拉强度和目标值之间的比较曲线**

图 4-48(a)和(b)分别给出了梯度力学性能热冲压方案二条件下中立柱加强板的马氏体含量分布云图和贝氏体含量分布云图,可以看出,区域 1、区域 2 和区域 4 的组织成分全部为贝氏体,区域 3 的组织由马氏体和贝氏体组成。

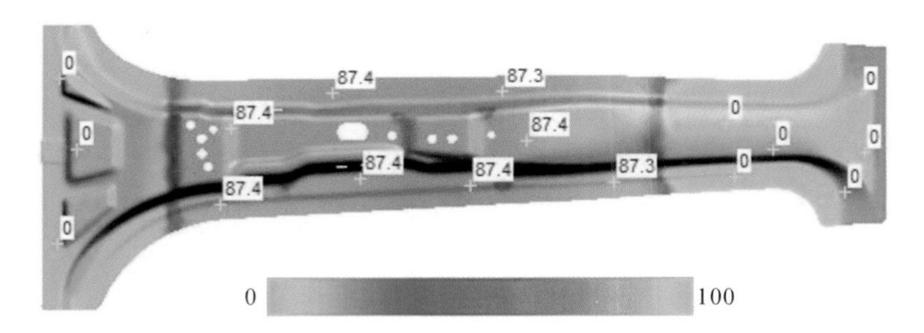


(a) 马氏体含量分布云图

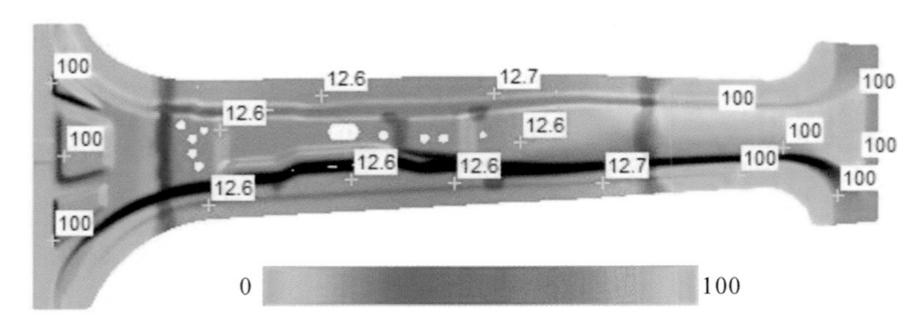


(b) 贝氏体含量分布云图

**图 4-48 梯度力学性能中立柱加强板(方案二)的微观组织云图**

图 4-49 为本次热冲压有限元模拟中各个区域的温度变化曲线，可以看出，区域 1、区域 2 和区域 4 的温度变化曲线均只经过贝氏体区域，所以其组织成分均为贝氏体，而区域 3 的温度变化曲线依次穿过贝氏体区域和马氏体区域，所以其组织由马氏体和贝氏体共同组成，与图 4-48 显示的结果是一致的。

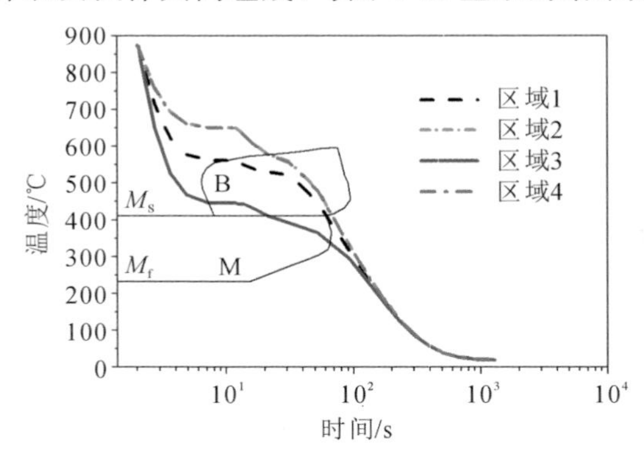


**图 4-49　梯度力学性能中立柱加强板（方案二）各区域温度变化曲线**

#### 4.1.4.3　两种方案下的中立柱加强板热冲压成形结果比较

以上两种方案得到的梯度力学性能中立柱加强板的成形性均基本符合要求，并且两种方案均能够较好地控制热成形后中立柱加强板的力学性能分布，但“软区”（区域 2 和区域 4）的抗拉强度相对于目标值的偏差稍大。图 4-50 给出了两种方案下梯度力学性能中立柱加强板各个区域的抗拉强度分布对比图。

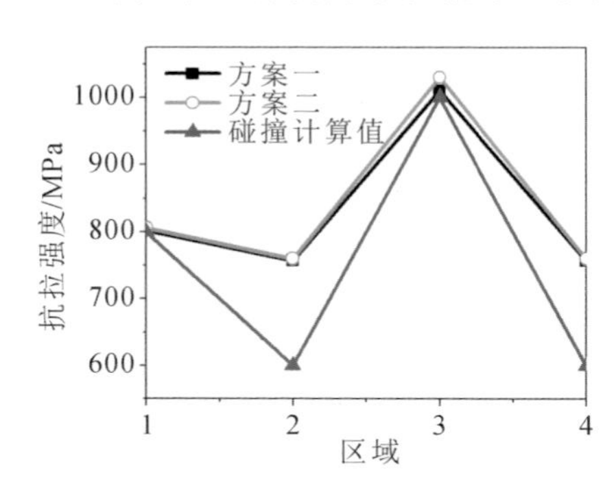


**图 4-50　两种方案下梯度力学性能中立柱加强板各个区域抗拉强度的比较**

可以看出，通过改变传热系数的方案（方案一）所得到的最低抗拉强度稍小一些。此外，模具表面涂层的厚度及均匀性也会影响成形构件性能，而且得到最低抗拉强度时的传热系数为 10 W/($m^2$·K)，基本为绝热状态，在工业生产中实行有一定的难度。方案二中改变模具温度需要在不同区域布置不同的冷却管道（如管径大小不同、管道与模具表面距离不同等），增加了冷却管道的加工难度。尽管这两种方案均能够较好地控制热成形后中立柱加强板的力学性能分布，但各有优缺点，应该根据实际需求和生产条件进行选择。

## 4.2 考虑变形效应的中立柱多目标优化设计与热冲压成形

前面基于现有中立柱总成从更新替代角度进行了梯度力学性能中立柱设计。实际上，在进行中立柱变强度性能正向设计时，为建立更加准确的碰撞模型，可以进一步考虑塑性变形效应的影响。这里将变强度中立柱热冲压模型计算得到的塑性变形效应考虑到碰撞模型中。本节综合运用有限元模拟、网格变量映射、试验设计(DoE)、优化设计等手段对变强度中立柱进行了耐撞性能优化设计，并通过热障涂层试验方法调控模具与板料间传热系数以实现变强度中立柱热冲压成形。

### 4.2.1 塑性变形效应网格变量映射流程

塑性变形效应，这里指由于冲压成形造成的材料厚度分布不均匀、内应力不均匀、残余应变等，会对零件的强度以及耐久性产生影响。其网格变量包括厚度、等效塑性应变以及残余应力等。图 4-51 是网格变量的映射流程，首先将变强度中立柱热冲压成形的结果以 dynain 文件格式导出，然后采用 Primer 软件中的 Forming 功能将 dynain 文件中包含的冲压结果信息映射到 HyperMesh 导出的碰撞模型 key 文件中，最后采用 LS-DYNA 显式求解器对考虑了热冲压效应的 key 文件进行求解。

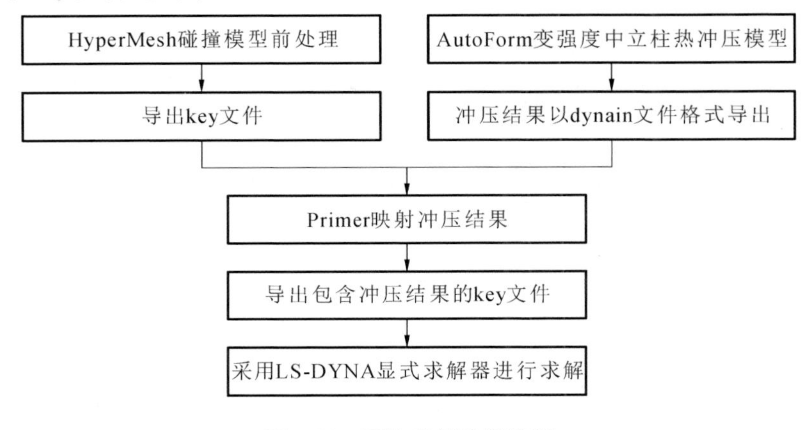


图 4-51 网格变量映射流程

通过 AutoForm R7 软件对变强度中立柱进行热冲压成形分析，得到中立柱的厚度、等效塑性应变和残余应力，计算结果如图 4-52 所示。

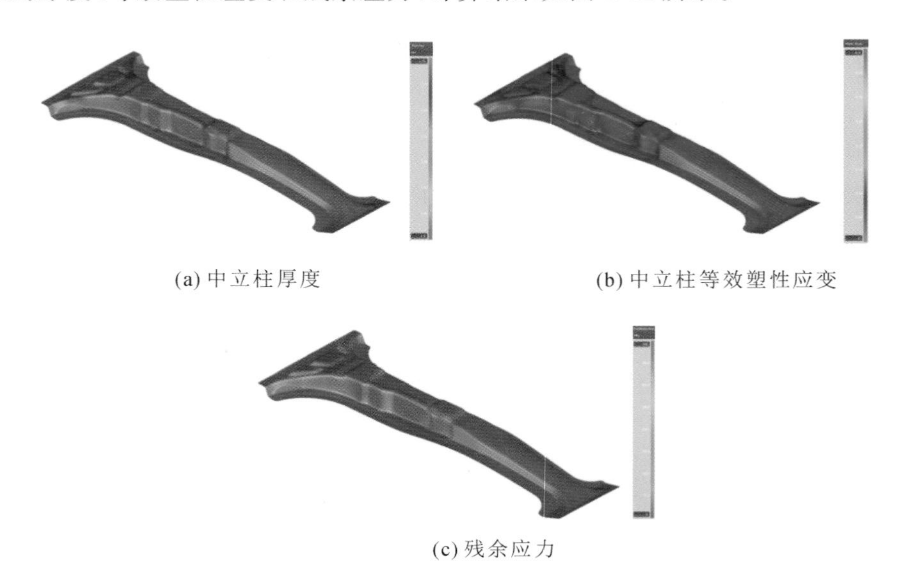

(a) 中立柱厚度　　(b) 中立柱等效塑性应变

(c) 残余应力

**图 4-52　冲压结果网格变量的计算结果云图**

在 Primer 软件的映射过程中，分别从冲压模型和碰撞模型中选择对应位置的 3 个节点，用于网格映射的定位。网格变量映射的过程如图 4-53 所示，上面是原始的碰撞模型网格，下面是冲压结果网格，通过不在一个平面上的 3 个对应节点完成冲压结果信息的映射。

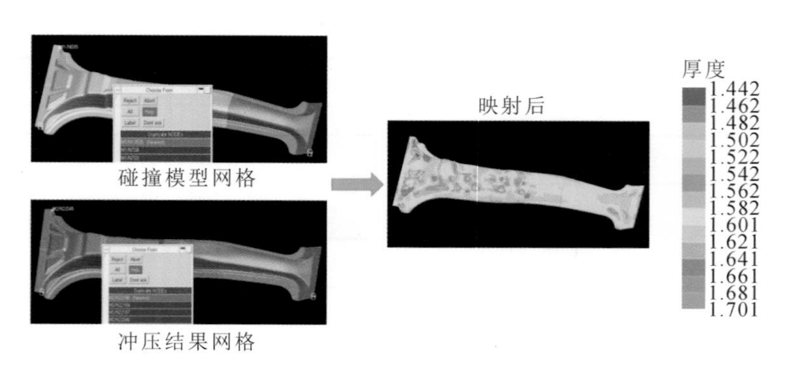


**图 4-53　网格变量映射过程**

在映射过程中，利用图 4-54 所示的卡片选择需要映射的冲压结果信息，包括厚度、等效塑性应变以及残余应力等。冲压结果信息映射完成后，将包含冲压结果信息的碰撞模型以key文件导出，之后进行求解分析。

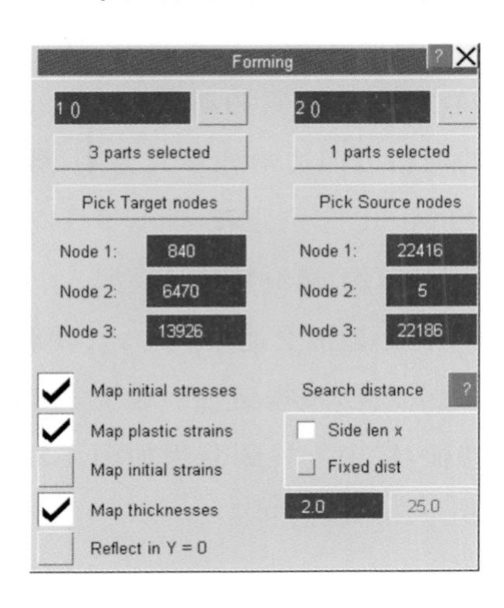


图 4-54　冲压结果信息映射选择卡片

## 4.2.2　考虑塑性变形效应的变强度中立柱侧碰有限元模型

（1）侧碰模型的建立。

由于整车模型计算耗时较长，不利于提高设计效率，因此在变强度优化设计阶段采用汽车中立柱简化侧碰模型，验证优化设计结果时再采用整车侧碰模型。在HyperMesh中建立的整车侧碰模型及汽车中立柱简化侧碰模型如图4-55所示，该简化模型虽然不能用于表征整车碰撞时中立柱的具体变形数值，但能够反映其变形趋势。

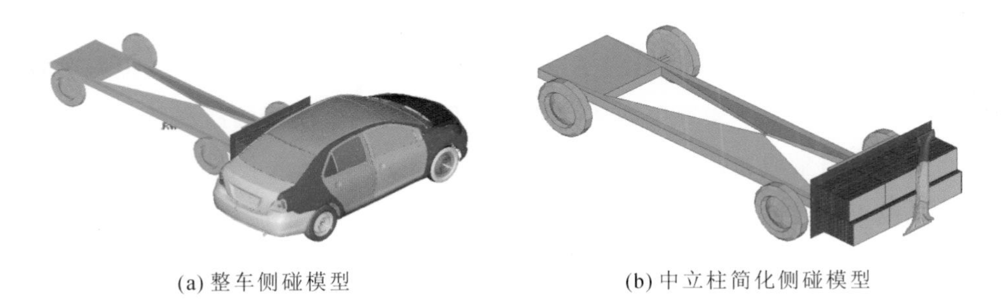

(a) 整车侧碰模型　　(b) 中立柱简化侧碰模型

图 4-55　正面碰撞有限元模型

该模型对中立柱的上、下两侧边缘处采用全约束，限制所有自由度。参考C-NCAP（中国新车评价规程）的要求，移动可变形壁障（MDB）的质量为948 kg；速度设置为50 km/h。MDB采用自接触形式，MDB与中立柱之间采用面面接触形式，面面接触的静摩擦系数 $f_s$ 和动摩擦系数 $f_d$ 都设置为0.2；碰撞时间设为0.06 s。中立柱的网格以四边形壳单元为主，数量为11658。中立柱的原始材料为DP1180双相钢，其抗拉强度不小于1180 MPa，设抗拉强度为1250 MPa，材料模型选用MAT24弹塑性材料模型。

有关研究表明：在汽车侧面碰撞交通事故中，驾驶舱的侵入量越大，驾驶员和乘员的受重伤概率越大。因此，根据碰撞后中立柱不同区域侵入量的分布，同时考虑中立柱的结构特征，将中立柱划分为如图4-56所示3个区域，3个区域采取共节点（node）设置。

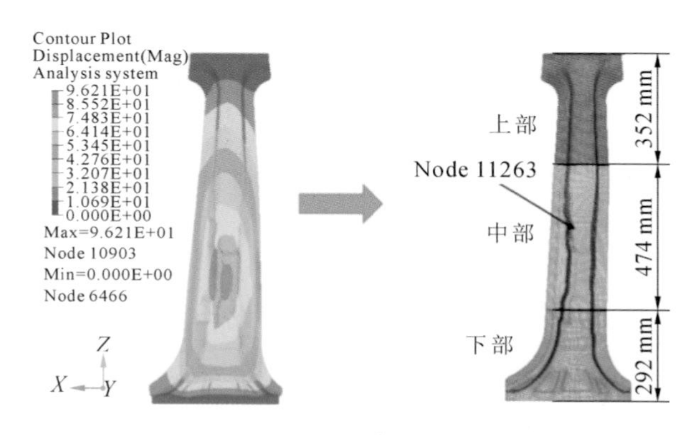


**图4-56　中立柱分区示意图**

(2) 侧碰模型可靠性验证。

在现实生活中，汽车的碰撞过程遵循能量守恒定律和质量守恒定律。但是在汽车碰撞的有限元模拟中，为了节省计算时间通常采取积分算法，但积分算法会导致模型出现沙漏现象和质量增加现象。当一个模型的沙漏能占总能量的百分比或质量增加百分比超过5%时，会导致计算结果不可信。因此，为了保证计算结果的可信度，要对模型的沙漏能、滑移能和质量增加百分比进行控制。

图4-57为变强度中立柱简化侧碰模型的能量变化曲线，可以看到，沙漏能和滑移能最大值分别为1.10 kJ和0.87 kJ，总能量为90.655 kJ。沙漏能和滑

移能分别占总能量的 1.21%和 0.96%,小于 5%。图 4-58 为变强度中立柱简化侧碰模型的质量增加百分比曲线,可以看到,到计算完毕时,质量增加了 1.76%,低于 5%。

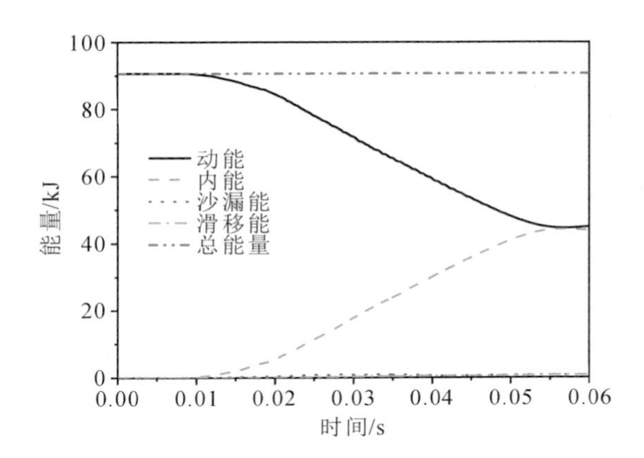


图 4-57 变强度中立柱简化侧碰模型的能量变化曲线

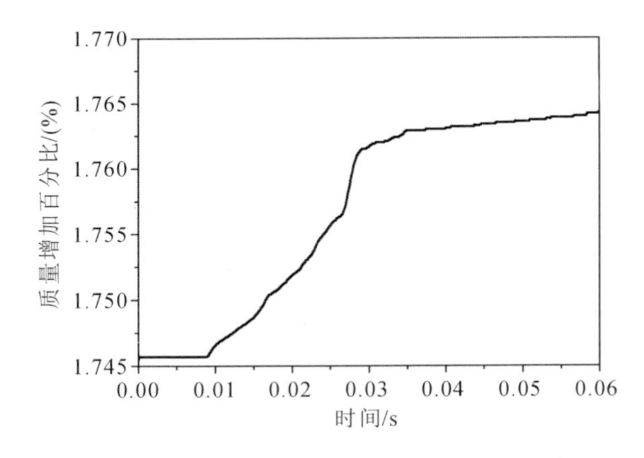


图 4-58 变强度中立柱简化侧碰模型的质量增加百分比

综上,该变强度中立柱简化侧碰模型的沙漏能、滑移能和质量增加百分比均符合要求,计算结果是可信的。

### 4.2.3 塑性变形效应对中立柱耐撞性的影响

将图 4-56 所示中立柱上部、中部、下部三个分区的抗拉强度分别取为 600 MPa,验证冲压效应的影响。图 4-59 是冲压效应映射到碰撞模型前后的对比图。可以看到，传统的碰撞模型不考虑中立柱制造过程中工艺因素的影响，因此初始的厚度是均一的，初始状态下的残余应力与等效塑性应变的数值均为0。而通过 Primer 软件中的 Forming 模块将中立柱热冲压后产生的冲压效应映射到碰撞模型中后，可以看到中立柱初始厚度由于塑性变形产生了减薄或增厚，最大减薄率达到 10%，最大增厚率达到 6.3%，并且冲压过后中立柱的最大残余应力达到 74.34 MPa，最大等效塑性应变达到 0.16。因此，冲压效应对于中立柱碰撞性能的影响是不容忽视的。

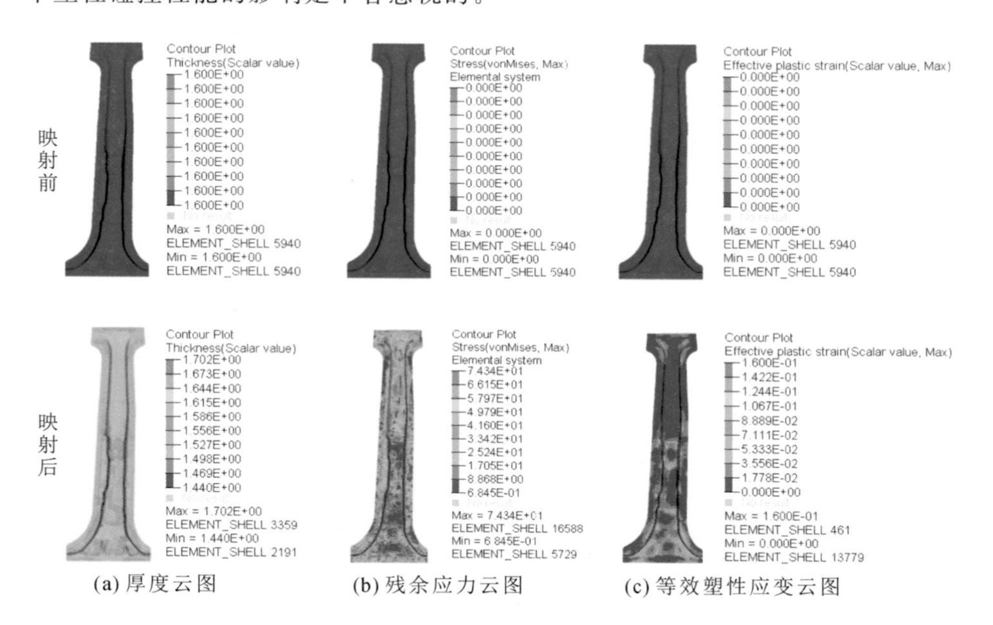


(a) 厚度云图　　(b) 残余应力云图　　(c) 等效塑性应变云图

**图 4-59　冲压效应映射前后中立柱初始状态对比**

接下来分别对有无映射热冲压塑性变形效应的中立柱碰撞模型进行计算，并对比其耐撞性能差异。图 4-60 是有无考虑冲压效应的中立柱耐撞性能对比，可以看出，当考虑了中立柱热冲压生产过程中的厚度变化、残余应力以及等效塑性应变之后，中立柱的耐撞性能产生了一定的变化。中立柱中部节点(Node 11263)处的最大侵入量从 126.98 mm 下降到 120.84 mm，最大侵入速度从 12.39 m/s上升到 12.55 m/s，吸能量从 4889 J 上升到 5030 J，因此建立碰撞模型时考虑中立柱的热冲压效应是必要的，接下来的优化计算都是基于考虑了中立柱热冲压效应的碰撞模型进行的。

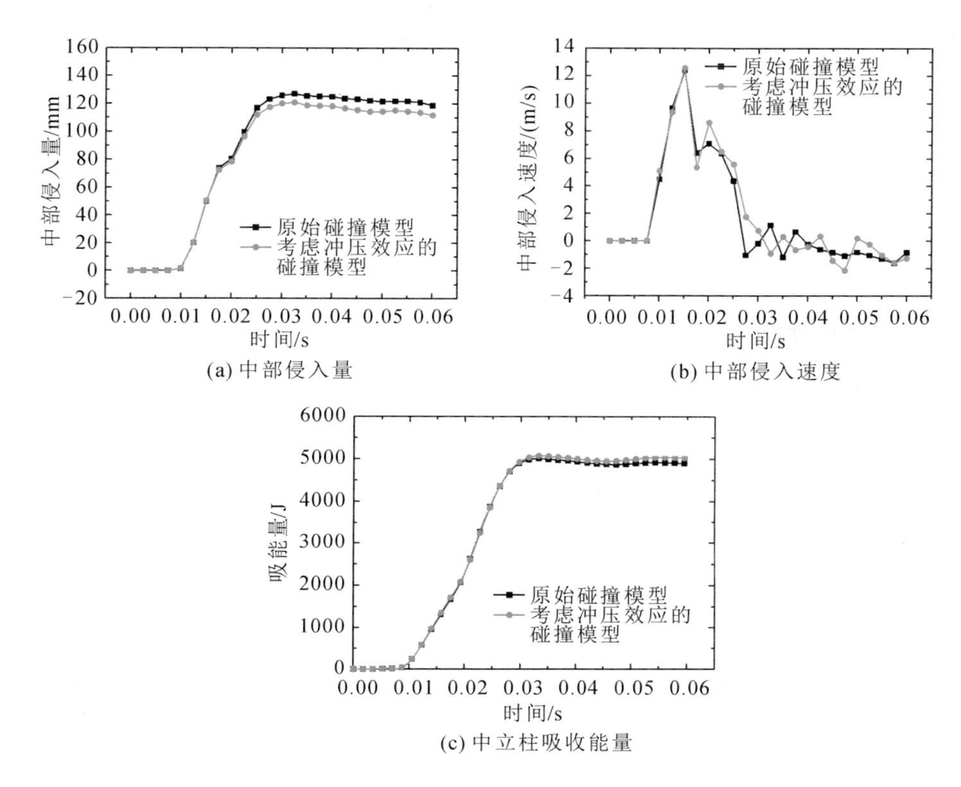


(a) 中部侵入量　(b) 中部侵入速度

(c) 中立柱吸收能量

**图 4-60　有无考虑冲压效应的中立柱耐撞性能对比**

## 4.2.4　基于 Gray-Taguchi 方法的中立柱强度分布优化设计

### 4.2.4.1　优化问题的定义

使用 B1500HS 硼钢替换中立柱原本材料，并对中立柱的强度分布进行优化设计，以提高其综合碰撞性能。中立柱的中部区域对应乘客的胸腹部，当汽车侧面被碰撞时该区域往往是最为危险的，衡量汽车侧碰安全性的指标主要是侵入量和侵入速度，同时要求中立柱具备一定的变形吸能能力，以减小冲击。因此选择中立柱中部节点(Node 11263)处的最大侵入量($D_{max}$)、最大侵入速度($V_{max}$)以及中立柱的吸能量(EA)作为优化目标。设计变量为中立柱三个区域的抗拉强度，根据中立柱热成形工艺能够获得的抗拉强度，三个区域可以选择的抗拉强度有 600 MPa、800 MPa、1000 MPa、1250 MPa 和 1500 MPa。该优化问题可以定义为

$$\begin{cases} \text{优化目标：} & \text{Minimize} \quad D_{max}, V_{max} \\ & \text{Maximize} \quad EA \\ \text{设计变量：} & R_{m1}, R_{m2}, R_{m3} \in \{600, 800, 1000, 1250, 1500\} \end{cases} \tag{4-6}$$

式中：$R_{m1}$、$R_{m2}$和$R_{m3}$分别表示中立柱上、中、下三个区域的抗拉强度。

#### 4.2.4.2 正交试验设计

为了获取恰当数量的样本，需要采用正交试验设计的方法。由于正交试验设计具备试验设计次数少、因子效应精度高等优点，在 Taguchi 稳健性优化设计中经常采用，因此本文对于中立柱 3 部分 5 种不同的抗拉强度采用正交试验设计方法来获取样本数据，因素-水平表如表 4-19 所示。针对该 3 因素 5 水平的试验采用 $L_{25}(5^3)$正交表，试验次数一共 25 次。

表 4-19　因素-水平表　　单位：MPa

| 因素 | $A$ | $B$ | $C$ |
|---|---|---|---|
| 描述 | 中立柱上部抗拉强度 $R_{m1}$ | 中立柱上部抗拉强度 $R_{m2}$ | 中立柱上部抗拉强度 $R_{m3}$ |
| 水平 1 | 600 | 600 | 600 |
| 水平 2 | 800 | 800 | 800 |
| 水平 3 | 1000 | 1000 | 1000 |
| 水平 4 | 1250 | 1250 | 1250 |
| 水平 5 | 1500 | 1500 | 1500 |

每一组试验样本都需要通过变强度中立柱热冲压和碰撞的联合仿真来获取，经计算得到 25 组样本数据，如表 4-20 所示。

表 4-20　正交试验样本数据

| 试验号 | $R_{m1}$/MPa | $R_{m2}$/MPa | $R_{m3}$/MPa | EA/J | $D_{max}$/mm | $V_{max}$/(m/s) |
|---|---|---|---|---|---|---|
| 1 | 600 | 600 | 600 | 5030 | 120.835 | 12.551 |
| 2 | 600 | 800 | 800 | 4642 | 114.034 | 11.713 |
| 3 | 600 | 1000 | 1000 | 4103 | 109.087 | 11.856 |
| 4 | 600 | 1250 | 1250 | 3915 | 105.922 | 11.837 |
| 5 | 600 | 1500 | 1500 | 3567 | 103.912 | 11.921 |
| 6 | 800 | 600 | 800 | 4503 | 115.378 | 12.451 |

续表

| 试验号 | $R_{m1}$/MPa | $R_{m2}$/MPa | $R_{m3}$/MPa | EA/J | $D_{max}$/mm | $V_{max}$/(m/s) |
|---|---|---|---|---|---|---|
| 7 | 800 | 800 | 1000 | 4189 | 109.647 | 12.036 |
| 8 | 800 | 1000 | 1250 | 3778 | 104.499 | 11.940 |
| 9 | 800 | 1250 | 1500 | 3556 | 100.755 | 11.892 |
| 10 | 800 | 1500 | 600 | 4072 | 102.938 | 12.358 |
| 11 | 1000 | 600 | 1000 | 4161 | 111.695 | 12.440 |
| 12 | 1000 | 800 | 1250 | 3742 | 105.190 | 11.857 |
| 13 | 1000 | 1000 | 1500 | 3200 | 99.267 | 11.804 |
| 14 | 1000 | 1250 | 600 | 3777 | 100.684 | 12.310 |
| 15 | 1000 | 1500 | 800 | 3577 | 96.219 | 11.884 |
| 16 | 1250 | 600 | 1250 | 3784 | 109.798 | 12.188 |
| 17 | 1250 | 800 | 1500 | 3284 | 103.087 | 11.646 |
| 18 | 1250 | 1000 | 600 | 3887 | 102.950 | 12.248 |
| 19 | 1250 | 1250 | 800 | 3596 | 98.092 | 11.790 |
| 20 | 1250 | 1500 | 1000 | 2925 | 92.312 | 12.012 |
| 21 | 1500 | 600 | 1500 | 3550 | 108.204 | 11.451 |
| 22 | 1500 | 800 | 600 | 4199 | 107.814 | 12.433 |
| 23 | 1500 | 1000 | 800 | 3768 | 100.745 | 11.791 |
| 24 | 1500 | 1250 | 1000 | 3320 | 95.785 | 12.062 |
| 25 | 1500 | 1500 | 1250 | 2682 | 89.929 | 12.131 |

#### 4.2.4.3　单目标信噪比(SNR)分析

在采用 Taguchi 分析方法优化的三个响应中，最大侵入量以及最大侵入速度都具备望小特性，因此可以参照公式(4-7)进行信噪比的计算，而吸能量则具备望大特性，采用公式(4-8)进行信噪比的计算。25 组试验点目标响应的信噪比计算结果如表 4-21 所示。

$$SNR_{STB} = x_i(k) = 10\lg \frac{1}{y_i^2(k)} \tag{4-7}$$

$$\mathrm{SNR}_{\mathrm{LTB}} = x_i(k) = -10\lg \frac{1}{y_i^2(k)} \tag{4-8}$$

表 4-21　目标响应的信噪比

| 试验号 | 响应一 | | 响应二 | | 响应三 | |
|---|---|---|---|---|---|---|
| | EA/J | SNR | $D_{\max}$/mm | SNR | $V_{\max}$/(m/s) | SNR |
| 1 | 5030 | 74.031 | 120.835 | −41.644 | 12.551 | −21.974 |
| 2 | 4642 | 73.334 | 114.034 | −41.141 | 11.713 | −21.373 |
| 3 | 4103 | 72.262 | 109.087 | −40.755 | 11.856 | −21.479 |
| 4 | 3915 | 71.855 | 105.922 | −40.500 | 11.837 | −21.465 |
| 5 | 3567 | 71.046 | 103.912 | −40.333 | 11.921 | −21.526 |
| 6 | 4503 | 73.070 | 115.378 | −41.242 | 12.451 | −21.904 |
| 7 | 4189 | 72.442 | 109.647 | −40.800 | 12.036 | −21.610 |
| 8 | 3778 | 71.545 | 104.499 | −40.382 | 11.940 | −21.540 |
| 9 | 3556 | 71.019 | 100.755 | −40.065 | 11.892 | −21.505 |
| 10 | 4072 | 72.196 | 102.938 | −40.252 | 12.358 | −21.839 |
| 11 | 4161 | 72.384 | 111.695 | −40.961 | 12.440 | −21.896 |
| 12 | 3742 | 71.462 | 105.190 | −40.439 | 11.857 | −21.479 |
| 13 | 3200 | 70.103 | 99.267 | −39.936 | 11.804 | −21.441 |
| 14 | 3777 | 71.543 | 100.684 | −40.059 | 12.310 | −21.805 |
| 15 | 3577 | 71.070 | 96.219 | −39.665 | 11.884 | −21.499 |
| 16 | 3784 | 71.559 | 109.798 | −40.812 | 12.188 | −21.719 |
| 17 | 3284 | 70.328 | 103.087 | −40.264 | 11.646 | −21.324 |
| 18 | 3887 | 71.792 | 102.950 | −40.253 | 12.248 | −21.761 |
| 19 | 3596 | 71.116 | 98.092 | −39.833 | 11.790 | −21.430 |
| 20 | 2925 | 69.323 | 92.312 | −39.305 | 12.012 | −21.592 |
| 21 | 3550 | 71.005 | 108.204 | −40.685 | 11.451 | −21.177 |
| 22 | 4199 | 72.463 | 107.814 | −40.654 | 12.433 | −21.892 |
| 23 | 3768 | 71.522 | 100.745 | −40.064 | 11.791 | −21.431 |
| 24 | 3320 | 70.423 | 95.785 | −39.626 | 12.062 | −21.628 |
| 25 | 2682 | 68.569 | 89.929 | −39.078 | 12.131 | −21.678 |

基于这三个响应的信噪比，可以计算出每个设计变量对应于每个水平的平

均信噪比，从而比较设计参数对不同响应的影响。由 Taguchi 分析方法可知，信噪比的范围(Δ)即主效应，其值越大，该因素对响应的影响就越显著。表 4-22 是变强度中立柱吸能量要因效果表，图 4-61 是中立柱吸能量响应信噪比主效应图。就中立柱吸能量响应信噪比而言，各设计因素对其主效应影响的排序为 $B>A>C$，这说明中立柱中部抗拉强度对吸能量影响最大，其次是上部抗拉强度，最后是下部抗拉强度。因此，对于吸能量这一响应而言，$A$、$B$、$C$ 三个因素均选取水平 1 是最佳组合。

**表 4-22　吸能量要因效果表**

| 因素 | $A$ | $B$ | $C$ |
|---|---|---|---|
| 水平 1 | 72.506 | 72.410 | 72.405 |
| 水平 2 | 72.055 | 72.006 | 72.023 |
| 水平 3 | 71.312 | 71.445 | 71.367 |
| 水平 4 | 70.824 | 71.191 | 70.998 |
| 水平 5 | 70.796 | 70.441 | 70.700 |
| Δ | 1.709 | 1.969 | 1.705 |
| 排序 | 2 | 1 | 3 |
| 整体均值 | 71.499 | | |

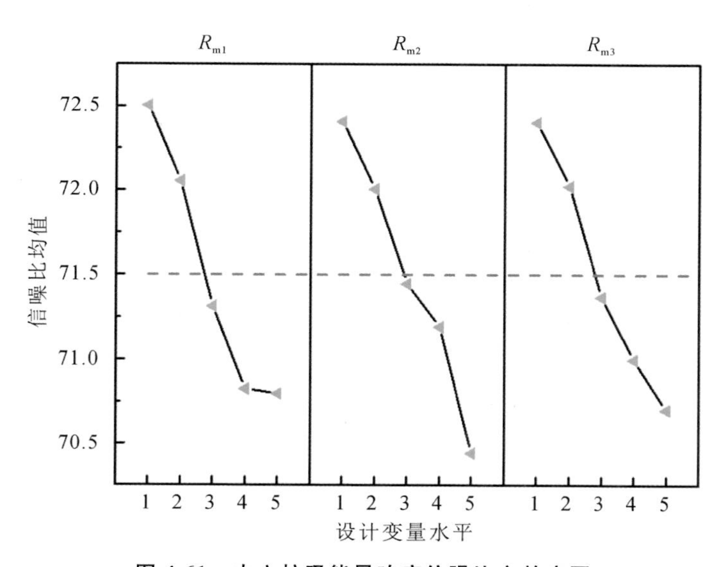


**图 4-61　中立柱吸能量响应信噪比主效应图**

表 4-23 是变强度中立柱最大侵入量要因效果表，图 4-62 是中立柱最大侵入量响应信噪比主效应图。就中立柱最大侵入量响应信噪比而言，各因素对其主效应影响的排序为 $B>A>C$，这说明对变强度中立柱侧碰最大侵入量而言，中立柱中部抗拉强度影响最大，其次是上部抗拉强度，最后是下部抗拉强度。此外，根据要因效果表和主效应图，以中部最大侵入量（$D_{max}$）为单一响应时，最优设计方案为 $A_5B_5C_4$。

**表 4-23　最大侵入量要因效果表**

| 因素 | $A$ | $B$ | $C$ |
| --- | --- | --- | --- |
| 水平 1 | −40.875 | −41.069 | −40.572 |
| 水平 2 | −40.548 | −40.660 | −40.389 |
| 水平 3 | −40.212 | −40.278 | −40.289 |
| 水平 4 | −40.093 | −40.017 | −40.242 |
| 水平 5 | −40.021 | −39.727 | −40.257 |
| Δ | 0.853 | 1.342 | 0.330 |
| 排序 | 2 | 1 | 3 |
| 整体均值 | −40.350 | | |

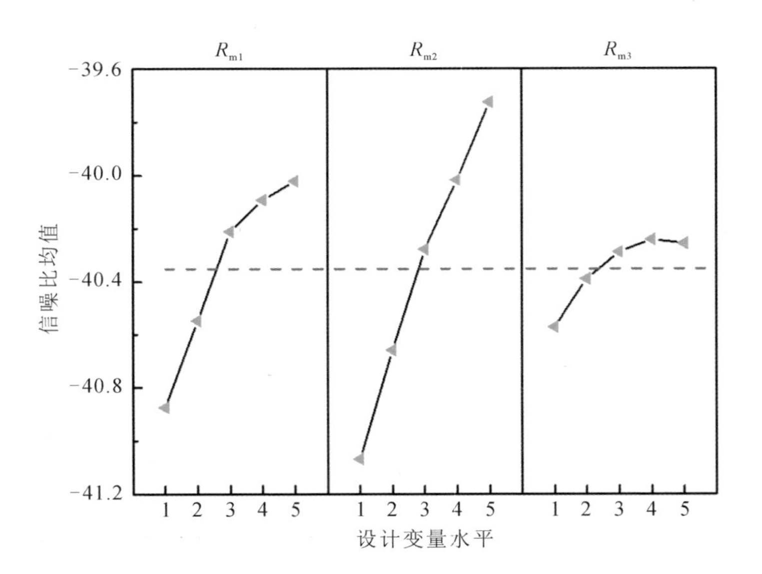


**图 4-62　中立柱最大侵入量响应信噪比主效应图**

表 4-24 是变强度中立柱最大侵入速度要因效果表，图 4-63 是中立柱最大侵入速度响应信噪比主效应图。就中立柱最大侵入速度响应信噪比而言，各因素对其主效应影响的排序为 $C>B>A$，这说明对变强度中立柱侧碰最大侵入速度而言，中立柱下部抗拉强度影响最大，其次是中部抗拉强度，最后是上部抗拉强度。此外，根据要因效果表和主效应图，以中部最大侵入速度($V_{max}$)为单一响应时，最优设计方案为 $A_1B_3C_5$。

**表 4-24　最大侵入速度要因效果表**

| 因素 | $A$ | $B$ | $C$ |
| --- | --- | --- | --- |
| 水平 1 | −21.558 | −21.728 | −21.849 |
| 水平 2 | −21.680 | −21.536 | −21.528 |
| 水平 3 | −21.624 | −21.530 | −21.641 |
| 水平 4 | −21.565 | −21.567 | −21.576 |
| 水平 5 | −21.561 | −21.627 | −21.394 |
| Δ | 0.122 | 0.198 | 0.454 |
| 排序 | 3 | 2 | 1 |
| 整体均值 | −21.598 | | |

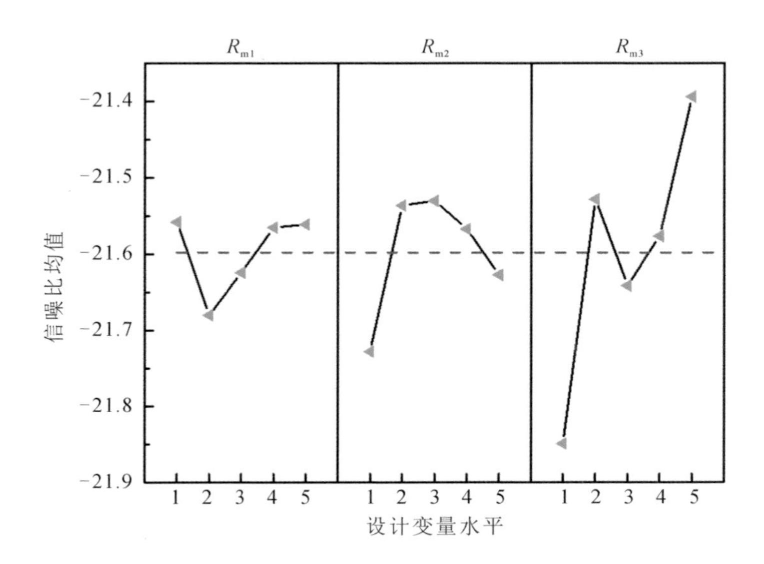


**图 4-63　中立柱最大侵入速度响应信噪比主效应图**

当对不同的响应主效应进行分析时，设计变量的最佳组合并不相同，因此接下来采用灰色关联分析法进行多目标的优化。

#### 4.2.4.4 多目标灰色关联分析

灰色关联分析(gray relational analysis，GRA)的基本原理是通过衡量不同备选优化解与理想最优解的关联程度来挑选最佳优化解。

首先对原始数据进行预处理，将原始试验数据全部转换为[0,1]区间的数值。根据不同响应在优化问题中的需要，对具有望大特性和望小特性的原始数据分别采用式(4-9)或式(4-10)进行预处理。

$$x_i'(k)=\frac{x_i'(k)-\min x(k)}{\max x(k)-\min x(k)} \tag{4-9}$$

$$x_i'(k)=1-\frac{x_i'(k)-\min x(k)}{\max x(k)-\min x(k)} \tag{4-10}$$

式中：$\max x(k)$、$\min x(k)$分别是所有试验中第 $k$ 个响应的最大、最小原始模拟数据；对于第 $k$ 个响应，$x_i'(k)$是第 $i$ 次试验中第 $k$ 个响应的归一化值，$i$ 是试验次数。在这里，$k$ 为 1、2 或 3，分别表示吸能量(EA)、最大侵入量($D_{\max}$)和最大侵入速度($V_{\max}$)。

其次，根据公式(4-11)计算灰色关联系数：

$$\xi_i(k)=\frac{\min\limits_k\{\min\limits_i|x_i(0)-x_i'(k)|\}+\rho\max\limits_k\{\max\limits_i|x_i(0)-x_i'(k)|\}}{|x_i(0)-x_i'(k)|+\rho\max\limits_k\{\max\limits_i|x_i(0)-x_i'(k)|\}} \tag{4-11}$$

式中：$\xi_i(k)$是第 $i$ 次试验中第 $k$ 个响应的灰色关联系数；$x_i(0)$是第 $i$ 次试验的理想值；$\rho$ 是分辨率系数($\rho\in[0,1]$)，$\rho$ 越小，分辨率越高。取 $x_i(0)=1$，$\rho=0.5$。

得到灰色关联系数之后，根据不同目标响应在实际问题中的重要程度，赋予目标响应不同的权重，从而得到加权后的灰色关联度如下：

$$\gamma_i=\sum_{k=1}^{n}w_k\cdot\xi_i(k);\ \sum_{k=1}^{n}w_k=1 \tag{4-12}$$

式中：$\gamma_i$ 是第 $i$ 次试验的灰色关联度；$w_k$ 是第 $k$ 个响应的权重。

目标响应的信噪比(SNR)根据望大特性或望小特性通过公式(4-9)或式(4-10)进一步标准化，信噪比标准化值记为 NOR。然后，通过公式(4-11)计算灰色关联系数。25 组试验的计算结果汇总在表 4-25 中。根据不同的响应权重比会计算出不同的灰色关联度(GRG),也就会出现不同的优化结果。中立柱在被动碰撞时最大的需求是防止外部侵入,其次才是能够更多地吸收能量并且拥有更小的侵入速度,因此将三个响应的权重比定为:$w(\mathrm{EA}):w(D_{\max}):w(V_{\max})=0.2:0.6:0.2$。

**表 4-25　目标响应的信噪比标准化值及灰色关联系数**

| 试验号 | EA | | $D_{\max}$ | | $V_{\max}$ | |
|---|---|---|---|---|---|---|
| | $NOR_1$ | $\xi_1$ | $NOR_2$ | $\xi_2$ | $NOR_3$ | $\xi_3$ |
| 1 | 1.000 | 1.000 | 0.000 | 0.333 | 0.000 | 0.333 |
| 2 | 0.872 | 0.797 | 0.196 | 0.383 | 0.754 | 0.670 |
| 3 | 0.676 | 0.607 | 0.346 | 0.433 | 0.621 | 0.569 |
| 4 | 0.602 | 0.557 | 0.446 | 0.474 | 0.639 | 0.580 |
| 5 | 0.453 | 0.478 | 0.511 | 0.506 | 0.562 | 0.533 |
| 6 | 0.824 | 0.740 | 0.157 | 0.372 | 0.088 | 0.354 |
| 7 | 0.709 | 0.632 | 0.329 | 0.427 | 0.457 | 0.479 |
| 8 | 0.545 | 0.523 | 0.492 | 0.496 | 0.545 | 0.523 |
| 9 | 0.449 | 0.476 | 0.615 | 0.565 | 0.588 | 0.549 |
| 10 | 0.664 | 0.598 | 0.542 | 0.522 | 0.169 | 0.376 |
| 11 | 0.698 | 0.624 | 0.266 | 0.405 | 0.098 | 0.357 |
| 12 | 0.530 | 0.515 | 0.470 | 0.485 | 0.621 | 0.569 |
| 13 | 0.281 | 0.410 | 0.666 | 0.599 | 0.669 | 0.602 |
| 14 | 0.544 | 0.523 | 0.618 | 0.567 | 0.212 | 0.388 |
| 15 | 0.458 | 0.480 | 0.771 | 0.686 | 0.596 | 0.553 |
| 16 | 0.547 | 0.525 | 0.324 | 0.425 | 0.320 | 0.424 |
| 17 | 0.322 | 0.424 | 0.538 | 0.520 | 0.816 | 0.731 |
| 18 | 0.590 | 0.549 | 0.542 | 0.522 | 0.267 | 0.406 |
| 19 | 0.466 | 0.484 | 0.706 | 0.630 | 0.683 | 0.612 |
| 20 | 0.138 | 0.367 | 0.912 | 0.850 | 0.479 | 0.490 |
| 21 | 0.446 | 0.474 | 0.374 | 0.444 | 1.000 | 1.000 |

续表

| 试验号 | EA | | $D_{max}$ | | $V_{max}$ | |
|---|---|---|---|---|---|---|
| | $NOR_1$ | $\xi_1$ | $NOR_2$ | $\xi_2$ | $NOR_3$ | $\xi_3$ |
| 22 | 0.713 | 0.635 | 0.386 | 0.449 | 0.103 | 0.358 |
| 23 | 0.541 | 0.521 | 0.616 | 0.565 | 0.681 | 0.611 |
| 24 | 0.339 | 0.431 | 0.786 | 0.701 | 0.434 | 0.469 |
| 25 | 0.000 | 0.333 | 1.000 | 1.000 | 0.371 | 0.443 |

在确定不同响应所占的权重比之后，根据公式(4-11)分别计算出25组试验点的灰色关联度。为了获得多目标优化最优参数，针对每个设计因素，计算得出其在不同水平下的平均灰色关联度（见图4-64）。灰色关联度的范围(Δ)越大，该设计因素的影响越明显。因此，从图中可以看出，设计因素对综合耐撞性能的重要性排序为：$B>A>C$。这说明中立柱中部的抗拉强度对于整体的耐撞性能影响最大，其次是上部抗拉强度，最后是下部抗拉强度。基于该响应权重比下的最佳变量组合是$A_5B_5C_2$。

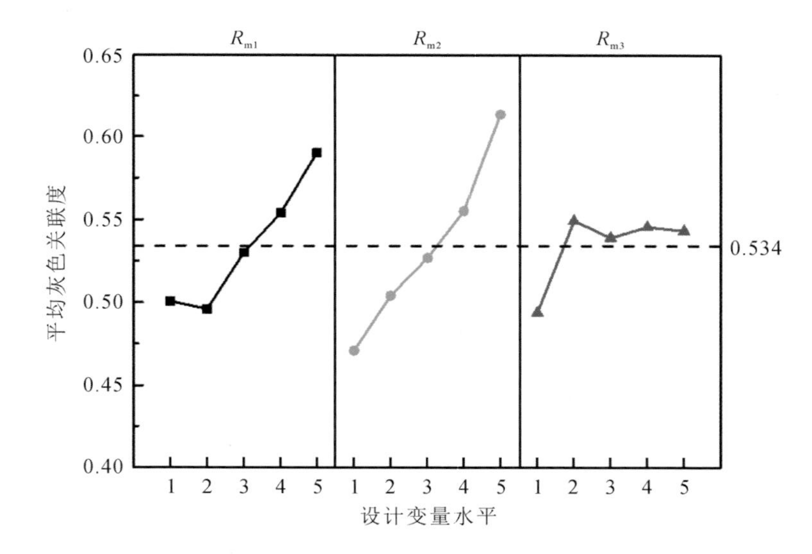


**图4-64 设计变量在不同水平下的平均灰色关联度**

#### 4.2.4.5 优化设计结果验证

采用整车侧碰有限元模型对上述优化结果进行验证，为了使碰撞更加充分，将整车侧碰时间设为 0.12 s,整车侧碰模型碰撞结束时刻的变形图如图 4-65 所示,碰撞过程中车门产生了较大的变形,说明中立柱对于防止外部侵入有非常重要的意义。图 4-66 对比了优化前后中立柱上的五个对应节点处的最大侵入量,五个节点依次从中立柱的上端到下端,彼此间隔大概 200 mm,可以看到,经过优化,除了最下面节点的最大侵入量略微大于优化前,上面四个节点处的最大侵入量均小于优化前。

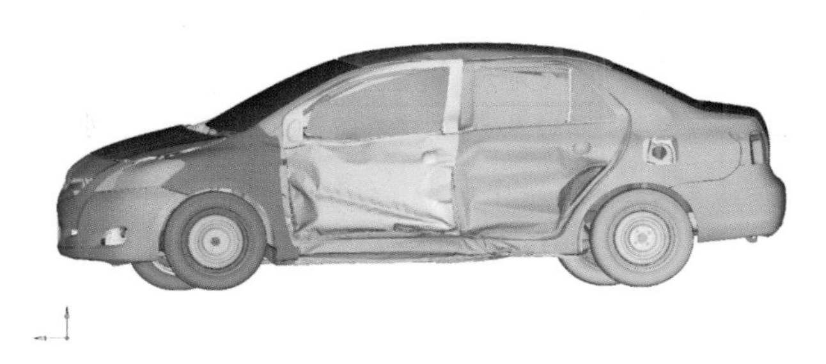

**图 4-65　整车侧碰模型碰撞结束时刻的变形图**

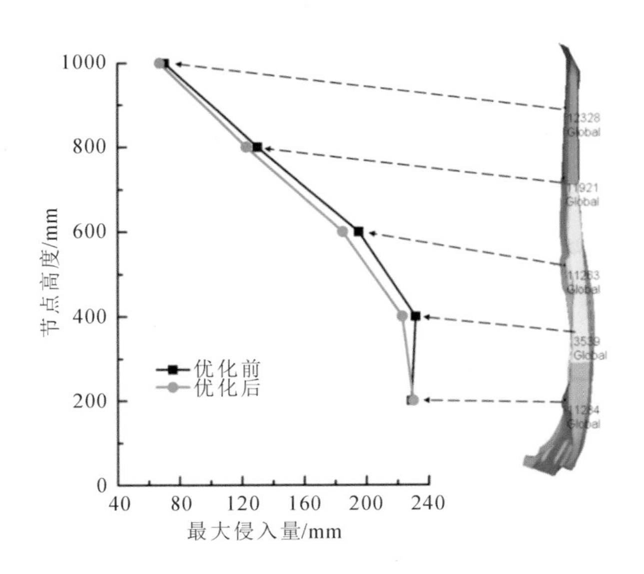


**图 4-66　优化前后中立柱变形量对比**

优化前后三个目标响应的数值汇总在表 4-26 中。通过优化,中立柱中部节点的最大侵入量下降了 5.3%,最大侵入速度下降了 3.9%,同时吸能量提升了 23.2%。由此可见,优化过后的中立柱具备更佳的耐撞性能。

表 4-26　优化前后目标响应对比

| 参数 | $R_1$/MPa | $R_2$/MPa | $R_3$/MPa | $D_{max}$/mm | $V_{max}$/(m/s) | EA/J |
|---|---|---|---|---|---|---|
| 优化前 | 1250 | 1250 | 1250 | 195.21 | 6.46 | 847.77 |
| 优化后 | 1500 | 1500 | 800 | 184.81 | 6.21 | 1044.46 |

图 4-67 是优化前后中立柱的三个目标响应随时间的变化曲线，可以看到，在整个碰撞周期内，优化后的中立柱大多都保持着更小的侵入量和侵入速度，同时能提供更好的吸能效果。

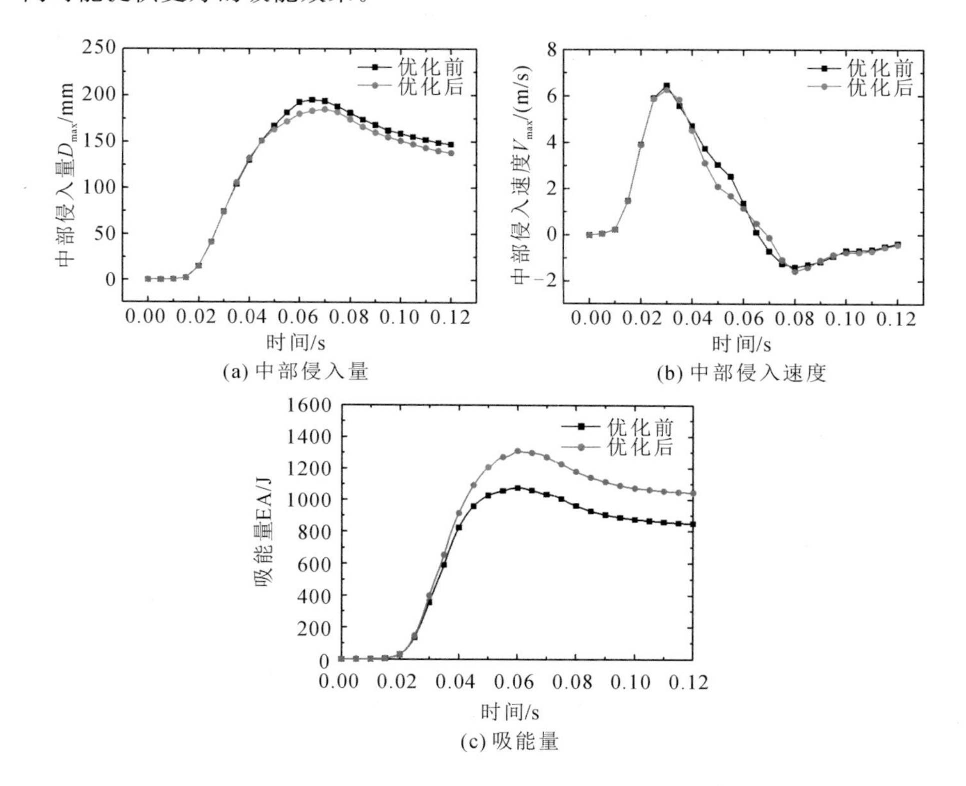

(a) 中部侵入量　(b) 中部侵入速度　(c) 吸能量

图 4-67　优化前后中立柱目标响应随时间的变化曲线

## 4.3　拼焊门环变强度热冲压成形

### 4.3.1　基于分区控温的拼焊门环变强度热冲压成形工艺

在设计汽车拼焊门环时，考虑各区域的强度与其模具温度的匹配关系是至关重要的。本小节基于模具温度与超高强钢 B1500HS 的组织性能关系，设计汽车拼焊门环各区域的强度与其模具温度的匹配关系。本小节基于 AutoForm 仿真平台建立汽车拼焊门环变强度热冲压有限元模型，开发了超高强钢拼焊门环整体热冲压-分区控温淬火工艺，研究了工艺参数对拼焊门环成形性能的影响。

#### 4.3.1.1　拼焊门环强度-模具温度匹配

图 4-68(a)所示为汽车拼焊门环三维构件图，汽车拼焊门环由 A 柱、车顶边梁、中立柱和门槛梁组成，其中中立柱分为中立柱上段和中立柱下段，采用五道焊缝合并各部件。该构件的最大尺寸为 1800 mm×1400 mm×120 mm，坯料轮廓与焊缝分布如图 4-68(b)所示。为满足汽车安全性并提升轻量化水平，以保持强度、强韧互补、减轻重量为原则，将 A 柱、车顶边梁、中立柱上段、中立柱下段和门槛梁的厚度分别设定为 1.3 mm、1.5 mm、1.8 mm、1.5 mm 和 1.2 mm，其抗拉强度分别设定为 1300 MPa、1500 MPa、1500 MPa、1000 MPa 和 1300 MPa。拼焊门环厚度与强度分布如图 4-68(a)所示。

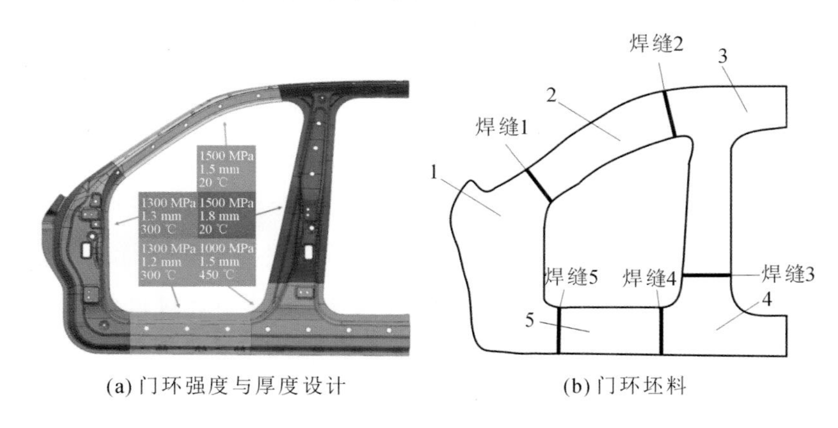


(a) 门环强度与厚度设计　　(b) 门环坯料

**图 4-68　汽车拼焊门环设计**

根据本书 4.1 节中模具温度对 B1500HS 热冲压钢板强度的影响规律，将 A 柱、车顶边梁、中立柱上段、中立柱下段和门槛梁所对应的模具温度分别设置为 300 ℃、20 ℃、20 ℃、450 ℃和 300 ℃。

#### 4.3.1.2　拼焊门环热冲压成形-淬火有限元模型的构建

将拼焊门环模型导入 AutoForm 软件中，设置缝合距离为 0.5 mm，公差为

0.05 mm，以最大长度 30 mm 划分网格。通过 AutoForm 定义门环的冲压方向，然后进行模面设计，图 4-69 所示为完成工艺补充面和压边圈设计后的拉延工序有限元模型。

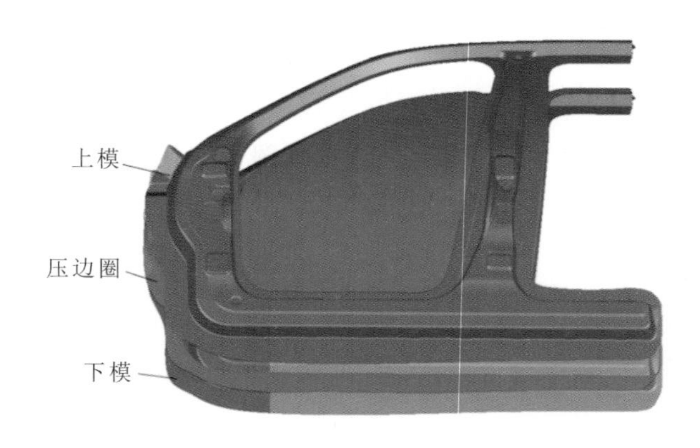


图 4-69 拼焊门环变强度热冲压成形有限元模型

#### 4.3.1.3 拼焊门环热冲压成形工序及工艺参数选取

拼焊门环整体热冲压-分区控温淬火工艺的主要工序包括：加热保温奥氏体化、坯料转移与定位、快速成形、保压淬火、模外淬火以及切边冲孔。

对于超高强钢热冲压成形工艺，影响成形质量的因素有很多，如工艺参数、成形材料和成形装备等。当其他条件不变时，工艺参数对门环成形性能的影响显著，故可采用有限元模拟的方法对门环热冲压工艺参数进行优化，进而提升成形质量，减少试错次数，提高优化效率，降低开发成本。针对超高强钢拼焊门环整体热冲压-分区控温淬火工艺，影响成形性能的主要工艺参数有：成形温度、坯料与模具之间的摩擦系数、成形速度、保压力和保压时间。

(1) 成形温度。

在热冲压成形前需对坯料进行加热保温使其完全奥氏体化，再将奥氏体化的 坯料转移并定位至模具上。此时，坯料的成形温度比加热温度低，在选择坯料的加热温度时既要考虑奥氏体组织的晶粒大小与均匀性，又要防止因加热温度过高、保温时间过长而出现的材料过烧、脱碳等缺陷。故除材料的特性之外，坯料成形温度的选取还与加热温度、转移定位时间有关。

关于成形温度的选取原则如下：

① 成形温度应高于马氏体转变开始温度，这样才能通过模具高压淬火获得全马氏体组织，提高成形件的强度；

② 成形温度应处于材料塑性较好的温度区间，有利于材料高温成形；

③ 成形温度不能选取过高，防止金属在加热过程中被强烈氧化；

④ 成形温度应选取在金属表面与模具接触面之间摩擦系数较小的温度区间范围，减小成形过程中的摩擦力。

根据 Peter 等对硼钢热冲压成形温度的研究以及本课题组前期对低温热冲压工艺的研究，拼焊门环的成形温度范围设定为 600～900 ℃。

（2）摩擦系数。

超高强钢热冲压成形是通过高温来提升材料塑性，依靠材料的流动性来完成热塑性变形的。当其他工艺参数不变时，板材的流动阻力随摩擦系数的增大而增大，故摩擦系数可直接影响板材在成形时的流动性。高温金属材料的摩擦行为应遵循 Coulomb 摩擦定律，若摩擦系数过小，板材流动性过大，则在热冲压成形中会出现破裂、起皱，甚至叠料的现象；若摩擦系数过大，板材流动性差，则在热冲压成形中会发生因减薄率过大而引起的开裂缺陷。故摩擦系数是影响 B1500HS 板材热冲压成形性能的主要因素之一，为了探究摩擦系数对成形质量的影响规律，将摩擦系数设定为 0.1～0.5。

（3）成形速度。

成形速度也是影响超高强钢拼焊门环热冲压成形质量的重要因素之一。在一定工艺条件下，成形速度过小，板材处于成形工序的时间会延长，导致板材在变形之前温度已完全冷却，此时板材已发生组织转变，材料塑性低，流动性差，难以成形；成形速度过大，成形时间短，会导致变形不均匀。故成形速度应设定为 50～300 mm/s。

（4）保压力。

超高强钢热冲压成形是通过淬火工艺来调控板材的微观组织，从而改变热冲压构件的力学性能的。板材温度的冷却主要发生在保压淬火阶段，故在一定工艺条件下，保压淬火阶段的工艺参数直接影响热冲压板材的组织成分，进而影响热冲压件的最终力学性能。

保压淬火的主要工艺参数有保压力和保压时间。当其他工艺参数不变时，保压力越大，板材所受的压力越大，模具与板材之间的传热系数越大，板材的冷却速率越快，生成的马氏体板条越致密，强度越高，且开模温度越低。对于整个热冲压件来说，由于各个位置在保压淬火过程中的冷却速率不一，若开模温度低，则各个位置的温度梯度小，整个热冲压件温度分布更均匀，回弹因此变得不明显。故保压力选取为 1500～3500 kN。

(5) 保压时间。

一方面保压时间越长，开模时热冲压件各个位置的温度梯度也越小，回弹量越小。另一方面，由于马氏体相变发生在保压淬火阶段，而在相变的过程中，晶格的变化会引起相变塑性应变。保压时间越长，相变塑性应变量越大。在马氏体相变过程中，相变可诱发内应力的释放，从而可减小开模后热冲压件的回弹量。为保证能够生成一定量马氏体，取保压时间为 6～14 s。

为研究成形温度、摩擦系数、成形速度、保压力和保压时间对拼焊门环热冲压成形质量的影响规律，采用工艺参数单一变量法来分析，工艺参数取值如表 4-27 所示。

**表 4-27　工艺参数各水平值**

| 工艺参数 | 基本值 | 对比值 |
| --- | --- | --- |
| 成形温度/℃ | 750 | 600、675、825、900 |
| 摩擦系数 | 0.3 | 0.1、0.2、0.4、0.5 |
| 成形速度/(mm/s) | 175 | 50、112.5、237.5、300 |
| 保压力/kN | 2500 | 1500、2000、3000、3500 |
| 保压时间/s | 10 | 6、8、12、14 |

#### 4.3.1.4　拼焊门环热冲压成形初步仿真结果分析

将初始工艺参数(成形温度 750 ℃，摩擦系数 0.3，成形速度 175 mm/s，保压力 2500 kN，保压时间 10 s)输入 AutoForm 软件，得到拼焊门环变强度热冲压成形模拟结果，如图 4-70 所示。由图 4-70(a)门环成形性分布图可知，门环安全区域所占比例为 48.67%。由图 4-70(b)可知，门环各区域抗拉强度均符合强度设计要求，验证了拼焊门环整体热冲压-分区控温淬火工艺的可行性。图 4-70(c)和(d)分别为门环成形最大减薄率和最大回弹量分布图，初步模拟得到的门环最大减薄率为 28.7%，最大回弹量为 4.825 mm。

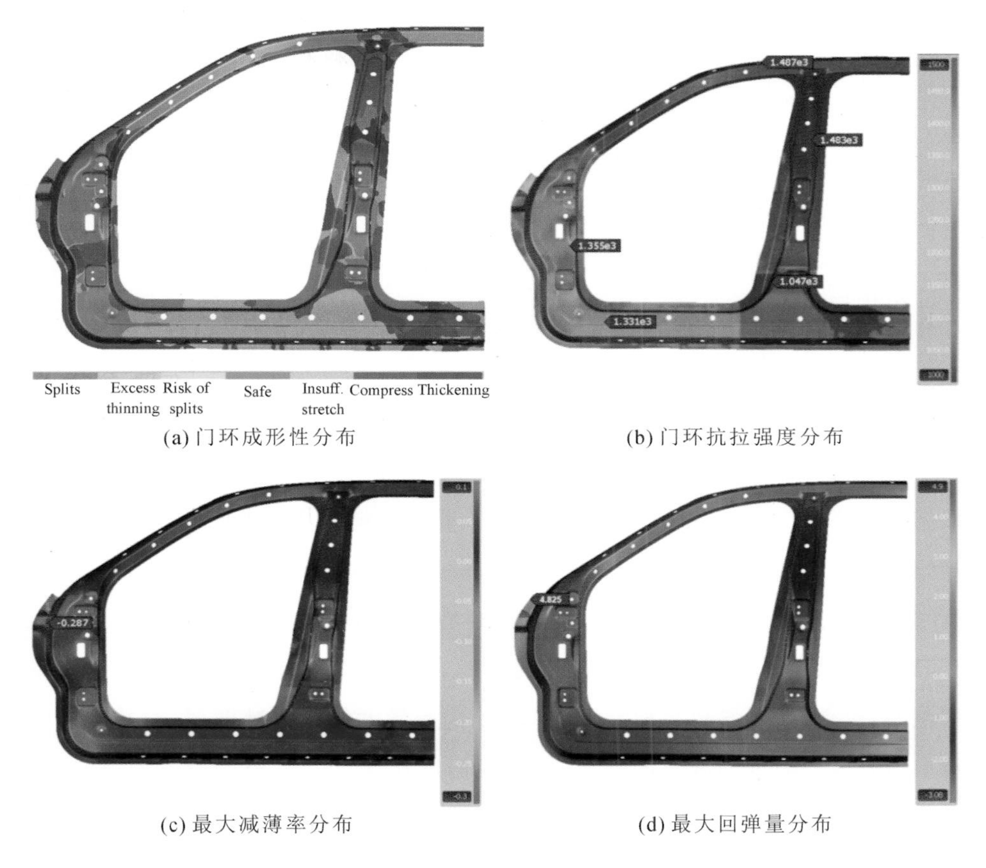


(a) 门环成形性分布　(b) 门环抗拉强度分布

(c) 最大减薄率分布　(d) 最大回弹量分布

**图 4-70　拼焊门环变强度热冲压成形初步仿真结果**

## 4.3.2　工艺参数对拼焊门环成形质量的影响规律

超高强钢热冲压成形是一个复杂的热-力-相耦合的变形过程，且受到模具型面、材料性能和热冲压工艺参数等的影响。在模具型面和材料已确定的情况下，热冲压工艺参数可直接影响热冲压件的成形质量。

在热冲压成形过程中，板材于高温状态在压力机的作用下发生热塑性变形，而塑性变形必然伴随着板材的流动，使得板材厚度发生变化。减薄率过大就会导致局部力学性能不稳定，严重时可能出现破裂的现象，故热冲压件的减薄率是评价成形质量的主要指标之一。减薄率即成形前后板材厚度的变化程度，计算的公式如下：

$$\eta=\frac{t_{成形后}-t_{初始}}{t_{初始}}\times 100\% \tag{4-13}$$

式中：$t$ 为板材厚度。减薄率的绝对值越大，该处减薄越严重。

回弹也是热冲压成形的主要缺陷之一，回弹发生在热冲压成形结束的开模阶段，当压力机卸载、上模回程时，由弹性变形而引起的局部回弹会导致热冲压件的成形精度降低。回弹作为热冲压成形常见的缺陷之一，也是成形质量的主要评价指标之一。

#### 4.3.2.1 成形温度

当摩擦系数为 0.3，成形速度为 175 mm/s，保压力为 2500 kN，保压时间为 10 s 时，不同成形温度下拼焊门环热冲压成形性能如图 4-71 所示，图 4-72 为成形温度对拼焊门环最大减薄率和最大回弹量的影响。随着成形温度的升高，拼焊门环的成形性能逐渐改善，其安全区域（绿色区域）所占比例从 43.74%提高到58.91%；最大减薄率呈先骤降后递增的趋势。当成形温度从 600 ℃升至 675 ℃时，最大减薄率从 30.8%降低到 26.5%，这是因为在低成形温度下，材料的塑性差，流动性差，导致板材变形不均匀，变形量大的区域减薄率大，故最大减薄率随着成形温度的升高而减小；当成形温度从 675 ℃升至 900 ℃时，随着成形温度的升高，最大减薄率逐渐增大，这是因为材料的流动性随成形温度的升高而增强，局部区域拉延深度大，板材易减薄，故最大减薄率增大。

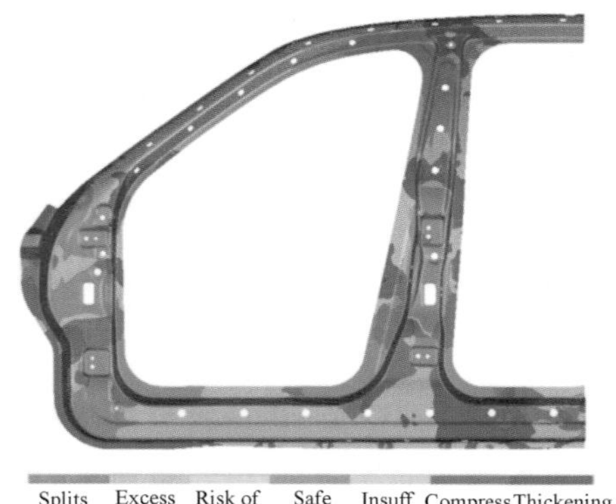


(a) 600 ℃

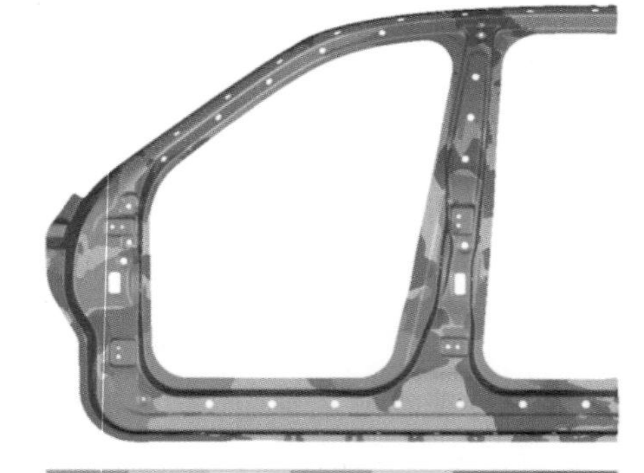


(b) 675 ℃

图 4-71 成形温度对拼焊门环热冲压成形性能的影响

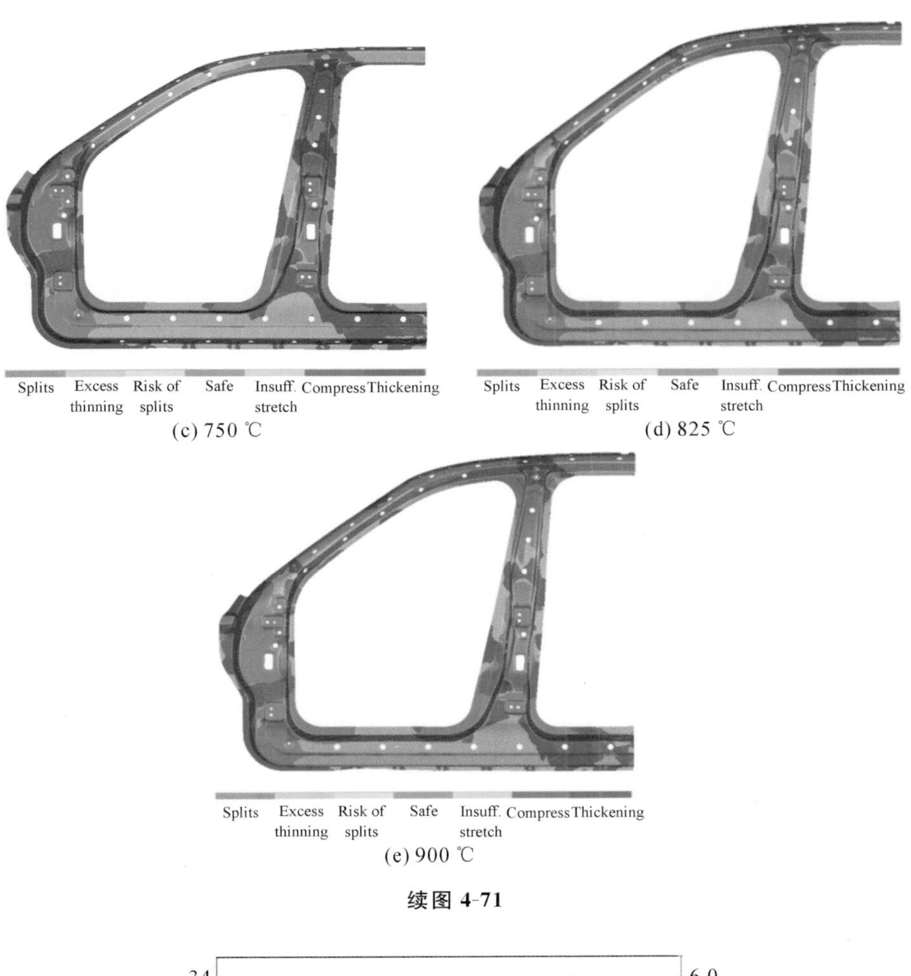


(c) 750 ℃

(d) 825 ℃

(e) 900 ℃

**续图 4-71**

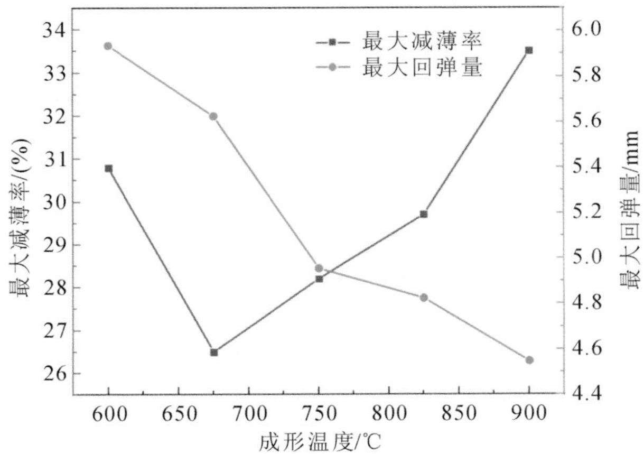


**图 4-72　成形温度对拼焊门环最大减薄率和最大回弹量的影响**

最大回弹量随成形温度的升高呈近线性递减的趋势，从 5.937 mm 减小到 4.548 mm。这是因为材料的流动性随着成形温度的升高而增强，门环内外层的主应变逐渐增大，板材发生塑性变形的程度增大，相应的弹性变形占总变形的比例降低，回弹量减小。

#### 4.3.2.2 摩擦系数

当成形温度为 750 ℃，成形速度为 175 mm/s，保压力为 2500 kN，保压时间为 10 s 时，不同摩擦系数下拼焊门环热冲压成形性能如图 4-73 所示，图 4-74 为摩擦系数对拼焊门环最大减薄率和最大回弹量的影响。随着摩擦系数从 0.1 增大到 0.5，拼焊门环增厚区域（紫色区域）逐渐减少，增厚缺陷得到改善；最大减薄率呈上升趋势，从 25.1%增大到 43.6%。这是因为板材的热塑性成形依靠的是材料的流动性，而流动阻力随着摩擦系数的增大而增大，故成形力增大，进而导致减薄率增大。

最大回弹量随着摩擦系数的增大呈先缓慢递增后骤升的趋势，从 4.053 mm 增大到 6.333 mm。这是因为随着摩擦系数的增大，材料表面流动阻力增大，使得板材内外层应力状态差别增大，当压力机卸载时，应力变化大，故回弹量大。

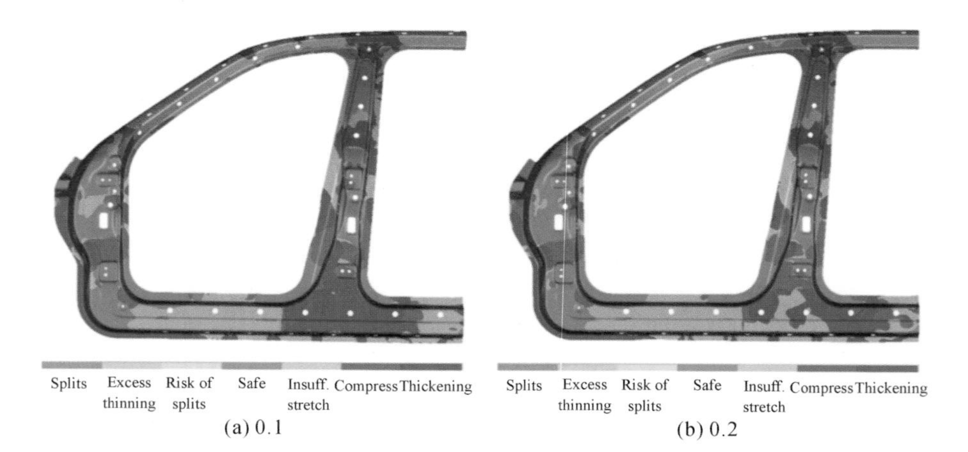


图 4-73 摩擦系数对拼焊门环热冲压成形性能的影响

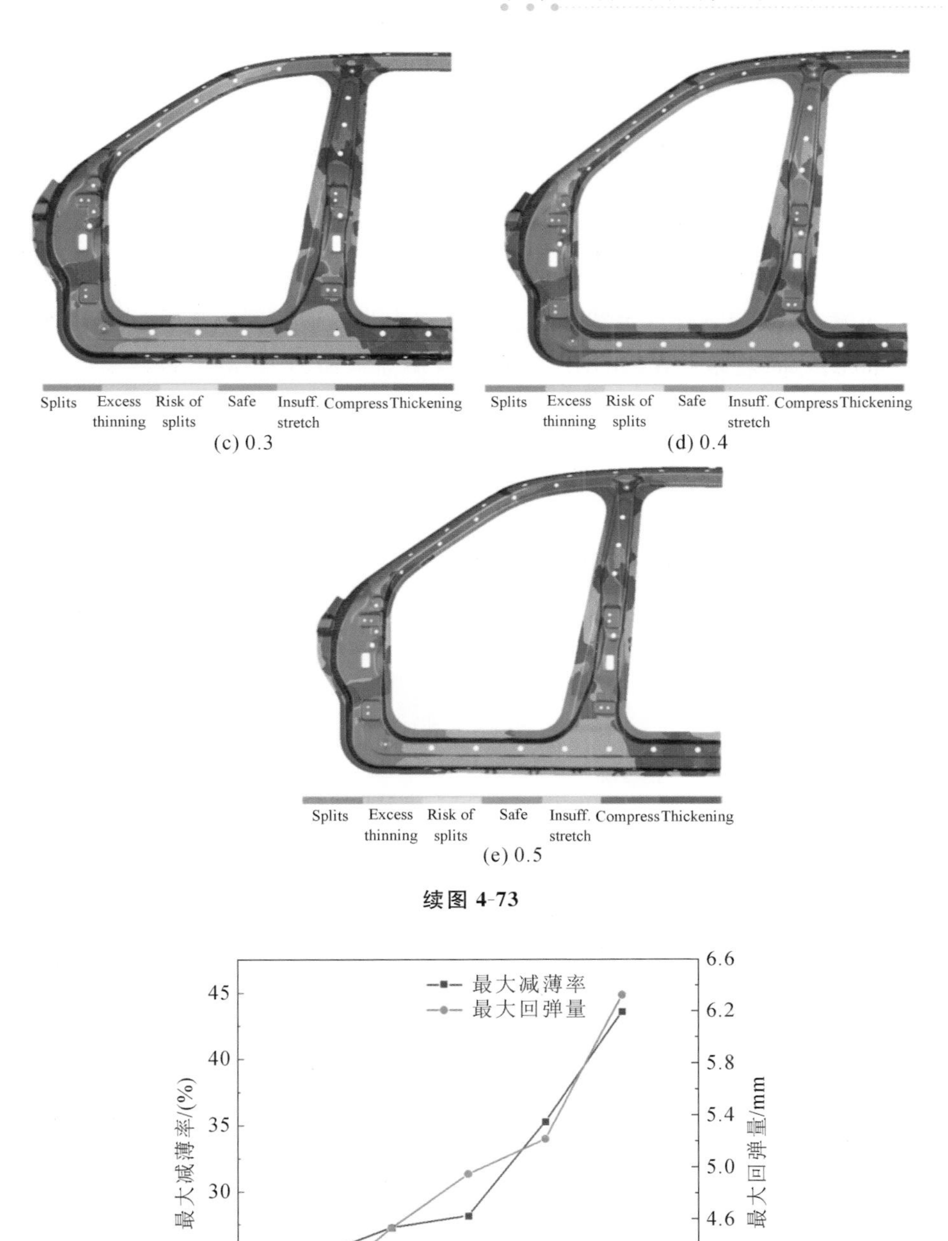


(c) 0.3

(d) 0.4

(e) 0.5

**续图 4-73**

**图 4-74 摩擦系数对拼焊门环最大减薄率和最大回弹量的影响**

#### 4.3.2.3 成形速度

当成形温度为 750 ℃，摩擦系数为 0.3，保压力为 2500 kN，保压时间为10 s 时，不同成形速度下拼焊门环热冲压成形性能如图 4-75 所示，图 4-76 为成形速度对拼焊门环最大减薄率和最大回弹量的影响。随着成形速度从 50 mm/s 增大至 300 mm/s，拼焊门环热冲压成形性能无明显变化；最大减薄率呈近反比例函数递减，从 35.4%降低至 25.4%。这是因为当成形速度较小时，由于板材温度分布不均匀，温差大，因此在成形时板材流动不均匀，故最大减薄率较大；当成形速度逐渐提高时，板材的成形温度较高，促使板材流动均匀，故最大减薄率减小。

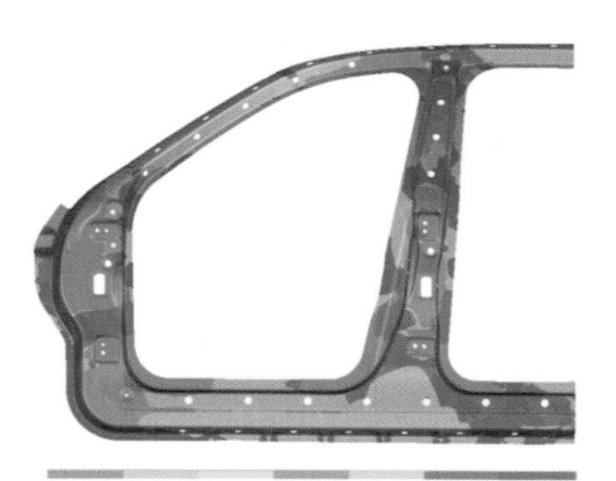


(a) 50 mm/s

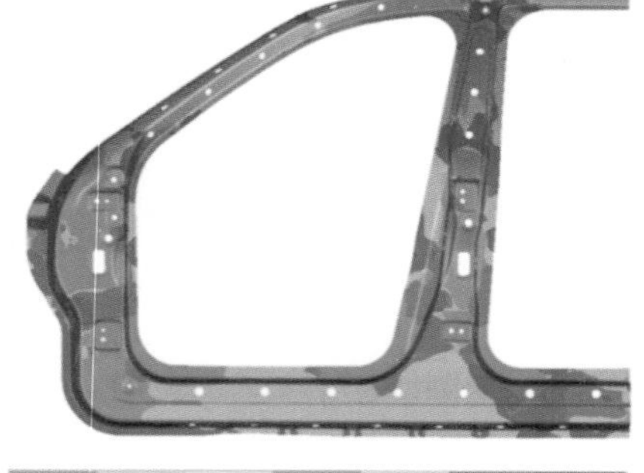


(b) 112.5 mm/s

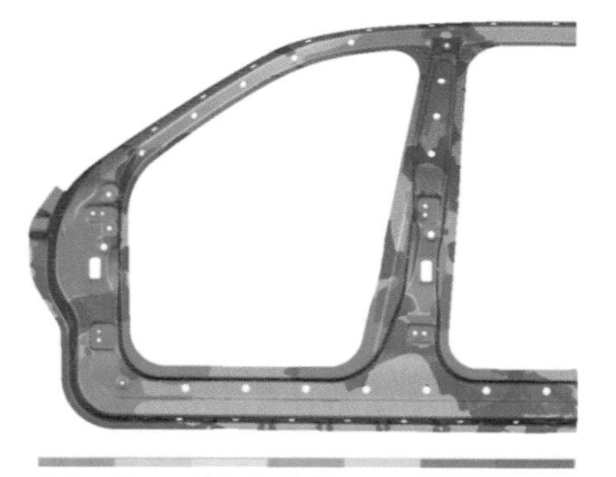


(c) 175 mm/s

Splits Excess thinning Risk of splits Safe Insuff. stretch Compress Thickening

(d) 237.5 mm/s

图 4-75 成形速度对拼焊门环热冲压成形性能的影响

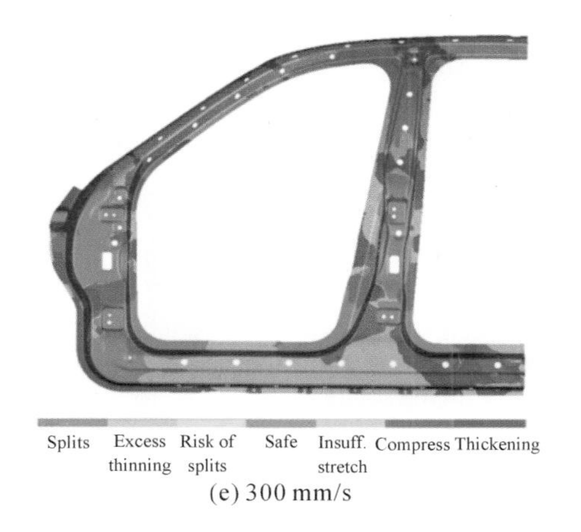


(e) 300 mm/s

**续图 4-75**

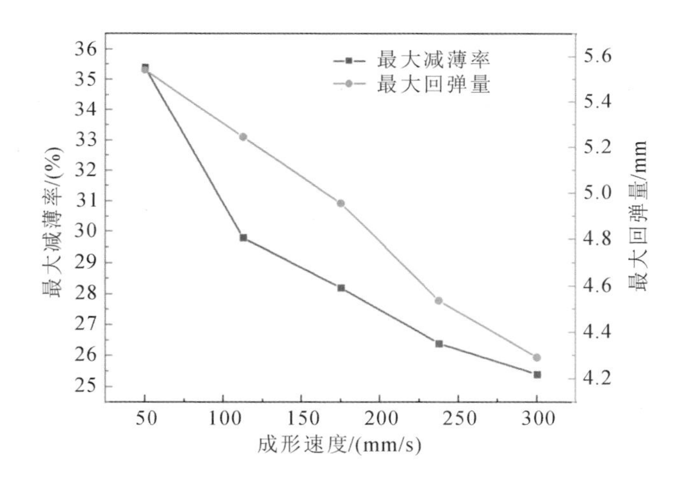


**图 4-76　成形速度对拼焊门环最大减薄率和最大回弹量的影响**

最大回弹量随着成形速度的提高而呈近线性递减，从 5.541 mm 降低到 4.292 mm。这是因为在成形速度较低时，板材在成形时的温差大，低温度区域的弹性变形量较高温度区域的大，故在开模后回弹量大；随着成形速度的提高，成形温度升高，板材各位置温差小，弹性变形程度减小，故最大回弹量逐渐减小。

#### 4.3.2.4　保压力

当成形温度为 750 ℃，摩擦系数为 0.3，成形速度为 175 mm/s，保压时间为 10 s 时，不同保压力下拼焊门环热冲压成形性能如图 4-77 所示，图 4-78 为保压

(a) 1500 kN

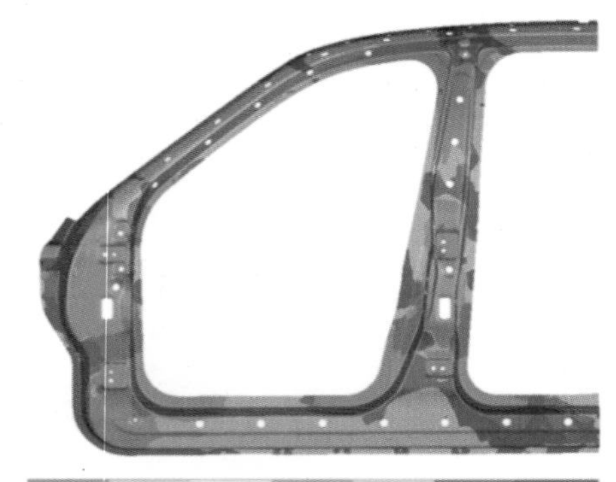

(b) 2000 kN

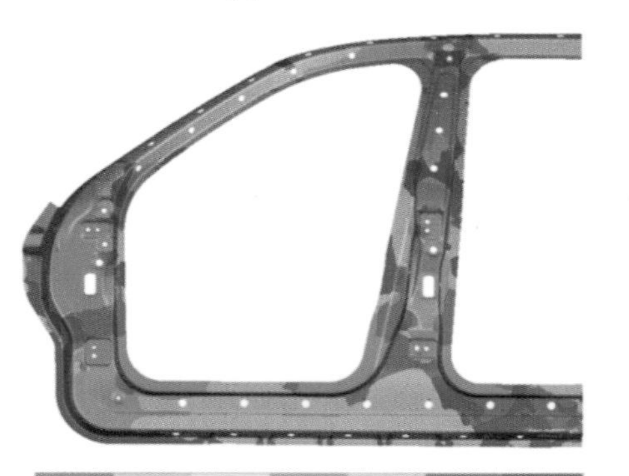

(c) 2500 kN

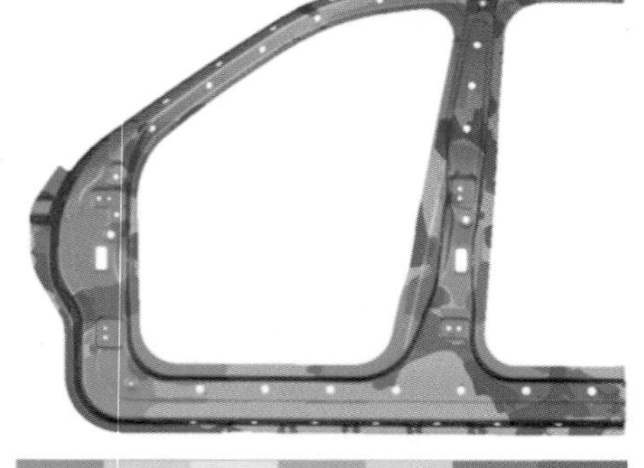

(d) 3000 kN

(e) 3500 kN

图 4-77　保压力对拼焊门环热冲压成形性能的影响

力对门环最大减薄率和最大回弹量的影响。当保压力从 1500 kN 增大到 3500 kN，门环热冲压成形性能与最大减薄率变化不明显；而最大回弹量从 5.572 mm减小至 4.239 mm。这是因为当其他工艺参数不变时，随着保压力增大，板材在保压淬火中的冷却速率加快，则开模时的板材温度梯度减小，温度分布更均匀，因此回弹现象不显著。

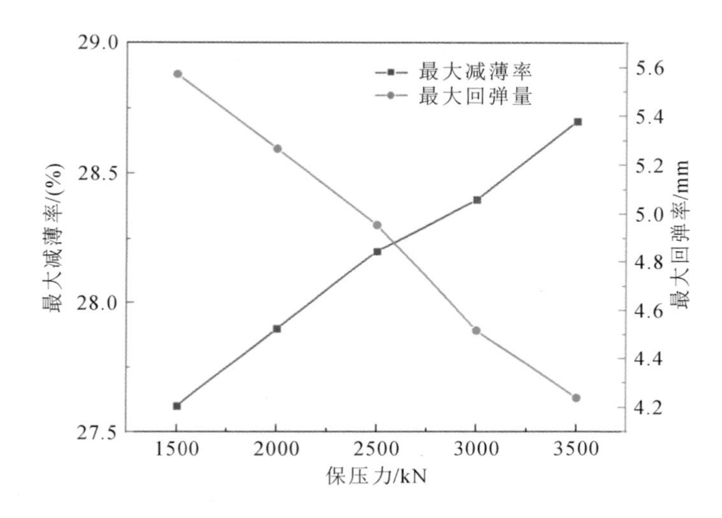


**图 4-78　保压力对拼焊门环最大减薄率和最大回弹量的影响**

#### 4.3.2.5　保压时间

当成形温度为 750 ℃，摩擦系数为 0.3，成形速度为 175 mm/s，保压力为 2500 kN 时，不同保压时间下拼焊门环热冲压成形性能如图 4-79 所示，图 4-80 为保压时间对拼焊门环最大减薄率和最大回弹量的影响。当保压时间从 6 s 增大到 14 s 时，拼焊门环热冲压成形性能与最大减薄率均无明显变化，而最大回弹量从5.725 mm 减小至 4.282 mm，其回弹量减小的原理和保压力相同，即随着保压时间延长，开模时板材温度梯度减小，温度分布越均匀，回弹量越小。当保压时间在 12 s 以上时，最大回弹量趋于稳定。

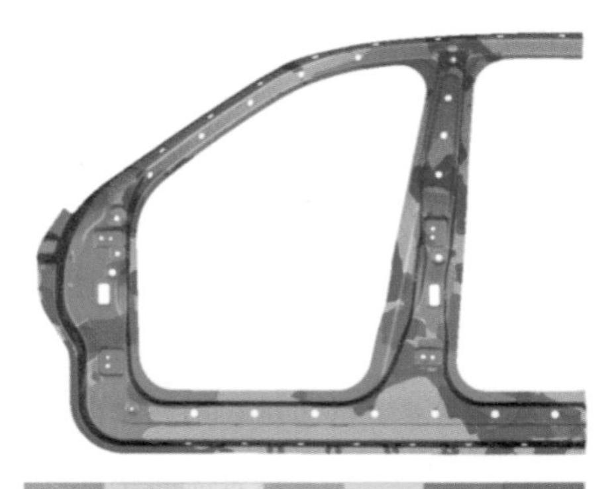

Splits Excess thinning Risk of splits Safe Insuff. stretch Compress Thickening

(a) 6 s

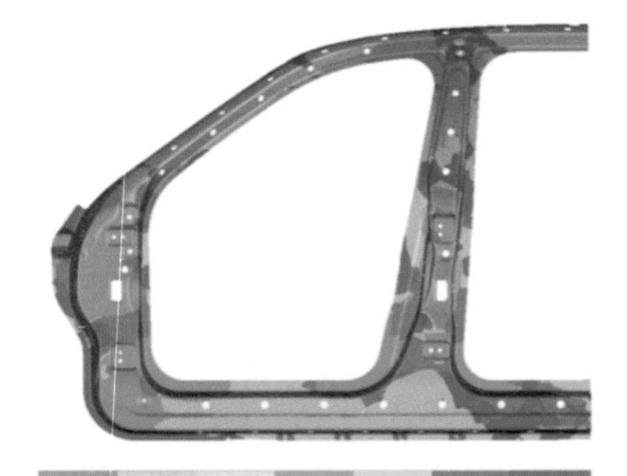

Splits Excess thinning Risk of splits Safe Insuff. stretch Compress Thickening

(b) 8 s

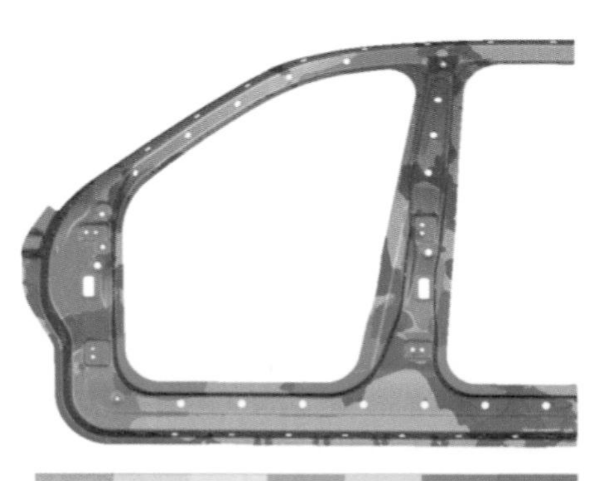

Splits Excess thinning Risk of splits Safe Insuff. stretch Compress Thickening

(c) 10 s

Splits Excess thinning Risk of splits Safe Insuff. stretch Compress Thickening

(d) 12 s

Splits Excess thinning Risk of splits Safe Insuff. stretch Compress Thickening

(e) 14 s

图 4-79 保压时间对拼焊门环热冲压成形性能的影响

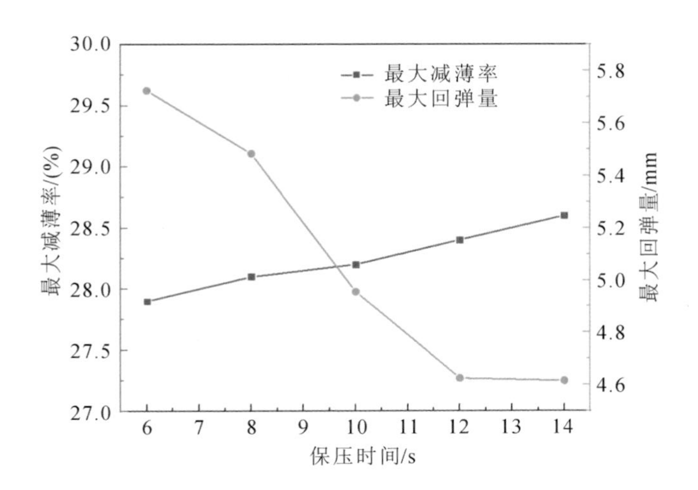


**图 4-80 保压时间对拼焊门环最大减薄率和最大回弹量的影响**

## 4.3.3 拼焊门环变强度热冲压工艺优化与回弹补偿

基于已建立的拼焊门环热成形有限元模型以及工艺参数范围(保压力为2500 kN、保压时间为10 s),本小节以对拼焊门环成形质量影响显著的工艺参数(成形温度 $T$、摩擦系数 $\mu$ 和成形速度 $v$)为设计变量,以最大减薄率 $D_{\mathrm{f}}$ 和切边最大回弹量 $D_{\mathrm{spr}}$ 为响应值,采用中心复合设计(CCD)法建立响应面近似模型,结合多目标优化遗传算法 NSGA-Ⅱ得到 Pareto 优化解,并分析拼焊门环成形性能。此外,本小节对拼焊门环最大回弹量进行分析,基于模面补偿进一步优化回弹量。

### 4.3.3.1 拼焊门环热冲压成形响应面模型的建立

(1) 试验设计。

① 设计变量与响应值的选取。

以成形温度 $T$、摩擦系数 $\mu$ 和成形速度 $v$ 作为设计变量,分别以最大减薄率 $D_{\mathrm{f}}$ 和切边最大回弹量 $D_{\mathrm{spr}}$ 作为响应值,将拼焊门环成形性能优化问题转化为3因素2目标的最优解问题。

② 试验设计方法选取。

针对不同优化对象和响应值,所选用的试验设计方法存在很大差异。选用合理的试验设计方法有助于准确分析设计变量对响应值的影响规律，通过数学模型得到设计变量与响应值之间的关系式和近似模型，进而解决实际工程问题，故选取一个正确的试验设计方法是至关重要的。试验设计方法的选取，需遵循以下原则：一、不同试验设计有不同的试验次数，在确保近似模型可靠性的情况下应尽可能减少试验次数；二、通过理论分析、仿真模拟、试验试错，筛选出对响应值具有重大影响的影响因子作为设计变量；三、针对多因素多目标优化，若响应面无法得出最佳优化目标，可结合其他优化方法进行分析优化。

本试验设计采用的软件为 Design-Expert 10。关于响应面法，常用的试验设计方法有 Box-Behnken 设计(BBD)和中心复合设计(CCD)两种。其中 BBD 只适用于 3 水平的因素，由于门环成形优化为 3 因素 5 水平 2 目标，故采用 CCD 更为合适。

试验的工艺参数及水平值如表 4-28 所示。为了保证近似模型的可靠性，采用 CCD 得到 27 组试验，在 AutoForm 软件中分别计算 27 组试验的模拟结果，部分组别的拼焊门环热冲压工艺参数、最大减薄率及最大回弹量如表 4-29 所示。

**表 4-28　工艺参数及水平值**

| 工艺参数 | 水平值 | | | | |
|---|---|---|---|---|---|
| 成形温度/℃ | 600 | 675 | 750 | 825 | 900 |
| 摩擦系数 | 0.1 | 0.2 | 0.3 | 0.4 | 0.5 |
| 成形速度/(mm/s) | 50 | 112.5 | 175 | 237.5 | 300 |

**表 4-29　试验设计与模拟结果统计**

| 试验号 | 成形温度/℃ | 摩擦系数 | 成形速度/(mm/s) | 最大减薄率/(%) | 最大回弹量/mm |
|---|---|---|---|---|---|
| 1 | 825 | 0.3 | 175 | 30.9 | 4.956 |
| 2 | 750 | 0.3 | 237.5 | 26.9 | 4.617 |
| 3 | 750 | 0.3 | 112.5 | 32.7 | 5.014 |
| 4 | 750 | 0.3 | 175 | 28.7 | 4.825 |
| ⋮ | ⋮ | ⋮ | ⋮ | ⋮ | ⋮ |
| 26 | 900 | 0.1 | 50 | 32.7 | 5.509 |
| 27 | 900 | 0.1 | 300 | 25.3 | 4.722 |

(2)响应面模型。

① 响应面模型的概念。

1951 年,Box 和 Wilson 提出响应面模型的概念,即通过多组试验数据来建立设计变量与响应值之间的数学模型。相较于其他优化方法,响应面法的优势在于:一、用尽可能少的试验次数来拟合设计变量与目标值之间的关系;二、拟合复杂的响应关系时有多种回归模型供选择;三、可靠性高,可有效解决复杂的实际工程问题。

② 响应面模型的建立。

对 27 组试验结果进行分析处理,选择二阶数学模型建立设计变量与响应值之间的关系,得到工艺参数(设计变量)与最大减薄率(响应值)、切边最大回弹量(响应值)之间的关系式如下:

$$D_{\mathrm{f}}=28.88+0.62T+8.27\mu-3.68v-0.025T\mu-0.28Tv-0.37v\mu+0.49T^2+4.49\mu^2+2.89v^2 \tag{4-14}$$

$$D_{\mathrm{spr}}=5.03-0.71T-0.32\mu+0.011v+0.22T\mu+5.875\times10^{-3}Tv-0.043v\mu+0.45T^2+2.39\mu^2-2.03v^2 \tag{4-15}$$

式中:$T$、$\mu$ 和 $v$ 分别表示成形温度、摩擦系数和成形速度的编码变量;$D_{\mathrm{f}}$ 和 $D_{\mathrm{spr}}$ 分别为最大减薄率和切边最大回弹量的响应值。

③ 响应面近似模型可靠性验证。

为验证二阶响应面近似模型的精度,采用 ANOVA 方差分析法计算得到两个目标函数的 $P$ 值均小于显著性水平 0.05,$F$ 值、$R^2$(模型决定系数)和 $R^2_{\mathrm{adj}}$(模型校正决定系数)如表 4-30 所示。其中 $R^2$ 和 $R^2_{\mathrm{adj}}$ 计算公式如下:

$$\mathrm{SSR}=\boldsymbol{\beta}^{\mathrm{T}}\boldsymbol{X}^{\mathrm{T}}\boldsymbol{Y}-\left(\sum_{i=1}^{k}Y_i\right)^2/k=\sum_{i=1}^{k}(\hat{Y}_i-\bar{Y})^2 \tag{4-16}$$

$$\mathrm{SSE}=\boldsymbol{Y}^{\mathrm{T}}\boldsymbol{Y}-\beta^{\mathrm{T}}\boldsymbol{X}^{\mathrm{T}}\boldsymbol{Y}=\sum_{i=1}^{k}(Y_i-\hat{Y}_i)^2 \tag{4-17}$$

$$\mathrm{SST}=\mathrm{SSR}+\mathrm{SSE}=\sum_{i=1}^{k}(Y_i-\bar{Y})^2 \tag{4-18}$$

$$R^2=\frac{\mathrm{SSR}}{\mathrm{SST}}=1-\frac{\mathrm{SSE}}{\mathrm{SST}} \tag{4-19}$$

$$R_{\text{adj}}^2 = 1 - \frac{\dfrac{\text{SSE}}{k-s-1}}{\dfrac{\text{SST}}{k-1}} = 1 - \frac{k-1}{k-s-1}(1-R^2) \tag{4-20}$$

式中：SSR 是回归平方和，表示回归模型解释的变异量；$\boldsymbol{\beta}$ 是回归系数向量；$\boldsymbol{X}$ 表示设计矩阵，其中包含多个自变量的信息；SSE 表示误差平方和，用于衡量模型预测值与实际观测值之间差异的大小；SST 表示总离差平方和，用于衡量数据点偏离均值的程度；$\boldsymbol{Y}$ 表示相应变量的向量；$Y_i$ 表示每组试验的模拟值；$\hat{Y}_i$ 表示二阶响应面近似模型的预测值；$\overline{Y}$ 表示试验模拟值的平均值；$k$ 表示试验组数；$s$ 表示回归方程中系数的个数。

**表 4-30 响应面模型的拟合误差**

| 目标函数 | $F$ | $R^2$ | $R_{\text{adj}}^2$ |
|---|---|---|---|
| 最大减薄率 $D_{\text{f}}$ | 50.29 | 0.9890 | 0.9791 |
| 最大回弹量 $D_{\text{spr}}$ | 32.03 | 0.9665 | 0.9363 |

对于最大减薄率，$R^2=0.9890$，表明 $D_{\text{f}}$ 的预测值与模拟值相关性好，所建立的关系模型拟合度高；$R_{\text{adj}}^2=0.9791$，表明此回归模型可信度高。对于最大回弹量，$R^2=0.9665$，表明 $D_{\text{spr}}$ 的预测值与模拟值相关性好，所建立的关系模型拟合度高；$R_{\text{adj}}^2=0.9363$，表明此回归模型可信度高。综上所述，所建立的二阶近似响应面模型可靠性高。

预测值与试验输出值之间的相关性如图 4-81 所示。两者相关性好，说明模型拟合度高，可用于最大减薄率 $D_{\text{f}}$ 和最大回弹量 $D_{\text{spr}}$ 的分析和预测。

（3）响应面模型影响因素分析。

为了探究多工艺参数协同作用对拼焊门环热冲压成形的影响规律，这里建立了二阶响应面模型，分析了成形温度 $T$、摩擦系数 $\mu$ 和成形速度 $v$ 的协同作用对拼焊门环最大减薄率和切边最大回弹量的影响规律。

当成形速度为 175 mm/s 时，成形温度与摩擦系数的协同作用对拼焊门环最大减薄率的影响如图 4-82(a)所示。最大减薄率随着成形温度和摩擦系数的增大而呈现显著增加的趋势，成形温度的升高导致板材在成形过程中的流动性增强，摩擦系数的增大导致板材的流动阻力增大，两者的协同作用便使得最大

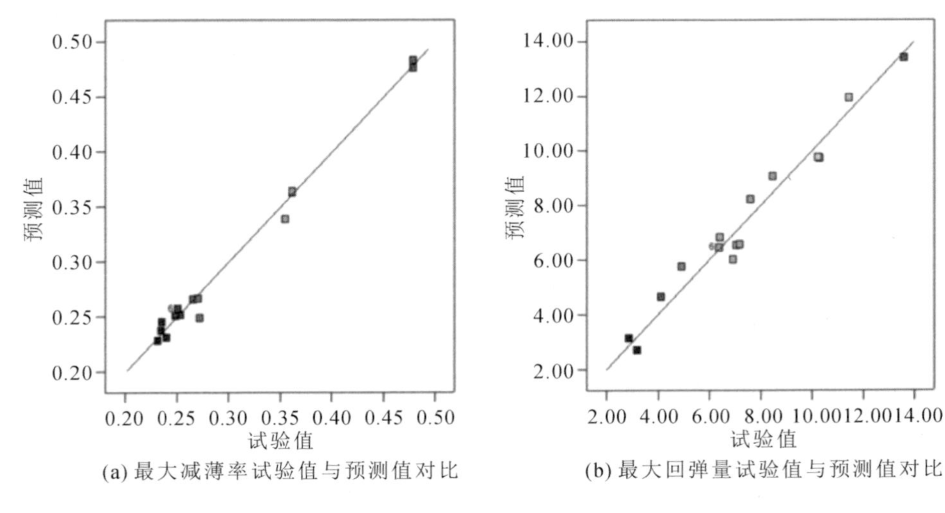


(a) 最大减薄率试验值与预测值对比　　(b) 最大回弹量试验值与预测值对比

**图 4-81 各响应值的相关性**

减薄率增大。

当成形速度为 175 mm/s 时，成形温度与摩擦系数的协同作用对拼焊门环最大回弹量的影响如图 4-82(b)所示。随着成形温度和摩擦系数的增大，最大回弹量呈现先减小后增大的趋势，成形温度的升高使得材料的弹性变形量减小，而摩擦系数增大导致板材流动阻力变大，板料内外层应力状态差别大，压力机卸载后的热冲压件应力变化大。成形温度的升高可有效减小回弹，而摩擦系数的增大会加剧回弹，两者的协同作用使得最大回弹量先减小后增大。

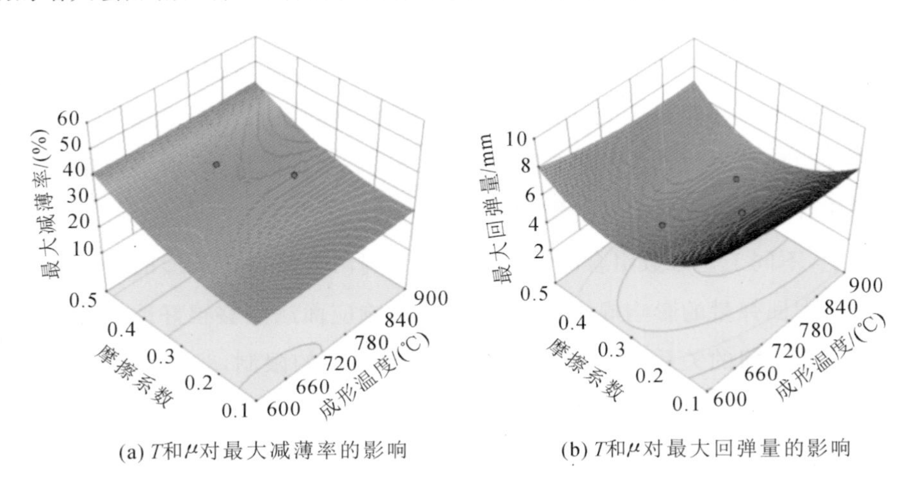


(a) $T$和$\mu$对最大减薄率的影响　　(b) $T$和$\mu$对最大回弹量的影响

**图 4-82 成形温度和摩擦系数协同作用对成形质量的影响**

当摩擦系数为 0.3 时，成形温度与成形速度的协同作用对拼焊门环最大减薄率的影响如图 4-83(a)所示。随着成形速度的增大和成形温度的升高，最大减薄率呈现逐渐减小的趋势，但变化幅度不大。这是因为成形速度提升，板材流动更均匀，可减小减薄率，而减薄率随着成形温度的提升呈现先减小后增大的趋势。当摩擦系数为 0.3 时，成形温度与成形速度的协同作用对拼焊门环最大回弹量的影响如图 4-83(b)所示，随着成形速度的增大和成形温度的升高，最大回弹量呈现先增大后减小的趋势。

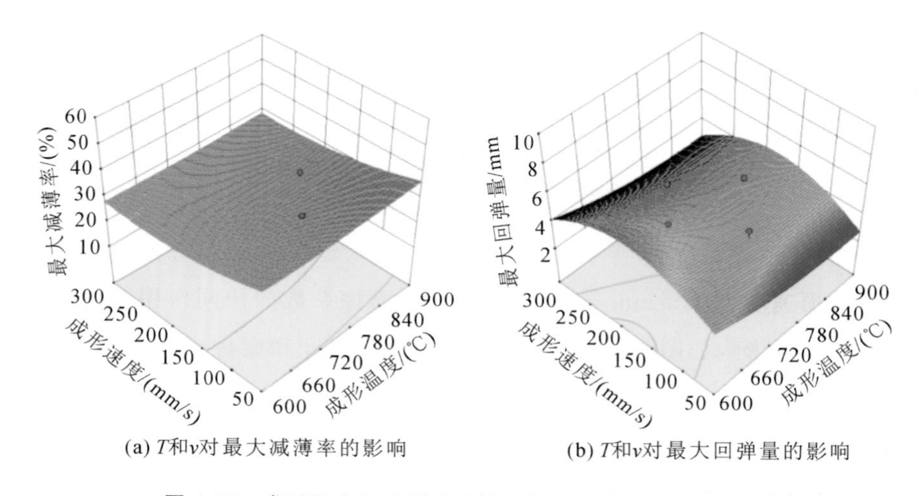

(a) T和v对最大减薄率的影响　　(b) T和v对最大回弹量的影响

**图 4-83　成形温度和成形速度协同作用对成形质量的影响**

当成形温度为 750 ℃时，摩擦系数与成形速度的协同作用对拼焊门环最大减薄率的影响如图 4-84(a)所示，随着成形速度和摩擦系数的增大，最大减薄率呈现显著增大的趋势。当成形温度为 750 ℃时，摩擦系数与成形速度的协同作用对拼焊门环最大回弹量的影响如图 4-84(b)所示，由图可知，成形速度与摩擦系数对拼焊门环最大回弹量的影响较复杂。

综上，不同工艺参数组合的协同作用对拼焊门环热冲压成形的最大减薄率和切边最大回弹量的影响规律复杂，虽然通过响应面法能够很好地拟合设计变量与响应值之间的关系，但是受设计变量水平间距的限制，难以得到最优工艺参数组合。为保证拼焊门环的减薄率达到生产要求且修边后回弹量尽可能小，考虑采用响应面-多目标遗传算法对拼焊门环成形进行优化。

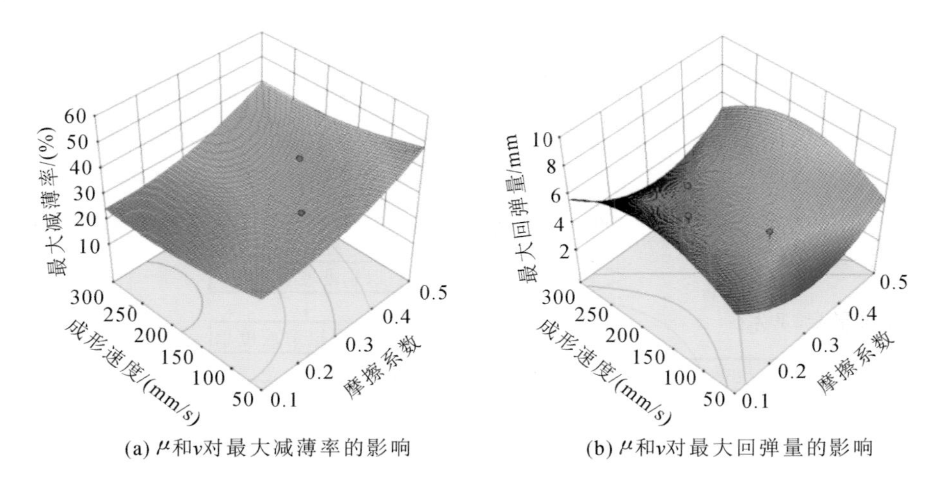


(a) $\mu$和$v$对最大减薄率的影响　　(b) $\mu$和$v$对最大回弹量的影响

**图 4-84　摩擦系数和成形速度协同作用对成形质量的影响**

#### 4.3.3.2　响应面-多目标遗传算法的拼焊门环热冲压成形优化

（1）NSGA-Ⅱ多目标优化遗传算法。

NSGA-Ⅱ算法是一种用于多目标优化的遗传算法，是由 Srinivas 和 Deb 基于 NSGA 算法提出的，NSGA-Ⅱ算法原理如图 4-85 所示。NSGA-Ⅱ算法较 NSGA有以下优点：

① 采用快速非支配排序算法，在尽可能保留最优秀个体的前提下，最大限度降低了计算复杂度；

② 优化结果精度较高；

③ 最终得到的 Pareto 最优解集分布均匀，选取最优解自由度高。

（2）响应面-多目标优化遗传算法。

基于建立的热冲压工艺参数成形温度、摩擦系数以及成形速度与拼焊门环最大减薄率、切边最大回弹量之间的二阶响应面近似模型，结合 NSGA-Ⅱ算法对拼焊门环热冲压成形性能进行多目标优化，其约束及目标条件如下：

$$F=\min[\,D_{f}(\%)\,,D_{spr}(\text{mm})\,] \tag{4-21}$$

$$\text{s.t.}\quad\begin{cases}600\ ℃\leqslant T\leqslant 900\ ℃\\ 0.1\leqslant\mu\leqslant 0.5\\ 50\ \text{mm/s}\leqslant v\leqslant 300\ \text{mm/s}\end{cases} \tag{4-22}$$

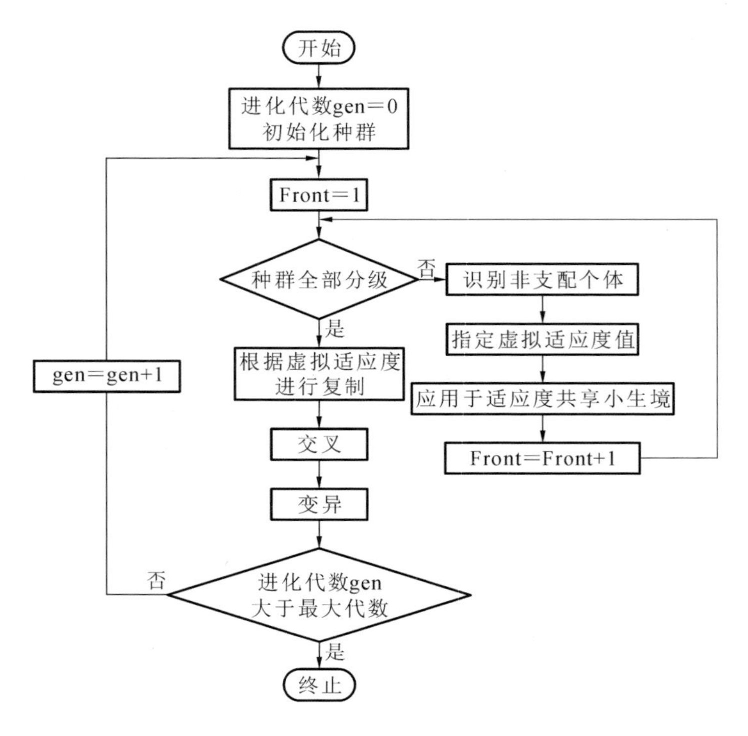


图 4-85　NSGA-Ⅱ算法原理

式中：$D_f$和 $D_{spr}$分别为最大减薄率和最大回弹量的响应值；$T$、$\mu$ 和 $v$ 分别为成形温度、摩擦系数和成形速度。

基于 Matlab 构建目标函数，NSGA-Ⅱ算法的参数设置如表 4-31 所示。经多目标遗传算法优化得到的 Pareto 优化解集如图 4-86 所示，其中每一个点都表示优化得到的一个非劣最优解。

表 4-31　NSGA-Ⅱ参数设置

| 参数 | 种群规模 | 最优个体系数 | 最大进化代数 | 交叉概率 | 变异概率 | 终止代数 | 适应度偏差 |
|---|---|---|---|---|---|---|---|
| 设置值 | 200 | 0.3 | 300 | 90% | 10% | 200 | $1\times10^{-10}$ |

（3）Pareto 优化结果验证。

以最大减薄率 $D_f\leqslant25\%$且最大回弹量 $D_{spr}$尽可能小为优化目标，选取图 4-86 中的 $A$ 点工艺参数组合进行试验验证，将 $A$ 点的工艺参数组合（$T=875$ ℃，$\mu$

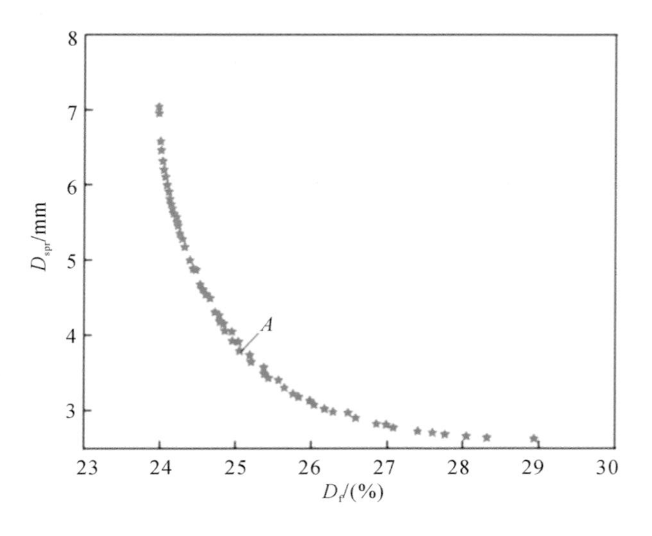


**图 4-86** Pareto **优化解集**

$=0.146, v=195$ mm/s)输入 AutoForm 软件中进行模拟验证。

拼焊门环成形优化结果如图 4-87 所示，图 4-87(a)和图 4-87(b)分别为模拟获得的优化后减薄率分布图和回弹量分布图，拼焊门环优化前后的最大减薄率和最大回弹量如表 4-32 所示。在 Pareto 优化工艺参数组合下，拼焊门环的最大减薄率由 28.7%减小到 23.8%，降低了 17.07%；最大回弹量从 4.825 mm 减小到3.555 mm，降低了 26.32%。模拟值与优化预测值相近，最大减薄率和最大回弹量预测误差分别为 3.64%和 5.35%。

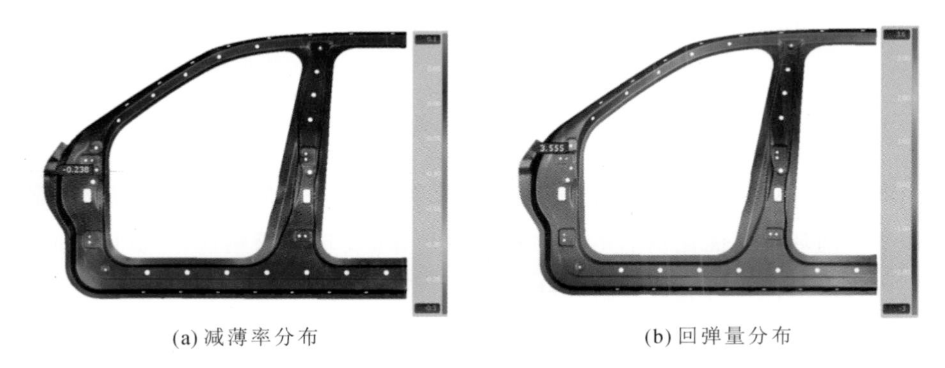


(a) 减薄率分布　　(b) 回弹量分布

**图 4-87　拼焊门环成形优化结果**

**表 4-32　Pareto 优化前后成形质量对比**

| 成形质量 | 初始值 | 优化值 | 对比 |
|---|---|---|---|
| 最大减薄率/(%) | 28.7 | 23.8 | 降低 17.07% |
| 最大回弹量/mm | 4.825 | 3.555 | 降低 26.32% |

#### 4.3.3.3　拼焊门环成形结果分析

(1) 成形性能分析。

由以上分析可知，拼焊门环成形优化前后的最大减薄率均出现在 A 柱上端法兰边与侧面的交界区域。该区域在成形过程中存在向下与向外的拉深变形，由于拉深深度较大且型面较复杂，故该区域的变形量最大，减薄率最大。将该区域最大减薄率出现的位置定义为危险点，将经过危险点且与拼焊门环 A 柱 U 形截面平行的平面定义为危险截面，如图 4-88(a)所示。通过危险截面选取 11 个取样点，如图 4-88(b)所示。

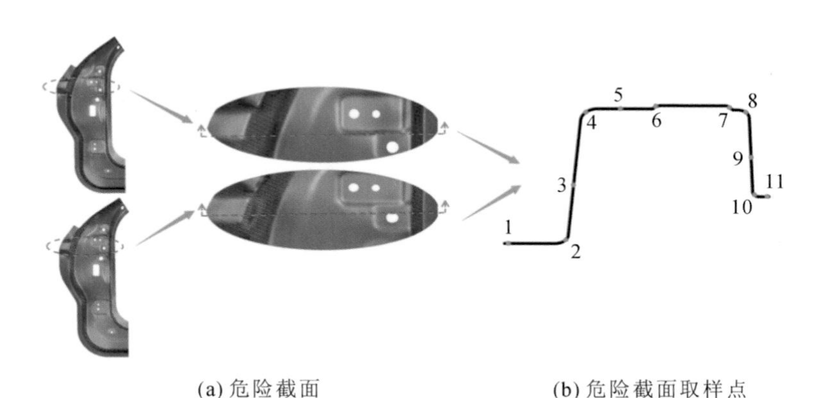


(a) 危险截面　　(b) 危险截面取样点

**图 4-88　危险点与危险截面**

如图 4-89(a)所示为拼焊门环成形优化前后危险截面各取样点的减薄率。对比拼焊门环成形优化前后的危险截面减薄率，发现采用响应面-多目标遗传算法进行成形优化可有效抑制板材减薄。

对拼焊门环热冲压成形过程中的危险点进行温度、主应变与主应力分析。图 4-89(b)、(c)和(d)所示分别为优化前后成形过程中危险点的温度、主应变和主应力变化。由图 4-89(b)可得，随着变形时间的增加，危险点温度呈近 Z 形降低趋势，优化前板材的成形温度较低，材料塑性低、流动性差，危险点变形量大，板材变形不均匀，导致危险点区域减薄率较大，易产生破裂；而优化后的成形温度较高，且成形完成时的温度较高，板材的流动性好，变形更均匀，故减薄率小，不易产生破裂。由图 4-89(c)和(d)可知，危险点主应变随着变形时间的增加而呈 L 形增长趋势，主应力呈 J 形增长趋势，优化后的主应变与主应力增长幅度较小，变化较平缓，且成形完成时的主应变和主应力较小，即变形量小，减薄率小，更不易产生破裂。综上，优化后的拼焊门环热冲压成形性能得到显著提升。

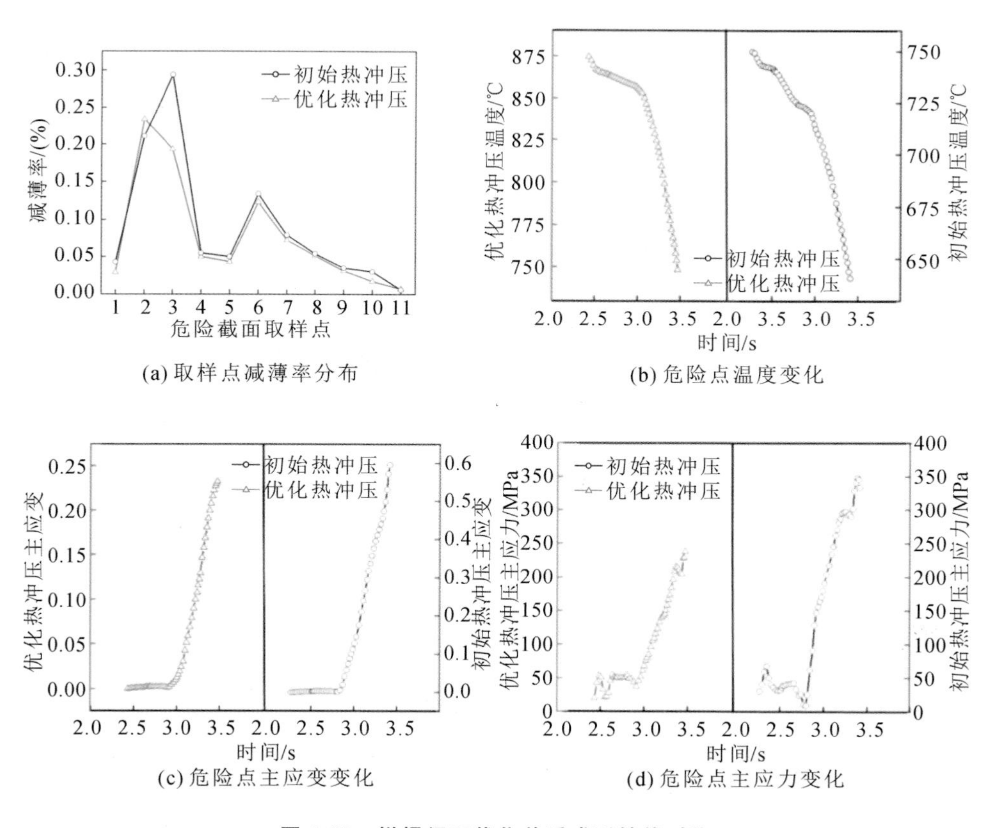

(a) 取样点减薄率分布　　(b) 危险点温度变化

(c) 危险点主应变变化　　(d) 危险点主应力变化

**图 4-89　拼焊门环优化前后成形性能对比**

(2) 力学性能分析。

图 4-90(a)、(b)、(c)和(d)所示分别为拼焊门环响应面-多目标遗传算法成形优化得到的抗拉强度、硬度、马氏体组织和贝氏体组织分布云图。由图 4-90

(a)和(b)可知，拼焊门环A柱的平均抗拉强度为1326 MPa，平均硬度为436.7 HV；车顶边梁的平均抗拉强度为1482 MPa，平均硬度为488.0 HV；中立柱上段的平均抗拉强度为1485 MPa，平均硬度为489.0 HV；中立柱下段的平均抗拉强度为1052 MPa，平均硬度为346.3 HV；门槛梁的平均抗拉强度为1333 MPa，平均硬度为439.0 HV。拼焊门环各区域的平均抗拉强度统计如图4-91所示，其强度满足设计强度要求。由于AutoForm模拟得到的强度与硬度是基于各向同性屈服准则与混合线性准则，由各金相组织所占体积分数简单叠加得到的，故计算得到的强度与各相占比之间的关系存在一定误差，但仍符合贝氏体的增加引起强度降低的规律。

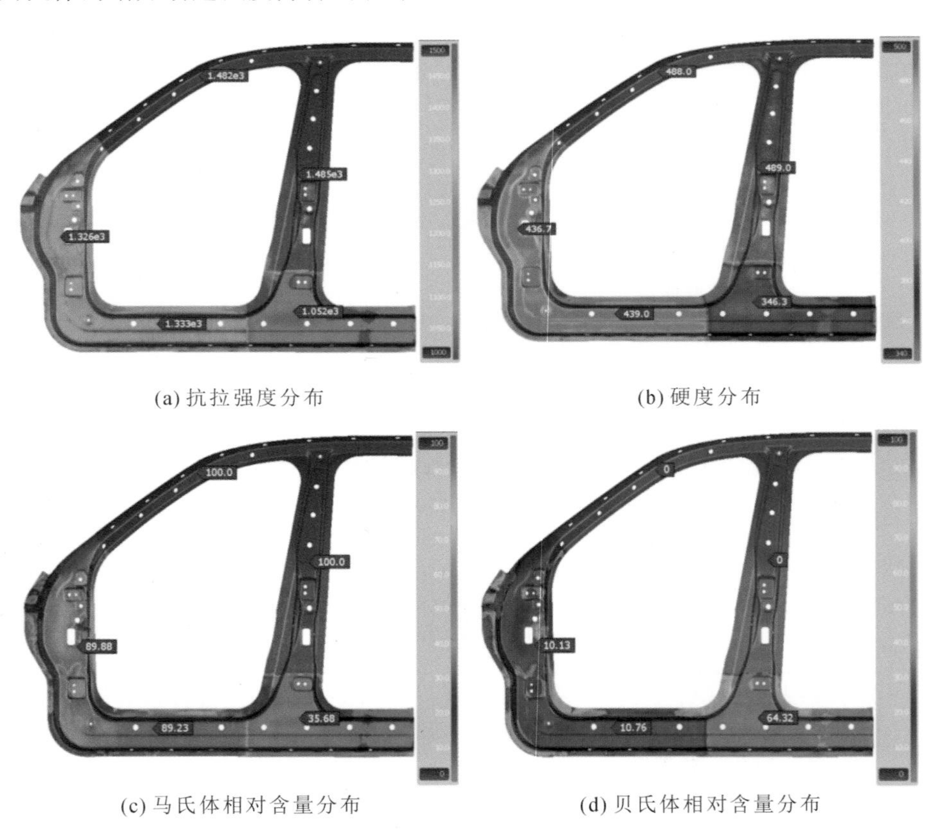


(a) 抗拉强度分布　(b) 硬度分布

(c) 马氏体相对含量分布　(d) 贝氏体相对含量分布

**图4-90　拼焊门环力学性能**

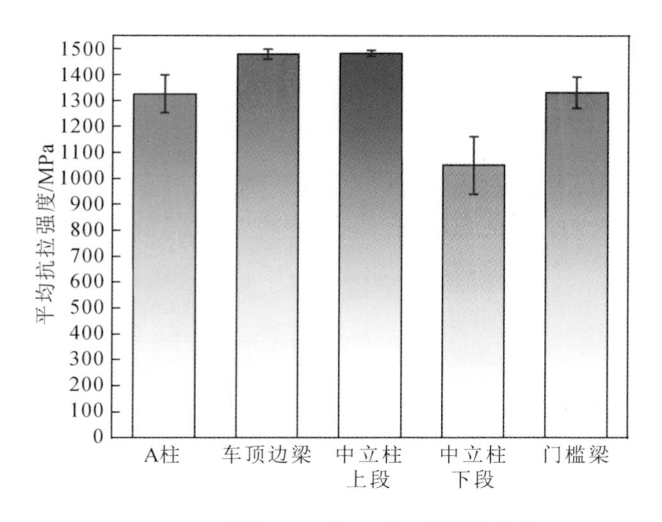


**图 4-91 拼焊门环各区域平均抗拉强度**

#### 4.3.3.4 拼焊门环热冲压成形回弹分析与模面补偿

(1) 回弹补偿方法及步骤。

回弹是热冲压件常见且难以消除的缺陷。对于典型大尺寸复杂车身覆盖件拼焊门环而言,由于拼焊门环在成形过程中发生了部分弹性变形,故在上模回程时,拼焊门环会产生局部回弹,严重时甚至发生扭曲回弹,导致拼焊门环装配精度变差。针对回弹缺陷,传统的优化方法需要经过多次修模试错,从而减小回弹量。随着热冲压成形数值模拟技术的发展,采用基于数值模拟的控制工艺以及回弹补偿方法进行优化回弹可显著缩短试错周期。由 4.3.3.2 节可知,拼焊门环经成形优化后最大回弹量为 3.555 mm,显然优化拼焊门环热冲压工艺参数对回弹的抑制作用是有限的,但可以最大限度地减小回弹量。为使回弹量符合生产标准,考虑采用回弹补偿来进一步优化拼焊门环切边最大回弹量。

回弹补偿是根据热冲压件各位置的回弹值对模具进行反向补偿来减小回弹的。目前,关于回弹补偿,主要有几何节点位移补偿法和应力反向补偿法两种。针对超高强钢拼焊门环变强度热冲压成形产生的回弹,考虑采用几何节点位移补偿法来减小回弹,其流程如图 4-92 所示。

(2) 基于模面补偿的回弹优化与结果分析。

基于 RSM-NSGA 工艺参数优化结果,采用 AutoForm R7 软件平台中的

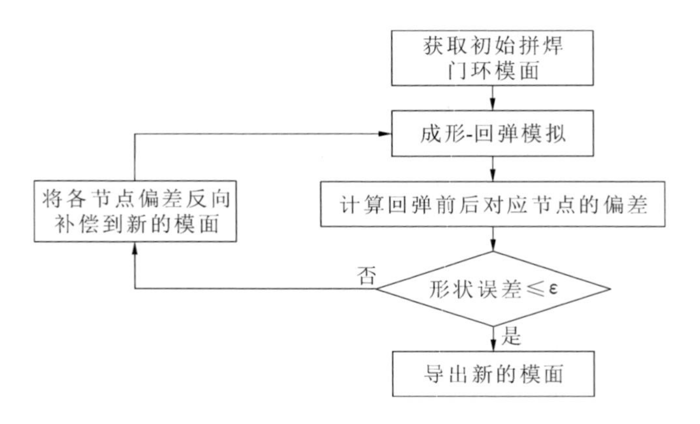


**图 4-92　几何节点位移回弹补偿法流程**

CDSC 模块对拼焊门环模具进行模面补偿，将回弹补偿因子设为 1.0，光顺度设为 0.5，以保证补偿模面的光顺度。

经过初次模面补偿，得到如图 4-93(a)所示的拼焊门环回弹量分布，最大回弹量为2.833 mm，相对于初始值 3.555 mm 减小了 0.722 mm，回弹优化效果显著，但仍无法满足成形精度要求。因此，需在第一次回弹补偿的基础上，进行多次模面补偿迭代，直至拼焊门环最大回弹量控制在±1 mm 之内为止。

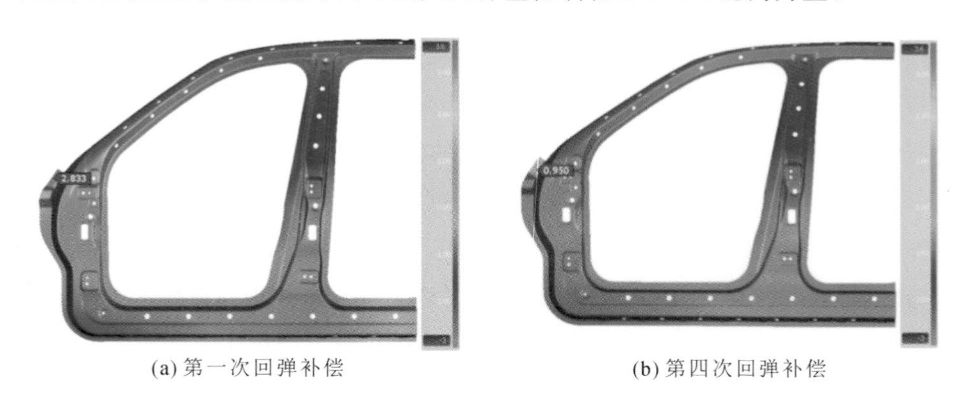


(a) 第一次回弹补偿　　(b) 第四次回弹补偿

**图 4-93　回弹补偿迭代优化结果**

重复以上步骤，经四次模面补偿迭代后，拼焊门环回弹量分布如图 4-93(b)所示，最大回弹量降至 0.950 mm，回弹量均控制在±1 mm 以内，满足成形精度要求。

基于 Pareto 优化，通过四次回弹补偿迭代得到的拼焊门环热冲压成形模拟结果如图 4-94 所示。经过四次模面回弹补偿的迭代优化后，拼焊门环最大减薄率为 23.7%，最大回弹量为 0.950 mm，成形质量好，满足生产要求，且拼焊门环各区域的强度仍满足设计强度要求。

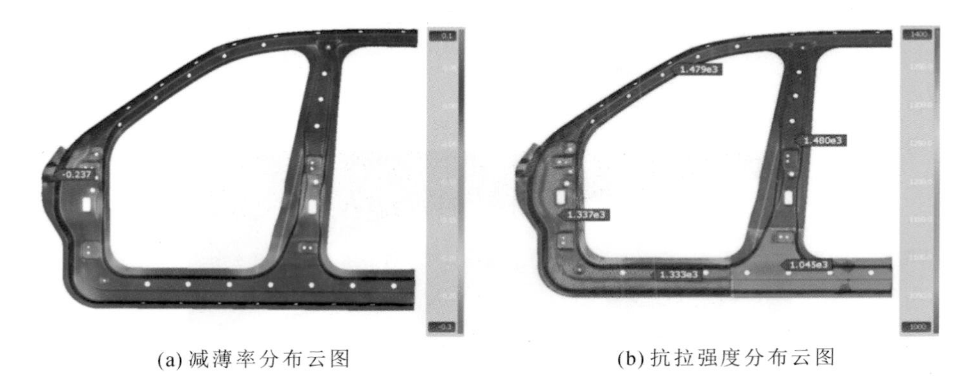


(a) 减薄率分布云图　　(b) 抗拉强度分布云图

**图 4-94　第四次回弹补偿迭代成形**

## 4.4　典型超高强钢构件变强度热冲压成形制造

前面对变强度热冲压构件开展了基于碰撞吸能的轻量化优化设计，并通过改变模具表面传热系数或模具温度等方法进行了变强度热冲压成形过程的仿真分析。可以看出，变强度构件热冲压工艺主要有以下技术途径：①面向碰撞吸能设计优化构件梯度性能，通过拼焊不同强度或厚度级别板材实现强度分区；②通过热冲压模具冷却系统流量流速控制实现热冲压构件梯度冷却（或通过陶瓷热障涂层实现冲压坯料梯度控温），进而使热冲压构件完成梯度相变获得梯度性能；③通过补丁板热冲压（主板局部点焊打补丁再一起热冲压）实现构件局部加强以调节综合性能。

事实上，实现变强度热冲压的设计制造方法有多种，但核心思想是控制超高强钢构件的分区组织性能，实现“软区”和“硬区”的协同匹配，进而满足安全构件不同部位差异化强韧性需求，达到最佳碰撞吸能效果。目前，变强度热冲压工艺和产品已在多种乘用车车型上实现批量生产和应用。图 4-95 是采用变强度热冲压工艺成形的几种典型样件。

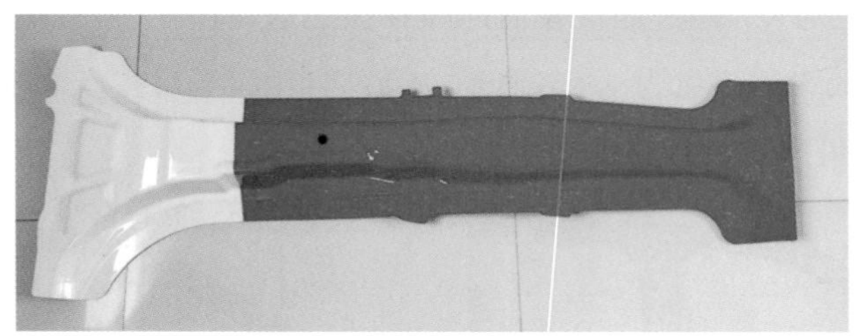

(a) 中立柱加强板样件

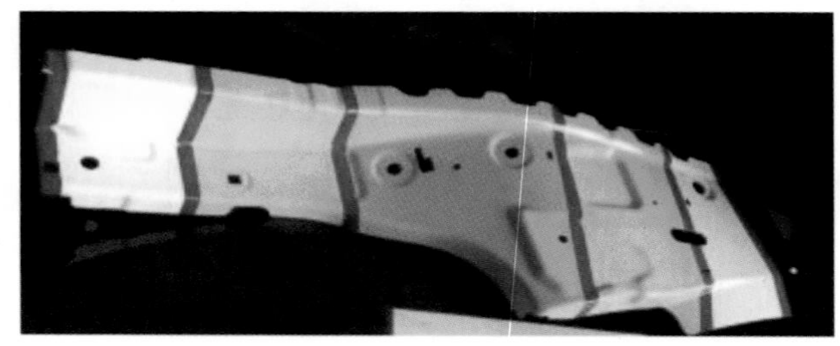

(b) 地板连接板样件

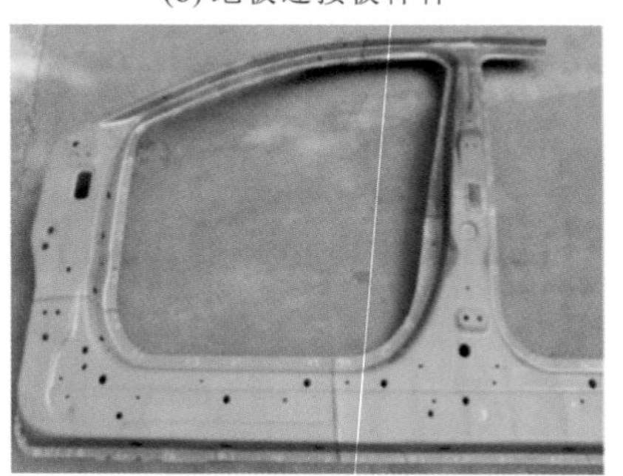

(c) 拼焊门环样件

**图 4-95 典型变强度热冲压样件**

## 4.5 本章小结

本章以汽车中立柱和拼焊门环为研究对象，首先，综合运用有限元模拟、网格变量映射、试验设计、优化设计等手段对变强度中立柱进行了耐撞性能优化设计，并通过热障涂层试验方法调控模具与板料间传热系数以实现变强度中立柱热冲压成形。其次，基于 AutoForm 仿真平台建立了汽车拼焊门环变强度热冲压有限元模型，分析了不同工艺参数下拼焊门环的成形效果，选择成形效果较好的工艺参数组合进行拼焊门环热冲压试验，实现高强钢拼焊门环的精确成形。研究成果对促进超高强钢热冲压车身构件轻量化与耐撞性设计具有重要的理论价值和工程实践意义。

## 本章参考文献


[1] 韩瑜.汽车B柱加强板梯度性能设计与热冲压成形研究[D].武汉:武汉理工大学,2016.

[2] 刘润泽.考虑塑性变形效应的中立柱变强度设计与热冲压研究[D].武汉:武汉理工大学,2020.

[3] 刘润泽,宋燕利,刘鹏,等.基于Gray-Taguchi方法的汽车中立柱强度分布多目标优化设计[J].塑性工程学报,2021,28(1):29-37.

[4] GU X G,SUN G Y,LI G Y,et al. Multiobjective optimization design optimization of vehicle instrumental panel based on multi-objective genetic algorithm[J]. Chinese Journal of Mechanical Engineering,2013,26(2):304-312.

[5] SONG Y L,HAN Y,HUA L,et al. Optimal design and hot stamping of B-pillar reinforcement panel with variable strength based on side impact [C]. The 2nd International Conference on Advanced High Strength Steel and Press Hardening,Changsha,China,2016:320-326.

[6] WANG H,LI G Y,ZHONG Z H. Optimization of sheet metal forming processes by adaptive response surface based on intelligent sampling method[J]. Journal of Materials Processing Technology,2008,197(1-3):77-88.

[7] DAVID E G. Genetic algorithms in search,optimization and machine learning[J]. Addison Wesley,1989:432.

[8] AHMAD N,KAMAL S,RAZA Z A,et al. Multi-response optimization in the development of oleo-hydrophobic cotton fabric using Taguchi based grey relational analysis[J]. Applied Surface Science,2016,367:370-381.

[9] SONG Y L, HAN Y, HUA L, et al. Structure optimization and formability analysis of B-pillar reinforced panel in hot stamping[C]. The 34th International Deep Drawing Research Group, Shanghai, China, 2015: 821-829.

[10] MONDAL S, PAUL C P, KUKREJA L M, et al. Application of Taguchi-based gray relational analysis for evaluating the optimal laser cladding parameters for AISI1040 steel plane surface[J]. The International Journal of Advanced Manufacturing Technology, 2013, 66(1-4): 91-96.

[11] 宋燕利，华林，任永强，等．一种局部变强度热冲压件的成形模具：CN201520439607.X[P]．2016-03-09.

[12] XIONG F, WANG D F, ZHANG S, et al. Lightweight optimization of the side structure of automobile body using combined grey relational and principal component analysis[J]. Structural and Multidisciplinary Optimization, 2018, 57(1): 441-461.

# 第5章
# 伺服热冲压成形工艺设计方法与系统

目前国内外有关超高强钢热冲压的研究，绝大部分是基于传统机械压力机而展开的成形，滑块运动规律固定，行程一般不可调。另外，由于机身和主要受力零部件承受工作载荷会发生弹性变形，因此滑块下死点位置发生变化。这对于成形性差、易破裂、回弹大的铝合金板材极为不利。伺服压力机可依据材料成形工艺的要求，实现特定的滑块运动曲线；通过控制滑块间歇运动，实现热冲压保压淬火；通过下死点自动变位补偿，抵消机身和主要受力零部件的弹性变形，非常适合于复杂薄板构件的冲压加工。因此，本团队将超高强钢热冲压技术与伺服冲压成形技术结合起来，提出了伺服热冲压成形工艺，并建立了基于非均匀有理B样条(non-uniform rational B-spline，NURBS)曲线数学模型和材料热加工图的伺服热冲压成形工艺设计方法。本章着重阐述伺服热冲压成形工艺设计方法和智能设计系统开发过程，对实际工程应用具有指导意义。

## 5.1 D1800HFD超高强钢热冲压工艺特征规划

### 5.1.1 超高强钢板热冲压模拟试验

#### 5.1.1.1 试验材料

所用材料为厚度1.3 mm的冷轧热镀锌热成形钢，牌号为D1800HFD。本小节对该材料进行全元素定性半定量分析，在表面均匀、平整、无污染的板料部位用线切割机切取30 mm×30 mm的方形试样，考虑到锌镀层对试验结果的干扰，借助打磨机去除试样镀层，最终通过X射线荧光光谱仪测得D1800HFD钢的化学成分，如表5-1所示。

表 5-1　D1800HFD 钢的化学成分

| 元素 | Si | C | P | Nb | Ti | Cr | Mn | Mo | Ni | Al | Fe |
|---|---|---|---|---|---|---|---|---|---|---|---|
| 质量分数/(%) | 0.219 | 0.195 | 0.014 | 0.046 | 0.049 | 0.194 | 1.158 | 0.181 | 0.194 | 0.161 | 余量 |

对常温状态下 D1800HFD 钢的显微组织进行观察，通过线切割机在 D1800HFD 钢板上切取直径 10 mm、厚度 1.2 mm 的圆片试样，经过金相砂纸预磨、金刚砂抛光和化学腐蚀后，借助 ZEISS Axio Scope A1 光学显微镜观察微观组织可得，板料初始显微组织主要由铁素体和珠光体组成，如图 5-1(a)所示。

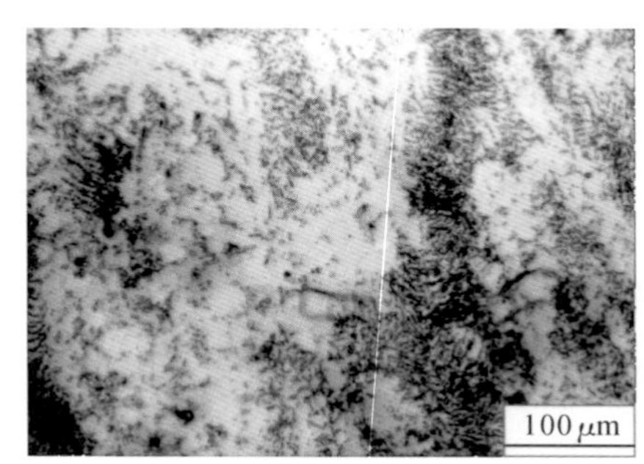


(a) 金相组织

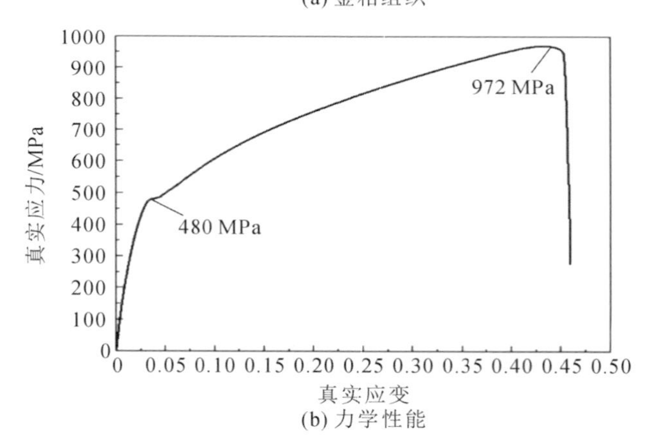


(b) 力学性能

图 5-1　出厂状态下 D1800HFD 钢的金相组织和力学性能

参考 GB/T 228.1—2021 拉伸试验标准设计 D1800HFD 钢室温拉伸试验，在热冲压钢板上取样，其长度方向为轧制方向，标距 $L_0$、原始宽度 $b_0$、平行长度 $L_c$ 分别取为 22 mm、12 mm、47 mm，试验设备为 MTS CMT5205 万能试验机，最大载荷为 200 kN，试验时加载速率设置为 2 mm/min。三次重复试验后可得

图 5-1(b)所示的室温下 D1800HFD 钢的真实应力-真实应变曲线，分析可得 D1800HFD 钢的屈服强度约为 480 MPa，抗拉强度约为 972 MPa。

### 5.1.1.2　高温单向拉伸试验方案

在板料上取如图 5-2(a)所示尺寸的试样进行高温单向拉伸试验，其长度方向为轧制方向，经砂纸打磨、标记后，试样实物如图 5-2(b)所示。

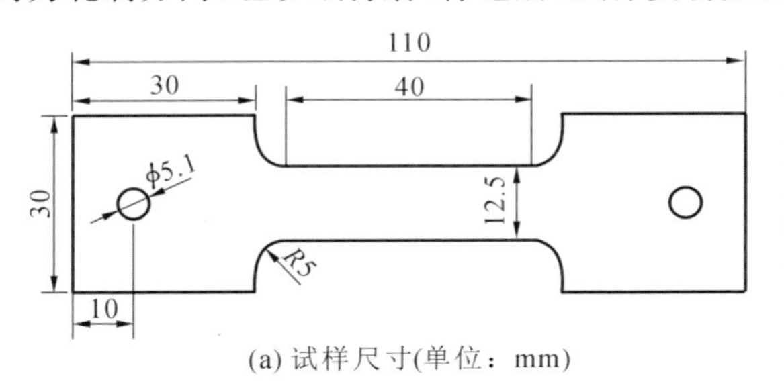


(a) 试样尺寸(单位：mm)

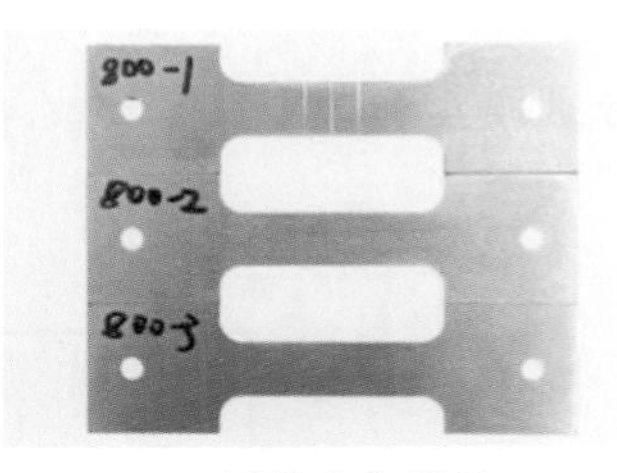


(b) 试样实物照片

**图 5-2　高温单向拉伸试样尺寸及实物照片**

如图 5-3 所示，使用的试验设备为 MMS-200 热力模拟试验机，由拉伸装置、加热系统、温度采集系统、液冷系统和上位机等组成，试验时夹具与试样通过定位销连接，通过左侧夹具的移动实现单向拉伸过程，拉伸后将通过冷却水道冷却夹具来间接冷却试样。由于 MMS-200 热力模拟试验机的加热方式是电阻加热，其特征是沿试样长度方向的温度呈不均匀分布，不同尺寸的试样所对应的温降区间是不同的。为了保证标距范围内温降达到试验要求，需进行高温下标距测量试验以保证数据的准确性。

(a) MMS-200 热力模拟试验机

(b) 拉伸试验内部布置图

**图 5-3　MMS-200 热力模拟试验机及内部布置图**

这里以 100 ℃为温度梯度测量不同变形温度下距试样中线的温降结果，考虑到在实际情况下温度区间范围内温降有一定波动，将高温下标距测量试验的温度基准设置为 40 ℃。

具体标距测量试验步骤如下：试验前准备两对热电偶用于采集温度，热电偶的冷端与热力模拟试验机的显示仪表连接，用于控制和显示瞬时加热温度，而用于测量介质温度的工作端被点焊在试样上，工作端的焊接点位于试样中线二等分点（如图 5-4 中 p1 处）和标距预设点（如图 5-4 中 p2～p5 处），标距预设点分别设置为距中线 3 mm、4.5 mm、6 mm 和 7.5 mm 处的中心位置。

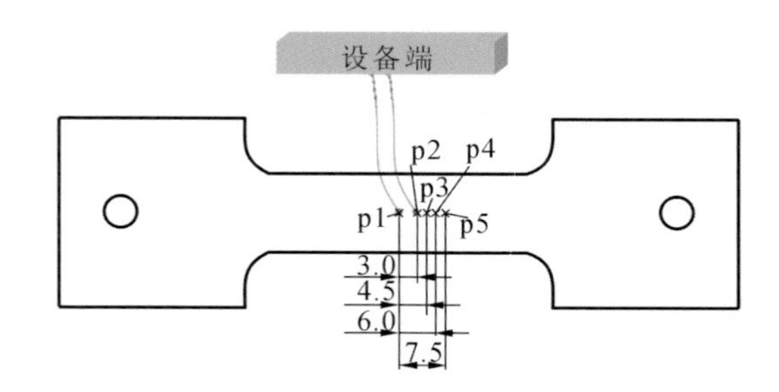


**图 5-4　标距测量试验热电偶焊接点示意图**

考虑到后续试验中的变形温度为 700 ℃、800 ℃和 900 ℃，此处按 100 ℃的温度梯度将试验的加热温度设置为 650 ℃、750 ℃、850 ℃和 950 ℃，以确保该温度区间内的变形温度参数满足温降要求。共进行 16 次试验后对数据进行汇总处理，如图 5-5 所示。根据距试样中心线温降小于 40 ℃的温度基准，确定高温单向拉伸试样的标距为 12 mm。

模拟热冲压工艺过程，按如下步骤设计高温单向拉伸试验。试验采用单因素试验设计方法，设定 D1800HFD 钢成形温度范围为 700～900 ℃，以 100 ℃为温度水平间隔，可选取 700 ℃、800 ℃、900 ℃共三个水平；设定应变速率范围为 0.01/s～10/s，以 10 的整数幂为应变速率的取值，可选取 0.01/s、0.1/s、1/s和 10/s 共四个水平，在热力模拟试验机上共进行 12 组试验。高温单向拉伸试验流程示意图如图 5-6 所示。

试样制备阶段，在打磨好试样的标距处做好标记，并将两对热电偶焊接于试样中线位置以测量试样中心温度。如图 5-6 所示，试验过程可分为奥氏体化、热拉伸和连续冷却三个阶段，奥氏体化阶段以 50 ℃/s 的速率将试样升温至

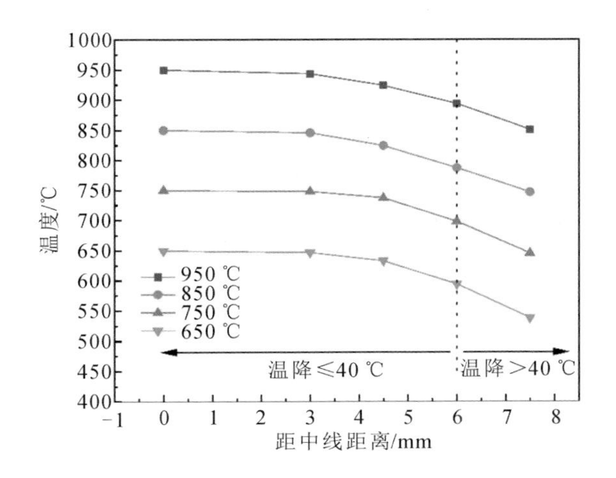


**图 5-5　标距测量试验结果**

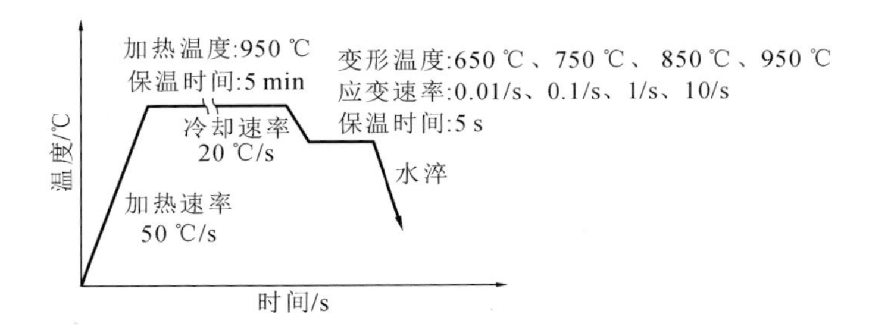


**图 5-6　D1800HFD 钢的高温单向拉伸试验流程示意图**

950 ℃后，保温 300 s；等温拉伸阶段以 20 ℃/s 的速率将试样降温至设置的变形温度并保温 5 s，然后迅速进行等温拉伸直至试样断裂；连续冷却阶段在试样断裂后，自动开启热模拟机冷却系统对试样进行淬火以保留变形组织。

#### 5.1.1.3　高温单向拉伸试验结果分析

在高温单向拉伸试验中，热力模拟试验机夹持装置的拉伸速度按照设定的应变速率保持定值不变，最终可获得时间-拉伸力的离散数据。根据试样标距、变形区截面积和应变速率可计算出工程应力和工程应变，将试验测得的名义值转化为真实值，最终可得如图 5-7 和图 5-8 所示的 D1800HFD 钢在不同热成形参数下的真实应力-真实应变曲线。

由图 5-7 和图 5-8 综合分析可得，变形初期材料内部位错迅速增殖且相互

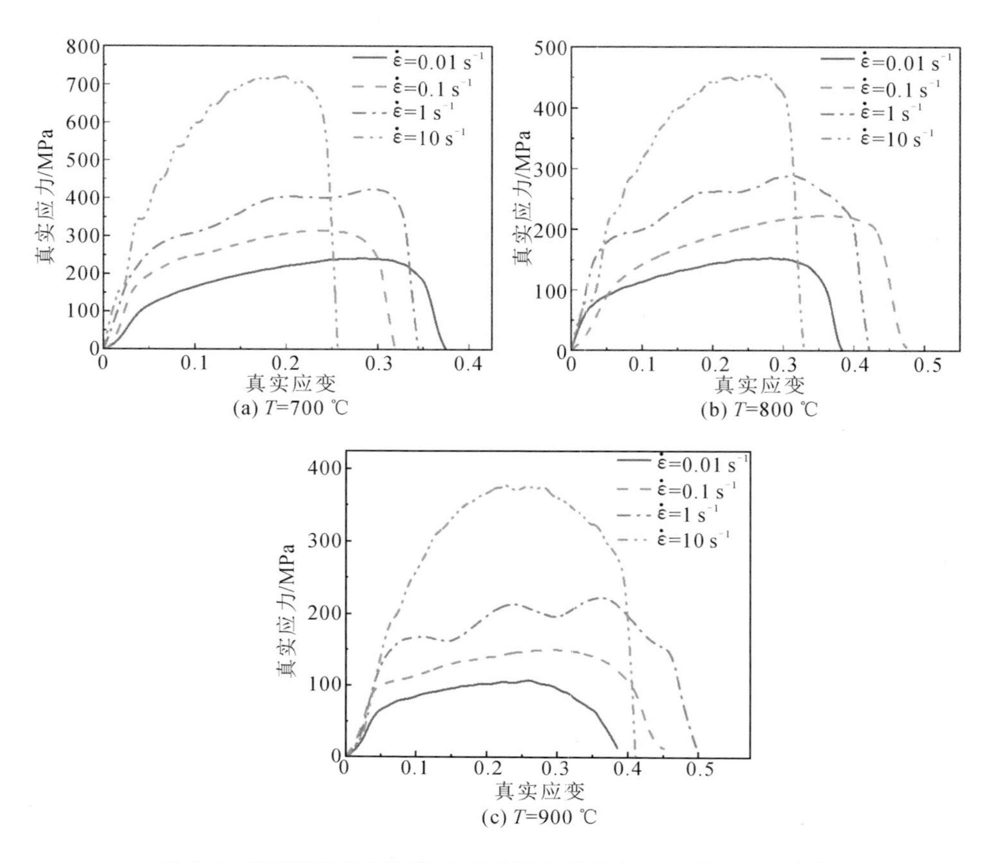


图 5-7 不同变形温度下 D1800HFD 钢的真实应力-真实应变曲线

纠缠，位错密度不断上升，诱发了加工硬化作用，材料内部流变抗力不断增加；随着变形量的增加，位错密度不断积累，材料将发生动态回复以抵消加工硬化作用，此时真实应力上升趋势开始变缓，且在位错密度达到某一临界值时，触发动态再结晶，使得材料内部位错密度减小，此时，动态回复和动态再结晶引起的软化效应比加工硬化效应表现得更有优势。

随着变形温度与应变速率的改变，材料所对应的流变行为表现也不同，当应变速率分别为 1/s、10/s 时，在到达抗拉强度极限前真实应力-真实应变曲线存在一定波动且波动幅度在逐渐衰减，可能是由于固溶体中的间隙溶质原子与可动位错动态相互作用，造成了波特文-勒夏特利埃（Portevin-Le Chatelier，PLC）效应这种特殊失稳现象。

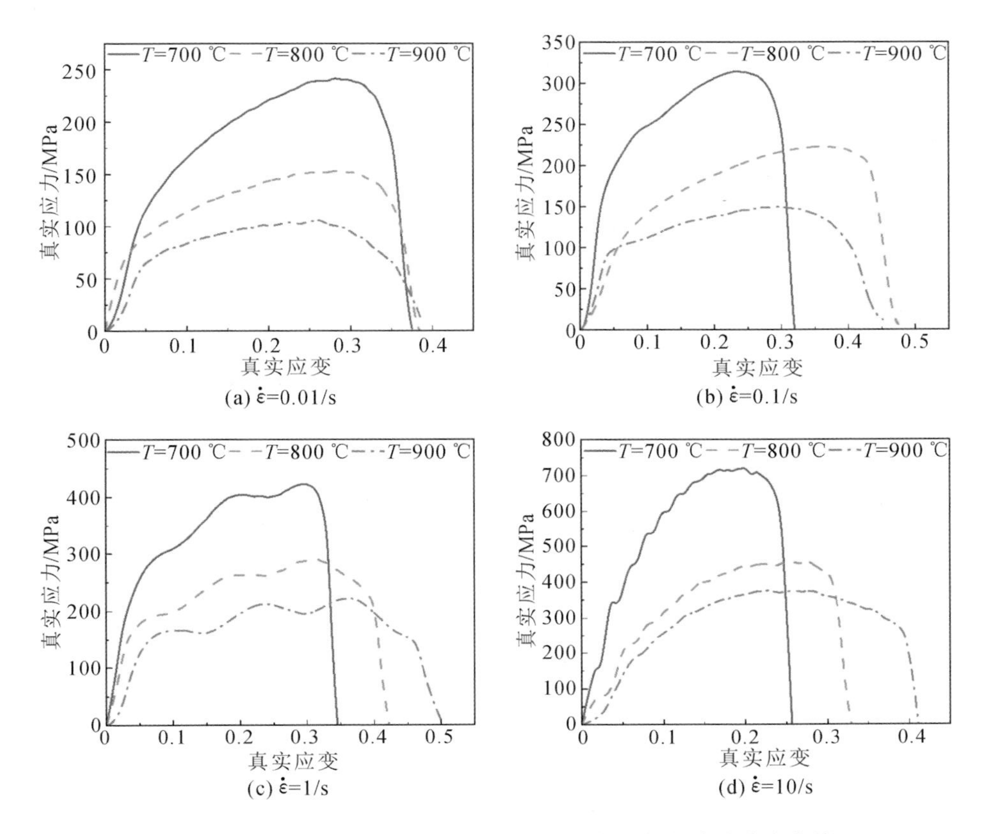


**图 5-8　不同应变速率下 D1800HFD 钢的真实应力-真实应变曲线**

由图 5-7 分析可得，当变形温度保持不变时，应变速率增加表示材料在单位时间内变形量的增大，相应的内部位错密度增加速率也逐渐变大，因此加工硬化作用被不断增强，且在较高应变速率下动态回复作用进行不充分，动态软化作用并不明显，无法表现出显著优势，最终导致应力的增加。

由图 5-8 分析可知，当应变速率保持不变时，增加变形温度会导致金属原子动能急剧增加，使得原子更易发生迁移，在提供热激活条件后，动态回复作用得以加强，抵消了部分加工硬化作用，降低了金属的形变抗力，最终导致应力的降低。随着应变速率的增大，变形温度对材料的上述影响也逐渐明显，比如当应变速率为 0.01/s 时，不同变形温度下最大真实应变值大致相等，而当应变速率增大到 10/s 时，变形温度分别为 700 ℃、900 ℃时，最大真实应变值分别为 0.26、0.41，后者较前者提升约 57.7%。

为进一步分析变形温度、应变速率对 D1800HFD 钢成形性能的影响，课题组在不同工艺条件下进行了 12 次高温拉伸试验，拉断后试样如图 5-9 所示。测量拉断后试样标距标记位置的延伸长度，经计算可得如图 5-10 所示的 D1800HFD 钢的断后伸长率指标。

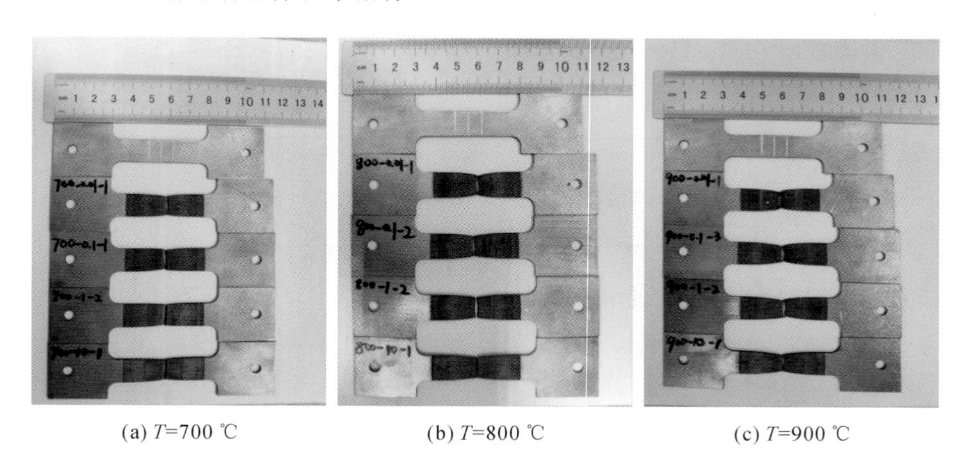

(a) $T$=700 ℃　　(b) $T$=800 ℃　　(c) $T$=900 ℃

**图 5-9　拉断后试样**

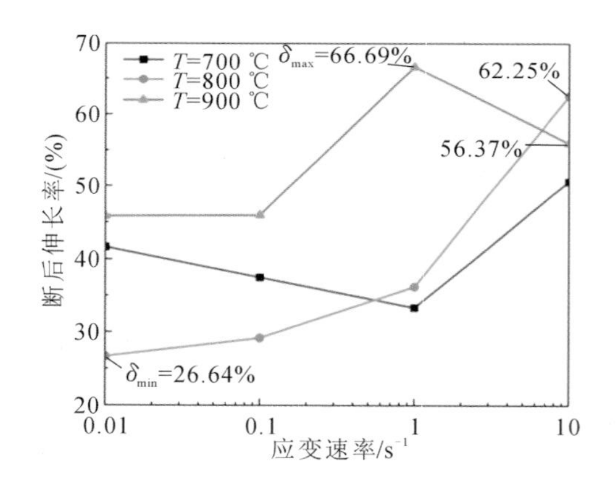


**图 5-10**　D1800HFD **钢的断后伸长率指标**

由图 5-10 分析可知，在成形温度、应变速率分别取 900 ℃、1 s$^{-1}$时，断后伸长率最大，为 66.69%，在成形温度、应变速率分别取 800 ℃、0.01 s$^{-1}$时，断后伸长率最小，为 26.64%，两者相差 40.05 个百分点。因此，合理的工艺参数配置对 D1800HFD 钢成形性能的提升作用比较显著，塑性最佳的工艺参数应该为变形温度 800～900 ℃、应变速率 1～10 s$^{-1}$。

## 5.1.2 超高强钢热加工图建立与分析

### 5.1.2.1 DMM热加工图理论与建立方法

热加工图是评价材料加工性优劣的图形，是现代分析材料加工工艺的最佳方法。热加工图可分为基于原子模型的热加工图（如Raj热加工图）和基于动态材料模型（dynamic materials mode，DMM）的热加工图。DMM热加工图可描述微观组织随热加工工艺条件的演变规律以及相应的塑性变形机制，进而确定热变形工艺窗口以优化热加工参数。

DMM中设备、模具和材料被当作封闭的热力学系统，材料的高温成形过程是非线性的功率耗散过程，包括塑性变形和材料内部微观组织演变，用于后者的能量越多，其热加工性能越好。设单位体积内的外界输入功率为$P$，将用于塑性变形的耗散量表示为$G$，将用于微观组织演变的耗散协量表示为$J$，其关系式见式(5-1)和图5-11(a)：

$$P=\sigma\cdot\dot{\varepsilon}=G+J=\int_0^{\dot{\varepsilon}}\sigma\cdot\mathrm{d}\dot{\varepsilon}+\int_0^{\sigma}\dot{\varepsilon}\cdot\mathrm{d}\sigma \tag{5-1}$$

式中：$\sigma$为流动应力；$\dot{\varepsilon}$为应变速率。

在恒温、恒应变下，输入功率$P$在耗散量$G$和耗散协量$J$之间的分配比例通过应变速率敏感系数$m$来描述。

$$m=\frac{\partial J}{\partial G}=\frac{\dot{\varepsilon}\partial\sigma}{\sigma\partial\dot{\varepsilon}}=\frac{\partial\sigma}{\sigma}\cdot\frac{\dot{\varepsilon}}{\partial\dot{\varepsilon}}=\frac{\partial\ln\sigma}{\partial\ln\dot{\varepsilon}} \tag{5-2}$$

特别地，当耗散过程处于理想线性耗散状态时，则$m$的值为1，对应地，$J$达到最大值$J_{\max}=\frac{\sigma\cdot\dot{\varepsilon}}{2}$，如图5-11(b)所示。

引入功率耗散系数$\eta$来描述材料用于组织演变的能量占理想线性耗散状态下耗散协量$J_{\max}$的比例，其值的大小在一定程度上代表着微观组织的演变机制，$\eta$的定义式为

$$\eta=\frac{J}{J_{\max}}=\frac{2J}{P}=\frac{2J}{\sigma\cdot\dot{\varepsilon}} \tag{5-3}$$

功率耗散系数$\eta$的值越大，表明用于微观组织演变的能量越多，材料的热加工性能越好。根据材料动态本构方程$\sigma=K\dot{\varepsilon}^m$，在式(5-2)的基础上提出功率

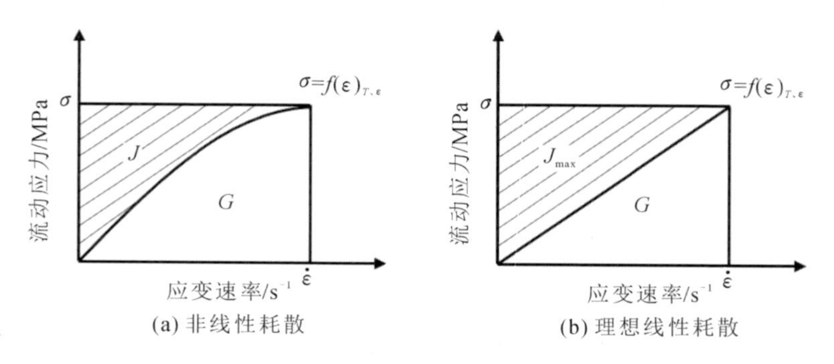


**图 5-11　热加工过程中功率耗散示意图**

耗散系数判断准则，将应变速率敏感系数 $m$ 与材料热加工性能联系起来，如式(5-4)～(5-6)所示：

$$G=\int_0^{\dot{\varepsilon}}\sigma\mathrm{d}\dot{\varepsilon}=\int_0^{\dot{\varepsilon}}K\dot{\varepsilon}^m\mathrm{d}\dot{\varepsilon}=\frac{\sigma\dot{\varepsilon}}{m+1} \tag{5-4}$$

$$J=\int_0^{\sigma}\dot{\varepsilon}\mathrm{d}\sigma=\int_0^{\left(\frac{\sigma}{K}\right)^{\frac{1}{m}}}\dot{\varepsilon}\mathrm{d}K\dot{\varepsilon}^m=\frac{m\sigma\dot{\varepsilon}}{m+1} \tag{5-5}$$

$$\eta=\frac{J}{J_{\max}}=\frac{2J}{P}=\frac{m\sigma\dot{\varepsilon}}{m+1}\cdot\frac{2}{\sigma\dot{\varepsilon}}=\frac{2m}{m+1} \tag{5-6}$$

然而，变形过程中各种损伤均消耗应变能，材料内部还存在一些孔洞和裂纹等微观缺陷，这些无法根据功率耗散图得出，还需结合塑性失稳判断准则绘制热加工图以综合分析验证。若耗散函数 $D(\dot{\varepsilon})$ 与应变速率 $\dot{\varepsilon}$ 满足式(5-7)所示的 Kumar 连续准则：

$$\frac{\partial D}{\partial\dot{\varepsilon}}<\frac{D}{\dot{\varepsilon}} \tag{5-7}$$

则认为上式中耗散函数 $D(\dot{\varepsilon})$ 等价于式(5-5)中的耗散协量 $J$，此时可得

$$\frac{\partial J}{\partial\dot{\varepsilon}}<\frac{J}{\dot{\varepsilon}} \tag{5-8}$$

将 $J$ 与 $\dot{\varepsilon}$ 对应项移到同侧并积分，可得

$$\frac{\partial\ln J}{\partial\ln\dot{\varepsilon}}<1 \tag{5-9}$$

将式(5-5)中的 $J$ 代入上式，可得

$$\frac{\partial \ln J}{\partial \ln \dot{\varepsilon}} = \frac{\partial \ln\left(\frac{m}{m+1}\right)}{\partial \ln \dot{\varepsilon}} + \frac{\partial \ln \sigma}{\partial \ln \dot{\varepsilon}} + 1 < 1 \tag{5-10}$$

Prasad 通过引入无量纲参数 $\xi(\dot{\varepsilon})$来描述塑性失稳判断准则，结合式(5-10)可得

$$\xi(\dot{\varepsilon}) = \frac{\partial \ln\left(\frac{m}{m+1}\right)}{\partial \ln \dot{\varepsilon}} + m < 0 \tag{5-11}$$

式中：$\xi(\dot{\varepsilon})<0$ 表明材料产生失稳行为；反之，则材料未产生失稳行为。

这里研究的 D1800HFD 钢应力与应变速率的关系式不满足动态本构方程，该方法直接将应变速率敏感系数 $m$ 认为是常数，与实际成形过程不相符，考虑到该值与变形温度、应变速率存在关系，基于理论考虑和实验观察，认为在低应变速率(即 $\dot{\varepsilon} \leqslant \dot{\varepsilon}_{cr}$)下，功率耗散系数判断准则仍适用；但对于高应变速率的热加工过程，需要使用积分形式来描述功率耗散系数，如式(5-12)所示：

$$\eta = \frac{J}{J_{max}} = \frac{P-G}{P/2} = 2\left(1-\frac{G}{P}\right) = 2\left(1 - \frac{\left(\frac{\sigma\dot{\varepsilon}}{m+1}\right)_{\dot{\varepsilon}=\dot{\varepsilon}_{cr}} + \int_{\dot{\varepsilon}_{cr}}^{\dot{\varepsilon}} \sigma \mathrm{d}\dot{\varepsilon}}{\sigma\dot{\varepsilon}}\right) \tag{5-12}$$

式中：$\dot{\varepsilon}_{cr}$为临界应变速率。

当 $\dot{\varepsilon} \leqslant \dot{\varepsilon}_{cr}$时，Prasad 塑性失稳判断准则[式(5-11)]适用，反之，则采用 Murty 塑性失稳判断准则，其推导过程如下。

根据式(5-1)，有 $\mathrm{d}J = \dot{\varepsilon} \cdot \mathrm{d}\sigma$，将其代入式(5-8)并积分，可得

$$\frac{\partial J}{\partial \dot{\varepsilon}} = \frac{\partial \sigma}{\partial \dot{\varepsilon}}\dot{\varepsilon} = \sigma\frac{\partial \ln \sigma}{\partial \ln \dot{\varepsilon}} = m\sigma < \frac{J}{\dot{\varepsilon}} \tag{5-13}$$

由式(5-3)可得

$$\frac{J}{\dot{\varepsilon}} = \frac{\eta \cdot \sigma}{2} \tag{5-14}$$

将式(5-14)代入式(5-13)不等式右项中，可得

$$2m - \eta < 0 \tag{5-15}$$

当发生理想的塑性变形(即应变速率敏感系数 $m$ 等于 1)时，输入功率 $P$ 均分给塑性变形耗散量 $G$ 和组织演变耗散协量 $J$，对应的是超塑性材料的行为；当材料的变形对应变速率不敏感时，即 $m \rightarrow 0$ 或 $J=0$ 时，输入功率 $P$ 等于塑性变形耗散量 $G$，即所有能量都用于塑性变形，但是以热量形式耗散能量，导致材

料发生持续失稳行为。此时可得

$$J = 0, \eta = 0 \tag{5-16}$$

综合式(5-15)和式(5-16),Murty 塑性失稳判断准则可表示为

$$2m < \eta \leqslant 0 \tag{5-17}$$

因此,对于材料稳定变形,通过最大功率耗散理论可得出 $\eta$ 的范围($0<\eta<2m$)及 $m$ 范围($0<m\leqslant 1$)。对于遵循幂指数本构方程 $\sigma=K\dot{\varepsilon}^m$ 的 $\sigma$-$\dot{\varepsilon}$ 曲线,当 $0<m\leqslant 1$ 时,$\eta=2m/(m+1)$ 始终小于 $2m$,即材料变形是稳定的。

通过上述分析可知,应变速率敏感系数 $m=\partial\ln\sigma/\partial\ln\dot{\varepsilon}$ 是材料热加工过程中的主要参数。

为了减小 $\dot{\varepsilon}$ 的计算量级和舍入误差,一般对高温单向拉伸试验中得到的真实应力-真实应变曲线数据进行对数尺度上的转换,获得相同应变量、不同温度下的 $\ln\sigma$-$\ln\dot{\varepsilon}$ 数据点,借助三次多项式拟合算法,得出 $\ln\sigma$-$\ln\dot{\varepsilon}$ 关系式:

$$\ln\sigma = a(\ln\dot{\varepsilon})^3 + b(\ln\dot{\varepsilon})^2 + c\ln\dot{\varepsilon} + d \tag{5-18}$$

结合式(5-2),可得式(5-19):

$$m = 3a(\ln\dot{\varepsilon})^2 + 2b\ln\dot{\varepsilon} + c \tag{5-19}$$

将 $m$ 值代入式(5-11)和式(5-12),分别求出 $\xi(\dot{\varepsilon})$ 与 $\eta$ 值以获得 D1800HFD 钢在不同应变量下的热加工图。可借助科学计算软件 Matlab 准确快速地计算出应变速率敏感系数 $m$,并将功率耗散图和塑性失稳图叠加后输出热加工图。

#### 5.1.2.2 D1800HFD 钢热加工图的建立与分析

根据图 5-7 所示真实应力-真实应变曲线,以 0.05 为应变量梯度,最终确定应变量的取值分别为 0.10、0.15、0.20 和 0.25。表 5-2～表 5-5 列出了 D1800HFD 钢在不同应变量时,不同变形温度和应变速率下所对应的真实应力数值。

**表 5-2 应变量为 0.10 时的真实应力** (单位:MPa)

| 变形温度/℃ | 应变速率/$s^{-1}$ | | | |
|---|---|---|---|---|
| | 0.01 | 0.1 | 1 | 10 |
| 700 | 165.27 | 247.87 | 302.23 | 596.76 |
| 800 | 113.37 | 141.95 | 208.07 | 328.54 |
| 900 | 84.62 | 111.86 | 163.37 | 256.93 |

**表 5-3 应变量为 0.15 时的真实应力** (单位：MPa)

| 变形温度/℃ | 应变速率/$s^{-1}$ | | | |
|---|---|---|---|---|
| | 0.01 | 0.1 | 1 | 10 |
| 700 | 197.56 | 279.26 | 353.55 | 694.18 |
| 800 | 131.38 | 168.42 | 251.99 | 405.29 |
| 900 | 93.64 | 128.80 | 158.78 | 329.91 |

**表 5-4 应变量为 0.20 时的真实应力** (单位：MPa)

| 变形温度/℃ | 应变速率/$s^{-1}$ | | | |
|---|---|---|---|---|
| | 0.01 | 0.1 | 1 | 10 |
| 700 | 220.91 | 305.79 | 401.40 | 718.48 |
| 800 | 143.48 | 187.95 | 273.22 | 469.72 |
| 900 | 101.14 | 138.16 | 190.62 | 365.57 |

**表 5-5 应变量为 0.25 时的真实应力** (单位：MPa)

| 变形温度/℃ | 应变速率/$s^{-1}$ | | | |
|---|---|---|---|---|
| | 0.01 | 0.1 | 1 | 10 |
| 700 | 237.86 | 312.85 | 395.92 | 315.74 |
| 800 | 151.21 | 204.52 | 276.14 | 461.24 |
| 900 | 103.59 | 145.71 | 202.76 | 372.47 |

借助 Matlab 软件可快速准确地计算出应变速率敏感系数 $m$，并最终输出热加工图。

如图 5-12 所示，等高线上的数值即为功率耗散系数 $\eta$ 的大小，深色阴影部分反映出该应变量下的塑性失稳区。根据功率耗散系数的定义可知，其值越高表示在该工艺参数范围内材料热加工性越好，并且选择工艺参数范围时应尽可能避免塑性失稳区，以避免材料产生裂纹、孔洞等缺陷。

由图 5-12 可知，热加工图上功率耗散系数峰值主要出现在左下角区域，对应工艺参数为 700～760 ℃、0.01～0.10 $s^{-1}$，但该区域在不同应变量下都表现为塑性失稳区，无法成为加工优化窗口；其他加工优化窗口可能出现的位置比较固定，集中出现在热加工图的左上角、心部和右上角区域，如图 5-12(a)～(d)

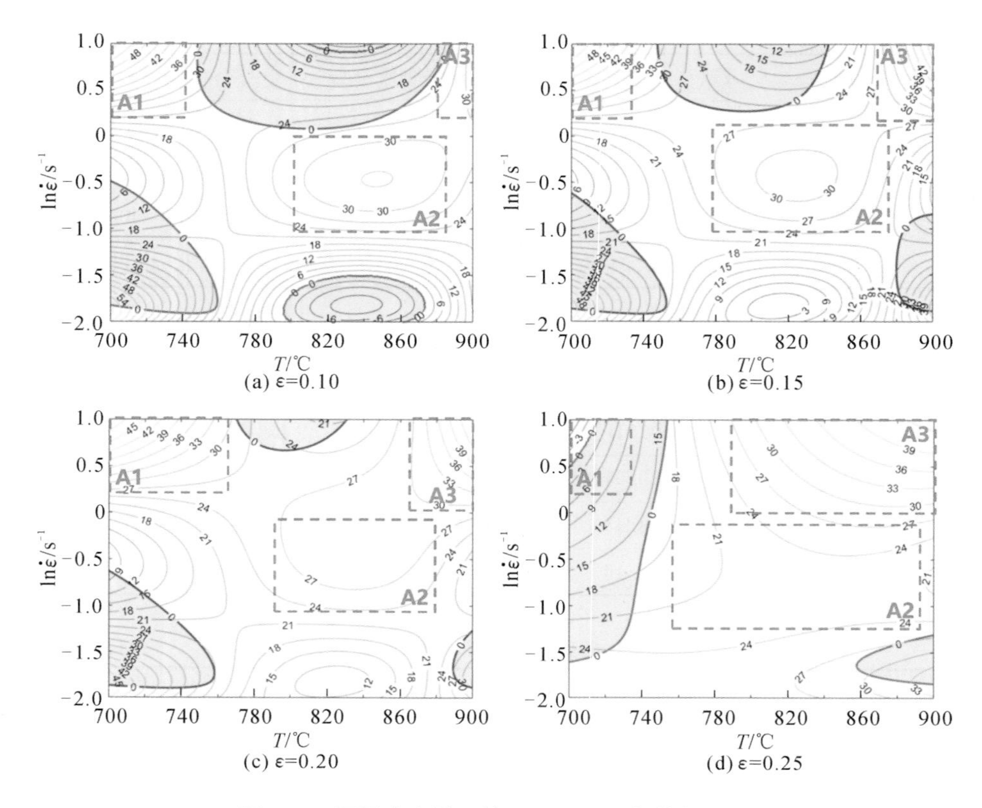

(a) ε=0.10
(b) ε=0.15
(c) ε=0.20
(d) ε=0.25

**图 5-12　不同应变量下的 D1800HFD 钢热加工图**

中大小不一的 A1、A2、A3 区域所示。塑性失稳区可分为顶部鼓形失稳区、底部环形失稳区、左右两侧的椭圆形失稳区。

随着应变量的增大，热加工图的功率耗散系数逐渐减小，塑性失稳区也不断收缩，当应变量达到 0.25 时，左上角区域变成失稳区，与左侧“椭圆形”失稳区合并。热加工图塑性失稳区表现出收缩趋势的原因可能是，在高应变速率的作用下 D1800HFD 钢出现了加工硬化现象；而失稳区合并现象是由于材料在低变形温度和高应变速率环境下，存在较高的位错密度和应力集中，当应变量达到一定值时，局部塑性流动失稳，使得原本狭小的加工优化窗口关闭而变成塑性失稳区。

当应变量为 0.10 时，试验钢的真实应力-真实应变曲线显示材料仍处于塑性变形初期，由加工硬化带来的位错密度上升，动态回复软化作用较弱，导致热加工图的顶部鼓形失稳区挤压 A3 区域的加工优化窗口[见图 5-12(a)],并导致该区域的功率耗散系数变小。所以应变量为 0.10 时,图 5-12(a)中 A1、A2 区域为可行的热加工区域。

如图 5-12(b)所示,当应变量为 0.15 时,热加工图的顶部鼓形失稳区向内收缩,底部环形失稳区消失,且热加工图右侧出现椭圆形失稳区,可能是材料在高变形温度和低应变速率情况下,变形阶段出现局部异常晶粒长大使得晶粒分布不均匀。所以应变量为 0.15 时,图 5-12(b)中 A1、A2 和 A3 区域为可行的热加工区域。

如图 5-12(c)所示,当应变量为 0.20 时,热加工图失稳区进一步向内收缩,功率耗散系数减小,心部区域出现较大优化窗口。所以当应变量为 0.20 时,图 5-12(c)中 A1、A2 和 A3 区域均为可行的热加工区域,且 A1 和 A3 区域的功率耗散系数较大。

如图 5-12(d)所示,当应变量为 0.25 时,热加工图低温高应变区域的失稳区出现,并与左侧椭圆形失稳区合并。在低变形温度和高应变速率环境下,加工硬化现象所带来的高位错密度使得材料内部出现残余应力,根据图 5-7 真实应力-真实应变曲线可知,当变形温度为 700 ℃、应变速率为 10 $s^{-1}$时,应变量的最大值为 0.26,表现为加工优化窗口 A1 急剧缩小,并合并形成更大范围的塑性失稳区,如图 5-12(d)所示。所以当应变量为 0.25 时,图 5-12(d)中 A2 和 A3 区域为可行的热加工区域。

考虑在实际热冲压过程中构件的各部位均处于塑性变形阶段,其应变量、温度和应变速率具有时变性,模具与构件之间热传导作用造成的温降将不断抑制材料的塑性变形,使其在更低的变形温度区间和应变速率区间完成成形工艺,所以应优先选择其中数值较高的应变速率区间、变形温度区间作为热冲压工艺参数范围。因此,D1800HFD 钢的热加工工艺参数范围宜在 A2、A3 区域选取,即安全应变速率区间为 0.8～3.16 $s^{-1}$、变形温度区间为 840～880 ℃。

## 5.1.3 超高强钢热冲压工艺曲线特征的规划

### 5.1.3.1 D1800HFD 钢热冲压工艺特征规划

在热冲压工艺特征的规划过程中,为确保最终工艺曲线能够柔性地适应各种材料、工艺和设备，常根据压力机电机特性、传动机构运动规律等设备条件，以及具体的超高强钢热冲压工艺需求、热成形材料特性等边界条件，依据三者物理和数学关系求取对应的热冲压工艺关键点曲线模型。以热冲压典型工艺——拉深-保压-拔模工艺为例，在工艺特征规划过程中主要考虑以下工艺特征。

（1）D1800HFD钢热成形材料特性。

热成形过程中不同材料对应于不同的最大允许拉深速度，滑块运动速度超过该速度时构件易出现破裂等缺陷，其中D1800HFD钢板最大允许拉深速度为400 mm/s。考虑到热冲压过程中变形温度下降带来的负面作用，在工艺特征规划时应该尽可能选择较短的热成形时间，所以应变速率取所得安全应变速率区间的最大值3.16 $s^{-1}$。根据体积不变条件，纵轴方向冲压速度 $v$ 与平面方向应变速率 $\dot{\varepsilon}$ 之间的关系如下：

$$v = 2l\dot{\varepsilon} \tag{5-20}$$

式中，$l$ 为试样的标距长度，这里取为12 mm。可得，热冲压过程中冲压速度应尽可能维持在75.84 mm/s，以满足塑性变形需求并提高成形效率。

（2）设备条件。

热冲压工艺参数应在设备参数允许范围内选取，并且工艺设计中也应考虑设备自身的约束，这里压力机设备的关键参数是压力机允许工作速度、滑块最大行程、空载上下行速度。现有伺服压力机最大工作速度为600 mm/s，滑块最大行程 $x_m$ 为600 mm，最大上下行速度 $v_m$ 为800 mm/s，最大加速度 $a_m$ 为2000 mm/$s^2$，板料与模具接触时的行程 $x_0$ 为88 mm。这里将参考该组压力机参数实现超高强钢伺服热冲压工艺的设计。

（3）D1800HFD钢工艺需求。

拉深-保压-拔模工艺过程按时间次序可分为空程下行、合模成形、下死点保压、低速脱模和空程上行共五个阶段。其中，与最终构件成形性能和成形质量有关的是合模成形阶段、保压阶段和脱模阶段，空程阶段只与成形效率相关。

在压边力、模具几何尺寸及板料厚度一定的条件下，根据塑性成形理论，合模成形阶段的成形速度应该保持某个恒定值，当成形速度小于该值时，材料塑性将无法被充分利用而造成浪费，甚至导致起皱现象；当成形速度大于该值时，冲压件传力区应力增加，将导致破裂现象。该成形速度值与应变速率相关，前述章节已分析讨论。在保压阶段，滑块处于下死点位置且速度为0，因此成形阶段中一定会出现减速阶段。为了保证成形性能和成形质量，在规划成形阶段的热冲压工艺时应尽可能使滑块速度维持上述成形速度，且整体保持较小的波动。

为了改善制件的回弹现象和脱模阶段材料的应力集中现象，保压阶段的保压时间需进行合理设置。过短的保压时间将由于热胀冷缩而导致成形件几何精度低，过长的保压时间则影响热冲压成形件的成形效率。保压时间一般取为5～7 s，这里取为6 s。脱模阶段主要是保证热冲压件经冷却系统淬火后能够顺利脱模，防止被拉伤，考虑到热冲压件易与模具发生粘连，该阶段速度值取成形速度的二分之一且整体速度波动不能过大，脱模结束后的位置应比上模与板料接触的位置高以确保完全脱模。

#### 5.1.3.2　D1800HFD 钢工艺特征关键点曲线模型的建立

对热冲压工艺特征规划内容进行分析汇总，可建立超高强钢热冲压工艺特征关键点曲线模型，如图5-13所示。其横坐标为时间，纵坐标为滑块运动位置参数，通过若干关键点可规划各阶段滑块运动学特征，并建立伺服热冲压工艺关键点约束条件，详细描述如下：

① 空程下行阶段（图5-13中 $AB$ 段）：该阶段滑块运动至与板料开始接触，下行的平均速度需保持较高值以提高生产效率。$A$ 点为上死点，距离下死点600 mm，该点处滑块速度和加速度均为0；$B$ 点为滑块接触板料时的瞬间位置，对应于板料的成形速度75.84 mm/s。

② 合模成形阶段（图5-13中 $BCD$ 段）：该阶段是热冲压过程中对最终成形影响最大的阶段。滑块运动曲线应分为 $BC$ 匀速段与 $CD$ 减速段，滑块首先匀速运动，确保成形过程中速度不产生较大的波动，充分发挥材料塑性的同时防止破裂等缺陷，且滑块匀速运动为工作过程，该过程应占到整个成形过程的一半时间以上；成形后由于与模具换热，板料温度降低，滑块速度应逐渐减小，滑块到下死点位置时速度应为0，以使滑块到达下死点时板料免受冲击。

③ 下死点保压阶段（图5-13中 $DE$ 段）：该阶段上、下模一直处于闭合状

态，位移、速度均为 0，本例中保压时间取 6 s。

④ 低速脱模阶段（图 5-13 中 *EF* 段）：该阶段板料和模具逐渐分离，为防止脱模阶段因板料与模具粘连所导致的拉伤，脱模结束位置应留有 2 mm 余量，加速度绝对值取成形时的二分之一，且整体速度波动不能过大。

⑤ 空程上行阶段（图 5-13 中 *FG* 段）：该阶段滑块回到上死点，与空程下行一样，平均速度应尽量保持较高值以提高生产效率。上死点 *G* 点同样距离下死点600 mm，该点处滑块速度和加速度为 0。

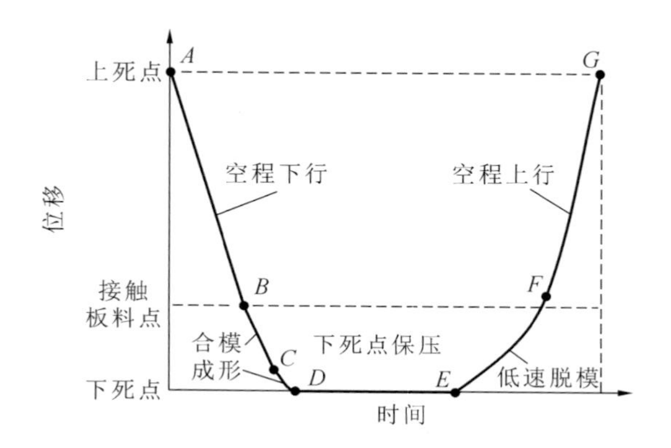


**图 5-13　超高强钢热冲压工艺特征关键点曲线模型**

综上所述，将图 5-13 模型中的工艺关键点约束条件汇总于表 5-6 中。

**表 5-6　工艺特征关键点约束条件**

| 热冲压阶段 | 位移约束/mm | 速度约束/(mm/s) | 加速度约束/(mm/s$^2$) |
| --- | --- | --- | --- |
| 空程下行阶段 *AB* | $x_A=x_m=600$ | $v_A=0$ | $a_A=0$ |
| 合模成形匀速阶段 *BC* | $x_B=x_0=88$ | $v_{BC}=75.84$ | $a_{BC}=0$ |
| 合模成形减速阶段 *CD* | — | — | $a_{CD}=a_m=2000$ |
| 下死点保压阶段 *DE* | $x_{DE}=0$ | $v_{DE}=0$ | $a_{DE}=0$ |
| 低速脱模阶段 *EF* | $x_F=x_B+2=90$ | — | $a_{EF}=0.5a_m=1000$ |
| 空程上行阶段 *FG* | $x_G=x_m=600$ | $v_G=0$ | $a_G=0$ |

## 5.2　基于混阶样条曲线的超高强钢伺服工艺曲线

如前所述，超高强钢伺服热冲压工艺特征需从工艺、材料、设备等多个方面进行规划，意味着在超高强钢伺服工艺曲线设计中所使用的曲线模型应具有高自由度、高灵活度的特性，且针对这类由伺服驱动实现的上下往复式冲程运动，工艺曲线特性将直接影响到最终构件的成形质量和工作能耗。但是目前的伺服工艺曲线设计主要基于参数多项式函数、正弦函数、简单样条曲线或其分段组合的曲线模型，其曲线特性将限制工艺曲线的高阶连续性和局部可调性，进而影响到设备使用寿命、设备工作能耗和构件成形质量。基于此，本节分析了伺服热冲压工艺曲线常见的设计原则，验证急动度对热冲压过程的影响，并考虑已规划的工艺特征和曲线高阶连续性的设计需求，提出时间-急动度最优的设计原则，实现基于混合阶次(混阶)样条曲线的超高强钢伺服工艺曲线设计，以提高生产效率和构件加工精度。这里急动度是加速度的导数(即位移对时间的三阶导数)，较小急动度冲压相当于“软碰撞”，有利于减缓变形累积损伤，有利于提升板材成形性能，还能延长模具和设备的疲劳寿命。

## 5.2.1 超高强钢伺服热冲压工艺曲线设计原则

### 5.2.1.1 伺服热冲压工艺曲线设计原则

伺服热冲压工艺曲线设计过程本质上是对规划出的离散工艺特征关键点进行插值，以建立滑块动力学模型的过程。但仅依靠已知的几个关键点无法显示各个阶段滑块的运动学特征，在伺服工艺曲线设计环节需添加工艺辅助点以优化曲线性能，并按照设计原则完成设计。伺服工艺曲线常见的三种设计思路分别为最小执行时间(即生产效率)、最小能量(或执行机构的能耗)以及最小急动度，具体考虑因素如下。

(1) 生产效率。

伺服热冲压工艺曲线在运用到实际的工程实践时，生产效率是非常重要的评价标准。在上行和下行的空程阶段应在设备允许范围内适当提高滑块运动速度，以提高生产效率。常用于冲压过程中的速度规划方法包括梯形速度规划、S形速度规划、正弦速度规划等。其中，梯形速度规划虽然易出现加速度跳变现象，导致急动度不可控地出现剧烈变化，但是较其他方法所需的时间要少且计算量最小。对于急动度要求并不严格的非成形阶段，该速度规划方法能显著提高成形效率。

(2) 曲线光顺性。

当伺服热冲压工艺曲线存在明显拐点时,压力机滑块在速度发生剧烈变化时由于运动部件的惯性将出现抖动现象,对设备和成形中的构件造成很大的冲击,影响设备寿命和成形精度。因此,针对压力机滑块运动曲线,加减速过程的速度和加速度曲线应无明显拐点,否则将产生惯性力瞬变,激励机床产生振动进而影响到构件的加工质量。为此,很多学者研究了保证速度和加速度连续的工艺曲线设计方法,主要设计思路包括提高多项表达式的阶数、利用无限可导的函数等。

(3) 重要过程优先设计。

伺服热冲压工艺曲线的五个阶段中最为重要的是合模成形阶段,在曲线光滑的基础上仍需对该部分曲线进行其他参数的约束。考虑到该过程中急动度对该阶段滑块运动平稳性和构件成形精度的影响,需要先确定急动度对伺服热冲压件的成形性能的影响机制,并针对分析结果,对合模成形阶段添加合理的设计原则,以使其满足伺服热冲压曲线的设计要求。

#### 5.2.1.2 急动度对伺服热成形件成形性能的影响

伺服压力机的滑块运动是由伺服驱动实现的上下往复式冲程运动,冲压加速度与冲压力存在线性关系,但由于热冲压过程中伺服电机转矩和板料塑性的不稳定,由动态变化的冲压力引起的急动度跳变现象将导致成形构件的冲击不稳定现象。考虑到合模成形阶段板料处于较高温度,急动度的跳变最大值应保持在一个数值区域内,否则过高的急动度会严重激发结构的共振,影响成形过程的稳定性,降低构件的成形精度。热冲压成形阶段滑块运动常由匀速和减速两类运动过程组合而成,不可避免地带来加速度的突变。针对该阶段动态变化的加速度所带来的急动度跳变现象,小松产机公司开发出自动负载补偿功能,通过限制冲击力的变化绝对值来规避这一问题,其控制本质是控制急动度绝对数值尽可能稳定且在一定范围内。

为验证急动度的实际影响,参考方盒冲压试验,设计方盒伺服热冲压模拟试验。由于 AutoForm 有限元分析软件基于膜单元实现计算,因此本小节用

UG设计出三维模型，导入有限元仿真软件后提取片体特征并进行自动网格划分，最终的有限元仿真模型如图5-14所示。其中，方盒模型边长为80 mm，拉深深度为10 mm，直壁方向圆角半径为10 mm，顶部方向圆角半径为5 mm，厚度为2 mm。为验证伺服冲压的普适性，本例材料设置为B1500HS硼钢。

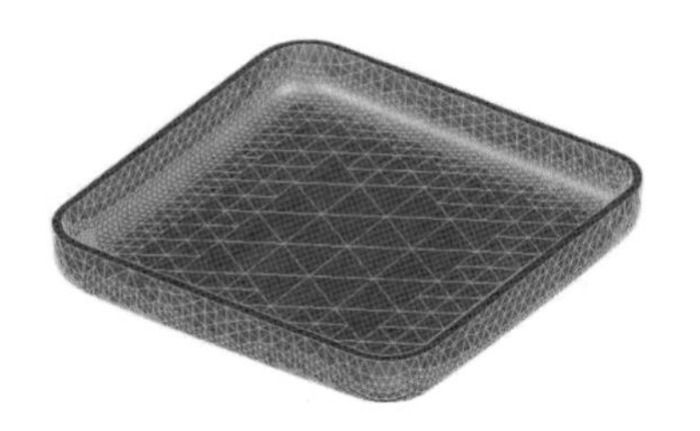

图5-14 方盒有限元模型

由图5-14可知，方盒拉深时变形形式较为复杂，其变形特点是直壁部分的板料发生纵向拉深变形，底部圆角部分的板料发生纵向拉深变形和横向弯曲变形。针对这一变形特点，在模面设计环节，在构件直臂部分添加$R$角以使其顺利过渡完成成形，上模和下模也对应更改，在工序设计阶段额外设计修边工序，用于切除多余的$R$角，最终的方盒伺服热拉深有限元模型如图5-15所示。

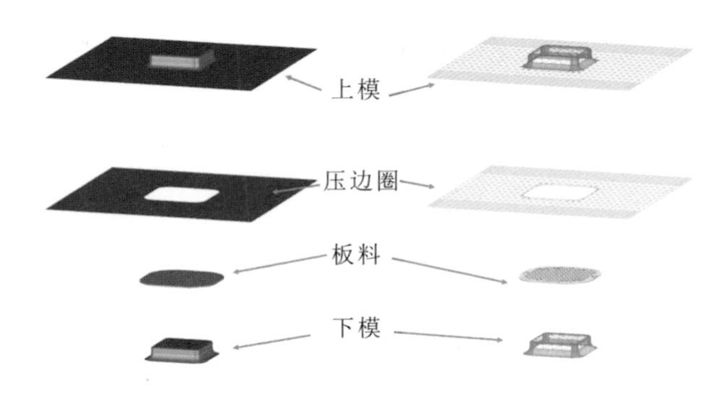


图5-15 方盒伺服热拉深有限元模型

将工艺过程设置为单向拉延过程，软件允许通过输入成形阶段工艺曲线幅值形式来控制合模成形阶段的上模运动过程，下模和冲压台面保持不动，同时为排除温度变化所带来的影响，在软件中设置成形时温度不发生变化。模具和板料的具体约束如表5-7所示。

表 5-7　方盒伺服热拉深有限元模型的约束

| 部件 | 几何约束 | 温度约束/℃ |
|---|---|---|
| 上模 | 工艺曲线控制 | 25 |
| 压料面 | 受力控制 | 25 |
| 板料 | 无 | 850 |
| 下模 | 固定不动 | 25 |

为计算简便、不丢失急动度特征，此处采用三阶多项式进行工艺曲线的设置，其幅值数学表达式如式(5-21)所示：

$$x = At^3 + Bt^2 + Ct + D \tag{5-21}$$

可知，速度、加速度、急动度表达式如式(5-22)所示：

$$\begin{cases} v = 3At^2 + 2Bt + C \\ a = 6At + 2B \\ J = 6A \end{cases} \tag{5-22}$$

当 $t=0$ 时，$x$ 的值为 1，表示此时模具开始接触板料；当 $t=1$ 时，$x$ 的值为 0 且 $v$ 的值为 0，表示此时模具闭合，则表达式(5-21)还需要满足以下约束条件：

$$\begin{cases} D = 1 \\ A + B + C = -1 \\ 3A + 2B + C = 0 \end{cases} \tag{5-23}$$

由式(5-22)可知，通过设置不同的 $A$ 值可控制曲线的急动度指标，考虑当急动度设置为 0 时，急动度特征将丢失，运动过程将不可控，不符合实际成形过程，在后续的急动度指标设置中将避免这一情况。

本例将急动度绝对值 $|J|$ 分别取为 6、3，并添加常规热冲压成形阶段中两段式直线表示急动度跳变情况，不同急动度指标所对应的幅值形式伺服工艺曲线及其数学表达式如图 5-16 所示。参考本团队之前的研究，B1500HS 硼钢成形速度应设置为 68 mm/s，为保证其成形速度一致，在 AutoForm 中对应更改不同急动度指标所对应的冲压时间，以确保其主要成形段速度满足需求，最后将工艺曲线数据点通过.csv 文件导入方盒伺服热拉深仿真模拟实验中。

对比不同工艺曲线下的成形极限图、减薄率云图、板厚变化云图、应力应变

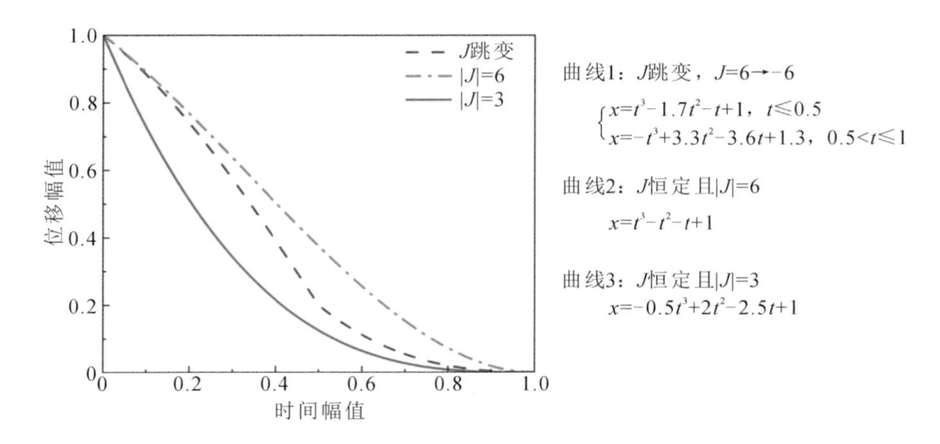


**图 5-16 不同急动度指标下的幅值形式伺服工艺曲线及其数学表达式**

云图和起皱率云图等指标可评估板料的成形性能。其中，成形极限图可用于评价方盒热拉深后各区域的成形性能，采用不同急动度指标下的伺服工艺曲线后，方盒成形极限图如图 5-17 所示。

由图 5-17 综合分析可知，方盒整体成形性良好，未出现破裂现象，方盒热拉深成形过程各处应变值均在成形极限图的安全范围内，且集中在安全区域附近。方盒的成形安全区域主要在四个底边附近；由于变形复杂，位于方盒危险位置的底部四个拐角处出现过度减薄现象；靠近下模法兰边的方盒边缘线部分、方盒心部的变形状态比棱边的变形状态要简单，对比底边安全区域，其塑性未得到充分发挥，因此在靠近下模法兰边的方盒边缘线、方盒心部附近区域分别出现了起皱和拉深不足现象。

由图 5-17(a)和(b)分析可知，急动度保持稳定后，成形极限图中代表增厚、减薄的区域开始往安全区域收缩集中，当$|J|$恒为 6 时，其起皱区域和过度减薄区域比例分别为 1.74%、3.27%，急动度跳变情况下的对应区域比例分别为 1.86%、3.37%，分别提升了 6.90%、3.06%。

由图 5-17(b)和(c)分析可知，当急动度恒定时，随着急动度绝对值减小，成形极限图的两个临界成形区域进一步收缩并集中在安全区附近，处于危险位置的底部四个拐角处减薄区域和方盒边缘线部分增厚区域的范围不断缩小。其中，$|J|=3$ 时过度减薄区域和起皱区域分别占比为 3.11%、1.57%，较$|J|=6$

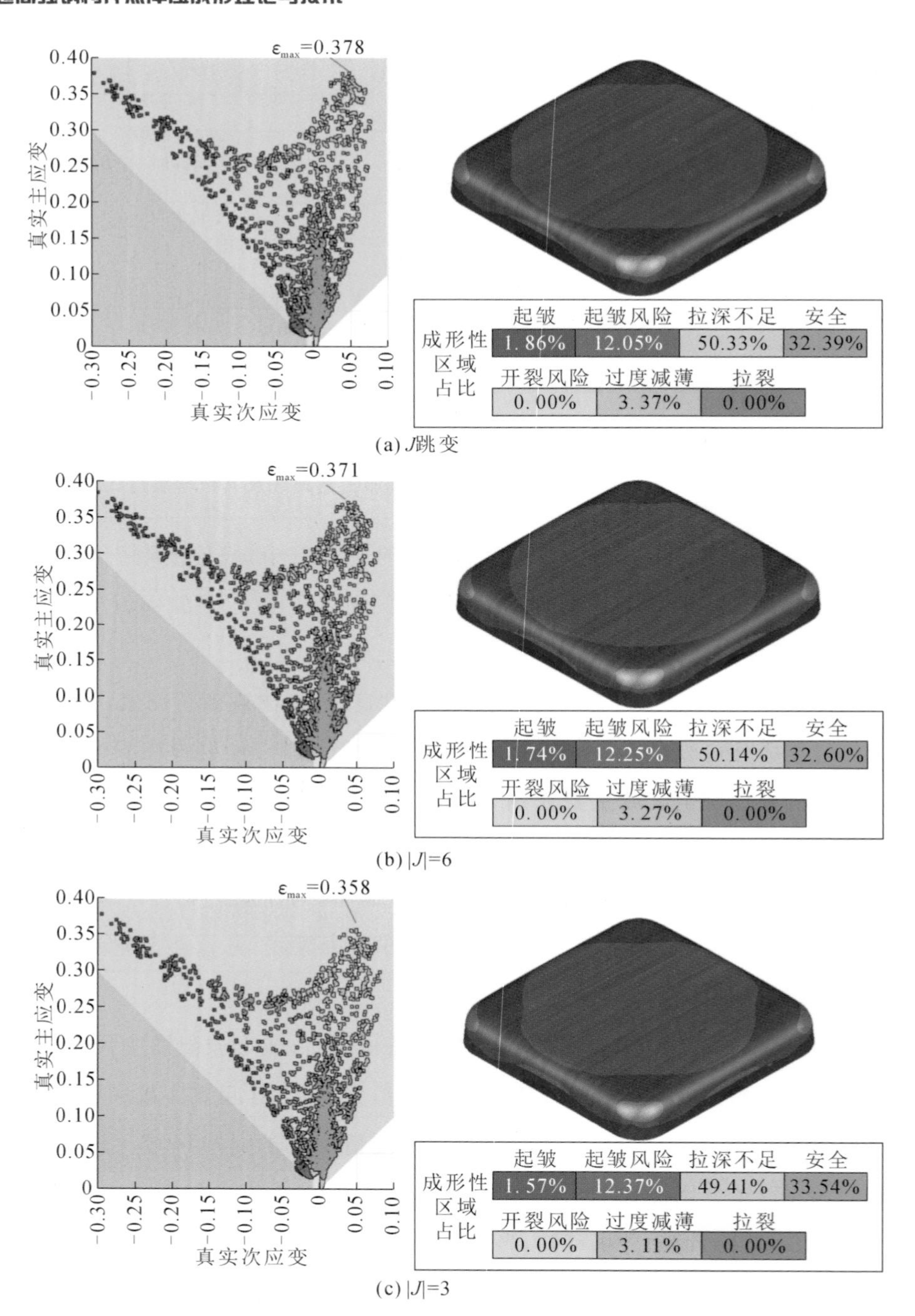


图 5-17 不同急动度指标下的方盒伺服热拉深成形极限图

指标下的3.27%、1.74%，降低幅度分别为4.89%、9.77%。此时真实主应变最大值也不断减小，$|J|=3$ 时最大真实主应变为0.358，较 $|J|=6$ 指标下的0.371，降低幅度为3.50%。

减薄率云图可以更直观地反映出方盒热拉深后各区域的材料减薄情况，配合上述成形极限图能够更全面地判断成形过程中板料的破裂趋势，采用不同急动度指标下的伺服工艺曲线后，方盒减薄率云图如图5-18所示。

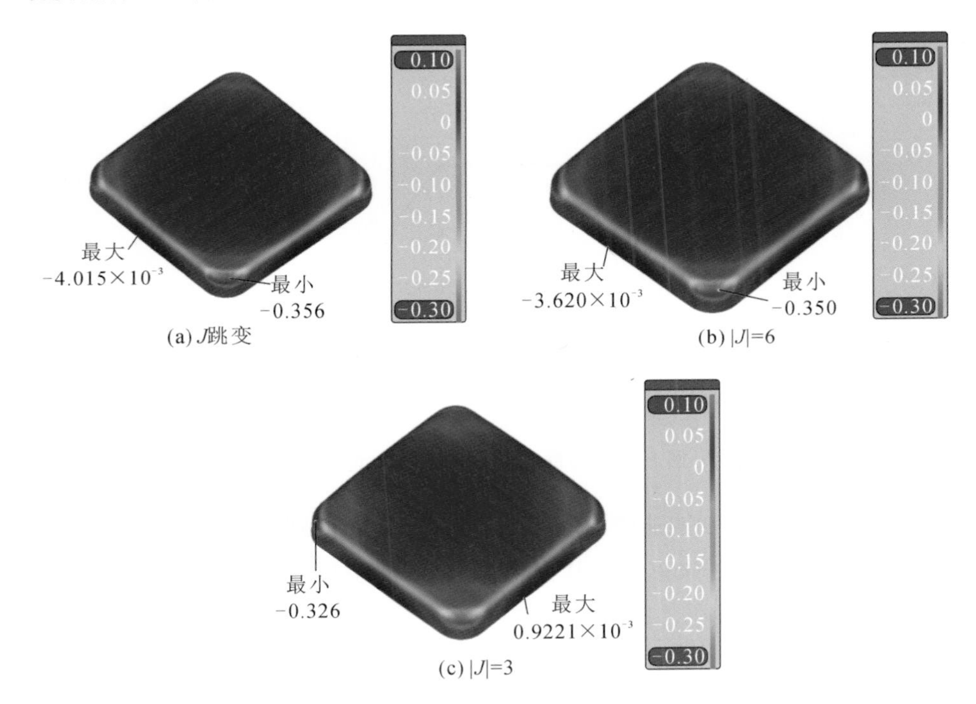

(a) J跳变　(b) |J|=6　(c) |J|=3

**图5-18　不同急动度指标下热拉深后的方盒减薄率云图**

由图5-18可知，减薄率绝对值最大的位置出现在底部四个拐角处，随着急动度稳定且绝对值逐渐减小，该处的减薄率对应减小，与上述成形极限图分析的结果吻合。

综上所述，在保证成形速度满足工艺需求的前提下，随着急动度稳定性的提升与其绝对值的减小，过度减薄和起皱等失稳区域的范围和最大减薄率逐渐减小，但是在保证主要成形段成形速度满足需求的前提下，急动度的绝对值过小将导致成形时间延长，在生产实践中将间接导致局部成形区域温降过大，不利于构件的成形性能的提升和成形质量的提高，所以需合理权衡时间和急动度的参数设置，以保证热冲压件的最佳成形性。

#### 5.2.1.3 时间-急动度最优的工艺曲线设计原则

综合考虑上述影响因素，采用时间-急动度最优的设计原则作为伺服热冲压工艺曲线设计原则，非合模成形阶段采用梯形速度规划以满足成形效率要求，将每个阶段滑块运动过程分为匀加速、匀速和匀减速三个阶段，如图 5-19 所示。

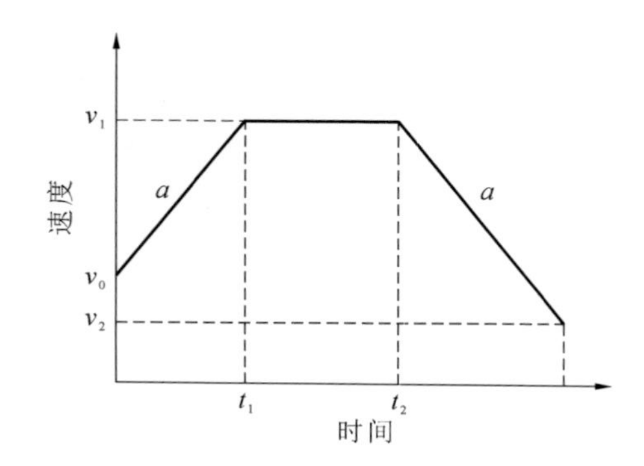


**图 5-19 梯形规划的速度曲线示意图**

图 5-19 中，$a$ 为加减速阶段的加速度，$v_0$、$v_1$、$v_2$ 分别表示该工艺阶段的初速度、匀速运行速度和末速度。其中，三个区域的位移分别为 $s_1$、$s_2$、$s_3$，该阶段的滑块行程为 $s$，计算公式如下：

$$\begin{cases} s_1 = \dfrac{v_1^2 - v_0^2}{2a} \\ s_3 = \dfrac{v_1^2 - v_2^2}{2a} \\ s_2 = s - s_1 - s_3 \end{cases} \tag{5-24}$$

其中，当 $s_2 \leqslant 0$ 时，表示该阶段不存在匀速阶段，反之，则存在。

在不降低成形效率的情况下，合模成形阶段所采用的时间-急动度最优设计原则，本质上是多目标优化设计，可通过分配时间和急动度的权重值以满足设计需求，考虑到求解的复杂性，优化过程采用线性加权形式，其形式如下：

$$\{T_s, J_c\} = \min\{T_s, \sum_{i=m}^{n} |J_i|\} = \min\{w_1 T_s' + w_2 (\sum_{i=m}^{n} |J_i|)'\} \tag{5-25}$$

式中：$T_s$ 为冲压所需的总时间；$J_c$ 为合模成形阶段的急动度，$J_i$ 为第 $i$ 个数据点所对应的急动度；$m$、$n$ 为成形开始与结束时数据点序号；$w_1$、$w_2$ 为设置的时间与急动度的权重系数；$T_s{}'$、$(\sum_{i=m}^{n}|J_i|)'$ 分别代表缩放到[0,1]区间后的相对时间和相对急动度的值。

## 5.2.2　基于混阶样条曲线的超高强钢伺服工艺曲线设计

### 5.2.2.1　混合阶次 NURBS 模型介绍

这里选择混合阶次的非均匀有理 B 样条(NURBS)曲线模型来设计超高强钢伺服热冲压工艺曲线，主要基于以下几点考虑：

(1) NURBS 曲线属于 B 样条曲线，继承了其可微性，易做到工艺关键点的节点区间内部保持无限可微性，而节点处的可微性可通过设置曲线次数 $k$ 和节点重复度 $r$ 来修改，易实现曲线的高阶连续性。通过设置合模成形阶段的四阶可微性，可直接满足局部急动度连续性要求，在时间-急动度最优设计原则的基础上对 NURBS 曲线模型进行简化，就可以满足伺服热冲压工艺曲线的设计需求。

(2) NURBS 插值的开曲线可根据实际情况设置端点的一、二阶导函数为 0，与实际情况下伺服压力机滑块的运动过程吻合。

(3) 传统工艺曲线的基函数不存在统一、通用的数学形式，大多都是分段形式，而 NURBS 曲线的数学形式规范且统一，其有理基函数形式如下：

$$\vec{P}(u)=\sum_{i=0}^{n}R_{i,k}(u)\vec{d_i},\quad 0\leqslant u\leqslant 1 \tag{5-26}$$

式中：$\vec{P}(u)$ 为 $k$ 次 NURBS 曲线某一段曲线的矢函数；$u$ 为插补参数；$n$ 为样条基函数中的样条数量；$k$ 为 NURBS 曲线的最高阶数，急动度对应位移的三阶导数，因此 $k$ 值取 4；$\vec{d_i}$ 为控制顶点向量，连成折线后可构成控制多边形；$R_{i,k}(u)$ 为有理基函数，是定义在规范定义域[0,1]上的分段有理函数，如式(5-27)所示：

$$R_{i,k}(u)=\frac{N_{i,k}(u)\omega_i}{\sum_{j=0}^{n}N_{j,k}(u)\omega_j} \tag{5-27}$$

式中：$\omega_i$ 为权重因子（$\omega_i>0$）；$N_{i,k}(u)$为非均匀节点矢量$\vec{U}$所确定的 $k$ 次规范 B 样条基函数，是非均匀有理 B 样条的另一特征，其递推定义表达式如式(5-28)所示；节点矢量 $\vec{U}=[u_0,\cdots,u_m]$，$m=n+k+1$。当节点 $u$ 的重复度为 $r$ 时，表示该连接处曲线的阶数为 $k-r$。

$$N_{i,0}(u)=\begin{cases}1, & u_i \leqslant u < u_{i+1} \\ 0, & 其他\end{cases} \tag{5-28}$$

$$N_{i,k}(u)=\frac{u-u_i}{u_{i+k}-u_i}N_{i,k-1}(u)+\frac{u_{i+k+1}-u}{u_{i+k+1}-u_{i+1}}N_{i+1,k-1}(u) \tag{5-29}$$

其中，规定：

$$\frac{0}{0}=0 \tag{5-30}$$

#### 5.2.2.2 曲线辅助点时间-急动度多目标协同设计

依据前面所得的工艺关键点可以设计无数条直线或曲线，再根据不同热冲压工艺对关键点的位置和速度所提出的不同要求，同时考虑 NURBS 曲线对直线段的表达不仅需要首尾点坐标，在各个阶段中还需要增加一定数目的工艺辅助点，以保证获得的超高强钢伺服热冲压工艺曲线满足时间-急动度最优的设计原则。

针对关键的合模成形过程，其工艺辅助点位置需要进行分析优化，下面取出该阶段曲线进行分析，如图 5-20 所示。

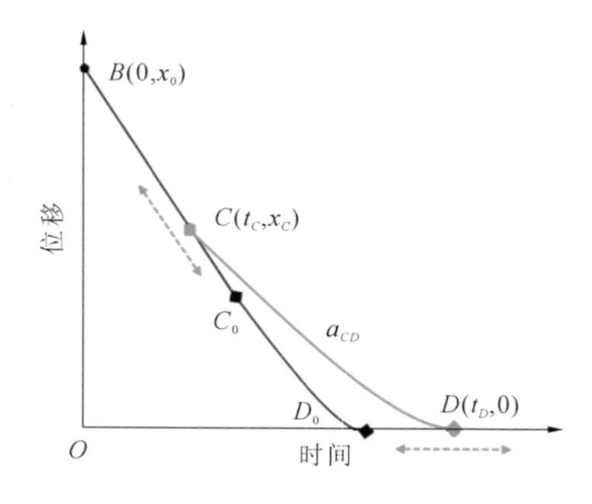


**图 5-20 合模成形阶段示意图**

图中，成形阶段可分为匀速和减速阶段，$B$ 点为模具开始接触板料的位置点，其纵坐标值等于板料与模具接触时的行程 $x_0$，瞬时速度绝对值为 $v_B$；$BC_0D_0$ 段为加速度取滑块最大加速度 $a_m$ 时梯形速度规划后的成形阶段曲线；$BCD$ 段为梯形速度规划后的成形阶段曲线，$t_C$、$x_C$ 为点 $C$ 的横、纵坐标，满足 $x_C=x_0-v_Bt_C$；$t_D$ 为点 $D$ 的横坐标；$a_{CD}$ 为 $BCD$ 段中减速阶段的加速度，其值等于 $-v_B^2/2x_C$。

曲线具体的位置走向与实际的工艺设计原则相关，针对时间-急动度最优的设计原则，考虑到混合阶次 NURBS 曲线在该处设置为四阶，即急动度连续约束，设计中只需要保证急动度的最大值在一定范围内即可满足要求。易知急动度的最大值在 $C_0D_0$ 段的首尾处取到，根据急动度的定义，可以求出成形阶段的急动度形式如下：

$$|J_c|=\left|\frac{0-a_c^{\max}}{h}\right|=\frac{|a_c^{\max}|}{h} \tag{5-31}$$

式中：$a_c^{\max}$ 为成形阶段的最大加速度；$h$ 为曲线数据点的时间间隔。考虑在设计过程中曲线数据点坐标为离散变量，$h$ 常取固定值，故上式可化简为

$$|J_c|=-\frac{1}{h}a_c^{\max}=-\frac{1}{h}a_{CD}=-\frac{1}{h}\frac{v_B^2}{2(x_0-v_Bt_C)}=\frac{k}{t_C} \tag{5-32}$$

式中：$k$ 为常数值，其值与设计中选取的时间间隔 $h$、成形初速度（板料与模具接触时瞬时速度绝对值）$v_B$ 和板料与模具接触时的行程 $x_0$ 有关。

根据梯形速度规划的定义，可以求出成形阶段总时间的关系式：

$$T_s=t_C+t_D=t_C+\frac{-v_B}{a_{CD}}=t_C+\frac{-2v_B(x_0-v_Bt_C)}{-v_B^2}=\frac{2x_0}{v_B}-t_C \tag{5-33}$$

由式(5-32)和式(5-33)可知，随着匀速阶段时间的增加，成形阶段花费的时间将越来越多，但是急动度的跳变程度将越来越小，参考时间-急动度最优的设计原则，设计原则中的 $w_1$、$w_2$ 需满足关系 $w_1=1-w_2$。

考虑到成形阶段中匀速过程为重要过程，其占比应该在 50%以上，因此匀速运动时间 $t_C$ 应达到成形总时间的一半以上，考虑时间和急动度对成形的重要性，将 $w_1$、$w_2$ 的值分别设置为 0.35、0.65，则根据 5.2.1 节中的设计原则定义，综合优化目标可简化为式(5-34)：

$$\min\{w_1T_s'+w_2(\sum_{i=m}^{n}|J_i|)'\}=\min\{0.35T_s'+0.65|J_c|'\} \tag{5-34}$$

联立式(5-32)、式(5-33)、式(5-34)后，可得式(5-35)和式(5-36)：

$$T_s{}' = \frac{\left(\dfrac{2x_0}{v_B} - t_C\right) - \left(\dfrac{2x_0}{v_B} - t_C\right)_{\min}}{\left(\dfrac{2x_0}{v_B} - t_C\right)_{\max} - \left(\dfrac{2x_0}{v_B} - t_C\right)_{\min}} = \frac{t_C - t_C^{\min}}{t_C^{\max} - t_C^{\min}} \tag{5-35}$$

$$|J_c|' = \frac{\left(\dfrac{k}{t_C}\right) - \left(\dfrac{k}{t_C}\right)_{\min}}{\left(\dfrac{k}{t_C}\right)_{\max} - \left(\dfrac{k}{t_C}\right)_{\min}} = \frac{t_C^{\max}(t_C - t_C^{\min})}{t_C(t_C^{\max} - t_C^{\min})} \tag{5-36}$$

式中：$t_C^{\max}$、$t_C^{\min}$ 为成形阶段匀速过程时间的最大、最小值。这里以 $t_C$ 占成形总时间的 50%作为边界条件，代入数据后可得，$t_C^{\max}$、$t_C^{\min}$ 分别取为 1.141 s、0.580 s，综上所述，最终的优化目标函数如式(5-37)所示：

$$\min f(t_C) = 0.624t_C + \frac{0.767}{t_C} - 1.033 \tag{5-37}$$

对函数中自变量 $t_C$ 求导后可知，匀速过程时间 $t_C$ 取 1.11 s、减速过程时间取 0.1 s 时，优化目标函数取最小值。

针对伺服工艺特征关键点曲线模型，将工艺关键点与工艺数据点汇总成伺服热冲压工艺曲线的数据点，其含义及坐标值见表 5-8。非合模成形阶段的滑块速度采用梯形速度规划，当该阶段滑块速度存在匀速过程时，在这些阶段匀速过程首尾和加减速过程首尾以及中间位置处添加工艺辅助点；若不存在，则只在加减速过程的首尾位置上添加工艺辅助点。另外，在合模成形阶段的匀速过程首尾和减速过程首尾以及中间位置处也添加工艺辅助点。

**表 5-8　伺服热冲压工艺曲线各数据点的含义及其坐标值**

| 数据点含义 | 数据点坐标$(t_i, x_i)$ | 数据点含义 | 数据点坐标$(t_i, x_i)$ |
|---|---|---|---|
| 压力机上死点 | (0.000,600.000) | 保压时间段中点 | (5.090,0.000) |
| 下行加速段中点 | (0.200,560.000) | 脱模起始点 | (8.090,0.000) |
| 下行匀速起始点 | (0.400,440.000) | 脱模时间段中点 | (8.302,22.514) |
| 下行减速起始点 | (0.752,158.560) | 上行加速起始点 | (8.514,90.000) |
| 下行减速段中点 | (0.816,96.970) | 上行加速段中点 | (8.608,138.656) |
| 开始成形点 | (0.880,88.000) | 上行匀速起始点 | (8.702,205.000) |
| 成形减速起始点 | (1.990,3.818) | 上行减速起始点 | (8.996,440.000) |
| 成形减速段中点 | (2.040,0.942) | 上行减速段中点 | (9.196,560.000) |
| 保压起始点 | (2.090,0.000) | 压力机上死点 | (9.396,600.000) |

#### 5.2.2.3 伺服热冲压混阶运动曲线的建立

混合阶次 NURBS 曲线模型的建立过程实际上是对工艺关键点和工艺辅助点这两种数据点进行混合阶次插值的过程，主要有节点矢量的构建、控制顶点的反算等步骤。

（1）节点矢量的构建。

构建节点矢量的过程包括数据点的规范化处理和数据点的参数化。首先对数据点进行规范化处理，用数据点横坐标 $t$ 除以冲压总时间，用纵坐标 $x$ 除以冲压总位移，可得到相对时间 $T=t/t_{总}$ 和相对位移 $X=x/x_{总}$，由此得到一组型值点坐标 $\vec{q_i}=(T,X)$。数据点与型值点的坐标以及对应关系如表 5-9 所示。规范化处理本质是求解数据点的幅值形式，处理后曲线的形状相同、取向相同，使得设计出的工艺曲线可用于不同规格和结构的压力机，有效提升了曲线的通用性和复用性。

**表 5-9 伺服热冲压工艺曲线数据点及其对应型值点坐标**

| 数据点坐标 $(t_i, x_i)$ | 型值点坐标 $(T, X)$ | 数据点坐标 $(t_i, x_i)$ | 型值点坐标 $(T, X)$ |
|---|---|---|---|
| (0.000,600.000) | (0.000,1.000) | (5.090,0.000) | (0.542,0.000) |
| (0.200,560.000) | (0.021,0.933) | (8.090,0.000) | (0.861,0.000) |
| (0.400,440.000) | (0.043,0.733) | (8.302,22.514) | (0.884,0.038) |
| (0.752,158.560) | (0.080,0.264) | (8.514,90.000) | (0.906,0.150) |
| (0.816,96.970) | (0.087,0.162) | (8.608,138.656) | (0.916,0.231) |
| (0.880,88.000) | (0.094,0.147) | (8.702,205.000) | (0.926,0.342) |
| (1.990,3.818) | (0.212,0.006) | (8.996,440.000) | (0.957,0.733) |
| (2.040,0.942) | (0.217,0.002) | (9.196,560.000) | (0.979,0.933) |
| (2.090,0.000) | (0.222,0.000) | (9.396,600.000) | (1.000,1.000) |

对于插值开曲线，其参数化方法决定了所表示曲线的形状以及曲线上的点和规定参数域内的点之间的关系。即使采用相同的插值法对同一组数据点进行插值，若参数化方法不同，最终获得的插值曲线也完全不相同。常用的参数化方法可分为均匀参数化、向心参数化、积累弦长参数化和修正弦长参数化等方法，其中后两种方法在工程应用中得到了大量验证，且积累弦长参数化方法

更为简便，故采用积累弦长参数化方法对型值点进行参数化，如式(5-38)所示：

$$l_i = |\Delta \overrightarrow{q_i}| = |\overrightarrow{q_{i+1}} - \overrightarrow{q_i}|, \qquad i = 0,1,\cdots,n \tag{5-38}$$

$$\widetilde{u_i} = \frac{l_i}{\sum_{i=1}^{n} l_i} \tag{5-39}$$

式中：$l_i$ 为第 $i+1$ 个曲线段的弦长；$\widetilde{u_i}$为节点矢量的增量，其值为该段弦长占总弦长的比值。

采用皮格尔与蒂勒推荐的 AVG 平均技术构造节点值序列，后续方程组的系数矩阵能够通过没有主元的高斯消元法求解，所构造的节点值序列如下。

$$\begin{cases} u_0 = u_1 = \cdots = u_k = 0 \\ u_{k+j} = \dfrac{1}{k}\sum_{i=j}^{j+k-1}(u_{i-1} + \widetilde{u_i}), \qquad j = 1,2,\cdots,n-k \\ u_{n+1} = u_{n+2} = \cdots = u_{n+k+1} = 1 \end{cases} \tag{5-40}$$

其中，节点值序列首尾节点 $u_0$ 和 $u_{n+k+1}$的重复度需设置为 $k+1$，这样可使得曲线首尾节点与控制多边形在首尾端点处相切。考虑到混合阶次的重复度需自由设置，为了简化运算，将节点矢量$\overrightarrow{U}$ 的节点值和重复度分开，分别采用节点值矢量 $\overrightarrow{H}$ 和重复度矢量$\overrightarrow{R}$ 表示，节点值矢量 $\overrightarrow{H}$ 的元素值 $h_i$ 为节点矢量的不重复节点值，$h_i$ 所对应的重复度为重复度矢量$\overrightarrow{R}$ 的元素值 $r_i$。将该解算过程编写成程序，最终，可得到节点值矢量 $\overrightarrow{H}$ 的元素值 $h_i$ 为(0,0.025815,0.1,0.27358,0.31153,0.31759,0.385251,0.387892,0.38994,0.507716,0.62549,0.64164,0.6839652,0.714104,0.755059,0.899994,0.974185,1)，所对应的节点值矢量$\overrightarrow{R}$ 的元素值 $r_i$ 为(5,3,3,3,3,4,4,4,4,3,3,3,3,3,3,3,3,5)。

(2) 控制顶点的反算。

给定控制顶点$\overrightarrow{d_i}$、次数 $k$ 以及节点矢量$\overrightarrow{U}$ 可确定一条唯一的曲线，而控制顶点的反算可根据已知的型值点利用式(5-26)进行，但是该方法运算量过大，可采用德布尔递推公式进行简化，如式(5-41)所示：

$$\overrightarrow{p}(h) = \sum_{j=1}^{n} \overrightarrow{d_j} N_{j,k}(h) = \overrightarrow{d_{i-k}^{k-r}}, \qquad h \in [h_i, h_{i+1}] \subset [h_k, h_{n+1}] \tag{5-41}$$

其中，$\overrightarrow{d_{i-k}^{k-r}}$的计算公式如式(5-42)～式(5-43)所示：

$$\overrightarrow{d_j^L}=\begin{cases}\overrightarrow{d_j}, & L=0\\ (1-\alpha_j^L)\,\overrightarrow{d_j^{L-1}}+\alpha_j^L\,\overrightarrow{d_{j+1}^{L-1}}, & j=i-k,i-k+1,\cdots,i-r-L\\ L=1,2,\cdots,k-r\end{cases} \tag{5-42}$$

$$\alpha_j^L=\frac{h-h_{j+L}}{h_{j+k+1}-h_{j+L}},\qquad 规定\frac{0}{0}=0 \tag{5-43}$$

式中：$\alpha_j^L$ 为比例因子；$r$ 表示 $h_i$ 所在节点区间的左端节点的重复度。求解过程中可联立的方程只有 $n-3$ 个，但是控制顶点存在 $n-1$ 个，需额外增加 2 个边界切矢条件以使方程组有解。根据热冲压工艺曲线的首尾点特征，滑块运动必须保证首末端点的速度、加速度为 0，所以一般选取首末端点切矢条件，如式(5-44)所示。

$$\begin{cases}\overrightarrow{d_{n1}}=\dfrac{|\Delta\overrightarrow{q_k}|}{\Delta\overrightarrow{q_k}}=\dfrac{l_i}{\overrightarrow{q_{k+1}}-\overrightarrow{q_k}}\\ \overrightarrow{d_{n2}}=\dfrac{|\Delta\overrightarrow{q_n}|}{\Delta\overrightarrow{q_n}}=\dfrac{l_n}{\overrightarrow{q_{n+1}}-\overrightarrow{q_n}}\end{cases} \tag{5-44}$$

由此，可根据表 5-9 中 $n-1$ 个型值点反算出如表 5-10 所示的 $n+1$ 个控制顶点。

**表 5-10　伺服热冲压工艺曲线控制点型值坐标**

| 控制点型值坐标($T$,$X$) | 控制点型值坐标($T$,$X$) |
|---|---|
| (0,1) | (0.541725646,0) |
| (0.021285880,0.950858334) | (0.861013846,0) |
| (0.042571760,0.899563138) | (0.883598165,0.032758258) |
| (0.080013623,0.129274816) | (0.906171841,0.082929105) |
| (0.086835748,0.084707580) | (0.916165562,0.102595042) |
| (0.093657872,0.082346261) | (0.926159282,0.203043417) |
| (0.211794506,0.007109480) | (0.957428240,0.899563138) |
| (0.217115976,0.001840322) | (0.978714120,0.950858334) |
| (0.222437446,0) | (1,1) |

可通过改变控制权重因子的大小去调整曲线与被控控制顶点的距离，达到自由调节工艺曲线形状的目的，考虑到设计过程常常采用重新生成目标曲线的方法，故本章曲线设计中权重因子的初始值取为1。根据德布尔算法的推导式(5-41)～式(5-43)，最终可确定一条经过所有型值点的混合阶次NURBS插值曲线，将滑块行程和冲压时间代入设计好的幅值曲线中，最终可得到如图5-21所示的伺服热冲压工艺曲线，图中曲线控制顶点与其构成的控制多边形分别使用蓝色方框、蓝色多段线标记，成形阶段用红色线标记，发现工艺曲线的光顺性初步满足设计要求。为更好地描述和分析设计后的伺服热冲压工艺的性能，采用有限差分法求解伺服热冲压工艺曲线的离散数据点集的近似导数。

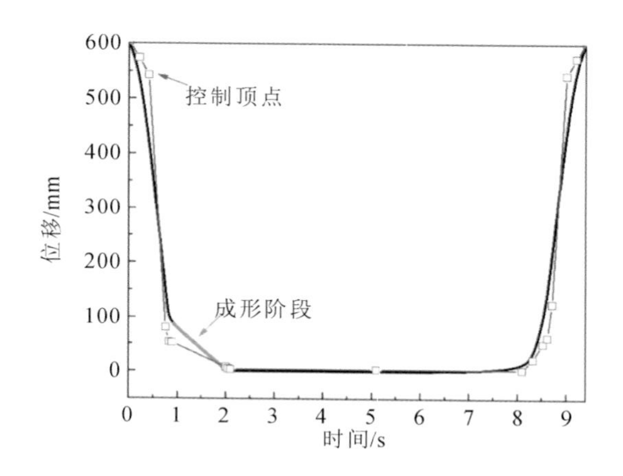


**图5-21 基于混合阶次NURBS曲线模型的伺服热冲压工艺曲线**

将差分的阶数分别设置为1、2、3，求解结果分别对应于滑块运动曲线中的速度、加速度、急动度随时间的变化规律，伺服热冲压工艺滑块运动位移的不同阶次导数曲线如图5-22所示，图中成形阶段已用红色线标记。需注意的是，采用差分求导方式计算不同阶次导数时，会出现曲线首末点的纵坐标不为0的情况。

由图5-22可知，设计后的伺服热冲压工艺滑块全冲程速度保持高阶平滑，合模成形阶段中未出现急动度正负瞬时跳变，急动度保持连续且变化波动小于8%，保证了超高强钢热冲压成形时滑块的稳定性，进而保证了热冲压构件的成形精度和成形质量。

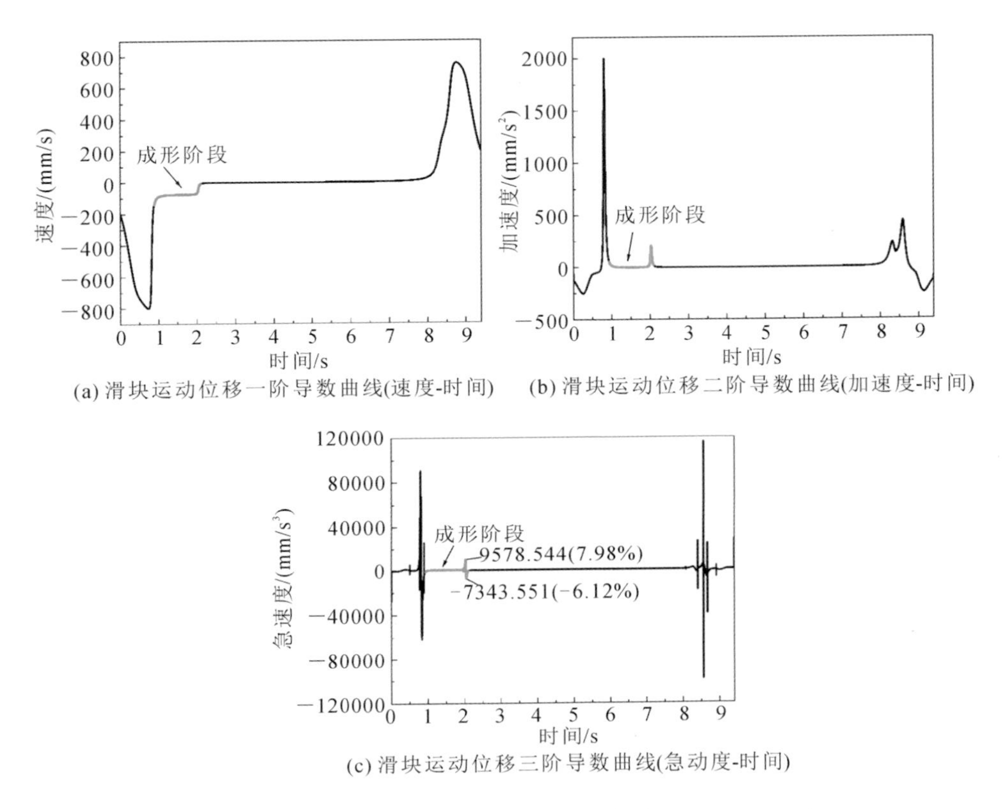


(a) 滑块运动位移一阶导数曲线(速度-时间)　(b) 滑块运动位移二阶导数曲线(加速度-时间)

(c) 滑块运动位移三阶导数曲线(急动度-时间)

**图 5-22　伺服热冲压工艺滑块运动位移的不同阶次导数曲线**

## 5.3　伺服热冲压工艺智能设计系统及应用

随着制造业进入数字化、信息化及知识经济的时代，伺服压力机在智能制造中不断展现出其特有的潜力，传统工艺设计模式已经很难满足快速发展的市场需求，工艺设计方式逐渐从传统手工编制过渡到计算机辅助工艺过程设计(computer aided process planning，CAPP)。在热冲压工艺设计过程中应用CAPP技术，能够减少设计环节中存在的大量重复性工作，提高产品制造的标准化和规范化程度，有效缩短工程人员的操作时间。本节将对比挑选出合适的系统开发环境及开发工具，并考虑功能的内聚性和后期维护的便捷性，对系统总体架构进行设计，分析伺服热冲压工艺的功能需求和设计策略，对冲压过程中一些关键功能进行实现，形成一套较为完整的伺服热冲压工艺智能设计系统，并对该系统进行应用和验证。

### 5.3.1 系统开发环境及开发工具

CAPP系统开发环境及工具可分为集成式一次开发和插件式二次开发，后者基于前者实现功能的扩展和定制。针对伺服热冲压工艺设计过程，目前市面上该类型商业化软件比较少且核心技术基本被国外掌控，没有二次开发接口供用户调用，需自主研制。

目前可供选择的CAPP桌面软件开发方案有很多种，如表5-11所示。选择开发环境及开发工具时，需考虑的主要因素为以下几个方面：

(1) 以自主可控为目标，尽可能避免依赖非开源框架和开发语言；

(2) 考虑到运行稳定性和运行端数据负荷，软件开发应基于客户端/服务器(C/S)架构环境，采用工业总线实现与MES和ERP等软件系统的数据交互；

(3) 为避免重复性工作，工艺设计的过程文件应能够实时存储和查阅；

(4) 考虑工业生产的实时性要求，软件性能需得到保证，且编译后软件包不应过大。

**表5-11 常用工业软件开发框架**

| 开发框架 | 系统平台 | 开发工具 | 开发语言 |
|---|---|---|---|
| WPF | Windows | Visual Studio | XAML、C# |
| WinForms | Windows | Visual Studio | VB/C# |
| QT | Windows/Linux | QTCreator | C++ |
| Flutter | Windows/Linux | Visual Studio Code | Dart |
| Electron | Windows/Linux | Visual Studio Code | HTML、CSS、JS |

这里选择CAPP系统的硬件平台为国产诺达佳TPC6000-Z125T工业控制计算机，相关参数如表5-12所示。

**表5-12 诺达佳TPC6000-Z125T工控机参数**

| 类型 | 参数 |
|---|---|
| CPU | Intel i3-5005U |
| 屏幕 | 12.5寸电容式触控屏(1366pt×768pt) |
| 存储器 | 4 G运行内存+128 G固态硬盘 |
| 预装系统 | Windows 10 |

WPF 界面渲染是基于矢量的呈现引擎，可有效避免 QT 框架在不同屏幕上的性能异常问题，且不需要像 Electron 那样内置 Chromium 核心，其开发难度远低于借助 Dart 语言开发的 Flutter 框架。综合考虑上述因素，课题组最终选择 Windows 10 作为开发环境，WPF 作为软件开发框架，使用 XAML 和 C# 语言进行开发，开发工具使用的是 Visual Studio，数据库选择 MySQL。XAML 是一种基于 XML 的标记语言，主要用于创建工艺设计系统的用户界面（user interface，UI），而 C# 是一种面向对象、组件的后端语言，能够生成在不同的计算机平台和体系结构中运行安全可靠的应用程序，主要用于生成后台逻辑，在工业控制领域得到了广泛的应用。

### 5.3.2 系统总体架构设计

考虑到制造业信息化的发展趋势，CAPP 系统的功能在变得越来越完善的同时，其子模块之间的依赖强度也不断增大，后期的维护难度将越来越大。为了避免后续多个模块功能升级时，多处同时更改可能造成的系统稳定性问题，本节开发的伺服工艺智能设计系统采用 MVVM 架构开发，如图 5-23 所示，系统可分为模型、视图和视图模型，分别对应于数据层的后端数据、人机交互层的前端页面和两者间的逻辑层，后端数据通过数据绑定和事件监听与逻辑层进行关联，数据和界面的改动先经过逻辑层的处理，再由模型执行界面和数据的更改。

该系统结构将视图 UI 与业务逻辑分开，且合并界面中的交互逻辑和业务逻辑，当出现修改添加数据、逻辑和界面等一些重构行为时，能够减少业务的复杂性和代码的耦合性，方便软件后期维护。

人机交互层为系统运行的主要操作界面，包括数据输入、数据管理和数据查看等功能；逻辑层为系统核心部分，包括工艺设计、日志信息、状态监控和参数设置等模块；数据层为系统的数据库，包括压力机状态、压力机参数、工艺数据库和设计规则库等，也是设计日志存放的位置。基于以上信息，这里设计的 CAPP 系统需具备以下功能：

（1）数据存储与管理。该模块对所连接的压力机数据和工艺设计案例进行平台化管理，解决不同部门交流时出现的数据繁杂、冗余等问题，方便设计人员

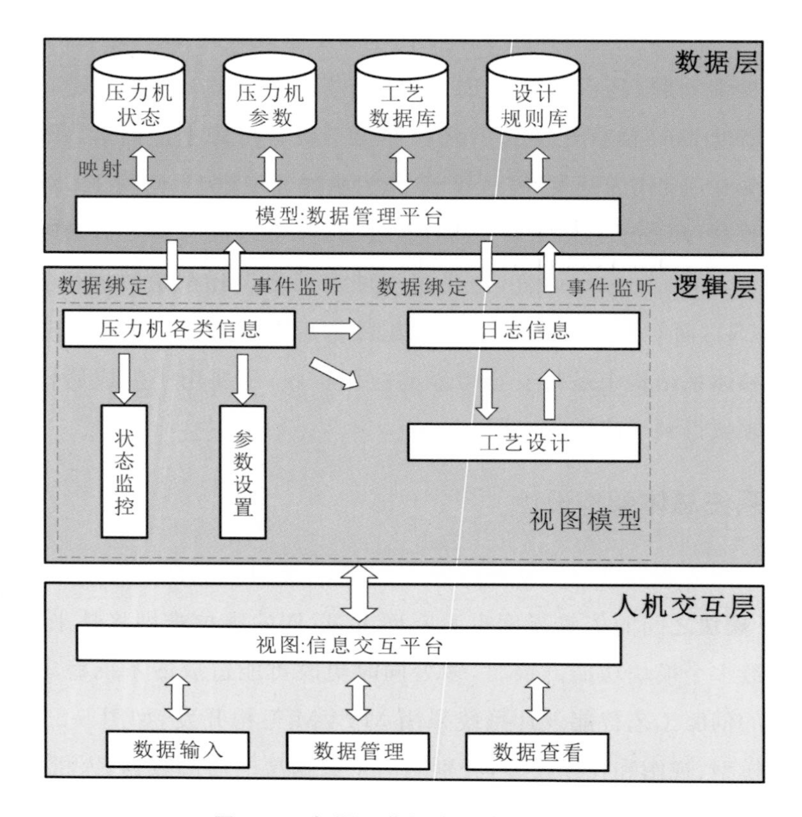


图 5-23 伺服工艺智能设计系统架构

查看管理数据,并方便后续工艺设计环节调用数据。

(2) 压力机状态监控。该模块用于显示压力机的各方面指标,方便生产人员监控生产环境。

(3) 伺服工艺设计。该模块用于设计伺服冲压工艺,将前述基于混合阶次样条曲线的伺服工艺曲线设计方法的逻辑实例化,输入工艺数据点便可自动完成工艺设计过程,并支持导出曲线用于生产。伺服工艺智能设计系统功能框图如图 5-24 所示。

## 5.3.3 关键模块功能实现

### 5.3.3.1 用户登录模块

考虑到压力机这类大型机械的安全性,用户登录模块主要检查登录用户的

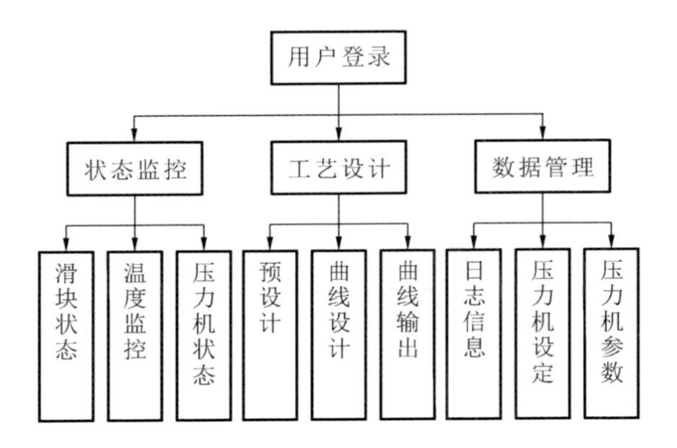


图 5-24 伺服工艺智能设计系统功能框图

身份和操作人员的权限，防止被错误使用，伺服工艺智能设计系统的用户登录界面如图 5-25 所示。

图 5-25 用户登录界面

当输入账号或密码错误时，将提示“登录失败，请检查”(见图 5-26)。

图 5-26 异常登录时用户登录界面

#### 5.3.3.2 状态监控模块

如图 5-27 所示为状态监控界面。状态监控模块主要借助位移、速度、温度、压力等各类传感器实现对压力机的滑块信息、压力信息的实时采集,传感器产生的数据经过逻辑层处理后,可为操作人员实时更新 UI 数据和工作时滑块运动曲线,实现伺服压力机与该伺服工艺智能设计系统的连接。在连接过程中,目前工业中常用的通信协议有 Modbus、RS232/485、HART 协议和 MPI 协议。考虑到各类设备多采用 RS232/485、以太网等不同接口实现物理连接,Modbus 总线协议由于采用主从式异步半双工通信方式,通信结构为主从式,可使一个主站对应多个从站实现双向通信,具有适配性好、开放性高和使用简便等特点,因此这里将其作为设备通信协议。

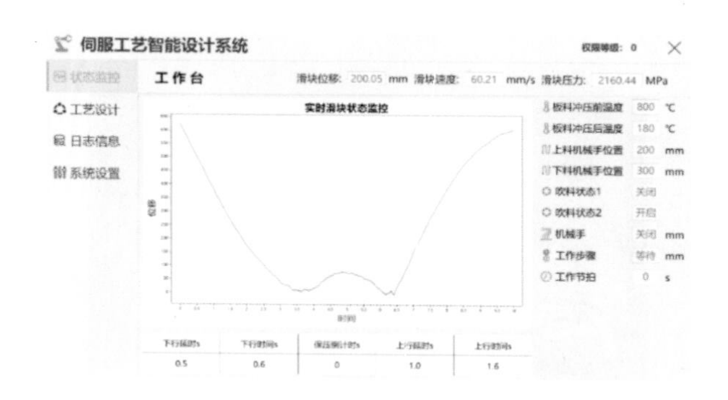


图 5-27 状态监控界面

#### 5.3.3.3 工艺设计模块

工艺设计模块是伺服工艺智能设计系统的核心板块,包装并隐藏了前述提到的基于混合阶次 NURBS 曲线的伺服工艺曲线设计方法的一些细节,供设计人员直接调用。该模块参考伺服工艺曲线设计过程,设置了预设计、曲线设计和曲线输出三个阶段。

如图 5-28 所示为预设计界面,通过下拉选项的形式为操作人员提供服务,主要包括常见的冲压工艺模式以及其示意图,其中包括拉深-保压-拔模、拉深-拔模/低速冲裁、拉深-二次保压-拔模和高速冲裁等工艺模式。操作人员还可以根据需要开启混合阶次的选项,保证柔性设计并防止过设计,还支持选择设计目标来配置常见的工艺曲线设计原则的权重。

伺服工艺智能设计系统
权限等级：0
状态监控
工作台
滑块位移：200.05 mm 滑块速度：60.21 mm/s 滑块压力：2160.44 MPa
工艺设计
预设计
曲线设计
曲线输出
日志信息
系统设置
工艺模式　拉深二次保压拔模
混合阶次　是
设计目标　柔性控制
位移
时间
A
B
C
D
E
F
G
H
I
设计示意图

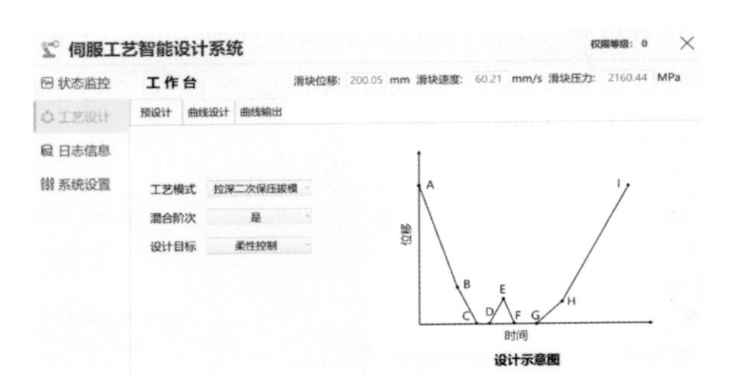

图 5-28　预设计界面

如图 5-29 所示，曲线设计阶段将读取用户输入的数据点，按照预设计的结果，实现对伺服工艺曲线的设计。该阶段允许操作人员通过表格输入和 csv 文件导入来完成数据输入，并支持将表格输出为 csv 文件供后续导入和查询。当操作人员点击“开始设计”选项时，系统逻辑层将 csv 文件逐行读入声明的 ObservableCollection<ProcessCurve>类型的变量中，该数据类型将数据自动输入已封装的工艺曲线设计代码中进行运算，预设计阶段中设计的参数将控制其数据输出，确保数据集满足操作人员的需求。处理后的数据存储在 CurveData 类数据中，当操作人员点击“保存为 csv 文件”选项时，设计后数据也将存储为 CurveData. csv 文件，供操作人员查阅和后续曲线输出。

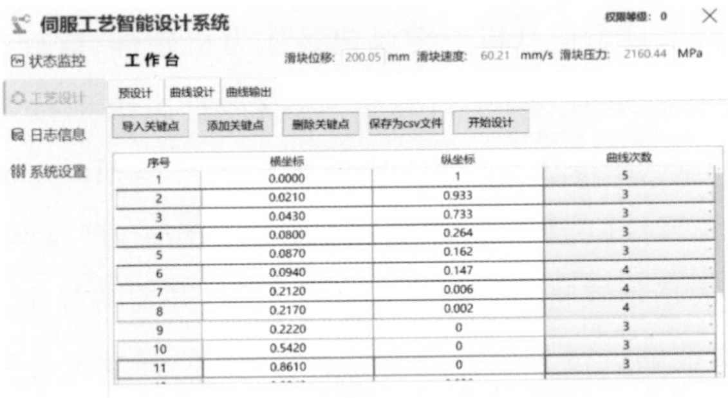

伺服工艺智能设计系统
权限等级：0
状态监控
工作台
滑块位移：200.05 mm 滑块速度：60.21 mm/s 滑块压力：2160.44 MPa
工艺设计
预设计
曲线设计
曲线输出
日志信息
系统设置
导入关键点
添加关键点
删除关键点
保存为csv文件
开始设计
序号　横坐标　纵坐标　曲线次数
1　0.0000　1　5
2　0.0210　0.933　3
3　0.0430　0.733　3
4　0.0800　0.264　3
5　0.0870　0.162　3
6　0.0940　0.147　4
7　0.2120　0.006　4
8　0.2170　0.002　4
9　0.2220　0　3
10　0.5420　0　3
11　0.8610　0　3

图 5-29　曲线设计界面

如图 5-30 所示，曲线输出阶段主要对曲线设计后的曲线数据进行显示，在后台逻辑中通过 NuGet 方式获取 ScottPlot 绘图库，并通过“using ScottPlot;”

语句实现命名空间的引用，借助该开源绘图库，能够绘制出设计后的滑块位移-时间曲线。操作人员可根据该曲线判断后续的操作，可以将输出的工艺曲线运用到压力机滑块控制策略并通过 LINQ 语句保存到 MySQL 数据库中或者重新设计。

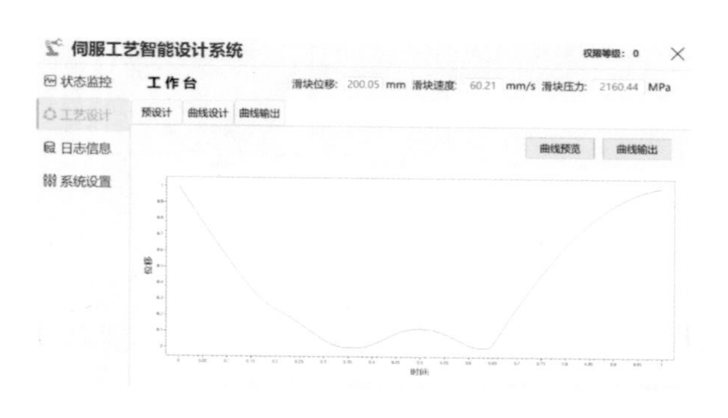


图 5-30 曲线输出界面

#### 5.3.3.4 数据管理模块

数据管理模块中的数据主要包括以下几个部分：

①日志信息：存入工艺日志的工艺设计阶段产生的信息、存入系统日志的压力机参数变化信息、存入 PLC 日志的 PLC 设备信息；

②系统设置参数：与工艺设计相关的压力机滑块参数、压力机平衡缸参数、各类润滑系统信息、IO 指示灯的当前启闭状态、吹料模式和设定状态。

如图 5-31 所示，日志信息板块主要记录压力机硬件、软件、系统等信息，该部分信息处理主要借助 ILogger 日志引擎进行，日志级别按照由低到高的顺序，被分为 LogTrace（跟踪级）、LogDebug（调试级）、LogInformation（信息级）、LogWarning（警告级）、LogError（错误级）、LogCritical（严重级）六种。该界面以按时间排序的表格形式将日志展示给操作人员，并支持导出。针对不同的日志级别，操作人员能够进行相应的处理操作，既方便开发又方便后期维护人员更快地锁定设备和程序的异常。

如图 5-32 所示，在该 CAPP 系统中系统设置板块分为压机设定、润滑设定、IO 指示灯和辅助设定四个界面。其中，压机设定界面主要显示当前压力机滑块参数和平衡缸参数，滑块参数是工艺设计模块中的主要元素，其值的大小

图 5-31　日志信息界面

影响着工艺曲线的走向；润滑设定界面用于显示机械设备中传动部分的润滑参数，主要有油泵润滑时间、油泵间丝杠转数、润滑检测的间隔时间、润滑方式和润滑检测开关的启闭等参数；IO 指示灯界面中通过红绿指示灯显示 PLC 输出端子的通断；辅助设定界面中显示吹料状态，包括吹料模式的选择和开闭位置与方向。

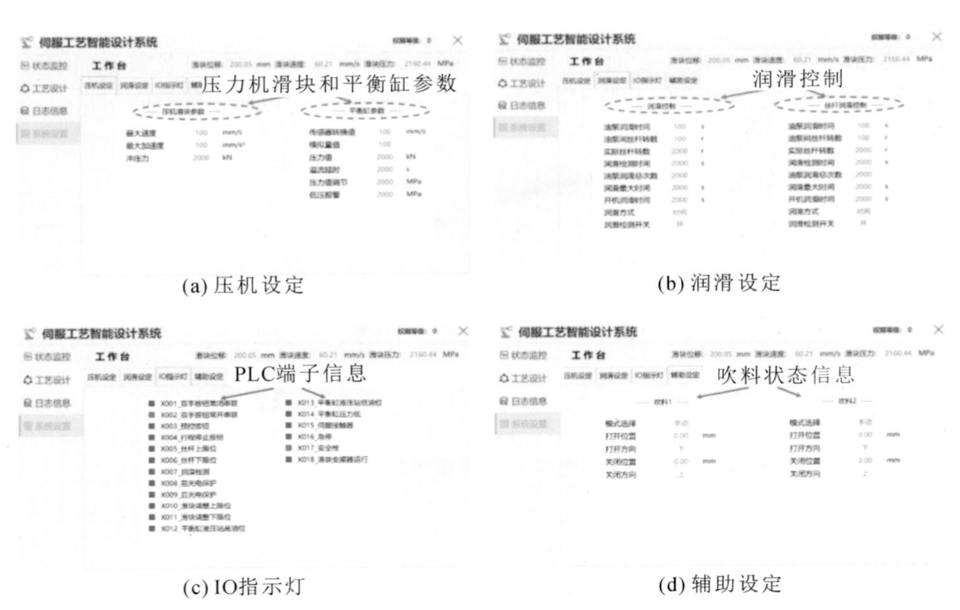


(a) 压机设定　(b) 润滑设定

(c) IO指示灯　(d) 辅助设定

图 5-32　系统设置界面

### 5.3.4 典型构件伺服热冲压成形仿真验证

本小节以汽车A柱骨架外板为研究对象，利用伺服热冲压工艺智能设计系统设计伺服热冲压工艺曲线。设计完成后，我们将利用AutoForm软件进行伺服热冲压成形的仿真验证，以确保设计的准确性和实用性。AutoForm仿真分析的过程分为有限元模型建立、材料参数设置、接触模型及边界条件设置、工艺曲线设计等部分，其中工艺曲线设计部分将通过本章智能设计系统完成，将设计的伺服热冲压力工艺曲线导入建立的有限元仿真模型中，实现对系统关键功能的应用与验证。

#### 5.3.4.1 有限元模型建立

(1) 几何模型的建立。

运用专业建模软件CATIA建立汽车A柱骨架外板几何模型并导入AutoForm R10中，如图5-33所示，其几何尺寸经测量约为713 mm×452 mm×86 mm，厚度为1.2 mm，其结构为阶梯形变截面L形结构，其侧壁近乎直壁且最大拉深深度较大，构件表面不均匀分布圆孔、阶梯孔和凸台，可见其热冲压工序十分复杂。

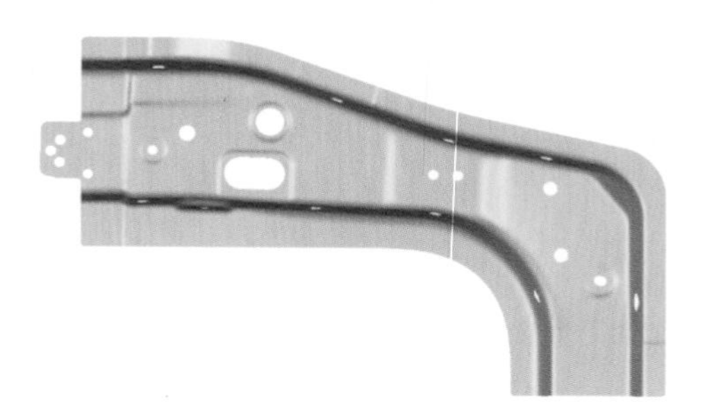

图5-33 汽车A柱骨架外板几何模型

(2) 模面设计。

如图5-34所示，在模面设计过程中，对上模、下模、压料面所需的模面进行补充和修改，供模具设计阶段调用。在压料面设计过程中选择平面压料面，以便板料成形和加工；在工艺补充过程中需填充构件的各类孔洞，在拉深深度断差比较大的地方，补充适当的模面实现过渡，考虑到板料为L形件，需沿板料轮廓线外延一部分作为压料面。

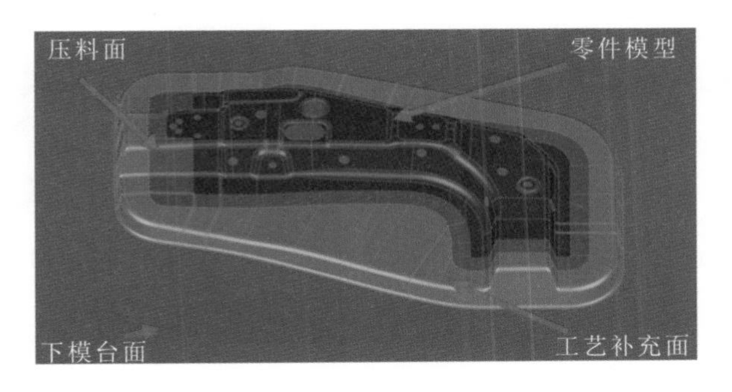


图 5-34　汽车 A 柱骨架外板模面设计结果

(3) 有限元模型建立和网格划分。

在实际热冲压生产过程中，坯料的形状对构件最终成形性及成本控制具有直接的影响，利用 AutoForm 自带的板料生成功能和模具设计功能，使用模面设计结果反向生成板料形状并设计出模具和压料面，由板料、模具和压料面组成的汽车 A 柱骨架外板伺服热冲压有限元模型如图 5-35 所示，自动划分模型的网格后结果如图 5-36 所示。

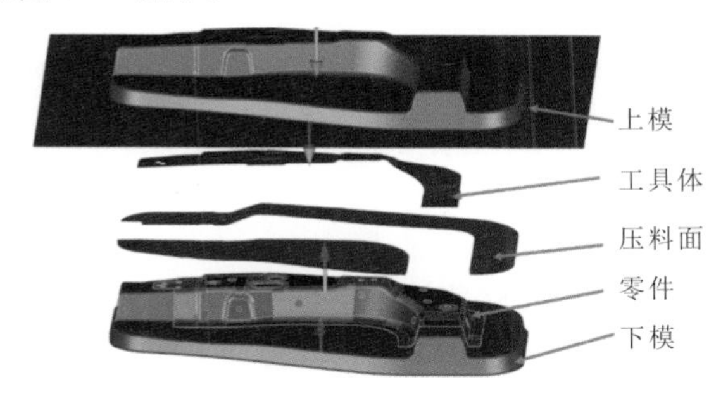


图 5-35　汽车 A 柱骨架外板伺服热冲压有限元模型

### 5.3.4.2　材料参数设置

(1) 材料热力学性能参数。

前述已计算出 D1800HFD 钢在不同变形温度下的真实应力-真实应变曲线，可导出不同变形温度下的加工硬化曲线。查阅材质单可知，该材料的泊松比为 0.266，使用 Cowper-Symonds 模型来确定 D1800HFD 钢在不同温度下的杨氏模量。

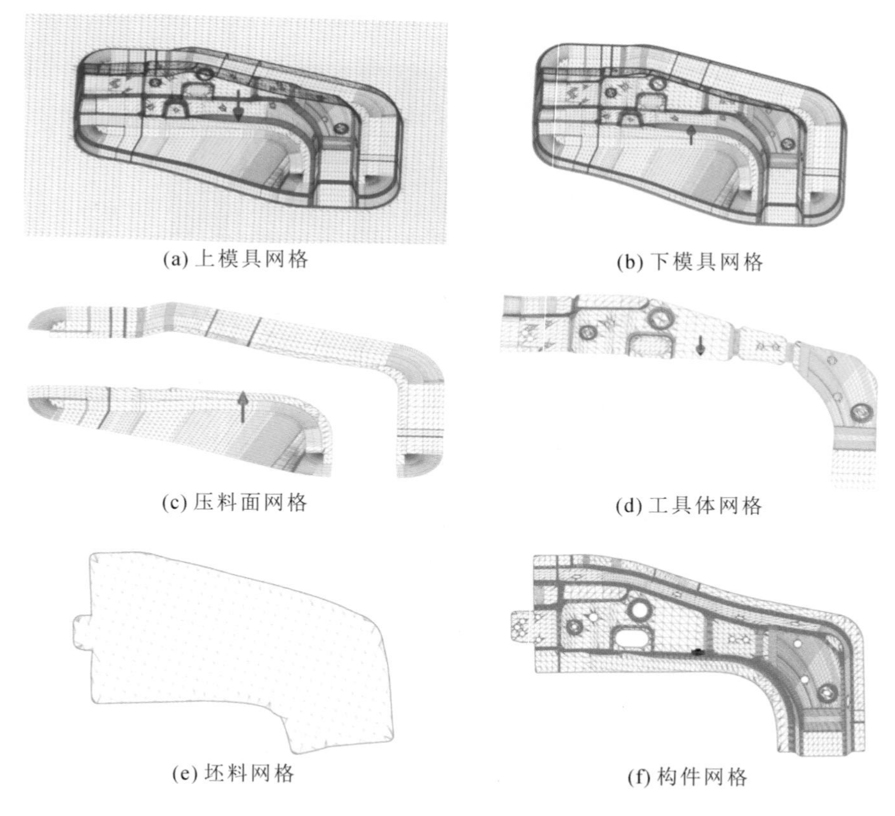


**图 5-36　汽车 A 柱骨架外板有限元模型和网格划分**

（2）材料热物理性能参数。

AutoForm 所需的热物理性能参数主要包括板料和模具（H13 钢）的比热容、密度、热导率等。H13 钢的热物理性能参数见表 5-13。

**表 5-13　H13 钢的热物理性能参数**

| 热物理性能参数 | 密度/($g/cm^3$) | 弹性模量/MPa | 泊松比 | 热导率/[W/(mm·K)] | 比热容/[J/(kg·℃)] |
|---|---|---|---|---|---|
| 值 | 7.85 | $2.1\times10^5$ | 0.3 | 32.2 | 4×105 |

D1800HFD 钢的热物理性能参数需要通过测试确定，D1800HFD 钢常温下拉伸试样质量为 22.163 g，经 UG 软件计算得到，该试样的体积为 2906.8604 $mm^3$，密度为 7.6244 $g/cm^3$。热导率可通过热扩散率、密度和比热容进行计算，比热

容由材质单提供，热扩散率采用德国耐驰 LFA 457 激光法导热分析仪进行测量，该仪器如图 5-37 所示。具体操作步骤为：将试样放在支架上，通入氩气保护气体，当试样加热到待测温度时进行保温，当温度波动小于 0.1 ℃时开始记录数据，取三次测试的平均值作为该温度下的热扩散率。本次测试选择三个方块样品，其边长为 10 mm×10 mm，厚度为 1.2 mm，测试温度分别设置为 25 ℃、100 ℃、300 ℃、500 ℃、700 ℃、800 ℃、900 ℃、950 ℃，三次重复测试数据汇总处理后，得到 D1800HFD 钢的热扩散率，如表 5-14 所示。

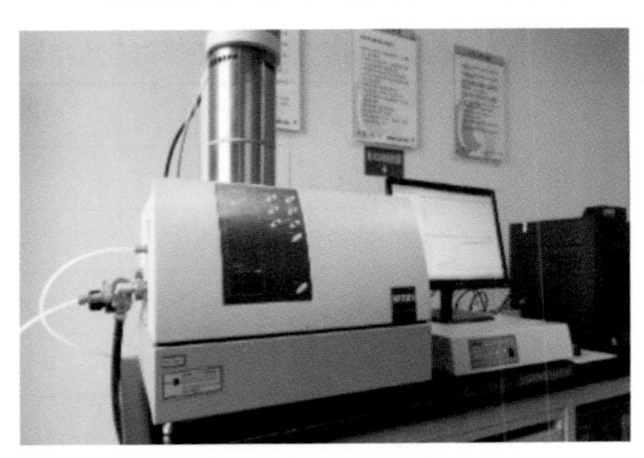

图 5-37　德国耐驰 LFA 457 激光法导热分析仪

表 5-14　D1800HFD 钢的热扩散率随温度变化情况

| 温度/℃ | 25 | 100 | 300 | 500 | 700 | 800 | 900 | 950 |
|---|---|---|---|---|---|---|---|---|
| 热扩散率/($mm^2$/s) | 12.005 | 11.412 | 9.457 | 7.013 | 4.365 | 5.482 | 5.650 | 5.712 |

#### 5.3.4.3　接触模型及边界条件设置

常见的超高强钢热冲压工艺过程为板料加热后转移到模具、下行成形、保压淬火、激光切割等，因此本节在 A 柱骨架外板仿真中设置加热、单向拉延、冷却、修边四大工序，工序主要内容和参数设置如下。

（1）加热过程。

该过程将板料加热至奥氏体化温度以上并保温一定时间，在 AutoForm 软件中加热和保温过程被简化为整个板料加热到指定的温度，该温度设置为 950 ℃，材料自动设置为均匀奥氏体化状态。板料在转移至模具过程中，与空气产生热传导过程，其传热系数与板料温度有关，在 AutoForm 中需设置常温和加热温度状态下的传热系数。根据上述热扩散率和比热容，本次仿真将板料的初始温度设置为

25 ℃，对应的传热系数为 0.021 mW/(mm² · K)，当板料加热到 950 ℃时，其传热系数为 0.074 mW/(mm² · K)。

(2) 单向拉延过程。

单向拉延的下行过程包括快速运动和成形运动，该过程中板料已经转移至指定位置，滑块推动上模和压料面运动，使其随坯料一起下移并完成成形，在压料面的作用下板料将紧密贴合下模完成冲压。该阶段需设置模具和压料面的支撑类型和间隙等约束，见表 5-15。

**表 5-15　汽车 A 柱骨架外板伺服热冲压有限元模型的约束**

| 部件 | 几何约束 | 温度约束 |
|---|---|---|
| 上模 | 工艺曲线控制 | 25 ℃ |
| 压料面 | 受力控制 | 25 ℃ |
| 板料 | 无 | 850 ℃ |
| 下模 | 固定不动 | 25 ℃ |

(3) 冷却过程。

冷却过程对应于冲压的保压淬火过程，该阶段上、下模闭合并固定不动，该阶段保压力设置为 2000 kN，淬火时间设置为 6 s。该过程的传热形式主要是热传导，可单独设置传热系数，保证其过冷度能够发生马氏体相变以提高构件强度。

#### 5.3.4.4　工艺曲线设计

基于汽车 A 柱骨架外板的结构特征，考虑对该热成形构件的成形部分使用时间-急动度最优约束，在伺服热冲压工艺智能设计系统的预设计中选择拉深-保压-拔模工艺，并采用柔性控制(时间-急动度最优)、混合阶次等选项来约束设计结果，如图 5-38 所示。

将工艺规划中板料与模具接触时的行程 $x_0$ 设置为 86 mm，并根据设计思路求解出汽车 A 柱骨架外板伺服热冲压工艺的工艺关键点和辅助点，保存为 csv 文件。在伺服热冲压工艺智能设计系统的曲线设计界面处导入 csv 文件，并设置好其混合阶次，单击“开始设计”，如图 5-39 所示。

自动设计的汽车 A 柱骨架外板伺服热冲压工艺曲线如图 5-40 所示。当使

伺服工艺智能设计系统
状态监控
工艺设计
日志信息
系统设置
工作台
预设计
曲线设计
曲线输出
工艺模式
混合阶次
设计目标
A
B
C
D
E
F
时间
设计示意图

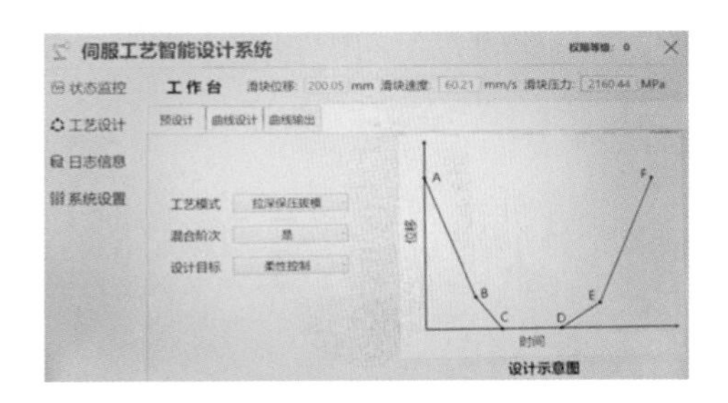

图 5-38 预设计过程

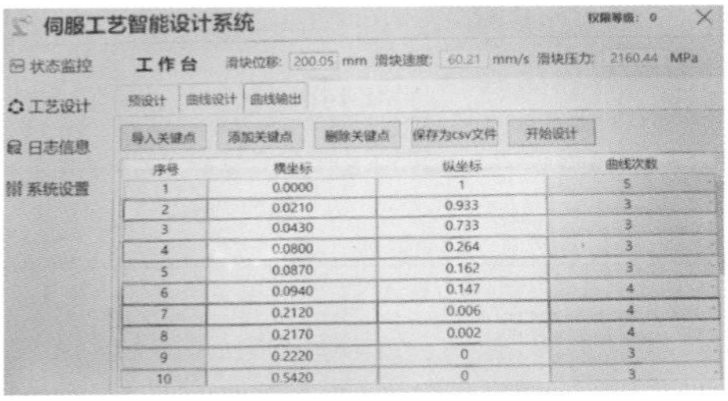

伺服工艺智能设计系统
权限等级：0
状态监控
工艺设计
日志信息
系统设置
工作台 滑块位移: 200.05 mm 滑块速度: 60.21 mm/s 滑块压力: 2160.44 MPa
预设计
曲线设计
曲线输出
导入关键点
添加关键点
删除关键点
保存为csv文件
开始设计
| 序号 | 横坐标 | 纵坐标 | 曲线次数 |
|---|---|---|---|
| 1 | 0.0000 | 1 | 5 |
| 2 | 0.0210 | 0.933 | 3 |
| 3 | 0.0430 | 0.733 | 3 |
| 4 | 0.0800 | 0.264 | 3 |
| 5 | 0.0870 | 0.162 | 3 |
| 6 | 0.0940 | 0.147 | 4 |
| 7 | 0.2120 | 0.006 | 4 |
| 8 | 0.2170 | 0.002 | 4 |
| 9 | 0.2220 | 0 | 3 |
| 10 | 0.5420 | 0 | 3 |

图 5-39 曲线设计过程

伺服工艺智能设计系统
状态监控
工艺设计
日志信息
系统设置
工作台
预设计
曲线设计
曲线输出
曲线预览
曲线输出
时间

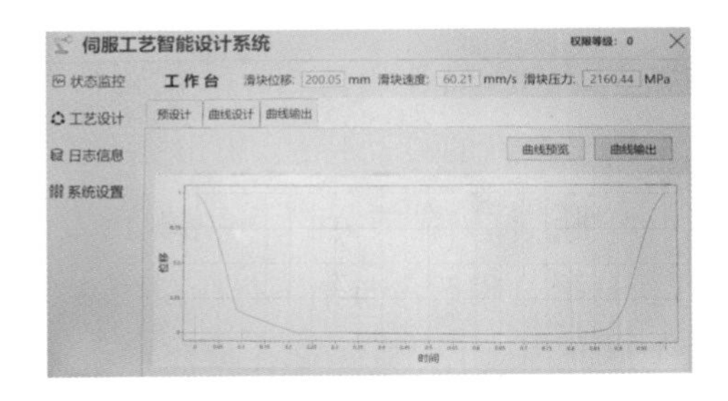

图 5-40 汽车 A 柱骨架外板伺服热冲压工艺曲线

用 AutoForm R10 软件输入伺服热冲压工艺曲线时，仅支持输入空程下行和成形阶段的幅值曲线数据，而脱模和空程上行阶段同属于上行阶段，在仿真中 AutoForm 默认上行阶段只与成形效率有关，而不对构件成形性产生影响，上行速度在 AutoForm 中被设为定值。

为验证上述汽车 A 柱骨架外板伺服热冲压工艺智能设计过程的有效性，分别采用无优化指标的常规非伺服热冲压工艺、只考虑时间最优的伺服热冲压工艺和只考虑急动度最优的伺服热冲压工艺作为对照组，对照组的约束条件参照

表 5-15 设置。汇总后可得到如图 5-41 所示不同设计优化指标下的滑块下行时间-位移幅值曲线。

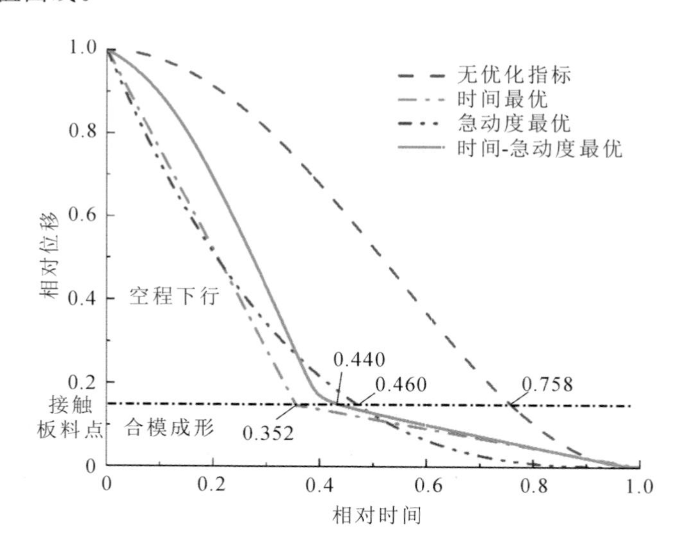


**图 5-41　不同设计指标下的滑块下行时间-位移幅值曲线**

由图 5-41 可知，采用不同的设计指标时，其合模成形时间的占比并不相同，伺服热冲压工艺显然优于非伺服热冲压工艺。无优化指标的常规非伺服热冲压工艺常按照非伺服机械压力机的传动特性，采用类余弦曲线作为基础曲线，使得合模成形阶段约占整个下行阶段的 25%；而伺服压力机因具有速度可调的伺服电机而得名，其合模成形过程约占整个下行阶段的 60%。

参考上述的合模成形时间占比，为确保合模成形阶段满足规划的工艺特征，应在 AutoForm 中对应更改不同设计指标所对应的下行时间，以确保其成形速度在 75.84 mm/s 左右(见 5.1.3 节)，修改后的合模成形时间比例为 4.13∶1.54∶3.56∶3.43。考虑到 AutoForm 软件中默认上行速度对成形性无影响，本例将上行速度设置为 300 mm/s。

### 5.3.4.5　伺服热冲压仿真结果分析

通过对比在不同设计指标的工艺下的成形极限图、减薄率云图、板厚变化云图、应力应变云图和起皱率云图等，可评估板料的成形性能。其中，成形极限图可用于评价汽车 A 柱骨架外板热冲压后各区域的成形性能，不同设计优化指标下的汽车 A 柱骨架外板成形极限图如图 5-42 所示，其中左侧的成形极限图能够反映构件各区域的真实主应变和真实次应变，右侧构件染色区域可显示成形性的分布。

成形极限图常结合减薄率云图和起皱率云图一起分析。一般认为，冲压构件的减薄率绝对值应小于 23%，为了更清晰地观察构件的减薄情况，此处将减薄率云图颜色标尺标注范围设置为±0.23，绿色区域为减薄安全区域，红色和紫色区域则分别表示有减薄和增厚倾向，最终得到不同设计优化指标下汽车 A 柱骨架外板的减薄率云图和起皱率云图，如图 5-43 所示。

由图 5-42 和图 5-43 可知，无优化指标的常规非伺服热冲压工艺下构件出现了破裂现象，而伺服热冲压成形件的整体成形性良好，构件未发生破裂，但是在裙边处和 L 形内角处仍出现一定程度的增厚现象。发生这些现象的主要原因是汽车 A 柱骨架外板的复杂结构特征和较长冲压时间导致构件局部温度未达到最佳成形温度。

分析图 5-42(a)和图 5-43(a)可知，由于汽车 A 柱骨架外板厚度只有 1.2 mm 而拉深深度达到 86 mm，常规非伺服热冲压工艺成形时间过长，构件局部温度未达到最佳成形温度，因此在构件 L 形特征处的减薄率超出了允许值而出现破裂现象。而伺服热冲压时由于其空程下行速度可调节至较高值，成形时温降并不明显，因此构件的整体成形性良好，避免了构件开裂。

分析图 5-42(b)～(d)和图 5-43(b)～(d)可知，不同设计优化指标对汽车 A 柱骨架外板的成形性有不同影响。采用时间最优指标的构件由于成形时间较其他情况短，出现起皱的区域所占比例最小，但仍有 0.12%的过度减薄区域，其最大减薄率绝对值也达到了 23.5%。采用急动度最优指标的伺服热冲压工艺中，构件成形性能有明显提升，避免了构件发生过度减薄，但由于其下行时间较其他情况长，空程阶段板料与空气换热时间较长，温降引起的塑性下降抵消了一部分急动度所带来的成形性提升，因此起皱和起皱风险之和由无优化工艺下的 29.96%增加到 32.11%，提高了约 7.2%。采用时间-急动度最优指标的构件能够在确保材料变形温度在最佳成形温度附近的同时，发挥出急动度的失稳抑制作用，其构件成形极限图区域继续收缩且更集中于成形区附近。对比其他情况，该设计指标下的构件在未提升构件的起皱率的情况下，将最大减薄率绝

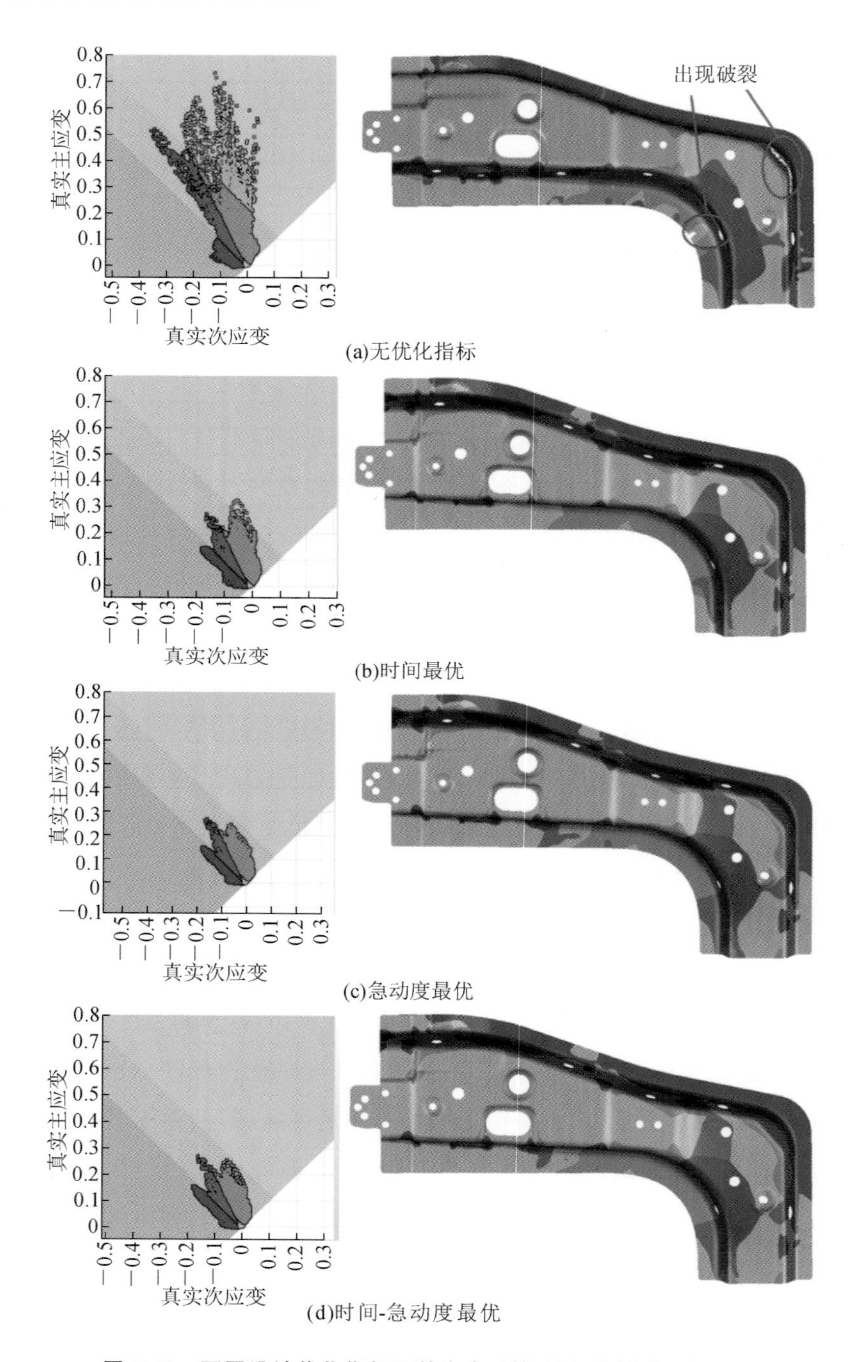

(a)无优化指标

(b)时间最优

(c)急动度最优

(d)时间-急动度最优

图 5-42　不同设计优化指标下的汽车 A 柱骨架外板成形极限图

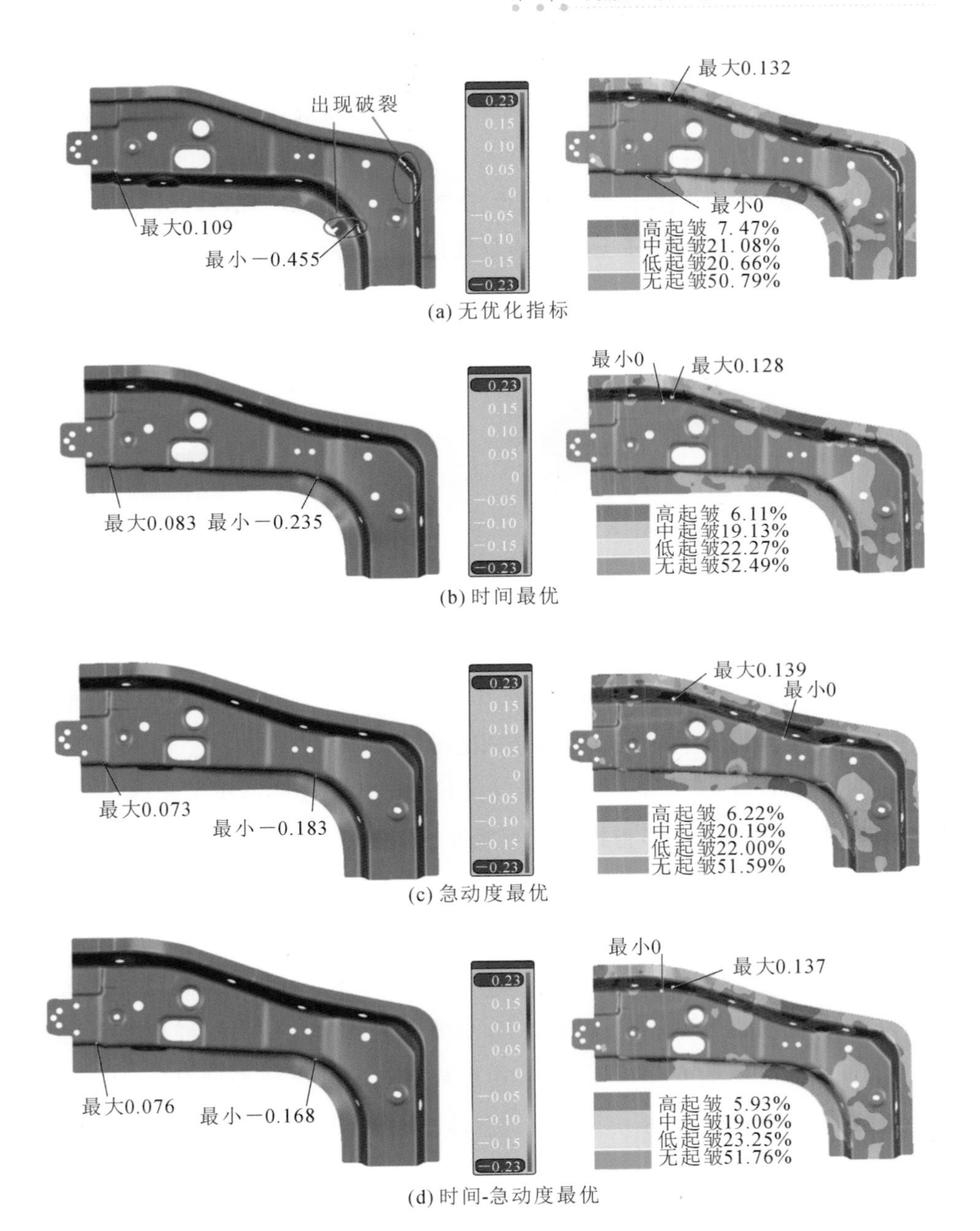


(a) 无优化指标

(b) 时间最优

(c) 急动度最优

(d) 时间-急动度最优

**图 5-43　不同设计优化指标下汽车 A 柱骨架外板的减薄率云图(左侧)与起皱率云图(右侧)**

对值降低到 16.8%，较前三者的减薄率(45.5%、23.5%、18.3%)，分别降低了63%、28.5%、8.2%；其起皱率降低到 13.7%，较急动度最优指标下的13.9%，降低了1.44%。因此,在时间-急动度最优指标下,汽车A柱骨架外板的整体成形性比其他设计优化指标下构件更优异,对构件的起皱、破裂等成形失稳趋势具有一定的抑制作用。

为进一步分析不同设计指标对危险位置成形性的影响规律,我们在汽车A柱骨架外板易发生破裂的L形内角特征处选取了危险截面A—A,如图5-44(a)所示,并在截面上选取了8个取样点,依次命名为A1~A8,如图5-44(b)所示。

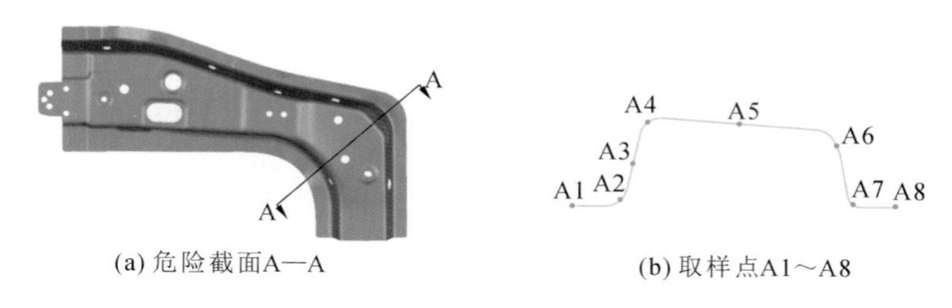


(a) 危险截面A—A　　(b) 取样点A1~A8

**图5-44　汽车A柱骨架外板的危险截面与取样点**

将不同设计优化指标下危险截面A—A中各取样点的减薄率、起皱率和主应变等成形指标汇总整理后,可得如图5-45所示的不同设计优化指标下汽车A柱骨架外板危险截面取样点成形指标对比图。

综合分析图5-45可知,对比无设计优化指标的常规热冲压工艺,伺服热冲压工艺下构件的各个成形指标变化更为平缓,板料不易发生破裂。由图5-45(a)、(b)可知,较其他设计优化指标,采用时间-急动度最优指标的汽车A柱骨架外板危险截面取样点的减薄率和起皱率更接近于0,且其最大减薄率绝对值约为10%、最大起皱率约为1.2%。由图5-45(c)、(d)可知,较其他设计优化指标,采用时间-急动度最优指标的汽车A柱骨架外板危险截面取样点的真实主应变和真实次应变的变化幅度更小,构件成形时不易出现失稳现象。综上所述,经伺服工艺智能设计系统设计的伺服热冲压工艺对汽车A柱骨架外板的成形性具有提升作用,有效地提高了设计效率和成形效率。

## 5.4　本章小结

本章首先针对新型热成形钢D1800HFD进行了热冲压模拟试验,分析不同应变速率和成形温度对材料高温变形行为的影响规律,利用DMM热加工图

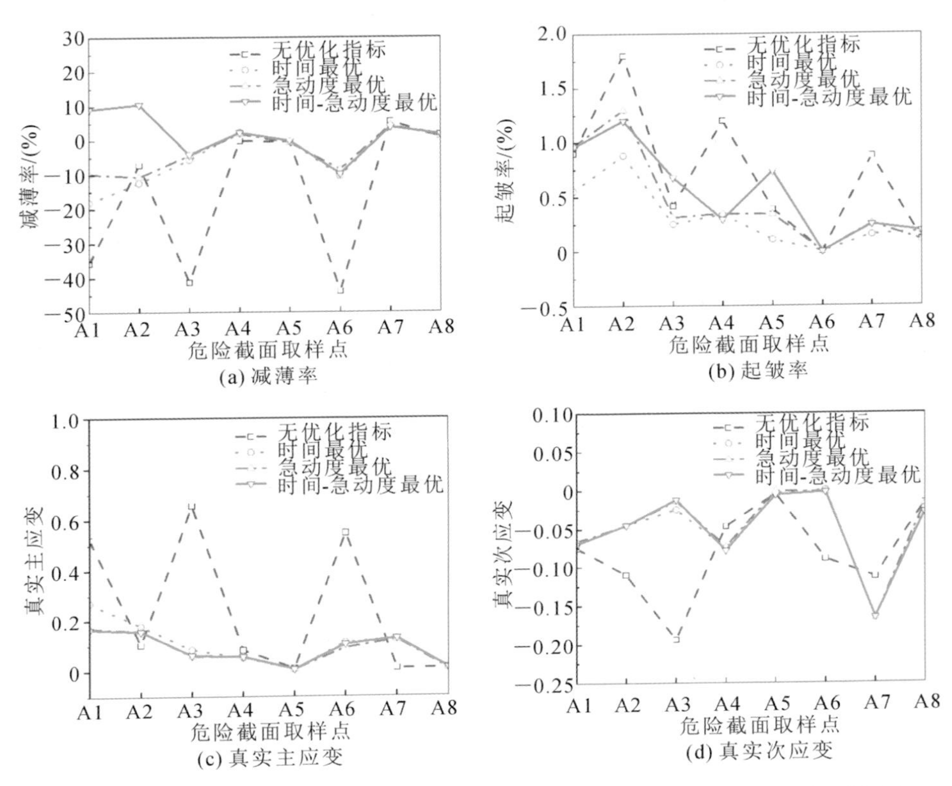


**图 5-45 不同设计优化指标下汽车 A 柱骨架外板危险截面取样点成形指标对比图**

获得了最佳成形工艺参数范围。其次，通过建立伺服工艺特征关键点曲线模型，获得了后续工艺曲线设计的关键曲线数据，并对热冲压工艺特征进行规划。再次，提出时间-急动度最优的工艺曲线设计原则，开发了基于混阶样条曲线的超高强钢伺服工艺曲线，建立了基于混阶样条曲线的超高强钢构件伺服热冲压工艺设计方法。最后，开发了伺服工艺智能设计系统，并以典型汽车构件——汽车 A 柱骨架外板为研究对象，基于伺服工艺智能设计系统建立了不同设计优化指标下的热冲压工艺曲线，研究了不同工艺对汽车 A 柱骨架外板成形性能的影响，从而验证该系统中伺服热冲压工艺智能设计过程的有效性。

## 本章参考文献

[1] 王卫卫. 材料成形设备[M]. 2 版. 北京：机械工业出版社，2014.

[2] 夏敏,向华,庄新村,等.基于伺服压力机的板料成形研究现状与发展趋势[J].锻压技术,2013,38(2):1-5+13.

[3] 国家市场监督管理总局,国家标准化管理委员会.金属材料　拉伸试验　第1部分:室温试验方法:GB/T 228.1—2021[S].北京:中国标准出版社,2021.

[4] 曹威圣.基于混合阶次样条曲线模型的超高强钢构件伺服热冲压工艺设计[D].武汉:武汉理工大学,2023.

[5] LI N,SHAO Z T,LIN J G,et al. Investigation of uniaxial tensile properties of AA6082 under HFQ© conditions[J]. Key Engineering Materials,2016,4276(716):337-344.

[6] 宋燕利,曹威圣,谢光驹,等.基于热加工图和NURBS曲线的伺服热冲压工艺设计[J].塑性工程学报,2023,30(9):50-62.

[7] RAJ R. Development of a processing map for use in warm-forming and hot-forming processes[J]. Metallurgical Transactions A,1981,12(6):1089-1097.

[8] 宋燕利,华林,谢光驹,等.一种伺服热冲压工艺设计方法:CN202011584217.3[P].2021-04-06.

[9] PRASAD Y V R K. Processing maps:a status report[J]. Journal of Materials Engineering and Performance,2003,12(6):638-645.

[10] 宋燕利,程寅峰,曹威圣,等.基于改进FNN-CCC的双伺服压力机同步控制策略研究[J].精密成形工程,2023,15(9):175-182.

[11] MURTY S V S N,RAO B N. On the development of instability criteria during hotworking with reference to IN 718[J]. Materials Science and Engineering A,1998,254(1-2):76-82.

[12] 宋燕利,华林,戴定国.一种基于急动度的伺服冲压速度控制方法:CN201611183822.3[P].2017-05-31.

# 第6章
# 热冲压模具与伺服成形装备

在超高强钢热冲压中，模具和装备对材料成形性能影响较大。本章以汽车中立柱加强板为研究对象，首先介绍了构件的热冲压成形模具；其次，对热冲压成形装备——伺服压力机，特别是肘杆式机械伺服压力机的运动学和动力学特性进行了分析；最后，简要介绍了自主研发的热冲压自动生产线。

## 6.1 热冲压成形模具

### 6.1.1 热冲压模具整体结构设计

#### 6.1.1.1 构件结构分析

传统冲压模具设计需要设计落料、拉延、翻边、切边、整形等多套模具，而在热冲压模具设计中最主要的是拉延模具的设计制造，这里以汽车中立柱加强板热冲压拉延模具为例介绍模具设计方法。中立柱加强板构件截面形状复杂，整体呈现工字形，凸起、孔洞较多，如图6-1所示。构件外形尺寸为1127 mm×392 mm×51 mm，板厚为1.6 mm。

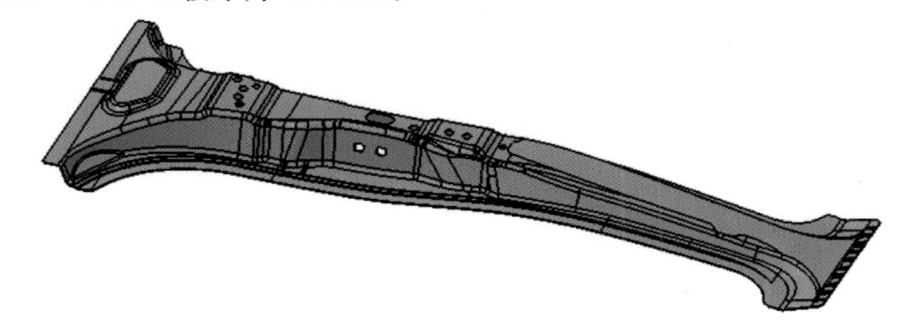

图6-1 汽车中立柱加强板

#### 6.1.1.2　模具间隙的确定

坯料与模具间的接触及摩擦状况与模具间隙有直接的关系。模具间隙对构件的成形性有十分重要的影响，模具间隙越大，热冲压成形时材料越容易流动，成形性越好。另外，模具间隙越大，在成形过程中坯料与模具的摩擦越小，越有利于提高热冲压构件的表面质量以及延长模具的使用寿命。然而，热冲压成形时坯料的散热是通过与模具的接触进行的，通过与模具的热传导作用实现对热冲压构件的淬火冷却。模具间隙越大，坯料与模具的接触越不紧密，这将影响坯料与模具之间的热量传递，不利于热冲压构件的冷却。所以，在实际生产中应充分考虑模具间隙对热冲压成形的影响，模具间隙一般要求大于板厚 $t$；考虑到热冲压成形过程中中立柱直壁部分与凹模接触不充分，该处材料冷却速度不高，冷却后获得的微观组织不均匀，对热冲压构件力学性能存在一定的影响。综上，确定模具间隙为 $1.1t$。

#### 6.1.1.3　压边圈的设计

在热冲压成形中是否采用压边圈需要分析后确定。有限元模拟参数如表6-1 所示。图 6-2 至图 6-6 给出了有无压边圈对板料成形性的影响。

表 6-1　有限元模拟参数设置

| 参数 | 板料加热温度/℃ | 模具间隙/mm | 模具温度/℃ | 板料转移时间/s | 冲压速度/(mm/s) | 保压力/MPa | 保压时间/s |
|---|---|---|---|---|---|---|---|
| 值 | 920 | 1.76 | 50 | 2 | 70 | 30 | 5 |

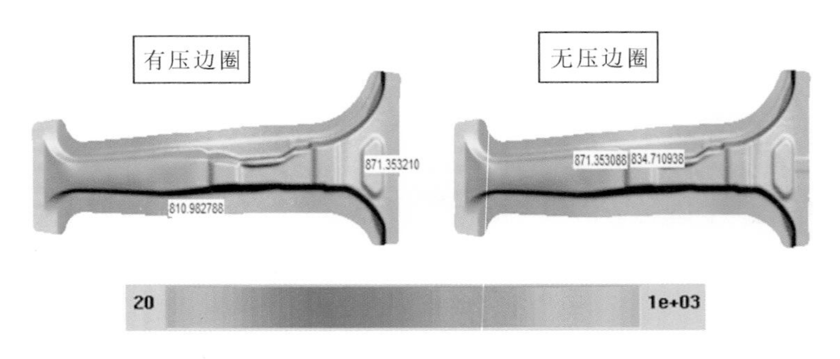


图 6-2　中立柱加强板成形结束、保压开始时的温度分布

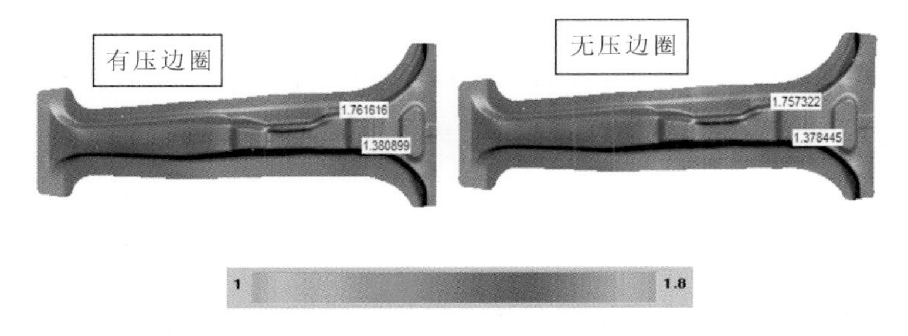


图 6-3　中立柱加强板成形保压后的厚度分布云图

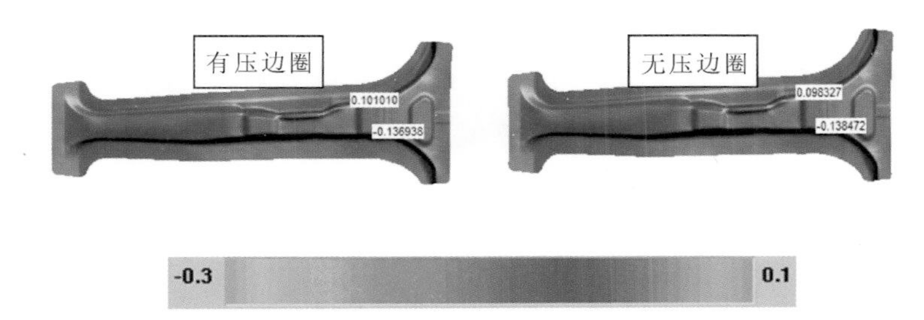


图 6-4　中立柱加强板成形保压后的减薄率云图

（正值代表增厚，负值代表减薄）

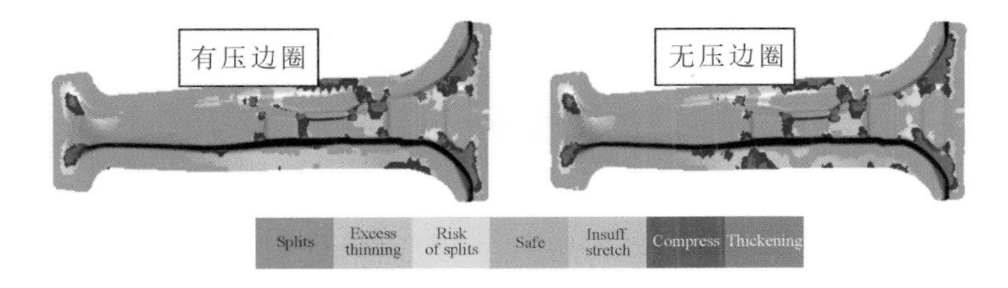


图 6-5　中立柱加强板最终成形性

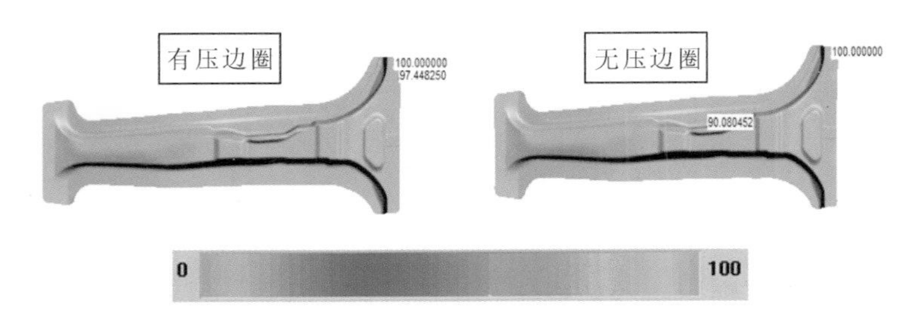


图 6-6　中立柱加强板成形保压后的马氏体含量分布

由模拟结果可知,有无压边圈对板料成形后的板料厚度与减薄率影响不大。在没有压边圈的情况下,板料在成形过程中的温度分布更均匀,且成形性更好,成形更充分。然而,有压边圈时马氏体最低含量比无压边圈时的高一些。

#### 6.1.1.4　模具托料定位装置的设计

托料定位装置的功能是在热冲压成形前对高温坯料起支撑和定位作用,在热冲压成形开始的瞬间释放坯料。托料定位装置斜面对坯料起导向作用,水平端部对坯料起支撑作用,垂直部分主要对坯料起定位作用,如图 6-7 所示。这些设计保证了坯料能够顺利定位在指定位置。托料定位装置的头部能够绕支撑轴运动,在模具冲压力的作用下,弹簧被拉伸,支撑头翻转,坯料脱离支撑架进入模具。随后,支撑头在弹簧作用下恢复到原来位置,准备支撑下一个坯料。

托料定位装置以一定的间隔沿坯料四周布置。由于热冲压成形前坯料处于高温状态,其塑性较好,刚度较差,因此托料定位装置布置间隔不能过大,以免坯料产生过大的挠度,一般情况下 200～400 mm 是比较适合的间距。另外,构件坯料的形状对托料定位装置的位置分布也有比较大的影响,因此托料定位装置的布置要根据具体坯料的形状和大小来确定。由于梁类构件在长度方向上尺寸较大,而在宽度方向上尺寸较小,因此一般只在长度方向两侧布置托料定位装置,如图 6-8 所示。

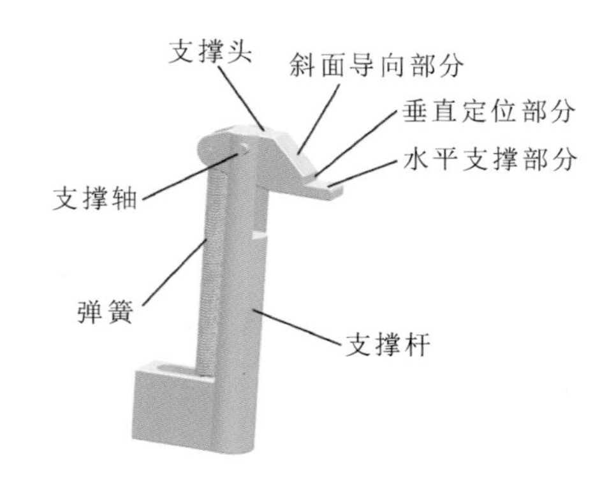


**图 6-7　托料定位装置**

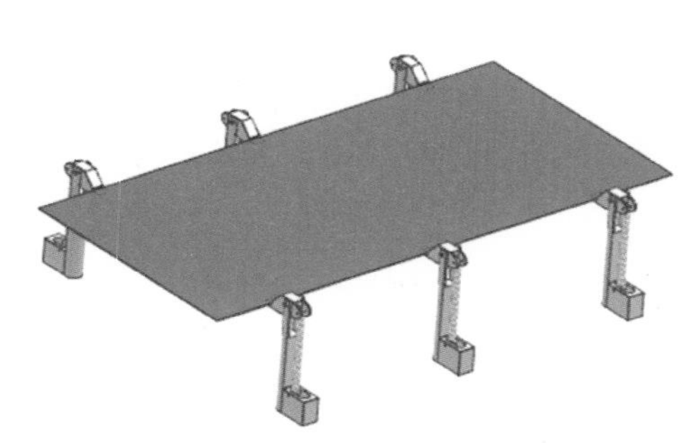

**图 6-8　托料定位装置布置示意图**

#### 6.1.1.5　模具顶出机构的设计

热冲压后构件可能粘在凸模上,为了便于后续机械手臂的抓取,需要设计模具顶出机构。模具顶出机构可采用顶料杆、顶料片和顶料圈的形式。以中立柱加强板热冲压成形模具为例,模具采用顶料杆的形式,顶料杆依次穿过凸模阶梯孔和凸模安装板与气缸相连,依靠气缸作用实现顶出和复位,如图 6-9 所示。为了保证模具中所有顶料杆动作一致,设计时将所有顶料杆气缸集成在主管道上,统一进行供气和排气。因为模具冷却区内会开设冷却管道,这会对顶料杆的布置造成不便,所以顶料杆位置应避开冷却管道。另外,顶料杆位置应尽量选择在模具型面比较平整的地方,以便于热冲压构件能够更好地受力顶出。

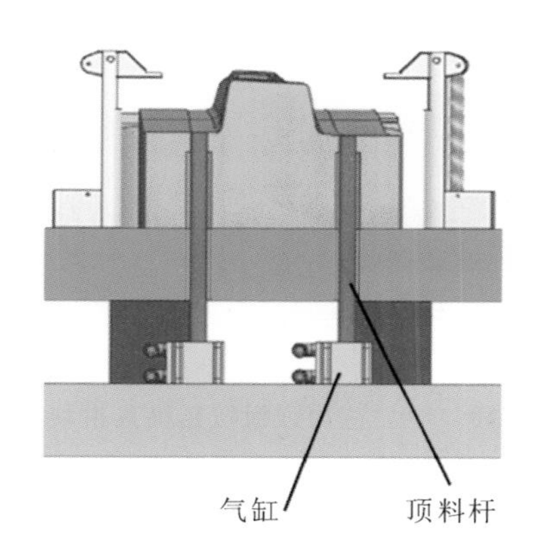


**图 6-9 模具顶出机构示意图**

### 6.1.1.6 模具拼块和整体结构

热冲压成形模具的冷却管道通常采用钻孔方式进行加工。持续向冷却管道通入冷却水可实现对模具及热冲压构件的冷却。由于只能钻直孔,为了便于冷却管道更好地贴合模具型面,同时受加工设备钻孔深度的限制,冷却区的模具往往采用拼接形式,即将冷却区凸、凹模分别分成多个具有一定长度的模具拼块,分别加工其中的冷却管道,再把它们拼合在一起固定在模具安装板上。模具拼块设计时要注意以下几点:

(1) 模具拼块长度要适宜。模具拼块长度太大,不利于钻孔,也不利于冷却管道贴合模具型面布置。模具拼块长度太小,虽便于钻孔和冷却管道贴合模具型面,但是会增大模具拼块数目,也会增大冷却管道数目。模具拼块长度一般在 200～300 mm,厚度方向尽量不超过 250 mm,最薄处不少于 50 mm。

(2) 模具拼块划分应该尽量避开模具型面变化剧烈的区域,以免对最终热冲压构件的表面质量造成影响。另外，模具拼块划分还应尽量避免模具受力较大的区域，以免在热冲压过程中对模具拼块造成磨损，影响模具的精度和寿命。

（3）凸模和凹模分块处应错开一定的距离，一般为 10～30 mm，以避免模具分块处应力集中，对模具造成磨损。

本例的中立柱加强板拉延模具共分为 10 个拼块，每块长度为 220～260 mm，最大厚度为 207 mm，最小厚度为 93 mm，模具拼块尺寸如图 6-10 所示。最终模具整体结构如图 6-11 所示。

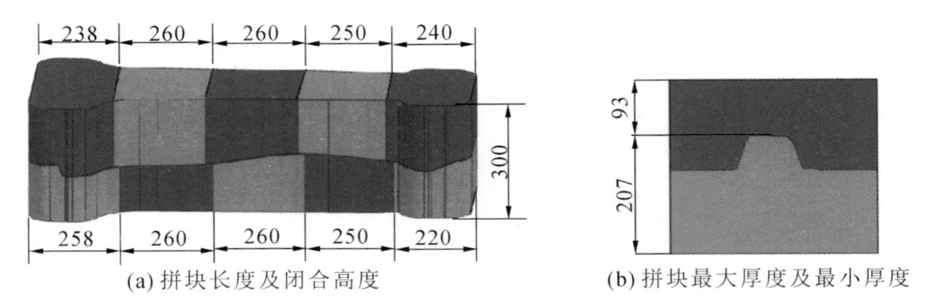


(a) 拼块长度及闭合高度　　(b) 拼块最大厚度及最小厚度

**图 6-10　中立柱加强板拉延模具拼块尺寸**

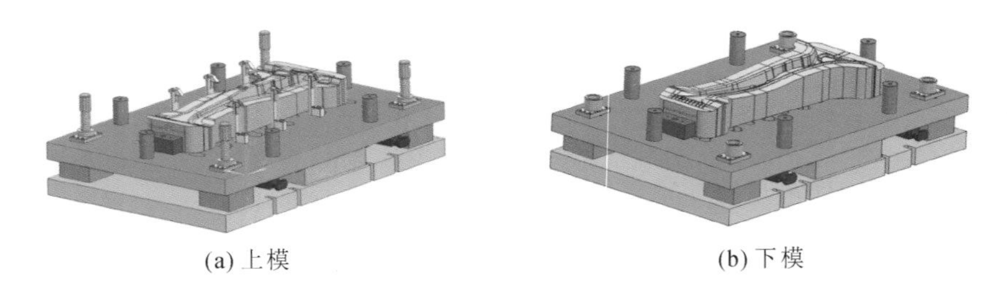

(a) 上模　　(b) 下模

**图 6-11　中立柱加强板模具整体结构**

## 6.1.2　热冲压模具冷却管道设计

### 6.1.2.1　模具冷却方式的选择

热冲压成形模具冷却区的设置是为了实现对热冲压构件的淬火，保证热冲压构件能够实现奥氏体向马氏体的转变，从而达到提高构件强度的目的。模具内部一般开设有冷却管道，通过低温冷却介质在冷却管道的流动来降低模具的温度，然后通过模具间接实现对热冲压构件的冷却。由于水具有比热容高、流动性好、价格低、取用方便等优点，生产中通常采用水作为冷却管道的冷却介质。这种冷却方式不需要复杂的操作,成本低廉,在实际生产中应用广泛。

#### 6.1.2.2 冷却管道的制造方式

关于热冲压成形模具冷却管道的制造,常用的有以下三种方式:钻孔式、铸造式和镶拼式,如表6-2所示。本章选取钻孔的方式加工模具冷却区的冷却管道。

表6-2 冷却管道的制造方式及优缺点

| 制造方式 | 图示 | 优缺点 |
| --- | --- | --- |
| 钻孔式 | | 优点:制造方便,密封性较好。<br>缺点:对复杂型面贴合度不佳 |
| 铸造式 | | 优点:密封性良好,易于贴合模具型面布置。<br>缺点:加工困难,冷却效果不好,保养维修不便 |
| 镶拼式 | | 优点:易于贴合模具型面加工,冷却效果好,冷却均匀,维修方便。<br>缺点:密封性较差,模具机械强度低 |

#### 6.1.2.3 拼块间冷却管道连通方式

模具拼块内开设冷却管道,冷却管道与模具安装板的水槽连通,外部供水系统通过安装板的水槽实现对热冲压模具的供水和排水。对于模具拼块间冷却管道的连通,有三种不同的设计形式:蛇形式、独立式和直通式(见图6-12)。

蛇形式冷却管道:凸模和凹模冷却水分别采用单进单出的形式,即冷却水从一个模具拼块流入后流出,然后经过开设在模具安装板上的水槽流入下一个模具拼块,如此反复,宛如一条蛇爬行,实现冷却水在模具中的流通。

独立式冷却管道:凸模和凹模每个拼块冷却水均采用单进单出的形式,每个模具拼块为一个独立的循环系统,各模具拼块之间没有冷却水的流通。

直通式冷却管道:与蛇形式冷却管道的连通形式类似,凸模和凹模冷却水分别采用单进单出的流通形式,不同的是各模具拼块冷却水流通时不经过模具

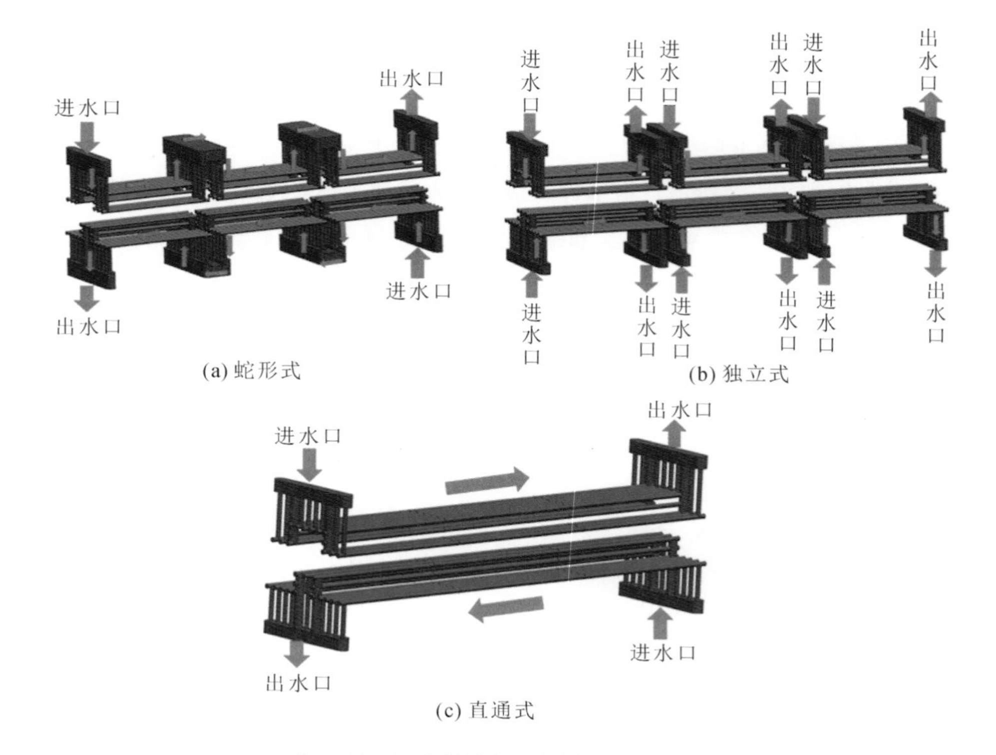


图 6-12　模具拼块间冷却管道连通形式

安装板水槽，而是直接流入下一个模具拼块。

#### 6.1.2.4　冷却管道的密封

这里模具冷却管道是通过钻孔的方式进行加工的，受该加工方式的限制，冷却管道加工时需要贯穿整个模具拼块，除模具型面之外，模具拼块的底部和端部都是贯通的，如图 6-13 所示。

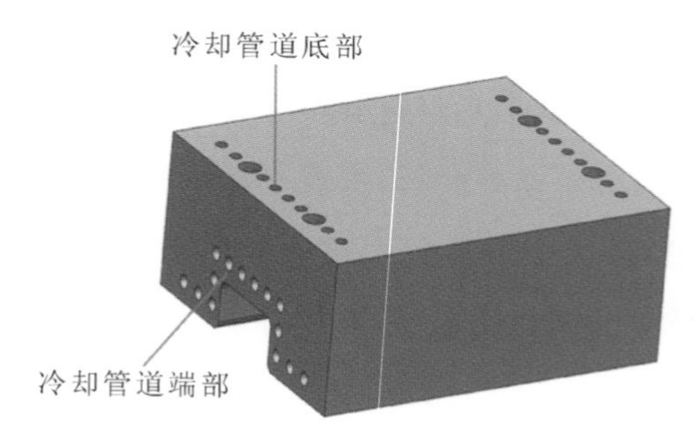


图 6-13　模具拼块冷却管道的开设

在模具拼块的端部，冷却管道的贯通并非必需，而是因为受钻孔方式的限制和便于冷却管道的加工而采取的一种设计。由于冷却水溢出可能对工作环境和生产产生的不利影响，因此需要对模具拼块端部的冷却管道进行密封处理。密封采用密封塞的方式，通过密封塞的螺纹对冷却管道进行机械密封。另外，为了增强密封效果，往往在密封塞螺纹表面涂覆一层耐高温的密封胶，如图6-14所示。

(a) 密封塞

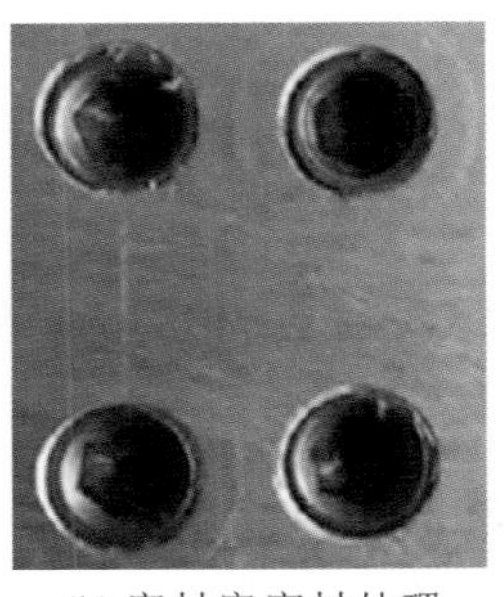

(b) 密封塞密封处理

**图6-14　冷却管道端部密封处理**

冷却管道底部与模具安装板上的冷却水槽连通，实现模具内部冷却管道的供水和排水。为了实现冷却水的顺利流通，避免水的溢出，模具与安装板之间采用密封圈密封，如图6-15所示。

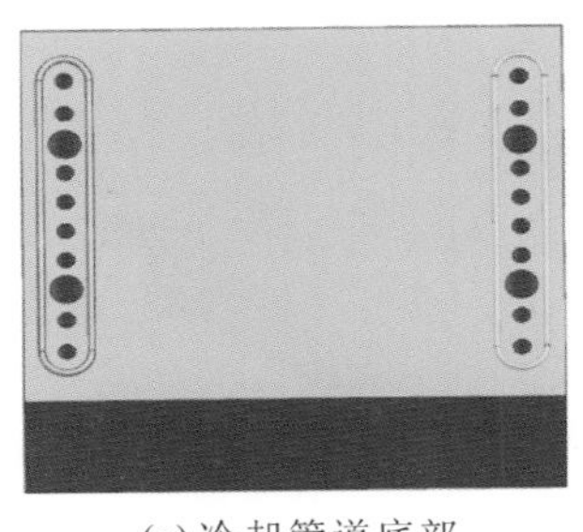

(a) 冷却管道底部

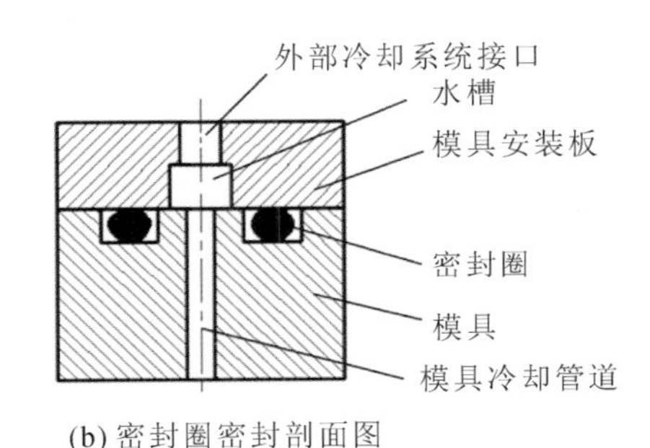


(b) 密封圈密封剖面图

**图6-15　冷却管道底部密封处理示意图**

### 6.1.2.5　模具冷却管道设计

(1) 冷却管道的参数计算。

① 冷却水系统的作用。

板料在加工过程中传递给模具的热量，减去模具表面自然对流、辐射以及传递给辅助装置所散发的热量，其剩余部分即为必须通过冷却水系统从模具中移除的热量。简而言之，冷却水的作用是带走模具中超出自然散热能力的热量。

（ⅰ）板料传给模具的热量。

单位时间内板料传给模具的热量可用下式计算：

$$Q = n_0 m q \tag{6-1}$$

式中：$Q$ 为单位时间内板料传给模具的热量；$n_0$ 为模具每小时冲压板料的次数，设为 360 次/h；$m$ 为每次冲压的单个板料的质量，为 3.616 kg；$q$ 为单位质量的板料在型腔内释放的热量。

$q$ 与板料淬火开始、结束的温度差及板料在模具内的物理状态有关，即

$$q = c_{\mathrm{p}}(t_1 - t_2) + q_{\mathrm{m}} \tag{6-2}$$

式中：$c_{\mathrm{p}}$ 为板料的比热容，为 0.46 kJ/(kg·℃)；$t_1$ 为板料淬火开始温度，为 850 ℃；$t_2$ 为板料淬火结束温度，为 200 ℃；$q_{\mathrm{m}}$ 为板料的结晶潜热，一般为0 kJ/kg。

将数据代入式(6-1)及式(6-2)得：$q$=299 kJ/kg，$Q$=389226.24 kJ/h。

（ⅱ）冷却水系统需带走的热量。

一般地，以对流、辐射散发到空气中的热量与传给辅助机构的热量之和只占板料传给模具的总热量的10%，其余的热量需由冷却水系统带走。因此，为简化计算，可以认为：

$$Q_{\mathrm{w}} = 0.90Q \tag{6-3}$$

式中：$Q_{\mathrm{w}}$ 为单位时间内需用冷却水系统带走的热量。

$$Q_{\mathrm{w}} = 350303.62 \text{ kJ/h}$$

② 冷却水流量及质量计算。

冷却水流量可用下式计算：

$$q_{\mathrm{w}} = \frac{Q_{\mathrm{w}}}{n\rho_{\mathrm{w}} c_{\mathrm{pw}} \Delta T} \tag{6-4}$$

式中：$q_{\mathrm{w}}$ 为单个管道冷却水流量；$n$ 为管道数目；$\rho_{\mathrm{w}}$ 为冷却水在一定温度下的密度，取为 1000 kg/m³；$c_{\mathrm{pw}}$ 为冷却水比热容，取 4.187 kJ/(kg·℃)；$\Delta T$ 为冷却水在进、出水口处温度差，取 10 ℃。

表 6-3 列出了不同温度下水的比热容。

表 6-3 不同温度下水的比热容

| 温度/℃ | 0 | 20 | 40 | 60 | 80 |
|---|---|---|---|---|---|
| 比热容/[kJ/(kg·℃)] | 4.221 | 4.183 | 4.179 | 4.191 | 4.199 |

冷却水质量可用下式计算：

$$m_w = nq_w \cdot \rho_w = n\frac{\pi d^2}{4} vt_u \rho_w \tag{6-5}$$

式中：$m_w$ 为单位时间内流过模具的水的质量；$d$ 为管道内径；$v$ 为冷却水流动速度；$t_u$ 为单位时间，为 3600 s。

联立式(6-4)和式(6-5)，可得 $m_w$=8366.46 kg/h。进而可得：

$$nvd^2 = 0.00295903\ m^3/s$$

③ 冷却管道直径的确定。

冷却水在管道中的流动状态对冷却效果有显著影响。冷却水在紊流下的热传递效果比层流下的高 10～20 倍。而要使冷却水流处于完全紊流状态，应保证水的雷诺数 $Re$ 满足下式：

$$Re = \frac{vd}{V} > 6000 \sim 10000 \tag{6-6}$$

式中：$V$ 为运动黏度，10 ℃时，$V=1.3077\times10^{-6}\ m^2/s$。

为了使水流保持完全紊流状态，冷却水的流速应大于要求的数值。由此，在求出冷却水的流量后，可根据完全紊流状态下的流速、流量与管道内径的关系，确定模具上的冷却水孔径，见表 6-4。

表 6-4 冷却水在完全紊流状态下的流速和体积流量

| 管道内径/mm | 最低流速/(m/s) | 体积流量/($m^3$/min) |
|---|---|---|
| 8 | 1.66 | $5.0\times10^{-3}$ |
| 10 | 1.32 | $6.2\times10^{-3}$ |
| 12 | 1.10 | $7.4\times10^{-3}$ |
| 15 | 0.87 | $9.2\times10^{-3}$ |
| 20 | 0.66 | $12.4\times10^{-3}$ |
| 25 | 0.53 | $15.5\times10^{-3}$ |
| 30 | 0.44 | $18.7\times10^{-3}$ |

注：$Re$=10000，温度为 10 ℃。

当 $Re$=10000 时，$nvd^2/vd=nd$=0.22627743 m。

当 $d$=8 mm 时，$n$ 取为 29；当 $d$=10 mm 时，$n$ 取为 23；当 $d$=12 mm 时，$n$ 取为 19；当 $d$=15 mm 时，$n$ 取为 16；当 $d$=20 mm 时，$n$ 取为 12。本例取管道

内径为 10 mm，则管道个数为 23，此值为保证冷却效果的管道数量最小值。由于凸模圆角处的热量散失较慢，为了保证冷却效果，凸模圆角处管道设置较多，最终设计的凸模和凹模管道数分别为 14 个和 11 个，流速大于 1.32 m/s，如图 6-16 所示。

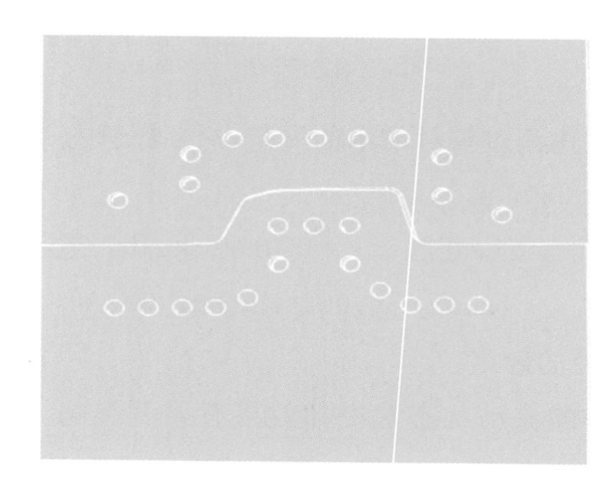

图 6-16　拼块水道个数

（2）冷却管道的布置规范。

为了实现构件按照工艺要求冷却，同时保证模具强度，模芯拼块内部与拼块之间冷却管道采用 $\phi$10 mm 的孔，相邻冷却管道中心距为 17～20 mm，冷却管道中心与最近型面的距离为 15～20 mm。当一根垂直冷却管道连接一根水平冷却管道时，选用 $\phi$10 mm 的孔；当一根垂直管道连接两根水平冷却管道时，选用 $\phi$14 mm 的孔。每个拼块都配给相对独立的进出水冷却系统，相邻拼块之间冷却管道不连通，如图 6-17 所示。

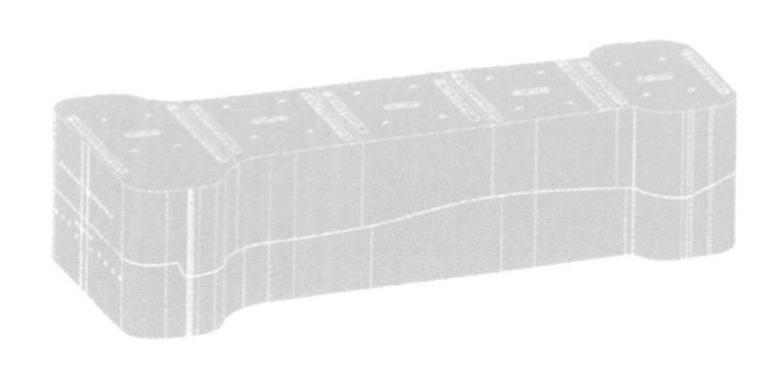

(a) 外形图

(b) 透视图

图 6-17　模具总体冷却管道的布置

6.1.2.6　流场分析

利用有限元分析软件对模具冷却系统进行数值模拟，分析模具冷却水流动，以及构件、模具在热成形过程中的温度变化。采用的分析软件为ANSYS CFX。

（1）有限元模型建立。

汽车中立柱加强板模具模芯为镶拼结构，可近似认为各拼块之间没有热量传递。此处取加强板 1/5 模型（即模具的一个拼块）进行分析。

（2）模具冷却水流动分析。

模具冷却水流动分析主要从模具冷却水速度和传热系数（HTC）两个方面进行。图 6-18 为第六个工艺循环模具的冷却水速度云图，可以看出，模具内冷却水流速比较均匀，冷却水分配良好。图 6-19 为第六个工艺循环模具的冷却水传热系数云图，可以看出，冷却水流速快的中央部位的 HTC 值最高，大部分位置 HTC 均大于 10000 $W/(m^2 \cdot K)$，表明冷却效果较好。

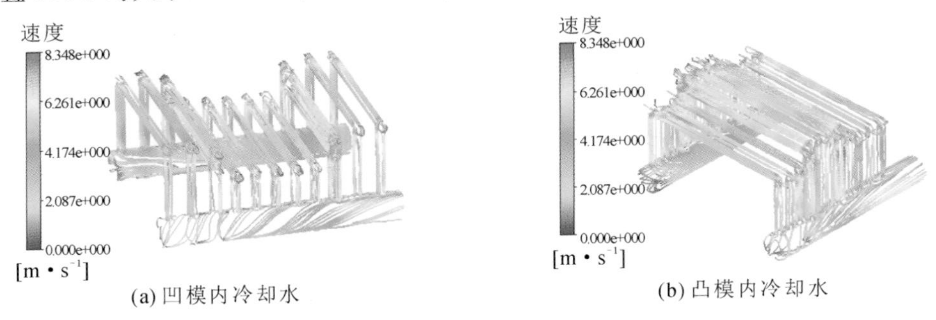


(a) 凹模内冷却水　　(b) 凸模内冷却水

**图 6-18　第六个工艺循环模具的冷却水速度云图**

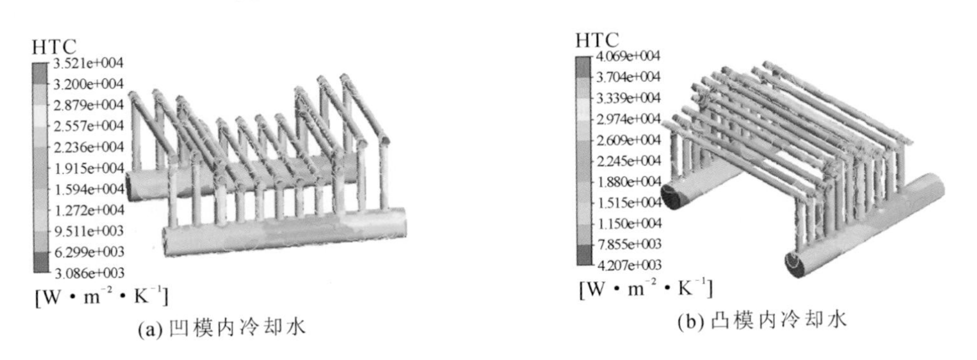


(a) 凹模内冷却水　　(b) 凸模内冷却水

**图 6-19　第六个工艺循环模具的冷却水传热系数云图**

（3）模具温度场分析。

图 6-20 和图 6-21 分别为不同工艺循环次数下凸模和凹模的温度云图。可以看出，随着工艺循环次数的增加，凸模和凹模温度逐渐上升，但温度上升的速

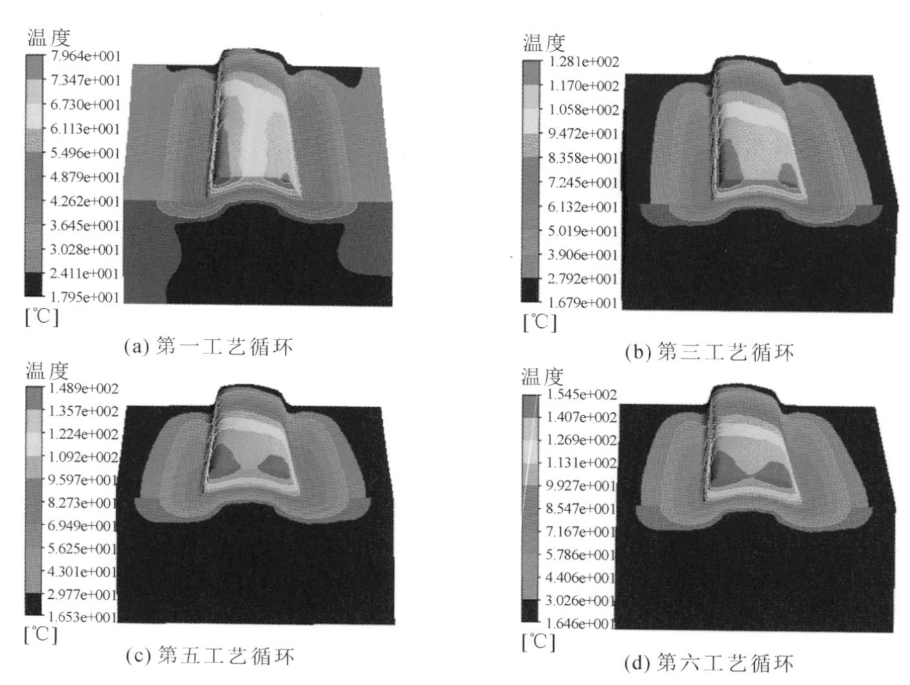


(a) 第一工艺循环　(b) 第三工艺循环

(c) 第五工艺循环　(d) 第六工艺循环

**图 6-20　凸模部分工艺循环温度云图**

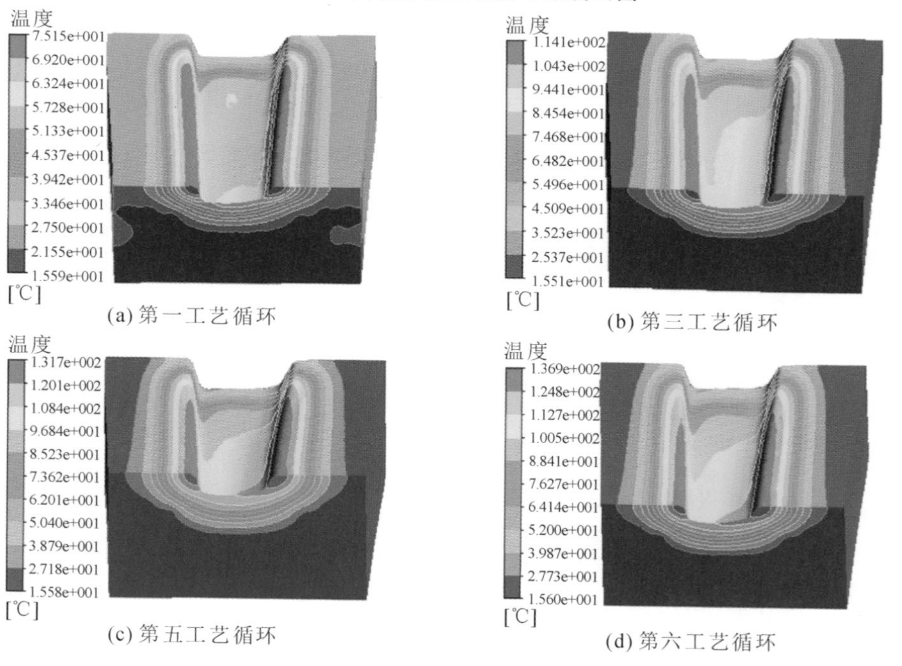


(a) 第一工艺循环　(b) 第三工艺循环

(c) 第五工艺循环　(d) 第六工艺循环

**图 6-21　凹模部分工艺循环温度云图**

率趋于平缓。通过计算,第六工艺循环与第五工艺循环时,凸模和凹模平均温度差值分别为 0 ℃、0.3 ℃,因此,可以认为第五工艺循环以后模具温度达到了动态平衡。此外,模具最高温度出现在模具的圆角和凸起处,且凸模和凹模的温度变化走势基本保持一致。

图 6-22、图 6-23 分别为不同工艺循环次数下凸模和凹模内冷却水通道的温度云图。可以看出,随着工艺循环次数的增加,凸模和凹模内冷却水通道的温度逐渐上升,但温度上升的速率趋于平缓。通过计算,第六工艺循环与第五工艺循环时,凸模和凹模内冷却水通道的平均温度差值分别为 0.1 ℃、0.1 ℃,因此,可以认为第五工艺循环以后模具内冷却水通道的温度达到了动态平衡。

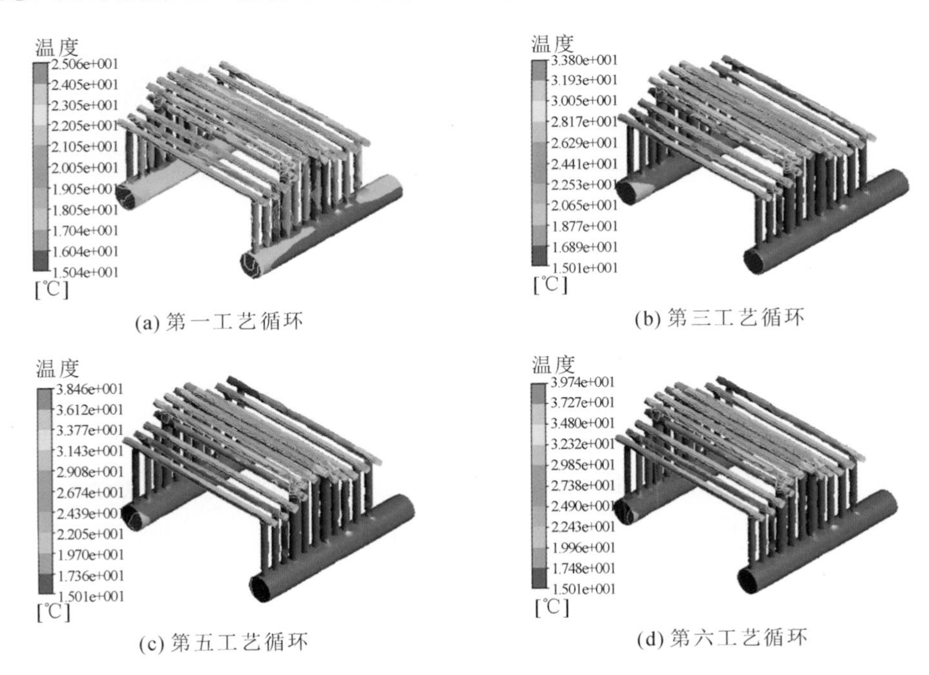


**图 6-22　凸模内冷却水通道部分工艺循环的温度云图**

从第四工艺循环开始,凸模内冷却水通道进水管处出现温度上升现象,并且冷却水通道的最高温度较第三工艺循环有所下降,但平均温度仍然是上升的。从图 6-22 和图 6-23 可以看出,模具内冷却水通道的最高温度出现在与模具接触较近的圆角和凸起处,与凸模、凹模的温度变化走势基本一致。原因是模具中间部位冷却管道离模具表面较远,并且模具圆角过渡区域的冷却管道间

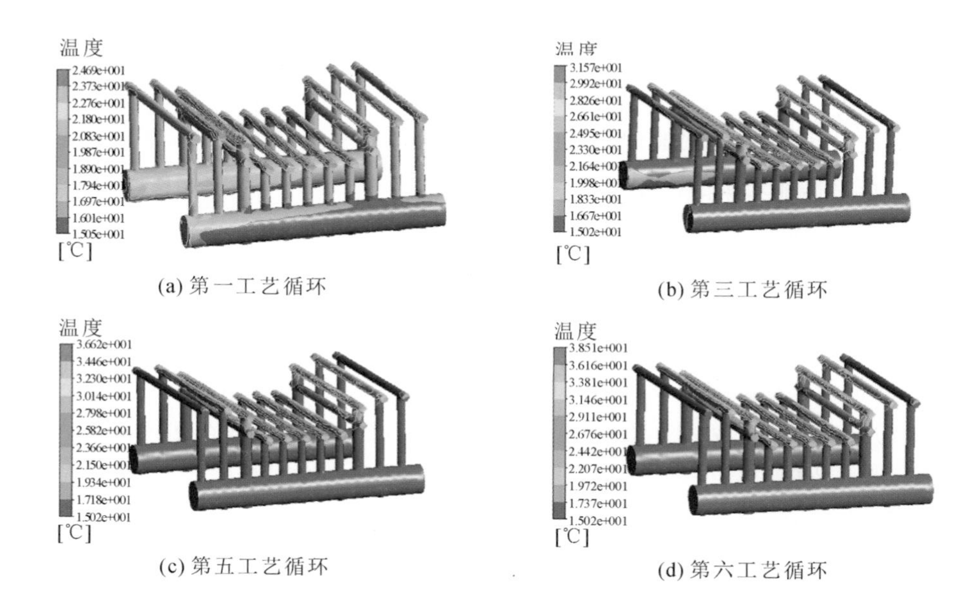

(a) 第一工艺循环　(b) 第三工艺循环

(c) 第五工艺循环　(d) 第六工艺循环

**图 6-23　凹模内冷却水通道部分工艺循环的温度云图**

距较大，所以对构件冷却效果较差。

热冲压构件的成形-保压-淬火是在一次工艺循环中完成的，保压结束后的构件温度是衡量构件热成形质量的重要指标。一般地，为保证构件组织尽可能地马氏体化，构件在成形保压结束后的温度应低于奥氏体转变为马氏体的终止温度(250 ℃)。图 6-24 为构件不同工艺循环的温度云图，可以看出，经过六个工艺循环以后，构件的最高温度在 159 ℃左右，构件大部分温度在 130～150 ℃之间。也就是说，保压结束后构件温度低于马氏体转变的终止温度，马氏体转变较充分。构件低温区主要在构件的四周，高温区主要集中在构件的中间部位及圆角处。其原因为模具中间部位冷却管道离模具表面较远，对构件冷却效果较差；构件圆角处冷却水的流速和换热面积较小，对流换热作用较弱，热量不容易散去。

图 6-25 为模具、冷却水及构件温度随工艺循环次数的变化情况。可以看出，模具、冷却水及构件在第五工艺循环之后温度就基本达到平衡(温度的增幅小于 5%)。

根据上述分析可知，凸模、凹模和构件的温度在第五工艺循环后就基本稳定，且其最高温度低于马氏体转变的终止温度(250 ℃)。

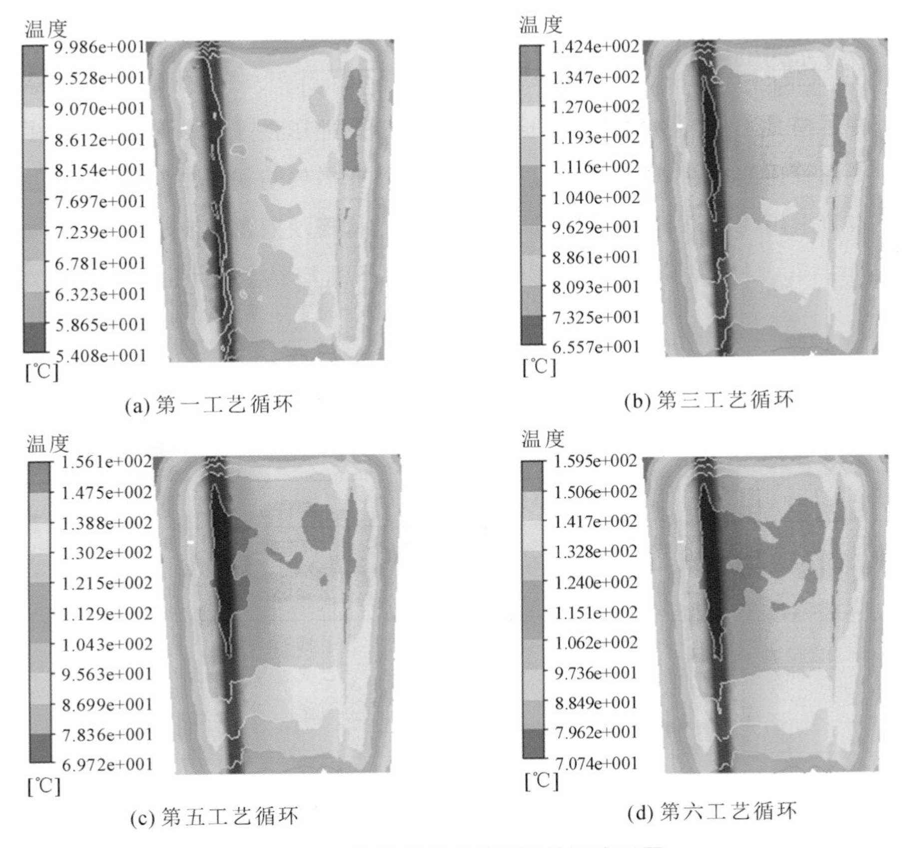


(a) 第一工艺循环

(b) 第三工艺循环

(c) 第五工艺循环

(d) 第六工艺循环

**图 6-24 构件部分工艺循环的温度云图**

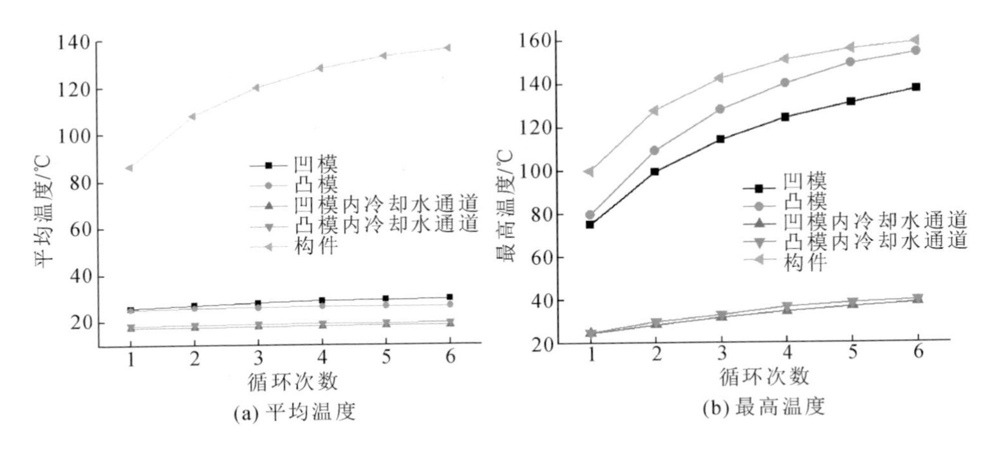


(a) 平均温度

(b) 最高温度

**图 6-25 模具、冷却水及构件温度随工艺循环次数的变化情况**

### 6.1.3 热冲压模具制造

冲压模具工作时的弹性变形会对模具结构及冲压件成形质量产生影响，又由于冷却管道的存在，模具安全性能被降低，因此需要对模具进行强度、刚度校核。本节采用 ANSYS Workbench 线性静力结构模块对模具进行模拟，施加最大载荷 2450 kN，模具温度设为 150 ℃。部分模拟结果如图 6-26～图 6-29 所示。

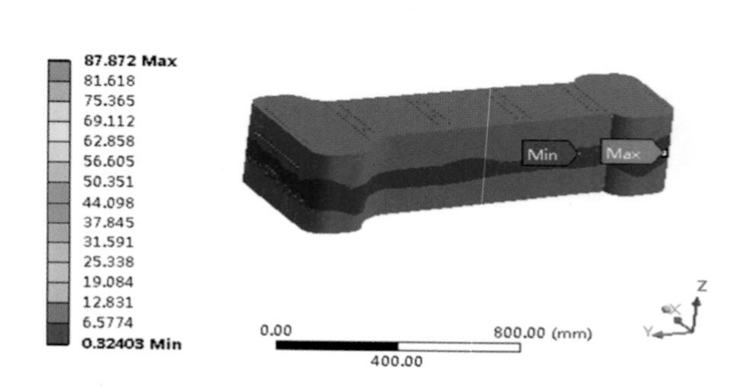


图 6-26 模具等效应力云图

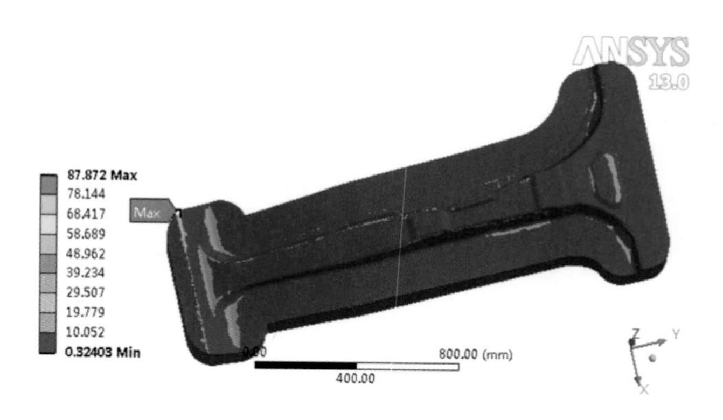


图 6-27 凸模等效应力云图

结果显示，模具最大应力为 87.872 MPa，出现在凸模小端型面处。由于 87.872 MPa$<[\sigma_s]=\sigma_s/1.5=194.7$ MPa，同时模具变形很小，因此该模具满足强度刚度要求。

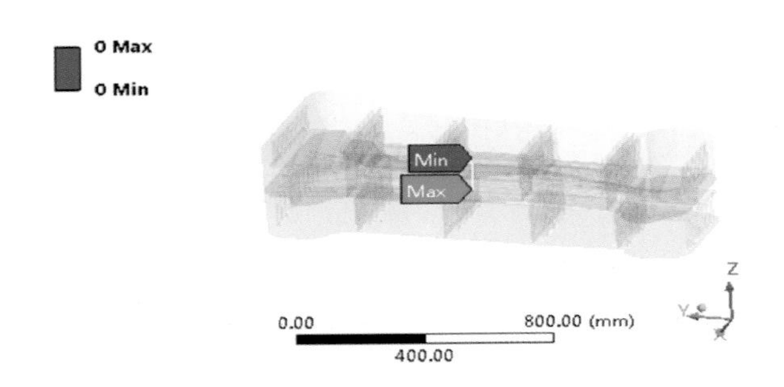


**图 6-28　模具等效塑性应变云图**

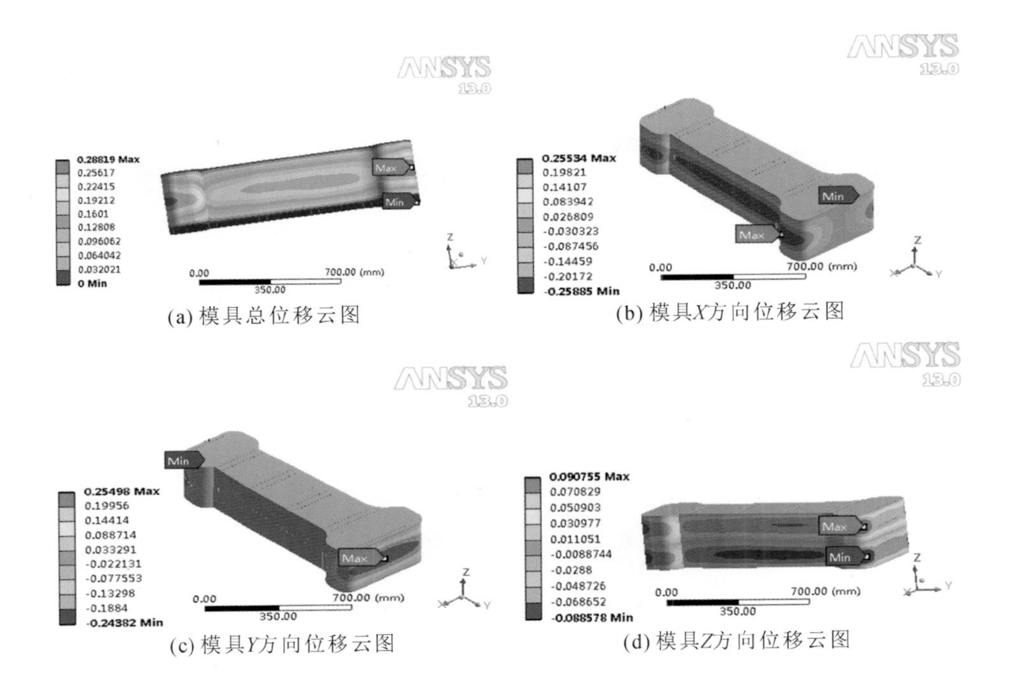


(a) 模具总位移云图　(b) 模具*X*方向位移云图

(c) 模具*Y*方向位移云图　(d) 模具*Z*方向位移云图

**图 6-29　模具变形云图**

中立柱加强板热冲压模具凸模、凹模的结构组成如图 6-30 所示。加工制造后得到的中立柱加强板模具实物如图 6-31 所示。

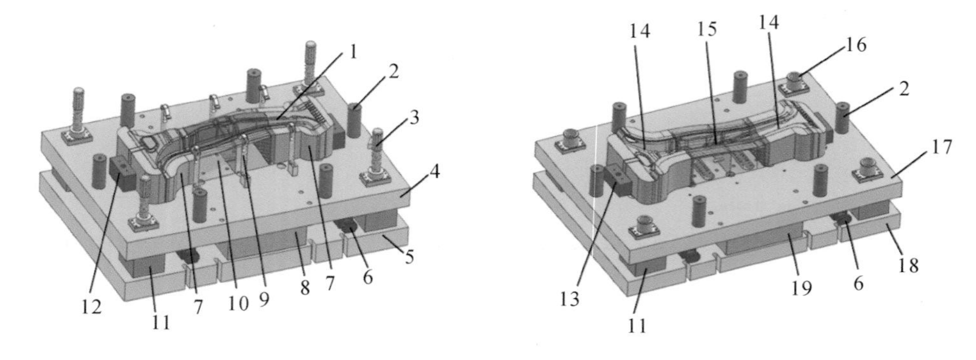


**图 6-30　凸模、凹模的结构组成**

1—中立柱加强板；2—压力调节器；3—导柱；4—下模安装板；5—下模底板；6—起重吊钩；7—凸模保温区；8—下模外部供水系统；9—托料定位装置；10—凸模冷却区；11—垫块；12—凸模定位块；13—凹模定位块；14—凹模保温区；15—凹模冷却区；16—导套；17—上模安装板；18—上模底板；19—上模外部供水系统

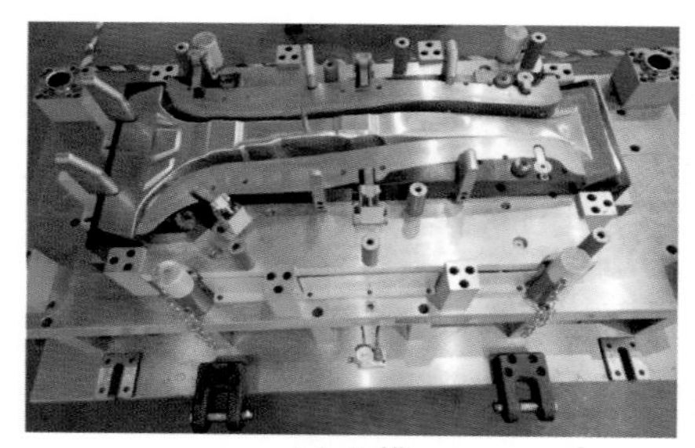

(a) 凸模

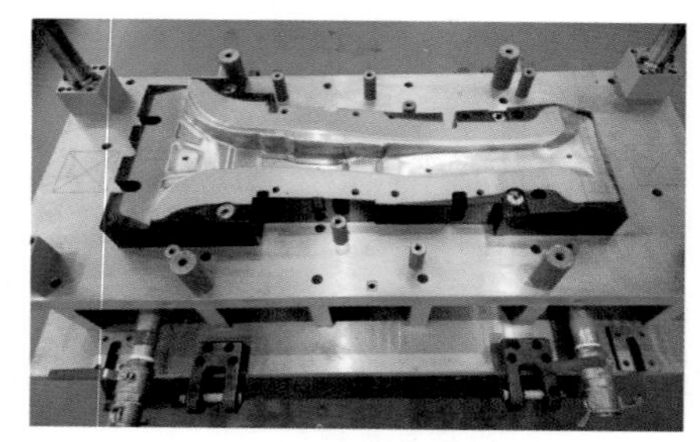

(b) 凹模

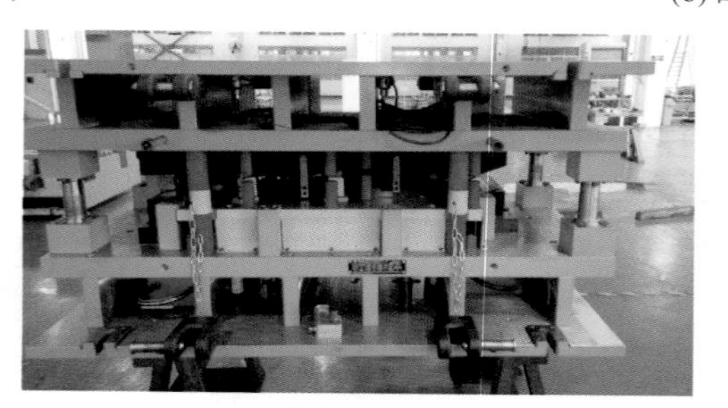

(c) 模具整体结构

**图 6-31　中立柱加强板模具实物照片**

# 6.2　机械伺服压力机

## 6.2.1　压力机分类与特点

压力机是一种通过滑块往复运动按所需方向给模具施加一定压力的机械设备。

（1）按工艺用途不同，压力机可分为通用压力机和专用压力机两大类。通用压力机，顾名思义，即能适用于诸如冲裁、弯曲、成形、浅拉深等多种工艺用途的压力机。专用压力机用途比较单一，如拉深压力机、板材折弯机、高速压力机、精冲压力机等。

（2）按机身结构形式不同，压力机可分为开式和闭式两类。开式压力机的机身呈C字形，其工作区域为前、左、右三个方向，结构紧凑，操作空间大，但机身刚度较差，影响成形精度和模具寿命，公称压力在4000 kN以下的中小型压力机多采用这种结构形式。闭式压力机的机身采取框架式结构，机身左右两侧封闭，工作区域为前后两个方向，压力机刚度好、精度高，公称压力超过4000 kN的压力机多采用此种结构形式。

（3）按运动滑块数量不同，压力机可分为单动、双动和三动等类型。目前单动压力机适用范围较广泛，而双动和三动压力机主要用于拉深工艺。对于尺寸大、形状复杂的汽车覆盖件，单动压力机很难达到拉深成形精度要求，多采用10000～20000 kN的宽台面双动压力机。

（4）按连接滑块并传递压力的连杆数不同，压力机可分为单点、双点、三点和四点等类型。压力机点数主要依据滑块的面积大小和重量而定。一般地，点数越多，滑块承受偏心负荷的能力越大。

（5）按动力传递方式不同，压力机可分为机械传动、液压传动、电磁传动和气动等形式。其中，机械传动压力机和液压传动压力机在生产中应用最广泛。

（6）按驱动电机类型，压力机可分为普通压力机和伺服压力机。普通压力机主要采用普通异步电机驱动，而伺服压力机采用交流伺服电机驱动。相较于普通压力机，伺服压力机具有以下优点：①柔性高，可通过调节伺服电机的转速和方向以实现数控伺服；②结构紧凑，可以省去部分复杂的控制回路系统，维护保养方便;③节约能耗,降低噪声,改善工作环境,提高能源利用率;④可以提高空程阶段速度,缩短空程阶段消耗的时间,提高生产效率。

## 6.2.2 典型肘杆式伺服压力机

### 6.2.2.1 肘杆式伺服压力机的组成及功能

伺服压力机在日本、欧洲等工业发达国家和地区已经得到广泛应用。国际上热冲压成形装备及生产线供应商主要有德国舒勒、瑞典 AP&T、西班牙 Fagor Arrasate 等公司。随着伺服压力机优势逐渐明显,国内对伺服压力机的研究越来越广泛,近些年也取得了重大成果。随着科技的进步和市场需求的增加,伺服压力机必将逐步取代普通压力机而成为塑性成形装备的核心。

伺服压力机可以分为液压式和机械式两类。液压式伺服压力机主要用于重载场合,它利用伺服电机驱动主传动油泵,减少控制阀回路,并对滑块进行控制。与液压式伺服压力机相比,机械式伺服压力机简化了传动系统,方便维修,节能高效,并彻底消除了液压机因油液泄漏而造成的隐患。下面着重阐述机械式伺服压力机。

按传动方式,机械式伺服压力机可以分为伺服曲柄压力机、伺服多连杆压力机、伺服螺旋压力机、伺服电直驱压力机等。主传动机构是机械式伺服压力机的核心,其任务是将来自减速机构的动力转换成符合成形工艺要求的速度、加速度以及成形力,其结构类型以及运动特性会直接影响伺服压力机的成形性能以及工作效率。不同的主传动机构各有优缺点,通常,传动杆件越多,压力机的工艺性能越好,但随着传动链的加长,传动效率就会降低,并且会增加加工和装配难度从而导致加工误差变大。

这里介绍的肘杆式伺服压力机是一种典型的机械式多连杆伺服压力机,其整体结构如图 6-32 所示。

(1) 肘杆式伺服压力机的特点。

① 采用三维优化结构设计。

② 机身为整体结构。

③ 传动杆系采用半封闭式布置。

④ 使用伺服电机进行动力驱动。

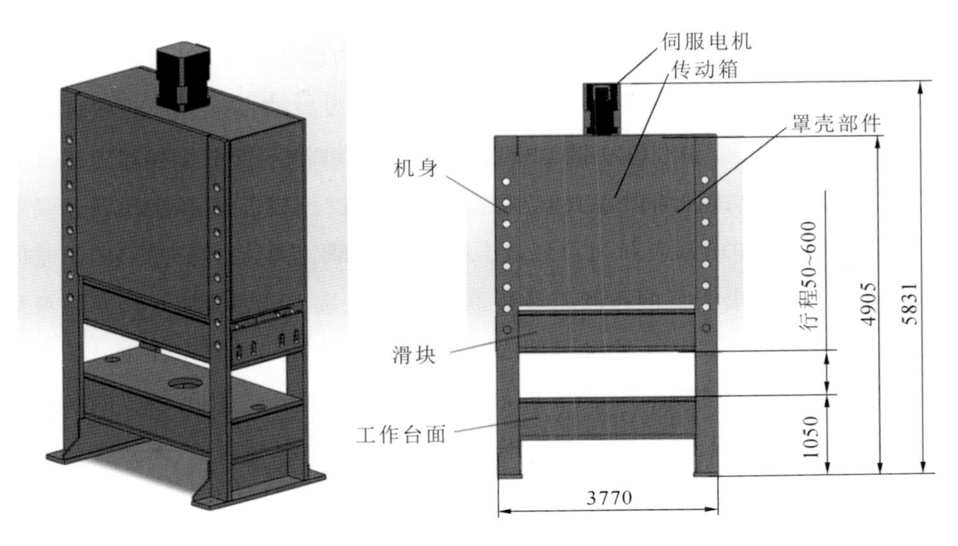


**图 6-32 肘杆式伺服压力机整体结构**(单位:mm)

⑤ 主要摩擦件采取了耐磨措施,并采用油脂自动定量润滑方式润滑。

⑥ 电气控制系统具有过载保护功能。

⑦ 滑块设有装模高度调整检测装置。

⑧ 配有安全防护电控设备。

(2) 肘杆式伺服压力机的主要参数。

肘杆式伺服压力机是闭式双点伺服压力机,其主要参数如表 6-5 所示。

**表 6-5 肘杆式伺服压力机的主要参数**

| 参数 | | 单位 | 数值 | 参数 | | 单位 | 数值 |
|---|---|---|---|---|---|---|---|
| 公称压力 | | t | 250 | 滑块底面尺寸 | 左右 | mm | 2500 |
| 公称力行程 | | mm | 6 | | 前后 | mm | 1400 |
| 滑块行程 | | mm | 50～600 | 立柱间距离 | 左右 | mm | 2870 |
| 行程次数 | | spm | 8 | | 前后 | mm | 900 |
| 最大装模高度 | | mm | 850 | 主电机功率 | | kW | 163 |
| 工作台板尺寸 | 左右 | mm | 2500 | 外形尺寸 | 左右 | mm | 4250 |
| | 前后 | mm | 1400 | | 前后 | mm | 3280 |
| | 厚度 | mm | 180 | 总质量 | | t | 43.5 |

（3）肘杆式伺服压力机的组成及功能。

肘杆式伺服压力机主要由机身、传动杆系、动力驱动系统、滑块、平衡器、气垫部件、润滑系统、电气控制系统等部件组成。压力机动力来源是装在传动箱顶部的伺服电机。压力机工作时伺服电机驱动传动螺杆旋转，传动螺杆通过固定在滑块上的传动螺母将旋转运动转化为滑块的上下往复运动，滑块通过双肘杆结构实现上下往复运动。通过控制伺服电机的转速可以控制机床工作时的速度。滑块由滑块体、连杆部分、装模高度调整系统、装模高度检测装置等组成。此外，为了避免在生产过程中因操作不当或机器故障而导致的事故，采用安全光栅作为安全保护装置，在压力机下行过程中，保护区内若检测到物体，滑块会立即停止。

#### 6.2.2.2 肘杆式伺服压力机传动系统运动学和动力学分析

为了更好地研究肘杆式伺服压力机传动部件的运动状态，即传动构件的位置、速度、加速度，以及公称压力的大小，对肘杆式伺服压力机的主传动系统进行运动学和动力学分析。肘杆式伺服压力机传动机构示意图如图 6-33 所示。

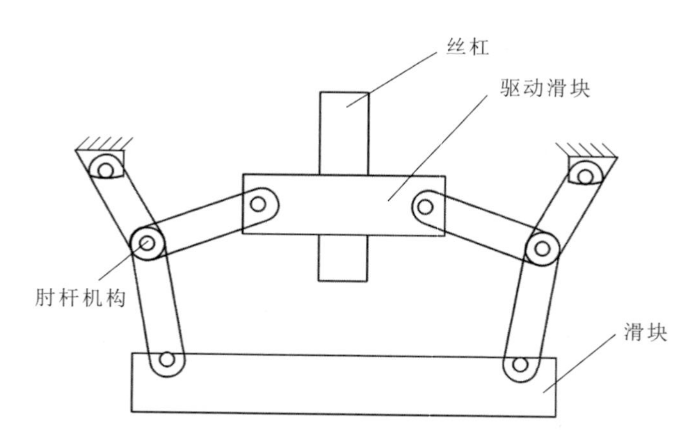


**图 6-33　肘杆式伺服压力机传动机构示意图**

（1）建立主传动系统的运动学数学模型。

如图 6-34 所示，已知 $OA$ 长度为 $l_1$，$AB$ 长度为 $l_2$，$AC$ 长度为 $l_3$。$O$ 点固定，坐标为(0，0)，$B$ 点以及 $C$ 点的 $x$ 坐标在运动过程中保持不变。要弄清系统输入与输出的关系，就要弄清系统输入端 $B$ 点的 $y$ 坐标与系统输出端 $C$ 点的 $y$

坐标的关系，这就是传动系统的位移关系式，将此关系式对时间求一次导数，即可得到传动机构的速度关系式，同理，对时间求二次导数即可得到传动机构的加速度关系式。

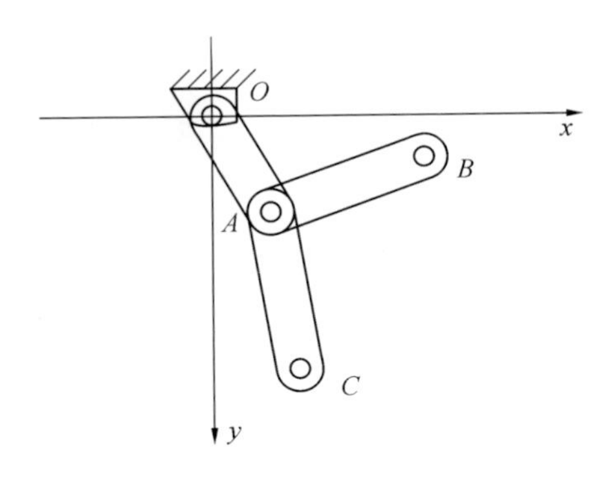


**图 6-34　肘杆机构简图**

设 $A$ 点坐标为$(x_a, y_a)$，其他点的坐标类似。根据图 6-34 中各点的位置关系可以列出以下关系式：

$$x_a^2 + y_a^2 = l_1^2 \tag{6-7}$$

$$(x_b - x_a)^2 + (y_b - y_a)^2 = l_2^2 \tag{6-8}$$

$$(x_c - x_a)^2 + (y_c - y_a)^2 = l_3^2 \tag{6-9}$$

联立以上方程，其中有 $x_a$、$y_a$、$y_b$、$y_c$ 一共四个未知数，要求出系统输入 $y_b$ 与系统输出 $y_c$ 的关系式。其中，$y_b$ 为伺服压力机传动机构驱动滑块处的输入位移，可以将 $y_b$ 看作已知数。所以该系统一共有 $x_a$、$y_a$、$y_c$ 三个未知数，此处有三个方程，故该方程组有唯一解。利用相关软件求解即可得出传动系统的位移关系式，依次求一次导数和二次导数即可以得出速度关系式和加速度关系式。

(2) 肘杆式伺服压力机传动机构运动学分析。

利用 ADAMS(机械系统动力学自动分析)软件对肘杆式伺服压力机的传动机构进行运动学分析，这里所建立的传动机构简化模型如图 6-35 所示。据此，可以得到滑块在运动过程中的位移、速度以及加速度的变化情况。其中，位移变化表征的是运动过程中滑块的位置变化；速度变化表征的是伺服压力机的运行效率，速度越快，压力机的效率就越高；加速度变化表征的是传动机构的冲击力，加速度越大，冲击力就越大，磨损越严重，冲压构件的成形精度越差。

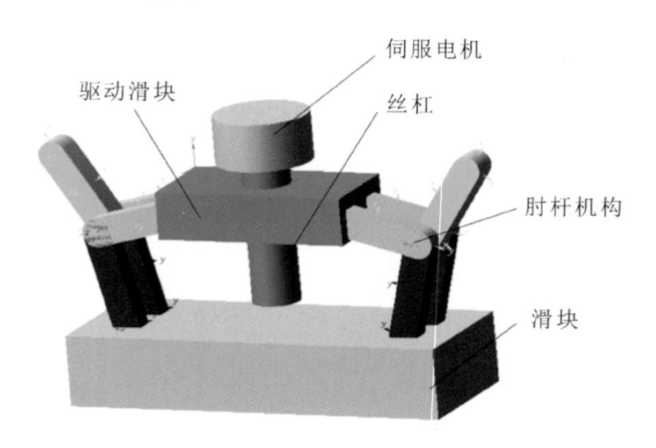


图 6-35 ADAMS 中的肘杆式伺服压力机传动机构简化模型

建立简化模型，并添加约束，让伺服电机在满负荷状态下运行，对肘杆式伺服压力机进行仿真分析，得到的肘杆式伺服压力机的滑块位移曲线如图 6-36 所示；得到肘杆式伺服压力机的滑块速度曲线如图 6-37 所示；得到的肘杆式伺服压力机的滑块加速度曲线如图 6-38 所示。

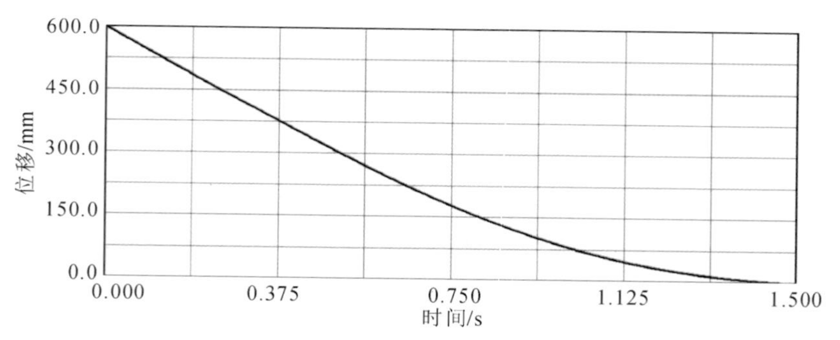


图 6-36 肘杆式伺服压力机滑块位移曲线

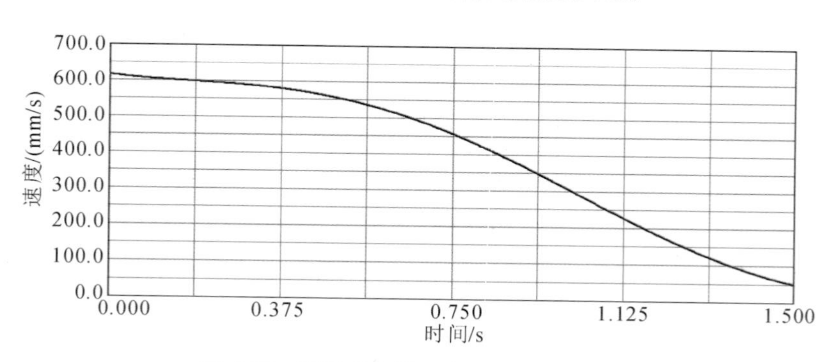


图 6-37 肘杆式伺服压力机滑块速度曲线

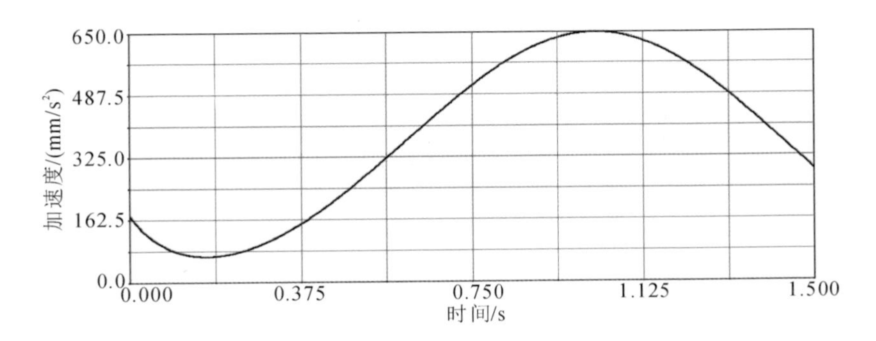


图 6-38　肘杆式伺服压力机滑块加速度曲线

由图 6-36 可以看出，肘杆式伺服压力机滑块由上止点运动到下止点所用的时间为 1.5 s，滑块在此期间的行程为 600 mm。

由图 6-37 可以看出，滑块的速度由上止点位置到下止点位置是逐渐减小的，这与成形工艺是相吻合的，因为速度过快是不利于成形的。同时可以看出，滑块的整体速度比较快，这也侧面证实了该伺服压力机工作效率是比较高的。

由图 6-38 可以看出，在仿真过程中该伺服压力机滑块的加速度最高达到了 650 $mm/s^2$，滑块的加速度过大会对其他传动机构造成冲击，会加速压力机的磨损。

(3) 肘杆式伺服压力机传动机构动力学分析。

将如图 6-35 所示的伺服电机在满负荷状态下进行动力学仿真，得到的肘杆式伺服压力机公称压力和位移的关系曲线如图 6-39 所示。

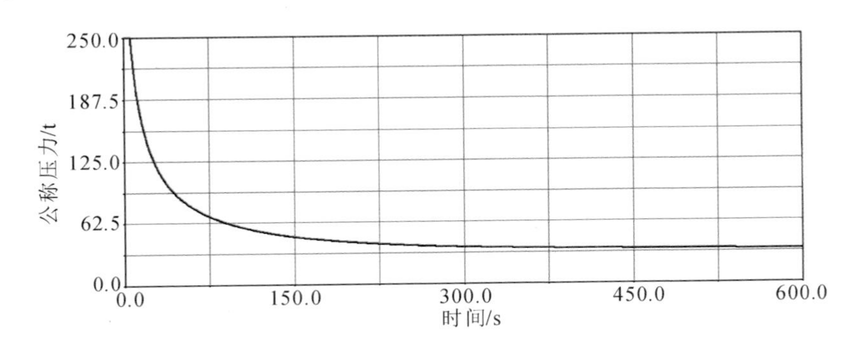


图 6-39　公称压力-位移曲线

由图 6-39 可以看出，滑块在由上止点运动到下止点的过程中，公称压力不断增大，到达下止点时，公称压力达到 250 t，较大的公称压力保证了成形质量的要求，满足该伺服压力机的设计要求。

(4) 肘杆式伺服压力机综合分析。

由以上分析可以看出，该肘杆式伺服压力机的滑块行程为 600 mm，滑块由上止点位置运动到下止点位置所需的时间为 1.5 s，滑块的整体速度很快，公称压力也能达到预期的 250 t。

## 6.3 伺服热冲压自动化生产线

超高强钢热冲压过程中复杂的非线性的变形行为、动态变化的温度分布及高效率柔性化的生产模式对成形装备及过程控制提出了挑战。伺服压力机具有高精度、高柔性、高效率、低噪节能特性，为实现超高强钢构件热冲压成形过程的精确控制提供了有效途径。伺服压力机不仅支持根据材料类型和产品要求选择适用的工作模式，并通过伺服控制技术实现对滑块运动的精准调控，而且摒弃了传统机械压力机中离合器和飞轮等耗能设备，已成为超高强钢构件热冲压成形的首选装备。与此同时，伺服热冲压自动生产线应运而生。

### 6.3.1 伺服热冲压生产线组成与设计要求

#### 6.3.1.1 伺服热冲压生产线组成与功能

热冲压成形工艺流程主要由落料、加热、传输、冲压、淬火以及后续处理等工艺组成。相应地，伺服热冲压生产线包括总控系统、加热系统、输送系统和冲压系统等几个部分，裸板热冲压时还需要喷丸处理设备。

冲压系统主要涉及伺服压力机和模具。与传统压力机相比，伺服压力机采用单个或多个伺服电机，其控制系统采用计算机，并通过数字化及反馈控制技术实现冲压过程的实时精确控制，同时伺服压力机工艺适应性强，在使用过程中噪声小、能耗低，效率得到较大的提升。伺服驱动系统主要由高容量、大扭矩的交流伺服电机组成。当前的伺服驱动系统的设计主要分为两种：①采用高转速伺服电机结合减速箱，通过减速增扭的方式实现扭矩的输出；②直接使用低转速的大扭矩伺服电机来输出所需的扭矩。

热冲压加热系统指以辐射加热为主要加热方式的加热炉，其功能是将板料加热至指定温度。加热炉可分为常规辊底式炉、双层辊底式炉、多层箱式炉和分体旋转式炉等多种。加热炉核心部件多采用热膨胀系数较低的耐高温材料。坯料加热工序对构件性能、生产节拍和生产成本等都有很大影响，这对加热炉提出了更高的要求。为了保证炉内温度的稳定性和满载情况下温度分布的均衡性，加热炉内应利用电偶或红外温度测试技术对炉内温度进行实时监测。为提高热冲压生产线的生产节拍，需要提供加热炉高温工作条件下的进出料装置。此外，为了满足低碳化需求，加热系统在设计过程中应充分考虑节能需求。缩短加热时间能够提高生产节拍、降低生产成本。

输送系统的工作效率决定了热冲压生产线的工作效率，落料后的坯料经输送机构运送至加热炉，实现坯料件的加热；经加热后的坯料在完成奥氏体化后，还需要经输送机构快速转移至伺服热冲压机完成冲压与淬火工艺。考虑到设备工作环境的影响及高效率工作的要求，通常输送系统由多个机械手或机器人组成，其主要工作内容是将板料运送到加热炉，然后将板料从加热炉中取出，随即送至伺服压力机模具上，并在成形后将其从模具上取下，送至下一道工序。

总控系统通过工控机与各组成设备进行总线通信，实现对输送系统、加热系统和伺服压力机的全过程闭环反馈控制和协同调控，从而确保伺服热冲压生产线的安全高效运行。

#### 6.3.1.2 伺服热冲压生产线的设计要求

热成形生产线以生产工艺流程为主要依托，融合了机械设计及自动化、传感器与控制以及人机交互界面开发等多项技术，集多种工程装备与流程环节于一体，是一种大型、复杂、精确的逻辑系统。为了保证生产线能够平稳、快速、安全地运行，需要对生产线的总体布局和规划进行合理的安排和设计。试验线的总体设计至少遵循以下原则：

(1) 根据成形工艺、实验室具体情况、设备具体尺寸，合理布置各关键设备的位置并规划统一的材料线高度，以保证输送机构的高效运行。

(2) 根据板料、模具和压机尺寸确定输送机构的具体参数和结构。

(3) 依据人机工程学原理合理布置控制柜、控制面板等控制系统的位置，以便于操作，在发生故障或者流程异常时便于及时中断或调整，确保安全。

(4) 应根据设备功率及实验室电气柜位置，合理布置电缆线路，路径尽可能短且应该避免交叉，保证安全。

## 6.3.2 典型伺服热冲压生产线系统

本团队设计研发的伺服热冲压自动生产线如图 6-40 所示，主要由冲压速度连续可调的伺服压力机、带有冷却管道的热冲压成形模具、数字化箱式加热炉、自动输送装置(桁架机器人、端拾器)及中央智能控制系统等组成。该生产线目前主要用于热冲压工艺研发与样件试制。下面着重介绍各组成部分及其功能。

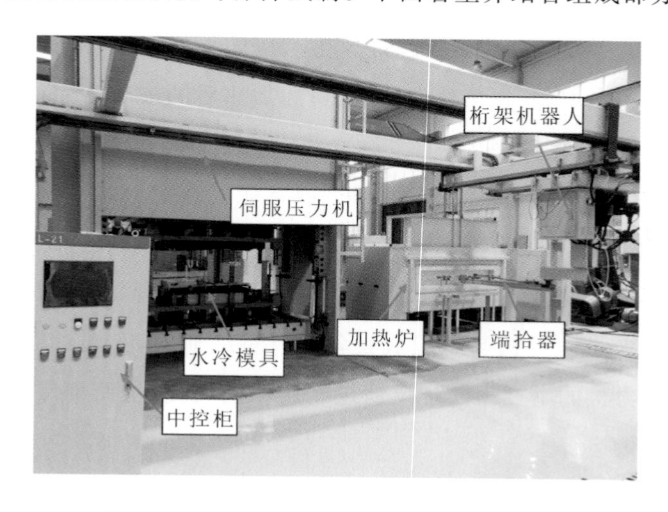


图 6-40 自主研发的伺服热冲压自动生产线

### 6.3.2.1 闭式双点肘杆式伺服压力机

目前超高强钢热冲压的研究大多采用传统机械压力机完成成形工艺，滑块行程固定、运动特性单一，无法满足不同材料、不同冲压工艺对工艺曲线的柔性可调要求，另外，由于机身和主要受力零部件承受工作载荷时会发生弹性变形，因此滑块下死点位置并不固定。这对于成形易破裂、回弹大的超高强钢板极为不利。伺服压力机采用伺服电机作为驱动源，其加工工艺轨迹柔性可控，可实现特定的滑块运动曲线，能够显著提高形状复杂、拉深深度大的构件的成形质量和生产效率，如通过控制滑块间歇运动，实现热冲压保压淬火；通过下死点自动变位补偿，抵消机身和主要受力零部件的弹性变形。因此，伺服压力机非常适合于超高强钢板的精确冲压成形。

这里的伺服压力机如图 6-41 所示，其最大合模、分模速度为 600 mm/s，滑块位置控制精度为±0.02 mm，位置控制响应时间为 0.1 s，压力控制精度为±3%，滑块快速下行速度为 600 mm/s，全行程热成形模式下对应滑块的总下行时间为 1.8 s(其中工作行程时间约 1 s)，保压时间为 5～15 s，回程时间约为 2 s。压力机四周设置光栅保护装置，在压力机周围一定范围内出现危险物体时压力机会自动停止运行。压力机滑块运动曲线可根据热冲压工艺自行确定，系统支持对合模、分模时压力机的位置、速度进行分段设定，还可对保压时间及压力进行修改，实现伺服工艺曲线柔性化。压力机可由计算机控制，通过计算机控制软件界面实时显示时间-位移、时间-速度、时间-压力、时间-温度曲线，实现多参数状态监测。伺服压力机滑块位移、速度和压力随时间的变化曲线如图 6-42 所示。总之，伺服压力机滑块的位移、速度、加速度、压力均实现了连续可调，从而保证压力机能够实现合模过程快速下行、保压压力连续恒定、分模过程快速上行等柔性变化。

图 6-41 闭式双点肘杆式伺服压力机

#### 6.3.2.2 随形冷却的热冲压成形模具

为完成热态板料冲压、保压及淬火工艺，压力机需要配备专门设计的热冲

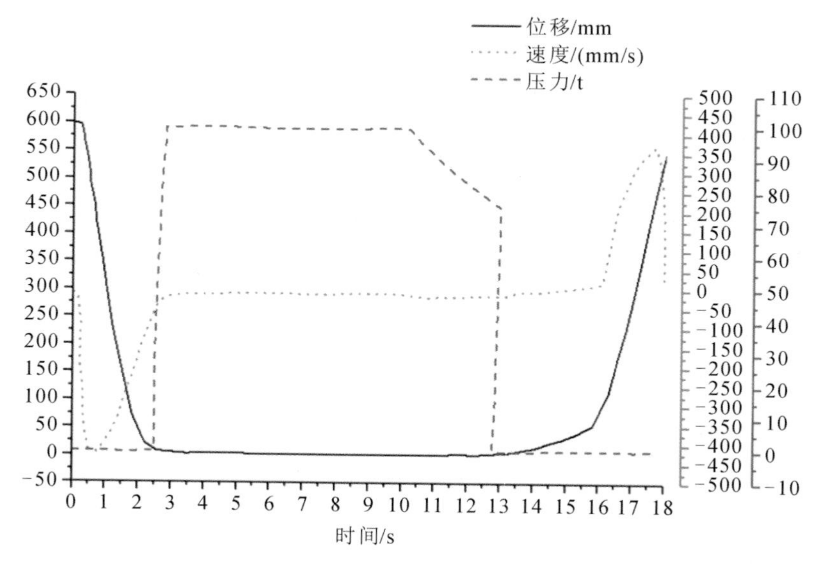


图 6-42　伺服压力机滑块位移、速度和压力随时间的变化曲线

压成形模具，以满足其特殊的冲压需求。换言之，热冲压工艺特点使模具集成了构件的成形、保压及淬火等功能。与常规冷冲压成形模具不同，热冲压成形模具除了模具主体，还包括冷却系统，以保证良好的模内淬火效果；下模还需设置托料架、定位、气动顶出等机构，便于构件的放置与取出。模具固定板和模座材质一般采用优质碳素结构钢，模芯拼块材料必须具备良好的导热性能、力学性能和耐磨性能。特别需要说明的是，热冲压模具型面近表层一般装有多组热电偶以便对钢板成形过程中的温度分布情况进行实时监控。此外，通过冷却水通道、在模具表面涂覆陶瓷热障涂层或在模具中镶嵌电热棒等方式进行冷却、局部补热控制，实现构件模内淬火的温度调控，以减小温度梯度和残余应力。有关热冲压成形模具设计见前面相关章节的叙述。

#### 6.3.2.3　数字化箱式加热炉

加热炉系统主要由加热炉主体及控制柜组成。本生产线的数字化箱式加热炉的作用是，在冲击前将钢板坯料加热至奥氏体化温度。箱式加热炉没有陶瓷辊和传动机构，维护保养简单，成本较低，可保证超高强钢快速均匀地加热至设定温度，同时避免非涂层钢板的高温氧化脱碳。加热炉包括加热炉主体和保护气氛组件。炉膛需采用高温全纤维节能快速升温型全轻质炉衬，加热炉保温材料采用耐火纤维毯，升温速率快。加热电阻丝采用优质高温电阻丝，其支撑导轨采用陶瓷管棒，具有超温断电保护功能。加热炉炉膛底部承载导轨采用多管并排间隙结构，便于机械手抓取和放置板料。该加热炉为气密结构，保温效果好，并采用氮气作为保护气体，避免板料高温奥氏体化时的氧化，开关炉门时使用自动氮气控制系统，避免炉外氧化气体涌入。加热炉还具有炉门开关位置检测装置，预留了炉内温度监测数据接口、炉门开关信号接口等必要的通信接口，且能与机械手和伺服压力机实现联动。炉口采用循环水冷方式，避免炉口内外温差导致的结构变形，对循环水进行多点水温检测，可自控调节循环水流量。在断电、缺相、断路、超温、过载、短路、过电压、炉门动作异常等情况下，加热炉将发出声、光报警信号，并激活保护和互锁功能。

#### 6.3.2.4 板料高效自动输送装置

热冲压生产线输送中关键环节是从加热炉中取出高温板料输送至压力机上的模具中。这是由于高温板料从加热炉中取出后，高温板料的温度会急剧下降，热量散失严重，根据实验显示：以输送时间 2 s 为例，高温坯料的温度会从目标温度 900 ℃急剧下降至 750 ℃；如果输送至压力机模具中，接触模具时板料的温度会下降至 780 ℃以下，成形力和冷却速率将超出工艺规范指定的范围，影响制件的质量。此外，板料输送过程时间越长，高温板料裸露在空气中的时间越长，氧化就越严重。由此可见，自动输送装置是热冲压生产线的重要组成部分，对于热冲压工艺流程的顺利执行至关重要。

为实现坯料在堆料区的自动抓取、传送坯料进入加热炉内、从加热炉内抓取坯料转移至模具内等功能，这里的自动输送装置采用低自由度经济型桁架机器人及板料端拾器。

（1）冷热料混合输送端拾器的结构设计。

热成形钢板从加热炉中移出时温度高达 900 ℃，因此，耐高温是端拾器设计的先决条件，在此基础上，端拾器的机械装置还应该具备以下条件：

① 输送装置必须能够稳定抓取板料并在高速运动中保持板料正确的姿态，防止热板料在输送过程中产生变形和脱落；

② 由于端拾器局部接触高温材料，为了防止板料局部冷却和变形，夹持部

分应采用热导率低的材料做隔热处理；

③ 抓拾部分还应该具有高的抗氧化性、热疲劳性和高温强度，保证在连续长期的生产运动过程中保持机械强度与抓取精度。

为此，本节设计了一种结构简单、功能实用的爪式高温板料机械手作为端拾器的抓料手，选择单动气缸作为抓料手的驱动元件；机械手支撑板通过导柱与端拾器固定部分连接，端拾器整体采用开放式布局，以保证良好的散热效果。手爪的夹持部分“手指”处留有30°的斜度角，“手指”设计时允许有±5 mm的尺寸容差，采用电动伺服驱动和计算机运动控制技术，保证上料过程启停(重复精度±0.25 mm)和高速(2 m/s)运行时的快速响应特性与运动平稳性。端拾器抓件后的总质量约为45 kg。手爪部分末端执行器结构及长度可根据实际工作需要进行调整，行走部分的主体架构采用高强铝型材制成，强度高，重量轻，如图6-43所示。

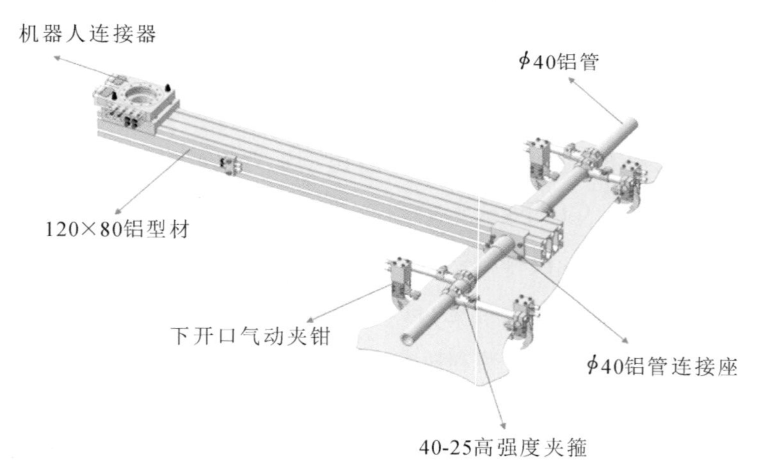


**图6-43　端拾器及连接部分的三维模型图**

端拾器将对单片坯料进行抓取，坯料的尺寸约为1200 mm×450 mm×1.6 mm，手爪在三个尺寸方向具有一定调节量，其中长度方向的调节范围为1000～1400 mm，宽度方向的调节范围为300～500 mm，厚度方向的调节范围为0.5～3 mm。手爪负责将坯料抓入及移出加热炉，能够适应不高于1000 ℃的炉内温度，单次在炉内停留约5 s。手爪设计的正常使用寿命不低于5万件。

上述冷热料混合输送端拾器在设计时考虑了热冲压环境温度、热坯料输送要求的快速性和平稳性，还针对输送坯料的尺寸变化范围设计了可以调整的手爪。它采用高强轻质铝合金制造手爪的主结构部件，采用耐热钢制造手爪的指尖。由于机械手上安装有端拾器，加上桁架机器人运动重心有自动平衡功能，因此自动输送装置具有非常高的运动快速性和平稳性。

(2) 经济型桁架机器人的结构与性能指标。

经济型桁架机器人(见图 6-44)采用坚固实用、刚性良好的钢架结构，同时配有电机和减速机等执行机构，并在端部安装有板料端拾器，能够在 12～20 s 内完成取板、进炉、出炉、转移、进模、出模等热冲压流程。经济型桁架机器人的快速响应性能非常出色，上述单个动作最短运动时间为 2～3 s。

经济型桁架机器人采用直线式高速输送装置，定位精度达到 1 μm，响应时间在 1 ms 内。输送装置采用 PLC 控制，并布置有接近开关、限位开关等电气元件，可以实时监控和修改桁架机器人的位置和运行速度信息。

**图 6-44　经济型桁架机器人实物图**

#### 6.3.2.5　基于并行流程的中央智能控制系统

为保证伺服热冲压生产线安全高效运行，中央智能控制系统需要全过程协调生产线上的各个仪器装备，具有生产启动、过程监控、故障处理和信息显示等功能。此生产线采用基于并行流程的中央智能控制系统。使用的 PLC 编程语言主要是梯形图(LAD)语言，梯形图是一种图形化的编程语言，也是目前使用最普遍的 PLC 编程语言，其语法指令与继电器梯形逻辑图类似，当触点或输出线圈有电信号通过时，追踪电信号可以在梯形图的电源示意线之间流动，但其功能已经远远超出了继电器的功能范围。

1. 中央控制系统功能性与技术性要求

（1）安全控制策略与状态监测。

① 试验生产线实现单循环控制。

② 信息显示：生产流程和故障信息；压力机滑块运动曲线（位移-时间曲线、速度-时间曲线、压力-时间曲线）。

③ 状态监测功能：

a. 启动前自检：总控与各设备连接是否正常；加热炉是否达到工作温度；机械手是否回到原始位置；压力机滑块是否回到初始位置。

b. 运行中状态监控：总控与设备连接是否正常；机械手空间位置；手爪开闭状态；加热炉温度显示；炉门开闭状态；气流量状态；加热炉内是否有板料；压力机滑块位置；压力机压力；冷却水流速；模具温度。

④ 安全控制策略。

a. 避免机械手重复向加热炉送料。

b. 避免机械手与炉门干涉：机械手向炉内取/送料时炉门开启，其余时间炉门处于闭合状态；避免机械手在炉内长期停留。

c. 避免机械手与压力机干涉：制定安全策略，压力机下行时机械手退出；防止机械手未及时退出导致受压损坏。

d. 机械手抓持热板料，而其他设备有故障中断运行时，机械手应将板料放置于应急处理区。

e. 设定机械手安全工作区间，机械手超出安全区时工作急停。

（2）技术性要求。

① 机械手将板料从炉内抓取、转移并放置于模具上的时间不超过 3 s；

② 总控系统与各设备之间通信延迟时间不超过 5 ms。

2. 生产试验线热冲压时序图

生产试验线热冲压时序图显示了加热炉、机械手、伺服压力机等多个对象之间的动态协作过程，如图 6-45 所示。总之，中央控制系统开发时遵循了同步协调运动控制策略和安全控制策略。首先，建立以机械手为主控中心的控制系统，有效保证自动生产的安全有序。其次，将坯料输送时的端拾器运动、加热炉炉门运动和压力机滑块运动，按照位置连锁控制，同步控制各种运动以避免重叠时间。为了尽可能地减少热坯料从出炉到上模的冷却时间，本生产试验线实现了桁架机器人输送运动与加热炉炉门开闭运动、桁架机器人输送运动与压力机滑块运动的同步协调。

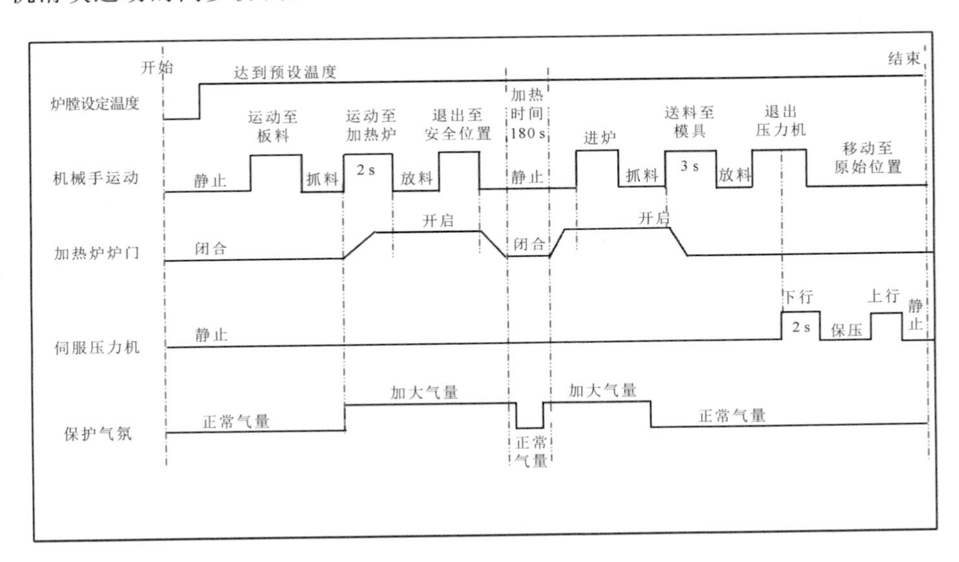


图 6-45 热冲压设备节拍控制时序图

### 3. 控制系统程序开发

应用 GX Works 软件进行热冲压生产试验线控制程序的设计与编写，GX Works 编程软件允许结构化用户程序，使程序组织简化，程序的修改和调试变得更加容易。以“加热完成的板料快速转移到冲压模具中”环节为例，待炉门开启后，机械手快速进入炉膛内，通过抬升、后退动作将板料从炉内取出，之后炉门关闭，送料装置抓取板料并送入压力机，关键梯形图程序及部分语句表述如下。

程序段 1：机械手等待加热炉加热完成信号，此期间加热炉与机械手互锁，防止机械手与加热炉发生干涉，梯形图如图 6-46 所示。

程序段 2：生产线各个设备的位置是需要严格控制的，一方面是为了精确地

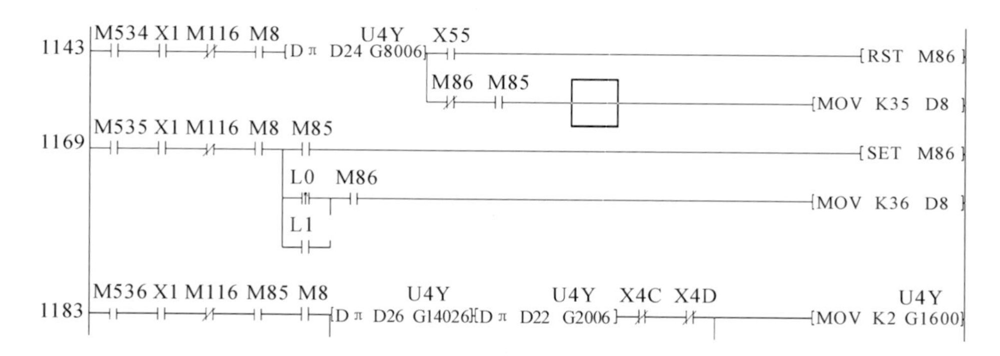


图 6-46 机械手等待加热炉加热完成信号梯形图

抓取和运送板料，另一方面是为了防止设备、机构之间的相互干涉，防止发生安全事故。PLC 通过计算不同设备之间的相对位移关系，实现不同机构的定位和设备之间的互锁，防止发生干涉和碰撞事故。将加热后的板料送入压力机的梯形图如图 6-47 所示。

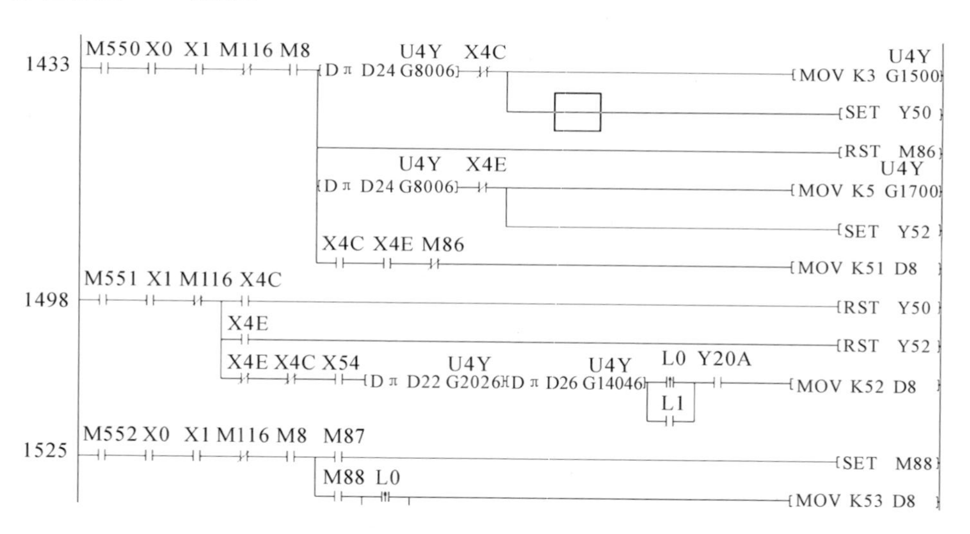


图 6-47 加热板料运输梯形图

本生产线体现通过交互并行工作提高生产敏捷性的理念，以部分并行工作方式代替串行工作流程，通过压力机、加热炉和桁架机器人同步工作，达到缩短生产周期的目的。

#### 6.3.2.6　生产试验线运行流程

热冲压自动生产试验线用于高强钢热冲压成形工艺开发，其运行流程遵照热冲压成形工艺，如图 6-48 所示，部分流程利用桁架机器人与加热炉、压力机并行的工作方法，缩短热坯料出炉到构件成形的总时间，自端拾器夹住热板料至送入压力机完成合模仅需 12 s 的时间。

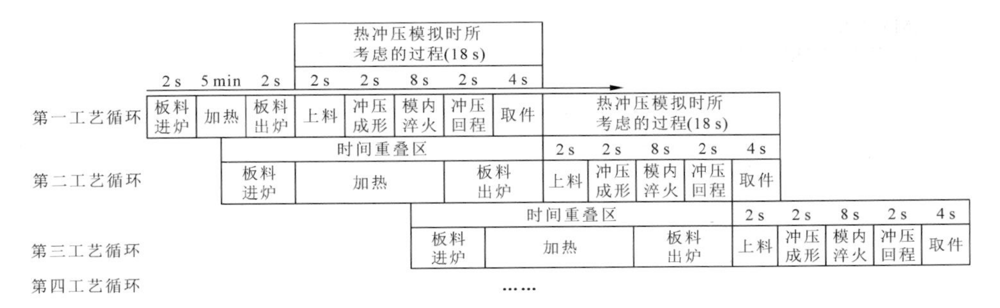


**图 6-48　热冲压生产试验线运行流程示意图**

## 6.4　本章小结

本章首先介绍了中立柱加强板热冲压成形模具的整体结构和冷却管道的设计；其次在介绍伺服压力机结构特点及优势的基础上，着重介绍了典型肘杆式机械伺服压力机的构成，并对其运动学和动力学特性进行了分析；最后针对自主研发的热冲压自动生产试验线，分析了各组成部分及其功能。

## 本章参考文献

[1]　刘佳宁. 超高强度钢汽车 B 柱热冲压成形规律与组织性能研究[D]. 武汉：武汉理工大学，2015.

[2]　KARBASIAN H，TEKKAYA A E. A review on hot stamping[J]. Journal of Materials Processing Technology，2010，210(15)：2103-2118.

[3]　YU B J，GUAN X J，WANG L J，et al. Hot deformation behavior and constitutive relationship of Q420qE steel[J]. Journal of Central South

University of Technology,2011,18(1):36-41.

[4] 刘艳雄,刘帅莹,宋燕利,等.基于自抗扰控制的直驱电液伺服系统仿真研究[J].机床与液压,2023,51(2):156-162.

[5] 张宜生,王义林,朱彬,等.基于多部件集成的热冲压成形技术研究进展[J].塑性工程学报,2023,30(8):1-7.

[6] 黄旭,胡开广,郭子峰,等.高强钢热成形模具局部脱空冷却行为[J].塑性工程学报,2023,30(10):60-70.

[7] MERKLEIN M,LECHLER J. Investigation of the thermo-mechanical properties of hot stamping steels[J]. Journal of Materials Processing Technology,2006,177(1-3):452-455.

[8] 原政军,唐炳涛,耿宗亮,等.一种超高强硼钢板 B1500HS 奥氏体状态流变模型[J].锻压技术,2012,37(4):148-152.

[9] SHI Z M,LIU K,WANG M Q,et al. Thermo-mechanical properties of ultra high strength steel 22SiMn2TiB at elevated temperature[J]. Materials Science and Engineering A,2011,528:3681-3688.